空气动力研究与试验技术

聂万胜　车学科　何浩波　侯志勇　编著

国防工业出版社

·北京·

内容简介

本书主要介绍了空气动力学的基本理论、工程应用、试验技术以及简单的数值计算方法。基本理论包括流体静力学、流体运动基本方程和粘性流动基础,工程应用包括航空航天飞行器空气动力学、导弹和临近空间飞行器空气动力学、高超声速和等离子体空气动力学,试验技术包括相似理论和误差理论、测量技术、空气动力试验类型以及低湍流度风洞试验,数值计算方法主要介绍了一些简单概念。

本书适合作为航空航天相关专业本(专)科生参考书,同时可供相关领域科研人员参考。

图书在版编目(CIP)数据

空气动力研究与试验技术/聂万胜等编著 . —北京:国防工业出版社,2018.8
ISBN 978-7-118-11563-5

I. ①空⋯ II. ①聂⋯ III. ①空气动力学 IV. ①V211

中国版本图书馆 CIP 数据核字(2018)第 167796 号

※

国防工业出版社 出版发行

(北京市海淀区紫竹院南路 23 号 邮政编码 100048)
三河市德鑫印刷有限公司
新华书店经售

*

开本 787×1092 1/16 印张 20¼ 字数 460 千字
2018 年 8 月第 1 版第 1 次印刷 印数 1—1500 册 定价 98.00 元

(本书如有印装错误,我社负责调换)

国防书店:(010)88540777   发行邮购:(010)88540776
发行传真:(010)88540755   发行业务:(010)88540717

前　言

空气动力学在国民经济建设和飞行器研制中具有重要作用,国内外已经出版了大量相关著作,知识内容浩如烟海,并且不断有新的理论、技术出现,考虑到本科和岗前培训需求,作者在多年教学实践基础上,对现有知识体系进行梳理总结,以掌握基础理论、区分应用领域、熟悉关键试验技术、了解科研前沿为宗旨完成本书的编写,力争在尽可能少的时间内帮助学生建立空气动力学的整体认知。

本书的内容分为三个主要部分。第一部分为基础理论,首先介绍了流体属性与流体静力学,包括流动性、可压缩性、粘性、连续介质模型、流体作用力、状态方程以及欧拉静平衡方程;其次介绍了流体运动的基本方程,包括欧拉方法与拉格朗日方法、流场描述方法、流体微团运动、连续性方程、欧拉方程和纳维—斯托克斯方程、理想流体的旋涡运动;最后阐述了粘性流动的相关知识,包括湍流、边界层理论、边界层分离与流动阻力。第二部分为本书的重点内容,分别从航天飞行器、航空飞行器、高超声速飞行器、临近空间飞行器、导弹以及近年来新出现的等离子体流动控制技术六个方向介绍了相关的空气动力学主要知识。第三部分为试验技术和计算流体力学,由于计算流体力学知识体系比较复杂,这里仅对其进行了简单介绍,而试验技术为主要关注对象,首先阐述了相似理论和相似准则、误差理论等空气动力学试验的基础理论,其次着重介绍了空气动力试验的测量技术,包括压力、温度、速度、力、流场显示等,同时给出了修正试验干扰因素影响的方法,随后介绍了定常、非定常共13种空气动力试验研究内容,最后介绍了低湍流度风洞的设计方法、流场校测方法以及开展的等离子体流动控制技术研究。

本书的出版得到了"2110"工程的资助,同时作者还大量参考了国内众多同行、专家学者的研究成果,在此一并表示衷心的感谢。

由于学识水平有限,不足与疏漏错误之处在所难免,恳请读者和同行给予批评指正。

作　者

2017 年 12 月

目　录

绪　　论

0.1　空气动力学的研究对象

空气动力学是研究物体和空气之间有相对运动(物体在空气中运动和物体不动而空气流过物体)时,空气的运动规律及作用力(空气内部的和空气对物体的)所服从的规律。传统上所说的空气动力学,指的是飞行器的空气动力学,尤其是指普通飞机和大气层内飞行器的空气动力学。

飞机之所以能在大气中做持续飞行,全靠空气给它的作用力,空气产生的升力(也称举力)抵消其重力,使之在空气中维持不坠;而同时空气还给予飞机一个阻力,阻碍其前进;要想飞机飞得好,就需要认真地研究空气动力学。对于飞行在大气层内的导弹这类飞行器而言,虽然其维持飞行的原理与飞机有所不同,但其空气动力学性能对其飞行性能也是决定性的。对于人造卫星和宇宙飞船这类空间飞行器,其关键性的发射和再入(返回式飞行器)过程都严重地影响到飞行的成功与否,特别是返回时的空气动力学性能更是如此。

0.2　空气动力学的发展、应用与分类

空气动力学是源于流体力学发展出来的独立学科,而航空航天科技与喷射推进技术的迅猛发展是其前进的主要动力。

18世纪和19世纪的数学家、力学家和工程师们对理论流体力学的巨大贡献是流体力学和空气动力学发展的基础。伯努利于1738年得到了无粘流动的流速和压强的关系公式,这个公式现在称为伯努利公式。欧拉于1755年确认了无粘流体运动的基本微分方程。拉格朗日于1781年首先引进了流函数的概念。拉普拉斯和高斯等人将欧拉和伯努利所开创的新兴流体动力学推向完美的分析高度。自此,位势流理论有了很大进展,在水波、潮汐、涡旋运动、声学等方面都阐明了很多规律。1858年亥姆霍兹指出了理想流体中旋涡的许多基本性质及旋涡运动理论,并于1887年提出了脱体绕流理论。

关于气流对物体的作用力,最早是牛顿于1726年提出的流体对斜板的作用力公式,这是一种撞击理论,没有考虑到流体的流动性。算出来的升力(垂直于来流方向的力)比实际测得的力小很多。瑞利于1876年提出另一个计算斜板气动力的公式,虽然考虑了流动性,但对背风区的流动处理不得当,算出来的升力仍较实际的力低。直到1907年儒可夫斯基引入环量概念,才奠定了正确的机翼升力理论。莱特兄弟是两个既有实践经验又有理论知识,且富有想象力和远见的工程师。他们设计制造的有动力的载人飞机于1903年试飞成功,从此开创了飞机的纪元,推动空气动力学迅速发展。

关于空气(流体)中物体的阻力(与来流方向一致的力)问题,达朗伯从数学上证明了,不计流体的粘性的话,任何形状的封闭物体,阻力都是零。这个结论违背常识,该怎样理解它是个疑问。所以人们把这个结论称为"达朗伯佯谬"或"达朗伯疑题"。后来,纳维和斯托克斯分别于1827年和1845年推导出了包括粘性力在内的流体运动方程,称为纳维-斯托克斯方程(N-S方程)。虽然由于方程形式复杂,只有极少数几个非常简单的粘流问题得到了解析解,它却是粘性流体运动的基本方程,至今研究粘流还是靠它。1883年雷诺从试验中发现,实际流动(必有粘性)有两种流态,分别称为层流和湍流,相应的阻力规律也不相同。决定流态的是一个复合参数(Vl/ν,惯性力与粘性力之比),此参数后来定名为雷诺数(Re),有关阻力的数据都是雷诺数的函数。雷诺数在试验研究上成了极重要的指导准则,但对考虑粘性的流动问题,一般还是没有办法作完整的理论处理。

1904年,普朗特对粘性流动问题提出了一个突破性的看法:边界层理论。他认识到,虽然所有的实际流体都是有粘性的,但如果流动的雷诺数很大的话,那么在流动中粘性力的重要性并不是处处一样的,离开物体表面很远的地方粘性力基本上不起作用,只在物面附近,一层很薄的流体(称边界层)内,粘性力才是重要的,才是必须考虑的。这样就可以把整个流动分成两部分来处理:远离物面的大部分区域可以用无粘理论作计算,而贴近物面的一层流体的流动需要作粘流计算。这个概念之所以是突破性的,是因为有了它,无粘流的理论就可以无所顾忌地大踏步向前发展了,另外粘流计算限制在薄薄的边界层内,使N-S方程得以大大的简化,使许多有实用意义的问题能得到解答,这样粘性流理论也得到了一条新的发展道路。可以说从此以后,才开始有了为飞机服务的现代空气动力学。

从第一次世界大战以后到第二次世界大战开始,这个阶段是亚声速飞机的成熟时期,也是低速空气动力学得到重大发展,对航空事业做出了重大贡献的时期。第二次世界大战期间及战后,航空发动机功率的不断提高和喷气发动机的出现和发展,使飞机的速度逐渐接近声速,即实现了高亚声速飞行,后来又突破了声速,达到了超声速。配合着飞机的发展,空气动力学中也发展了高速的、超声速的空气动力学分支。在这种飞行速度下,需要考虑空气的可压缩性(即密度在流动过程中有不可忽略的变化),还有超声速流动里的激波、膨胀波及气动热问题。

近几十年,人造地球卫星和航天飞机(太空飞行器)的成功,又提出了飞行器在极稀薄气体中飞行的气动问题,卫星回收和航天飞机返回时所遇到的问题是:怎样迅速地把飞行器原已获得的巨大动能(绕地球飞行时,速度可高达25000km/h)消耗掉,而不致烧毁飞行器。这时激波很靠近物面,和物面上的粘流层十分接近,这个区域里温度很高(可达五六千摄氏度),空气分子中有很大一部分离子化了,同时,飞行器头部的烧蚀层(通常是各种复合材料)也熔化或汽化了,和空气混合发生化学变化,于是空气动力学又出来一个名为空气热力化学动力学的分支。

空气动力学的使用范围日益扩大,处理问题的精度日益提高,除了航空和航天方面的空气动力学之外,还有气象方面以及使用气流工作的许多工业也都要用到空气动力学。现在对发动机内流问题的要求一点不比对飞机外部流动的要求低,它不仅有压气机和涡轮机的绕叶片流动的求解问题,还有燃烧过程需要用空气热力化学动力学去解决的问题,处理喷气发动机内部气流问题的称为内流空气动力学。一般风机中的流动、气象学中的气流问题以及建筑物的风压问题等,所处理的大多是低速问题,但物体形状往往不是顺流的,需要研究复杂的分离流动,所以工业空气动力学是另外一个方面。

图 0.1 用飞行马赫数 Ma(即飞行速度对当地声速之比)做纵坐标,雷诺数(Re)做横坐标,把空气动力学的各分支的适用范围以曲线划分出来。雷诺数越大,流动中粘性力作用越小,所以横坐标的右端 $Re \to \infty$ 对应于无粘性的流动,而左边是粘性极强的流动。纵坐标 Ma 数可以分为 3 段。$Ma<1$ 是低速和亚声速流动,$Ma \approx 1$ 是跨声速流动,$1.0<Ma<5$ 是超声速流动,$Ma>5$ 以后为高超声速流动。图面上有两条曲线,将可能的一切流动划分为 3 个区域。最右边的区域大致对应于 $10^2<Re<\infty$,马赫数 Ma 由极低(接近于零)到 5.0,这里是连续介质流动,是航空器的飞行范围。两条曲线之间的区域是飞行器在稀薄大气层中的飞行范围,这种流动称为滑流。在 Ma 和 Re 的这个配合范围内,物体表面上的空气已经不是和物面粘在一起,而是有一定的切向相对速度了。图中靠左边的区域代表自由分子流,在这样的 Ma 和 Re 配合下空气分子的平均自由程已经大于物体的尺寸,这时撞到物面上的一个个空气分子是从物面反弹出去的,且不会立即撞到外来的分子,要到离物体一定距离之后,才会和别的分子相撞。图中左上角区域是航天飞行的范围。

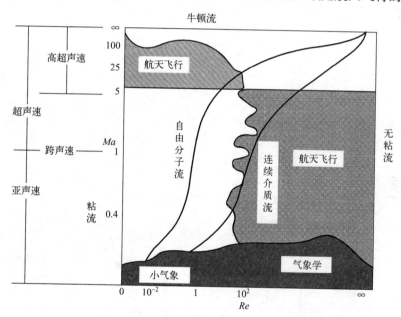

图 0.1 空气动力学的研究与应用范围

就飞机飞行所要用到的空气动力学来说,可以按飞行马赫数,分为低、亚声速空气动力学、跨声速空气动力学和超声速空气动力学。就航天飞行所要用到的空气动力学来说,则有高超声速空气动力学、稀薄空气动力学(包括滑流和自由分子流)、气动热力化学动力学和电磁流体动力学。

0.3 空气动力学的研究方法

理论研究与试验研究的相互补充、相互验证和相互促进是现代科学研究的一般途径,作为物理学(力学)一个分支的空气动力学也不例外。试验研究能提供许多感性知识,能使人不断深入物理现象，能使研究者从大量的定性和定量资料中分析出流动规律，为理论研究提供理论材料。理论研究运用基本的概念、定律和数学工具，抓住问题的主要作用因素，取某种抽象出来的模型作定量分析，从而获得规律和结果。

最近几十年来，随着计算机技术的发展，逐渐形成了一门名为计算空气动力学（计算流体力学，CFD）的分支，许多复杂的问题，如机翼和机身组合体的气动问题，要作解析的计算是不可能的，只有用计算机进行数值计算。这一学科领域目前发展迅猛，是空气动力学研究的前沿之一。

理论分析结果能揭示流动的内在规律，具有普遍适用性，但分析范围有限。试验结果能反映工程中的实际流动规律，发现新现象，检验理论结果等，但结果的普适性较差。数值方法的优点是能计算理论分析方法无法求解的数学方程，比试验方法省时省钱，通过数值模拟，甚至可以发现一些试验中未曾观察到的流动现象。但数值模拟只能解决已经具备理论模型的问题，而且它毕竟是一种近似解方法，适用范围受到数学模型的正确性和计算机性能的限制。

第1章　流体属性与流体静力学

1.1　流体的根本属性——流动性

根据现代的科学观点,物质可区分为固态、液态、气态、等离子体态和凝聚态 5 种状态,其中,固、液、气三态是自然界和工程技术领域中常见的。从力学角度看,气体和液体共同具有固体所不具有的一种特性——流动性,因而常将液体和气体又通称为流体。应用物理学基本原理研究流体受力及其运动规律的学科被称为流体力学。流体力学作为宏观力学的重要分支,与固体力学一样同属于连续介质力学的范畴。

1.1.1　流动性——流体的力学定义

从力学角度分析,流体与固体的差别在于对外力抵抗能力的不同。

流体在十分微小的剪切力作用下,也会产生连续不断的变形,直到剪切力消失,变形才会停止,而且在剪应力消失后不会恢复。由此可以得到流体的力学定义:不能抵抗任何剪切力作用下的剪切变形趋势的物质。

流体这种易流动性意味着流体没有固定的形状,这是流体与固体最基本的区别。当谈及一定质量的流体时,必须指明相应时刻其所处的边界。易流动性是定义流体与固体时最基本的区分点。

1.1.2　流体的一般行为特征

流体不能承受拉力。对于气体来说,当压力逐渐变小时,其密度也会变为很小,但仍保持为气相。但对于液体来说,当某一局部位置的压力降低到一定程度时(如因速度增大),就会产生空化现象,液体就不再保持连续而变为间断,在水轮机的叶片背面,或螺旋桨叶片的背面,就会产生空化现象。

流体中所包括的液体和气体除具有上述共同特性外,还具有如下的不同特性:液体的分子间距很难缩小,很不容易被压缩,以致一定重量的液体具有一定的体积,液体的形状取决于容器的形状,并且液体有力求自身表面积收缩到最小的特性。所以,当容器的容积大于液体的体积时,液体不能充满容器,在重力的作用下,液体总保持一个自由表面(或称自由液面),通常称为水平面。气体具有很大的压缩性,分子热运动对气体状态起决定性作用,所以气体没有一定形状,也没有一定的体积,它总是能均匀充满容纳它的容器而不能形成自由表面。

物质的宏观力学性质是由其微观结构的形式决定的。固、液、气(等离子体)等物质的三(四)种聚集状态在宏观物理性质上有着许多重大差别。不过,若仅就力学性质而言,后两(三)种状态却基本相同,唯有固体表现出另一种性质。从根本上说,这种差异乃是由于物质分子的热运动状态和分子间相互作用的不同所形成的。

1.1.3 特殊流体

自然界还有一些特殊的物质,如沥青等,在短时间内,不易看到其流动性,性质像固体,但在长时间内,如几天之内,就可看到其变形,性质又像流体。

沙子、谷物等颗粒集合体,也表现出一定的流动性。

这类特殊性质的物质,在研究其力学行为时,有更加复杂的规律。

1.2 连续介质模型

流体力学研究的对象是流体,从微观角度看,流体由大量的分子构成,这些分子都在做无规则的热运动。由于分子之间存在空隙,流体的物理量(如密度、压强和速度等)在空间的分布是不连续的。同时,由于分子的随机运动,在空间任一点上,流体的物理量在时间上的变化,也是不连续的。显然,以分子为对象来研究流体的运动将极为复杂。

现代物理学的研究得出,在标准状况下,$1cm^3$ 的水中约有 $3.3×10^{22}$ 个水分子,相邻分子间的距离约为 $3×10^{-8}cm$。$1cm^3$ 气体约有 $2.7×10^{19}$ 个分子,相邻分子间的距离约为 $3×10^{-7}cm$,分子间距离如此微小,即使在很小的体积中,也含有大量的分子,足以得到与分子数目无关的各项统计平均特性。因而可以根据大量分子统计平均的规律性来研究流体宏观机械运动的规律,这就是流体力学中的连续介质模型。

1.2.1 连续介质概念

1755 年,瑞士数学家和力学家欧拉首先提出连续介质模型,把流体当作由密集质点构成的、内部无空隙的连续体来研究。这里所说的质点,是指大小同一切流动空间相比微不足道,又含有大量分子、具有一定质量的流体微元。建立连续介质模型,是为了摆脱分子运动的复杂性,对流体物质结构进行简化。

连续介质模型的流体微团表述:

不考虑流体分子间的间隙,把流体视为由无数连续分布的质点化流体微团组成的连续介质,每个质点都代表了该流体微团内的分子平均特性,无线尺度,无热运动,只在外力作用下做宏观平移运动,由流体微团的相对运动形成流体内部的旋转和变形运动。

能够被当作质点来研究的流体微团必须具备两个条件:

(1) 必须包含足够多的分子;

(2) 占据的体积必须很小。

当把流体看作是连续介质后,表征流体性质的密度、速度、压强和温度等物理量在流体中也应该是连续分布的。这样,可将流体的各物理量看作是空间坐标和时间的连续函数,从而可以引用连续函数的解析方法等数学工具来研究流体的平衡和运动规律。

连续介质模型是对物质分子结构的宏观数学抽象,就像几何学是自然图形的抽象一样。采用流体连续介质假设以后,一方面避免了流体分子运动的复杂性,只需研究流体的宏观运动;另一方面可以利用数学工具来研究流体的平衡与运动规律,将研究升华到了理论的高度。

1.2.2 连续介质模型下的物理量定义

根据连续介质模型,可以定义连续介质模型下介质内某个质点的各个物理量。

1. 介质内某点密度

流体的密度是流体的重要属性之一,它表征流体在空间某点质量的密集程度,流体的密度定义为:单位体积流体所具有的质量,用符号 ρ 来表示。

对于流体中各点密度相同的均质流体,其密度为

$$\rho = \frac{m}{V}$$

式中:ρ 为流体的密度(kg/m^3);m 为流体的质量(kg);V 为流体的体积(m^3)。

对于各点密度不同的非均质流体,在流体的空间中某点取包含该点的微小体积 ΔV,该体积内流体的质量为 Δm,如图 1.1 所示,则该点的密度为

$$\rho_A = \lim_{\Delta V \to 0} \frac{\Delta m}{\Delta V} = \frac{dm}{dV} \qquad (1-1)$$

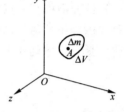

图 1.1 流体内某点的密度

常见流体的密度:水为 $1000kg/m^3$,空气为 $1.23kg/m^3$,水银为 $13600kg/m^3$。

但要注意:$\Delta V \to 0$ 的过程不是纯数学那样真的趋近于零,而是指 ΔV 已经变得相当小(与特征尺度相比较),但不能小于 ΔV_0(例如,分子的间隙空间大小的量级)。因为在小于 ΔV_0 的情况下,其内部不能包含有足够多的分子,以致统计平均值变得不稳定,所以 $\Delta V \to 0$ 只是指 $\Delta V \to \Delta V_0$,如图 1.2 所示。但也不能取得太大,以致使密度在宏观的不均匀性都被平均化了。例如,对于日常可见的空气流动,能分辨 1cm 距离的密度变化是相当准确了,所以可取小于 $1cm^3$,而 $1cm^3$ 空气在标准状态下($0℃$,1 个标准大气压)含有个 2.7×10^{19} 个分子,也是足够多了。

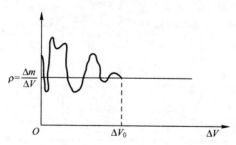

图 1.2 流体微团平均密度随体积的变化

2. 流体的相对密度

流体的相对密度是指流体的密度与 $4℃$ 时水的密度的比值。

$$d = \frac{\rho_f}{\rho_w} \qquad (1-2)$$

式中:ρ_f 为流体的密度(kg/m^3);ρ_w 为 $4℃$ 时水的密度(kg/m^3)。

3. 混合气体的密度

混合气体的密度按各组分气体所占体积百分数计算。

$$\rho = \rho_1 a_1 + \rho_2 a_2 + \cdots + \rho_n a_n = \sum_{i=1}^{n} \rho_i a_i \qquad (1-3)$$

式中:$\rho_1, \rho_2, \cdots, \rho_n$ 为各组分气体的密度;$a_1, a_2, \cdots, a_n$ 为各组分气体所占的体积百分数。

4. 比容

在实际应用中,使用比容经常比使用密度更方便。比容的定义为单位质量的流体所占有的体积,即流体密度的倒数,单位为 m^3/kg。

$$v = \frac{1}{\rho} \qquad (1-4)$$

5. 介质内某点的速度

连续介质中某一点处的速度,是指在某瞬时与该点重合的流体微团质心的速度。它与微团内分子的热运动速度定义不同,体现了流体团的宏观运动,它由外力引起,是流体内部大量分子运动速度的统计平均值,如图 1.3 所示。

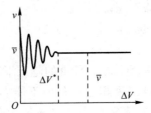

图 1.3　流体团分子速度的统计平均值曲线图

一些流体的性质参数如表 1.1 所列。

表 1.1　一些流体的性质参数(温度 15℃,一个大气压下)

气体	密度 ρ/ (kg/m^3)	动力粘度 $\mu \times 10^5/Pa \cdot s$	气体常数 $R/[J/(kg \cdot K)]$	气体	密度 ρ/ (kg/m^3)	动力粘度 $\mu \times 10^5/Pa \cdot s$	气体常数 $R/[J/(kg \cdot K)]$
空气	1.225	1.80	287	氮	1.16	1.76	297
二氧化碳	1.84	1.48	188	氧	1.33	2.00	260
一氧化碳	1.16	1.82	297	甲烷	0.668	1.34	520
氦	0.166	1.97	2077	饱和水蒸气	0.747	1.01	462
氢	0.0839	0.90	4120				

1.2.3　连续介质模型的应用范围与条件

连续介质模型用于一般的流动是合理和有效的,特别是对于液体而言,其分子间距很小,在大部分情况下都能满足连续介质条件。但是对于气体,在某些特殊的情况下,连续介质模型的条件无法满足,连续介质模型不能成立,此时就需要采用其他研究模型。在研究过程中,需要对气体是否满足连续介质模型的条件加以判断。

1. 分子平均自由程 l

分子平均自由程:分子在热运动中经常发生碰撞,在前后两次碰撞之间,分子走过的行程的统计平均值。

空气在通常条件下的分子平均自由程约为 10^{-7} m;对于液体可取为分子间距离(例如,水约为 10^{-10} m)的几倍。

2. 克努森数

从宏观上看,在一般的工程应用中,所研究流体的空间尺度都要比分子距离大得多。将空气中分子运动平均自由程与流动(飞行器)的特征尺寸之比定义为克努森数:

$$Kn = l/L \qquad (1\text{-}5)$$

式中:l 为气体分子平均自由程;L 为流场特征长度。

3. 连续介质模型的应用范围

在通常的流动中(如水渠、管道中液体的流动,飞机在大气中飞行,风吹过建筑物,大气环流等),其特征尺度(若干千米、几十米、米、厘米、毫米那样的量级)比分子自由程大得多。描述宏观运动的物理参数,是大量分子的统计平均值,而不是个别分子的值。在这种情形下(克努森数≪1),流体可以使用连续介质模型处理。

4. 连续介质模型不能适用的领域

在一些特殊的情况下,如航天器在外大气层运行时的稀薄大气环境、激波的波内结构、流动掺混的分界面、大气层内高超声速飞行器的外部流场等,使用连续介质模型分析的结果与实际情况往往有比较大的差别,这时必须考虑使用其他模型。

1.3 作用在流体上的力

作用在流体上的力有两类:表面力和彻体力。

1.3.1 表面力

流体微团以外的流体,通过与微团的分界表面作用在微团上的力,其大小与作用面积成比例,如压力、摩擦力、粘性力。

单位面积上的表面力称为应力。

$$p_n = \lim_{\delta A \to 0} \frac{\delta F}{\delta A} \qquad (1\text{-}6)$$

法向应力和切向应力(图1.4):

$$p_{nn} = \lim_{\delta A \to 0} \frac{\delta F_n}{\delta A} = \frac{\mathrm{d}F_n}{\mathrm{d}A} \qquad (1\text{-}6(\text{a}))$$

$$p_{n\tau} = \lim_{\delta A \to 0} \frac{\delta F_\tau}{\delta A} = \frac{\mathrm{d}F_\tau}{\mathrm{d}A} \qquad (1\text{-}6(\text{b}))$$

法向应力 p_{nn} 和切向应力 $p_{n\tau}$ 的单位都为 Pa。

1.3.2 彻体力

作用在每个流体微团上的力,其大小与流体质量(体积)成正比,也称质量力。

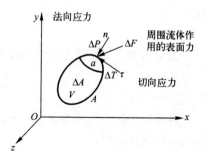

图1.4　表面力

$$f_x = \frac{W_x}{m} \quad f_y = \frac{W_y}{m} \quad f_z = \frac{W_z}{m}$$

$$\boldsymbol{f} = f_x \boldsymbol{i} + f_y \boldsymbol{j} + f_z \boldsymbol{k} \tag{1-7}$$

例如：重力、惯性力、电磁力。

单位：彻体力及其在各个坐标轴的分量的单位为 $\mathrm{m/s^2}$，与加速度的单位相同。

1.3.3 流体的压强

压力是分子杂乱热运动不断撞击所取表面的宏观反映，无论是静止的气体或流动着的气体里的某一单元表面上，或有气体流过的固体壁面上均受到压力。按连续性概念的简化，它是由于大量的气体分子做热运动不断地撞击物体表面的统计平均结果，而不是由个别分子的具体运动所决定的，不需要详细地研究个别分子的运动，而以宏观的物理量来表征大量分子的共性——统计平均特性，如图 1.5 所示。

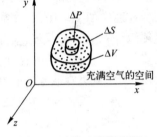

图 1.5 流体内部的压强

$$P_A = \lim_{\Delta S \to 0} \frac{\Delta P}{\Delta S} = \frac{\mathrm{d}P}{\mathrm{d}S} \tag{1-8}$$

1.4 完全气体与完全气体状态方程

压强、密度、温度是代表气体状态的 3 个基本参数，称为状态量。这 3 个量并不是完全独立的，存在着联系这 3 个状态量的一个关系式——状态方程：

$$f(p, \rho, T) = 0 \tag{1-9}$$

1662 年波义尔(Boyle)和 1676 年马略特(Mariotte)在试验中各自发现了气体体积随压强而变化的规律：

$$pV = p_0 V_0 = 常数 \tag{1-10}$$

1787 年查理(Charles)在试验中发现了气体的压强随温度而变化的规律：

$$pT_0 = Tp_0 = 常数 \tag{1-11}$$

1802 年盖·吕萨克(Gay-Lussac)通过试验发现了气体的体积随温度而变化的规律：

$$TV_0 = VT_0 = 常数 \tag{1-12}$$

由上面 3 个气体状态变化规律可得到一般形式的状态方程：

$$\frac{pV}{T} = \frac{p_0 V_0}{T_0} = 常数 \tag{1-13}$$

将标准状态的气体参数 $p_0 = 101325\mathrm{N/m^2}$，$V_0 = 22.4\mathrm{m^3}$，$T_0 = 273\mathrm{K}$ 代入式(1-13)即可得到通用气体常数：

$$\overline{R} = \frac{p_0 V_0}{T_0} = \frac{101325 \times 22.4}{273} = 8314\mathrm{J/(kmol \cdot K)}$$

将上式通除以气体的分子量 N，便得到单位质量气体的状态方程：

$$\frac{pV}{N} = \frac{\overline{R}}{N}T \qquad (1-14)$$

$$\frac{p}{\rho} = RT \qquad (1-15)$$

我们把严格遵循状态方程式进行状态变化的气体称为完全气体或理想气体。

1.5 流体的粘性

牛顿在《自然哲学的数学原理》(1687)中指出:相邻两层流体做相对运动时存在内摩擦作用,称为粘性力。他假设"流体两部分由于缺乏润滑而引起的阻力,同这两部分彼此分开的速度成正比",如图 1.6 所示。

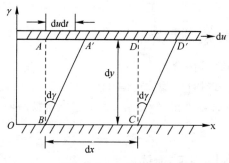

图 1.6 牛顿粘性定律

粘性切应力为

$$\tau = \mu \frac{du}{dy} = \mu \dot{\gamma} \qquad (1-16)$$

式(1-16)称为牛顿粘性定律,它表明:粘性切应力与速度梯度、角变形速率成正比。

比例系数称为动力粘度,简称粘度。牛顿粘性定律已获得大量试验证实。

1.5.1 动力粘度(粘度)

$$\mu = \frac{\tau}{\dot{\gamma}} \qquad (1-17)$$

粘度的单位是 Pa · s(帕秒)或 kg/m · s。

常温常压下,水和空气的粘度分别为

$$\mu_{水} = 1 \times 10^{-3} \text{Pa} \cdot \text{s}$$
$$\mu_{空气} = 1.8 \times 10^{-5} \text{Pa} \cdot \text{s}$$
$$\mu_{水} = 55.4 \mu_{空气}$$

1.5.2 运动粘度

在实际中经常用到运动粘度,它是粘度与同温度下流体密度之比

$$\nu = \frac{\mu}{\rho} \qquad (1-18)$$

运动粘度的单位是 m^2/s。

常温常压下,水和空气的运动粘度分别为

$$\nu_{水}=1\times10^{-6}m^2/s=0.01cm^2/s$$

$$\nu_{空气}=15\times10^{-5}m^2/s=0.15cm^2/s$$

$$\nu_{水}=\frac{1}{15}\nu_{空气}$$

1.5.3 壁面不滑移假设

由于流体的易变形性,流体与固壁可实现分子量级的粘附作用。通过分子内聚力使粘附在固壁上的流体质点与固壁一起运动,如图1.7所示。

壁面不滑移假设已获得大量试验证实,被称为壁面不滑移条件。

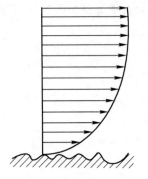

1.5.4 粘性流体和理想流体

按考虑粘性与否可以将流体分类。

(1)粘性流体。指具有粘性的流体($\mu\neq0$)。

(2)理想流体。指忽略粘性的流体($\mu=0$)。它是一种理想的流体模型。

1.5.5 牛顿流体和非牛顿流体

图1.7 壁面不滑移条件

按是否满足牛顿内摩擦定律可以将流体分类,如图1.8所示。

(1)牛顿流体。符合牛顿内摩擦定律的流体,如水、空气、汽油和水银等。

(2)非牛顿流体。不符合牛顿内摩擦定律的流体,如泥浆、血浆、新拌水泥砂浆、新拌混凝土等。

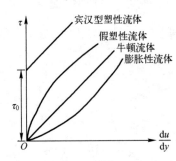

图1.8 按粘性规律划分的流体分类

1.6 流体的可压缩性

流体的可压缩性是指流体体积随着压力和温度的改变而发生变化的性质。常用压缩系数或体积模量来衡量。

1. 压缩系数

单位压力增加所引起的体积相对变化量为

$$k = -\frac{\delta V/V}{\delta p}(\mathrm{m^2/N})\tag{1-19}$$

2. 体积模量

$$K_p = 1/k = -\frac{V\delta p}{\delta V}(\mathrm{N/m^2})\tag{1-20}$$

按是否考虑可压缩性可以将流体分为可压缩流体和不可压缩流体。

不可压缩流体:不考虑可压缩性的流体。

可压缩流体:考虑可压缩性的流体。

1.7 流体静平衡方程——欧拉静平衡方程

流体静力学着重研究流体在外力作用下处于平衡状态的规律及其在工程实际中的应用。

这里所指的静止包括绝对静止和相对静止两种。以地球作为惯性参考坐标系,当流体相对于惯性坐标系静止时,称流体处于绝对静止状态;当流体相对于非惯性参考坐标系静止时,称流体处于相对静止状态。

流体处于静止或相对静止状态,两者都表现不出粘性作用,即切向应力都等于零。所以,流体静力学中所得的结论,无论对实际流体还是理想流体都是适用的。

1.7.1 流体静压强及其特性

流体的静压强是指流体处于绝对静止或相对静止时的压强。

$$p = \lim_{\Delta A \to 0}\frac{\Delta P}{\Delta A} = \frac{\mathrm{d}P}{\mathrm{d}A}$$

流体静压强有两个特性。

1. 方向性

流体静压力的方向总是沿着作用面的内法线方向,如图 1.9 所示。

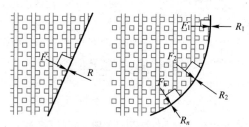

图 1.9 流体静压力的方向分析

原因:

(1) 静止流体不能承受剪力,即 $\tau = 0$,故 p 垂直于受压面;

(2) 流体几乎不能承受拉力,故 p 指向受压面。

2. 大小性

流体静压力与作用面在空间的方位无关,仅是该点坐标的函数。

对如图 1.10 所示的正四面体流体微元作受力
分析:

$$P_x \cdot \frac{1}{2}\mathrm{d}y\mathrm{d}z - P_n \cdot \mathrm{d}A \cdot \cos(n,x) + f_x \cdot \rho \frac{1}{6}\mathrm{d}x\mathrm{d}y\mathrm{d}z = 0$$

$$P_x - P_n + f_x \cdot \rho \frac{1}{3}\mathrm{d}x = 0$$

同理可得

$$\begin{cases} P_x - P_n + f_x \cdot \rho \dfrac{1}{3}\mathrm{d}x = 0 \\[2mm] P_y - P_n + f_y \cdot \rho \dfrac{1}{3}\mathrm{d}y = 0 \\[2mm] P_z - P_n + f_z \cdot \rho \dfrac{1}{3}\mathrm{d}z = 0 \end{cases}$$

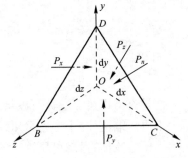

图 1.10　流体静压的大小分析

略去高阶无穷小量,得

$$P_x = P_y = P_z = P_n \qquad\qquad (1\text{-}21)$$

1.7.2　欧拉静平衡方程

在静止流体中取如图 1.11 所示的微小六面体,对其作受力分析。

设其中心点 $a(x,y,z)$ 的密度为 ρ,压强为 p,所受彻体力为 f。

如图 1.12 所示,以 x 方向为例,列出力平衡方程。

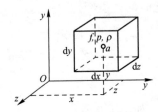

图 1.11　流体微元受力分析

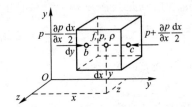

图 1.12　流体微元 x 方向受力分析

表面力:

$$p_b \mathrm{d}y\mathrm{d}z - p_c \mathrm{d}y\mathrm{d}z = -\frac{\partial p}{\partial x}\mathrm{d}x\mathrm{d}y\mathrm{d}z$$

彻体力:

$$f_x \cdot \rho \mathrm{d}x\mathrm{d}y\mathrm{d}z$$

处于平衡状态时所受合力为零。

$$\sum F_x = 0$$

得

$$pf_x \mathrm{d}x\mathrm{d}y\mathrm{d}z - \frac{\partial p}{\partial x}\mathrm{d}x\mathrm{d}y\mathrm{d}z = 0$$

14

$$f_x - \frac{1}{\rho} \frac{\partial p}{\partial x} = 0$$

同理,考虑 y、z 方向,可得流体平衡微分方程(欧拉平衡微分方程):

$$\begin{cases} f_x - \dfrac{1}{\rho} \dfrac{\partial p}{\partial x} = 0 \\[2mm] f_y - \dfrac{1}{\rho} \dfrac{\partial p}{\partial y} = 0 \\[2mm] f_z - \dfrac{1}{\rho} \dfrac{\partial p}{\partial z} = 0 \end{cases} \quad 即 \quad \begin{cases} \dfrac{\partial p}{\partial x} = \rho f_x \\[2mm] \dfrac{\partial p}{\partial y} = \rho f_y \\[2mm] \dfrac{\partial p}{\partial z} = \rho f_z \end{cases} \tag{1-22}$$

物理意义:在静止流体中,单位质量流体上的彻体力与静压强的合力相平衡。

适用范围:所有静止流体或相对静止的流体。

1.7.3 欧拉静平衡方程的应用

在推导流体静力学的计算公式时,一般不从上述方程出发,而是从压强差公式来进行推导的。把欧拉方程两边分别乘以 dx、dy、dz,然后相加,得

$$\rho(f_x dx + f_y dy + f_z dz) = \frac{\partial p}{\partial x} dx + \frac{\partial p}{\partial y} dy + \frac{\partial p}{\partial z} dz$$

流体静压强是空间坐标的连续函数,即 $p = p(x,y,z)$,它的全微分为

$$dp = \frac{\partial p}{\partial x} dx + \frac{\partial p}{\partial y} dy + \frac{\partial p}{\partial z} dz$$

所以

$$dp = \rho(f_x dx + f_y dy + f_z dz)$$

压强差公式表明:在静止流体中,空间点的坐标增量为 dx、dy、dz 时,相应的流体静压强增加 dp,压强的增量取决于质量力。

对于不可压缩均质流体,密度 ρ 是常数,压差公式改写为

$$d\left(\frac{p}{\rho}\right) = f_x dx + f_y dy + f_z dz$$

左边是全微分,它的右边也必须是全微分。由数学分析可知:该式右边成为某一个函数全微分的充分必要条件是

$$\frac{\partial f_x}{\partial y} = \frac{\partial f_y}{\partial x}, \quad \frac{\partial f_y}{\partial z} = \frac{\partial f_z}{\partial y}, \quad \frac{\partial f_z}{\partial x} = \frac{\partial f_x}{\partial z}$$

由理论力学可知,这也是 f_x、f_y、f_z 具有势函数 Ω 的充分必要条件。力的势函数对各坐标轴的偏导数等于单位质量力在对应坐标轴上的分量,即

$$f_x = -\frac{\partial \Omega}{\partial x}, \quad f_y = -\frac{\partial \Omega}{\partial y}, \quad f_z = -\frac{\partial \Omega}{\partial z}$$

写成矢量形式

$$\boldsymbol{f} = -\mathbf{grad}\Omega \tag{1-23}$$

有势函数存在的力称为有势力,由此得到一个重要的结论:只有在有势的彻体力作用下,不可压缩均质流体才能处于平衡状态,这就是流体平衡的条件。

$$\frac{\mathrm{d}p}{\rho}=f_x\mathrm{d}x+f_y\mathrm{d}y+f_z\mathrm{d}z=-\left(\frac{\partial\Omega}{\partial x}\mathrm{d}x+\frac{\partial\Omega}{\partial y}\mathrm{d}y+\frac{\partial\Omega}{\partial z}\mathrm{d}z\right)=-\mathrm{d}\Omega \qquad (1-24)$$

对两边积分,得

$$p=-\rho\Omega+C \qquad (1-25)$$

若已知某点参数,则

$$p=p_0-\rho(\Omega-\Omega_0) \qquad (1-26)$$

1.7.4 等压面

流场中压强相等的各点组成的面称为等压面,即
$$\mathrm{d}p=0$$
有
$$\mathrm{d}p=\rho(f_x\mathrm{d}x+f_y\mathrm{d}y+f_z\mathrm{d}z)=0\Rightarrow f_x\mathrm{d}x+f_y\mathrm{d}y+f_z\mathrm{d}z=0\Rightarrow \boldsymbol{f}\cdot\mathrm{d}\boldsymbol{r}=0$$
即
$$\boldsymbol{f}\perp\mathrm{d}\boldsymbol{r} \qquad (1-27)$$

表示等压面恒与质量力正交。

在不可压缩静止流体中,等压面也是有势彻体力的等势面。液体与气体的分界面,即液体的自由液面就是等压面,其上各点的压强等于在分界面上各点气体的压强。互不掺混的两种液体的分界面也是等压面。

只有重力作用在均匀的不可压缩流体时,如图 1.13 所示。

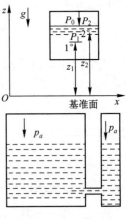

$$\begin{cases} f_x=0 \\ f_y=0 \Rightarrow \mathrm{d}z+\dfrac{\mathrm{d}p}{\rho g}=0 \\ f_z=-g \end{cases}$$

图 1.13 重力作用下
流体的平衡

可得

$$z+\frac{p}{\rho g}=C \qquad (1-28)$$

或

$$z_1+\frac{p_1}{\rho g}=z_2+\frac{p_2}{\rho g} \qquad (1-29)$$

可见:在重力作用下的连续均质不可压缩静止流体中,各点的单位重力流体的总势能保持不变。

1.8 标 准 大 气

从地球表面一直延伸到 2000~3000km 的高空,地球被随着高度增加而密度越来越小的空气包围着,通常称为大气层。虽然大气层的全部质量大约只是地球质量的百万分之一,但大气对于大气层内飞行器、火箭及航天飞行器飞行的初始和再入阶段以及低轨道卫星的影响很大,主要有空气阻力、气动加热现象、大气密度和压力变化对火箭发动机工作

性能的影响、电磁干扰等。因此,我们要了解地球大气层的特性。

大气层的内部情况随高度不同而异,通常根据大气的温度分布,把大气层划分为对流层、平流层、中间层、电离层和外层大气 5 层(图 1.14)。

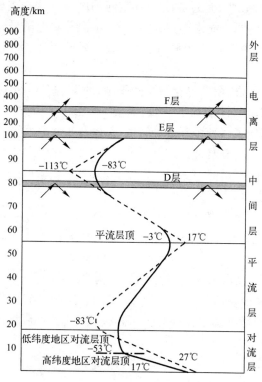

图 1.14　地球大气环境

最靠近地面的一层是对流层,这一层占据了大气的大部分质量(约 3/4),这一层空气受地面的加热和起伏不平的影响,处于不断运动的状况,大气的湍流和扰动,即风、雨、雪、雷、电等不断变化着的大气现象都发生在这一层内,空气的密度、压强、温度等参数均不断改变,且均随着高度增加而减小。对流层高度为 10~15km,在地球南北极这层大气最薄(8km 左右),赤道处最厚(18km 左右)。

从对流层顶端至 50km 属于平流层,在 11~20km 之间大气温度不随高度变化,保持为 216.65K,又称同温层。20~32km 之间,气温随高度增加而上升,这一层中的空气没有垂直方向的流动,只有水平方向的流动,所以称为平流层。整个平流层内空气的质量约占大气质量的 1/4 左右。平流层内没有水蒸气,没有雨、雷、电等天气现象。平流层大气密度、压力一直是下降的,50km 处的值只有地球表面处相应值的 0.08%。

从平流层顶端到离地球表面 85km 左右为中间层,层内空气的质量仅占整个大气层质量的 1/3000 左右。这一层的气温变化比较剧烈,先随高度增加而逐步上升到 282.66K,然后又随高度增加而下降到 196.86K。

从中间层顶端到离地球表面 400km 之间称为电离层,又称热层。在这一层,随着高度增加,空气温度上升,层顶空气温度达到 1500~1600K。因受太阳强烈的辐射作用,使空气温度升高以致离解成离子态,形成了几个集中的电离层,导电性较大,可以反射无线

17

电波。电离层最低层为 D 层,在 60~80km 处;第二层为 E 层,在 100~120km 处;第三层为 F1 层,在离地球表面 180~220km 处;最上一层为 F2 层,在离地球表面 300~500km 处。

从热层顶一直延伸到大气层的边缘称为外层,也称散逸层。这一层空气极为稀薄,空气质量只占大气质量的 10^{-11},是过渡到宇宙空间的区域。这一层较轻的原子运动快,而且密度又极低,所以这些原子能逃逸到太空中去,但离子和电子受地球磁场的约束不能逃逸出去。这一层与太空的界限不明显,根据人造卫星的探测,大气层边界约离地球表面 2000~3000km。

由于大气的温度、压强、密度等参数是随季节、时刻、高度及经纬度不同而变化,为了便于飞行器的设计、试验和性能数据比较,需要一个统一的大气状态参数作为依据。为此,国际航空界共同制定了一种国际标准大气,国际标准大气主要是按照中纬度地区各季节中大气的平均值而定出,其具体规定是:

(1) 空气被看作完全气体。

(2) 大气的相对湿度为零。

(3) 以海平面作为高度计算的起点($H=0$),在海平面处,$T_0 = 288.15K$,$P_0 = 101325Pa$,在高度 11000m 以下,气温随高度呈直线变化,每升高 1m,气温下降 0.0065K,即

$$T = 288.15 - 0.0065H$$

式中:T 为对流层中任意高度上大气温度(K);H 为高度(m)。

H 在 11000~20000m 左右气温保持不变,此时,$T = 216.65K$。按上述规定可导出空气、压强、密度等物理量随高度变化的规律,列成表格,称为国际标准大气表。

思 考 题

1. 什么是流体的连续介质假设?为什么要引入连续介质假设?
2. 作用在流体上的力有哪些?
3. 什么是完全气体?
4. 什么是牛顿流体和非牛顿流体?
5. 欧拉静平衡方程的物理意义是什么?

第2章 流体运动的基本方程

流体运动学研究流体的运动规律,如速度、加速度等运动参数的变化规律;而流体动力学则研究流体在外力作用下的运动规律,即流体的运动参数与所受力之间的关系。

2.1 研究流体运动的两种方法

根据着眼点的不同,流体力学中研究流体运动有两种不同方法:一种是欧拉(Euler)方法;另一种是拉格朗日(Lagrange)方法。

2.1.1 欧拉方法与拉格朗日方法

1. 欧拉方法

欧拉方法着眼于流场空间中的固定点,它将各个时刻流过空间任一固定点的流体质点的某些物理量,表示为该点位置和时间的函数。着眼于流场中各空间点上的运动情况,通过综合流场中所有被研究空间点上流体质点的运动变化规律,来获得整个流场的运动特性。其研究对象为流场,即充满运动流体的空间。

速度场:

$$\begin{cases} v_x = v_x(x,y,z,t) \\ v_y = v_y(x,y,z,t) \\ v_z = v_z(x,y,z,t) \end{cases} \tag{2-1}$$

压强场:

$$p = p(x,y,z,t) \tag{2-2}$$

密度场:

$$\rho = \rho(x,y,z,t) \tag{2-3}$$

其他物理量(N)场:

$$N = N(x,y,z,t) \tag{2-4}$$

2. 拉格朗日方法

拉格朗日方法着眼于确定的流体质点,而非空间的固定场点。设法描述出每个流体质点自始至终的运动过程,即它们的各参数随时间的变化规律。着眼于流体各质点的运动情况,研究各质点的运动历程,通过综合所有被研究流体质点的运动情况来获得整个流体运动的规律。

流体质点坐标:

$$\begin{cases} x = x(a,b,c,t) \\ y = y(a,b,c,t) \\ z = z(a,b,c,t) \end{cases} \tag{2-5}$$

流体质点速度：

$$v_x = \frac{\mathrm{d}x}{\mathrm{d}t}, \quad v_y = \frac{\mathrm{d}y}{\mathrm{d}t}, \quad v_z = \frac{\mathrm{d}z}{\mathrm{d}t} \tag{2-6}$$

流体质点加速度：

$$a_x = \frac{\mathrm{d}^2 x}{\mathrm{d}t^2}, \quad a_y = \frac{\mathrm{d}^2 y}{\mathrm{d}t^2}, \quad a_z = \frac{\mathrm{d}^2 z}{\mathrm{d}t^2} \tag{2-7}$$

3. 两种方法的比较

采用欧拉法描述流体的流动，常常比采用拉格朗日法优越，其原因：一是利用欧拉法得到的是场，便于采用场论这一数学工具来研究；二是采用欧拉法，加速度是一阶导数，而拉格朗日法，加速度是二阶导数，所得的运动微分方程分别是一阶偏微分方程和二阶偏微分方程，在数学上一阶偏微分方程比二阶偏微分方程求解容易；三是在工程实际中，并不关心每一质点的来龙去脉。拉格朗日法与欧拉法的比较如表2.1所列。

表2.1 拉格朗日法与欧拉法的比较

拉格朗日法	欧 拉 法
分别描述有限质点的轨迹	同时描述所有质点的瞬时参数
表达式复杂	表达式简单
不能直接反映参数的空间分布	直接反映参数的空间分布
不适合描述流体微元的运动变形特性	适合描述流体微元的运动变形特性
拉格朗日观点是重要的	流体力学最常用的解析方法

2.1.2 实质导数、欧拉方法的加速度表达式

1. 欧拉法加速度表达式

分量表示形式：

$$a_x = \frac{\mathrm{d}v_x}{\mathrm{d}t} = \frac{\partial v_x}{\partial t} + \frac{\partial v_x}{\partial x}\frac{\mathrm{d}x}{\mathrm{d}t} + \frac{\partial v_x}{\partial y}\frac{\mathrm{d}y}{\mathrm{d}t} + \frac{\partial v_x}{\partial z}\frac{\mathrm{d}z}{\mathrm{d}t} \tag{2-8}$$

$$\begin{cases} a_x = \dfrac{\partial v_x}{\partial t} + \dfrac{\partial v_x}{\partial x}\dfrac{\mathrm{d}x}{\mathrm{d}t} + \dfrac{\partial v_x}{\partial y}\dfrac{\mathrm{d}y}{\mathrm{d}t} + \dfrac{\partial v_x}{\partial z}\dfrac{\mathrm{d}z}{\mathrm{d}t} \\[2ex] a_y = \dfrac{\partial v_y}{\partial t} + \dfrac{\partial v_y}{\partial x}\dfrac{\mathrm{d}x}{\mathrm{d}t} + \dfrac{\partial v_y}{\partial y}\dfrac{\mathrm{d}y}{\mathrm{d}t} + \dfrac{\partial v_y}{\partial z}\dfrac{\mathrm{d}z}{\mathrm{d}t} \\[2ex] a_z = \dfrac{\partial v_z}{\partial t} + \dfrac{\partial v_z}{\partial x}\dfrac{\mathrm{d}x}{\mathrm{d}t} + \dfrac{\partial v_z}{\partial y}\dfrac{\mathrm{d}y}{\mathrm{d}t} + \dfrac{\partial v_z}{\partial z}\dfrac{\mathrm{d}z}{\mathrm{d}t} \end{cases} \tag{2-9}$$

矢量表示形式：

$$\boldsymbol{a} = \frac{\partial \boldsymbol{V}}{\partial t} + (\boldsymbol{V} \cdot \nabla)\boldsymbol{V} \tag{2-10}$$

式中：$\dfrac{\partial \boldsymbol{V}}{\partial t}$ 为当地加速度，表示通过固定空间点的流体质点速度随时间的变化率；$(\boldsymbol{V} \cdot \nabla)\boldsymbol{V}$ 为迁移加速度，表示流体质点所在空间位置的变化所引起的速度变化率。

2. 实质导数

$$\frac{D(\ )}{Dt} = \frac{\partial (\ )}{\partial t} + v_x \frac{\partial (\ )}{\partial x} + v_y \frac{\partial (\ )}{\partial y} + v_z \frac{\partial (\ )}{\partial z} \qquad (2\text{--}11)$$

$$\frac{D(\ )}{Dt} = \frac{\partial (\ )}{\partial t} + (\boldsymbol{V} \cdot \nabla)(\ ) \qquad (2\text{--}12)$$

2.2 流场及其描述

2.2.1 迹线与流线

1. 迹线

流体质点的运动轨迹称作迹线,是拉格朗日方法研究的内容。

流场中所有的流体质点都有自己的迹线,迹线是流体运动的一种几何表示,可以用它来直观形象地分析流体的运动,清楚地看出质点的运动情况。

2. 流线

在同一瞬间,位于某条线上每一个流体微团的速度矢量都与此线在该点的切线重合,则这条线称为流线。流线适于欧拉方法。

流线可以形象地给出流场的流动状态。通过流线,可以清楚地看出某时刻流场中各点的速度方向,由流线的密集程度,也可以判定出速度的大小。

3. 流线微分方程

按流线的定义可得流线的微分方程:

$$\frac{\mathrm{d}x}{v_x} = \frac{\mathrm{d}y}{v_y} = \frac{\mathrm{d}z}{v_z} \qquad (2\text{--}13)$$

表示为矢量形式为

$$\boldsymbol{V} \times \mathrm{d}\boldsymbol{s} = 0 \qquad (2\text{--}14)$$

2.2.2 流线的基本特征

对于定常流动,流场中各流体质点的速度不随时间变化,通过同一点的流线形状始终保持不变,因此流线和迹线相重合。而对于非定常流动,一般说来流线要随时间变化,故流线和迹线通常不相重合。

在给定瞬间,通过某一空间点只能有一条流线,一般情况下流线不能相交和分支,否则在同一空间点上流体质点将同时有几个不同的流动方向。只有在流场中速度为零或无穷大的那些点,流线可以相交,这是因为,在这些点上不会出现在同一点上存在不同流动方向的问题。速度为零的点称为驻点,速度为无穷大的点称为奇点。

流线不能突然折转,是一条光滑的连续曲线。

流线密集的地方,表示流场中该处的流速较大,稀疏的地方,表示该处的流速较小。

流管:在流场内任意作一封闭曲线(不是流线),通过封闭曲线上所有各点作流线,所形成的一个封闭的管状曲面称为流管,如图 2.1 所示。

流束:流管内部的流体称为流束。

微元流管:封闭曲线无限小时所形成的流管,微元流管的极限为流线。

每一瞬时,流场上所有流线的总体,称为流线族或流线谱。

流面则是指通过一条不封闭或封闭曲线的每一点所作的那些流线所组成的曲面。

流线族与流面,如图2.2所示。

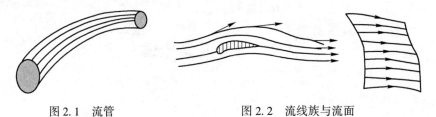

图2.1 流管　　　　　　　　　　图2.2 流线族与流面

2.3 流体微团的运动分析

2.3.1 三维流体微团运动分析

对于选定的流体微团,其运动可以分解为平动、转动和变形,而变形又包括了线变形与角变形两个方面。

1. 平动

流体微团的平动如图2.3所示。

x 方向速度:v_x

y 方向速度:v_y

z 方向速度:v_z

2. 线变形运动

流体微团的线变形运动如图2.4所示。

x 方向:$\dfrac{\partial v_x}{\partial x}$

y 方向:$\dfrac{\partial v_y}{\partial y}$

z 方向:$\dfrac{\partial v_z}{\partial z}$

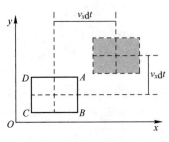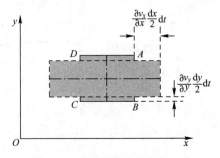

图2.3 流体微团的平动　　　　　　图2.4 流体微团的线变形运动

22

3. 角变形运动

流体微团的角变形运动如图 2.5 所示。

4. 旋转运动

流体微团的旋转运动如图 2.6 所示。

$$x\ \text{方向}: \omega_x = \frac{1}{2}\left(\frac{\partial v_z}{\partial y} - \frac{\partial v_y}{\partial z}\right)$$

$$y\ \text{方向}: \omega_y = \frac{1}{2}\left(\frac{\partial v_x}{\partial z} - \frac{\partial v_z}{\partial x}\right)$$

$$z\ \text{方向}: \omega_z = \frac{1}{2}\left(\frac{\partial v_y}{\partial x} - \frac{\partial v_x}{\partial y}\right)$$

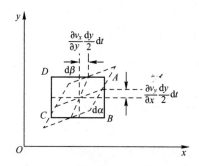

图 2.5　流体微团的角变形运动

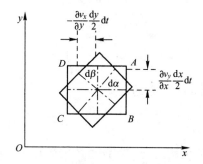

图 2.6　流体微团的旋转运动

5. 流场中某点的速度

流场中某点的速度可以表示为上述 4 项运动速度之和。

$$\begin{cases} v_{Ex} = v_x + \dfrac{\partial v_x}{\partial x}\dfrac{\mathrm{d}x}{2} + \left(\dot{\gamma}_z\dfrac{\mathrm{d}y}{2} + \dot{\gamma}_y\dfrac{\mathrm{d}z}{2}\right) + \left(\omega_y\dfrac{\mathrm{d}z}{2} - \omega_z\dfrac{\mathrm{d}y}{2}\right) \\[2mm] v_{Ey} = v_y + \dfrac{\partial v_y}{\partial y}\dfrac{\mathrm{d}y}{2} + \left(\dot{\gamma}_x\dfrac{\mathrm{d}z}{2} + \dot{\gamma}_z\dfrac{\mathrm{d}x}{2}\right) + \left(\omega_z\dfrac{\mathrm{d}x}{2} - \omega_x\dfrac{\mathrm{d}z}{2}\right) \\[2mm] v_{Ez} = v_z + \dfrac{\partial v_z}{\partial z}\dfrac{\mathrm{d}z}{2} + \left(\dot{\gamma}_y\dfrac{\mathrm{d}x}{2} + \dot{\gamma}_x\dfrac{\mathrm{d}y}{2}\right) + \left(\omega_x\dfrac{\mathrm{d}y}{2} - \omega_y\dfrac{\mathrm{d}x}{2}\right) \end{cases} \quad (2\text{-}15)$$

2.3.2　散度

流体 3 个方向的线变形率之和在向量分析中称为速度 V 的散度,用 $\mathrm{div}V$ 来表示,即

$$\mathrm{div}V = \frac{\partial V_x}{\partial x} + \frac{\partial V_y}{\partial y} + \frac{\partial V_z}{\partial z} \quad (2\text{-}16)$$

流体微团在运动中不论其形状如何变化,其质量总是不变的。而质量等于体积乘以密度,所以在密度不变的不可压流动中,其速度的散度即对应微团的体积应变率必定为零,即

$$\mathrm{div}V = 0 \quad (2\text{-}17)$$

如果密度发生变化,其散度一般不等于零。

2.3.3 旋度和势函数

1. 旋度

由前面的分析得到了 3 个角速度分量 ω_x、ω_y、ω_z 的表达式。合角速度是某点上某个流体微团的角速度 ω，则

$$\omega = \omega_x + \omega_y + \omega_z$$
$$= \frac{1}{2}\left(\frac{\partial v_z}{\partial y} - \frac{\partial v_y}{\partial z}\right) + \frac{1}{2}\left(\frac{\partial v_x}{\partial z} - \frac{\partial v_z}{\partial x}\right) + \frac{1}{2}\left(\frac{\partial v_y}{\partial x} - \frac{\partial v_x}{\partial y}\right) \tag{2-18}$$

令

$$\mathbf{rot}V = \left(\frac{\partial v_z}{\partial y} - \frac{\partial v_y}{\partial z}\right) + \left(\frac{\partial v_x}{\partial z} - \frac{\partial v_z}{\partial x}\right) + \left(\frac{\partial v_y}{\partial x} - \frac{\partial v_x}{\partial y}\right) \tag{2-19}$$

则

$$\omega = \frac{1}{2}\mathbf{rot}V \tag{2-20}$$

称 $\mathbf{rot}V$ 为速度 V 的旋度。

（1）有旋流动。流体微团的旋转角速度不等于零的流动称为有旋流动，即旋度不为零的流动。

（2）无旋流动。流体微团的旋转角速度等于零的流动称为无旋流动，即旋度为零的流动。

2. 势函数

对于无旋流动，其旋转角速度等于零，即

$$\omega = 0$$

$$\begin{cases} \dfrac{\partial v_z}{\partial y} = \dfrac{\partial v_y}{\partial z} \\[2mm] \dfrac{\partial v_x}{\partial z} = \dfrac{\partial v_z}{\partial x} \\[2mm] \dfrac{\partial v_y}{\partial x} = \dfrac{\partial v_x}{\partial y} \end{cases} \tag{2-21}$$

式（2-21）是 $v_x\mathrm{d}x + v_y\mathrm{d}y + v_z\mathrm{d}z$ 成为某一函数 $\varphi(x,y,z)$ 的全微分的必要且充分条件，函数 $\varphi(x,y,z)$ 称为速度势函数。

势函数 $\varphi(x,y,z)$ 的全微分为

$$\mathrm{d}\varphi = \frac{\partial \varphi}{\partial x}\mathrm{d}x + \frac{\partial \varphi}{\partial y}\mathrm{d}y + \frac{\partial \varphi}{\partial z}\mathrm{d}z = v_x\mathrm{d}x + v_y\mathrm{d}y + v_z\mathrm{d}z \tag{2-22}$$

速度沿 3 个坐标轴的分量等于速度势对于相应坐标的偏导数为

$$v_x = \frac{\partial \varphi}{\partial x} \quad v_y = \frac{\partial \varphi}{\partial y} \quad v_z = \frac{\partial \varphi}{\partial z}$$

在有势流动中，沿一曲线的速度环量等于曲线终点与起点的速度势之差。

$$\Gamma_{AB} = \int_A^B v_x\mathrm{d}x + v_y\mathrm{d}y + v_z\mathrm{d}z$$

$$= \int_A^B \frac{\partial \varphi}{\partial x} dx + \frac{\partial \varphi}{\partial y} dy + \frac{\partial \varphi}{\partial z} dz = \int_A^B d\varphi = \varphi_B - \varphi_A \qquad (2-23)$$

在有势流动中,速度势函数满足拉普拉斯方程。

$$\frac{\partial^2 \varphi}{\partial x^2} + \frac{\partial^2 \varphi}{\partial y^2} + \frac{\partial^2 \varphi}{\partial z^2} = \nabla^2 \varphi = 0 \qquad (2-24)$$

不可压缩流体或可压缩流体做无旋流动时,总有速度势存在,故无旋流动也称有势流动。

2.4 连续性方程(质量方程)

连续性方程是质量守恒定律在流体力学中的应用。我们认为流体是连续介质,它在流动时连续地充满整个流场。在这个前提下,当研究流体经过流场中某一任意指定的空间封闭曲面时,可以断定:若在某一定时间内,流出的流体质量和流入的流体质量不相等时,则这个封闭曲面内一定会有流体密度的变化,以便使流体仍然充满整个封闭曲面内的空间;如果流体是不可压缩的,则流出的流体质量必然等于流入的流体质量。上述结论可以表达成微分方程,称为连续性方程。

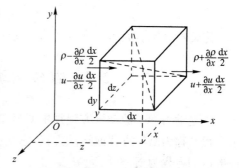

图 2.7 微元体的质量平衡

设在流场中任取一个微元平行六面体,其边长分别为 dx、dy、dz,如图 2.7 所示。

先分析 x 轴方向,u 和 ρ 都是坐标和时间的连续函数,即

$$u = u(x,y,z,t),\rho = \rho(x,y,z,t)$$

根据泰勒级数展开式,略去高于一阶的无穷小量,得到在 dt 时间内,沿 x 轴方向从左边微元面积 dydz 流入的流体质量为

$$\left(\rho - \frac{\partial \rho}{\partial x} \frac{dx}{2}\right)\left(u - \frac{\partial u}{\partial x} \frac{dx}{2}\right) dydzdt$$

同理可得,在 dt 时间内从右边微元面积 dydz 流出的流体质量为

$$\left(\rho + \frac{\partial \rho}{\partial x} \frac{dx}{2}\right)\left(u + \frac{\partial u}{\partial x} \frac{dx}{2}\right) dydzdt$$

这两者的差就是在 dt 时间内沿 x 轴方向流体质量的变化,即

$$-\left(\rho \frac{\partial u}{\partial x} dx + u \frac{\partial \rho}{\partial x} dx\right) dydzdt = -\frac{\partial}{\partial x}(\rho u) dxdydzdt$$

同理可得,在 dt 时间内沿 y 轴和 z 轴方向流体质量的变化分别为

$$-\frac{\partial}{\partial y}(\rho v) dxdydzdt$$

$$-\frac{\partial}{\partial z}(\rho w) dxdydzdt$$

因此,在 $\mathrm{d}t$ 时间内经过微元六面体的流体质量总变化为

$$-\left[\frac{\partial}{\partial x}(\rho u)+\frac{\partial}{\partial y}(\rho v)+\frac{\partial}{\partial z}(\rho w)\right]\mathrm{d}x\mathrm{d}y\mathrm{d}z\mathrm{d}t$$

根据连续性条件,经简化得到

$$\frac{\partial \rho}{\partial t}+\frac{\partial (\rho u)}{\partial x}+\frac{\partial (\rho v)}{\partial y}+\frac{\partial (\rho w)}{\partial z}=0$$

为可压缩流体非定常三维流动的连续性方程。若流动定常,则 $\frac{\partial \rho}{\partial t}=0$,上式化为

$$\frac{\partial (\rho u)}{\partial x}+\frac{\partial (\rho v)}{\partial y}+\frac{\partial (\rho w)}{\partial z}=0 \tag{2-25}$$

式(2-25)为可压缩流体定常三维流动的连续性方程。

若流体为不可压缩的,不论是定常或非定常,ρ 均为常数,故有

$$\frac{\partial u}{\partial x}+\frac{\partial v}{\partial y}+\frac{\partial w}{\partial z}=0 \tag{2-26}$$

这是不可压缩流体三维流动的连续性方程。

2.5 欧拉运动方程与 N-S 方程

空气动力学中的动量方程是牛顿第二运动定律在运动流体上的应用。微分形式的动量方程又称为欧拉方程或运动方程,它是在不计流体粘性的条件下推导的。考虑流体粘性的运动方程为 N-S 方程。

2.5.1 欧拉运动方程

在流场中取边长为 $\mathrm{d}x$、$\mathrm{d}y$、$\mathrm{d}z$ 的微元平行六面体流体元,形心坐标为 (x,y,z) ,三方向质量力为 f_x、f_y、f_z ,压强为 p。

应用牛顿第二定律,引入实质导数,对流体微团进行受力分析,如图 2.8 所示。

流体微团在 x 轴方向的受力分析:

左面微元表面中心的受力为

$$\left(p-\frac{\partial p}{\partial x}\frac{\mathrm{d}x}{2}\right)\mathrm{d}y\mathrm{d}z$$

右面微元表面中心的受力为

$$\left(p+\frac{\partial p}{\partial x}\frac{\mathrm{d}x}{2}\right)\mathrm{d}y\mathrm{d}z$$

质量力为 f_x。

x 轴方向的运动微分方程为

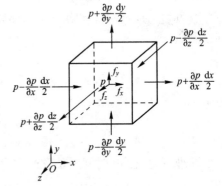

图 2.8 流体微团受力分析

$$\frac{\mathrm{d}v_x}{\mathrm{d}t}\rho\mathrm{d}x\mathrm{d}y\mathrm{d}z=f_x\rho\mathrm{d}x\mathrm{d}y\mathrm{d}z+\left(p-\frac{\partial p}{\partial x}\frac{\mathrm{d}x}{2}\right)\mathrm{d}y\mathrm{d}z-\left(p+\frac{\partial p}{\partial x}\frac{\mathrm{d}x}{2}\right)\mathrm{d}y\mathrm{d}z \tag{2-27}$$

$$\frac{dv_x}{dt} = f_x - \frac{1}{\rho} \frac{\partial p}{\partial x} \qquad (2-28)$$

类推可得理想流体的欧拉运动微分方程组为

$$\begin{cases} \dfrac{dv_x}{dt} = f_x - \dfrac{1}{\rho} \dfrac{\partial p}{\partial x} \\[2mm] \dfrac{dv_y}{dt} = f_y - \dfrac{1}{\rho} \dfrac{\partial p}{\partial y} \\[2mm] \dfrac{dv_z}{dt} = f_z - \dfrac{1}{\rho} \dfrac{\partial p}{\partial z} \end{cases} \qquad (2-29)$$

其矢量形式为

$$\frac{d\boldsymbol{V}}{dt} = f - \frac{1}{\rho} \nabla p \qquad (2-30)$$

2.5.2 N-S方程

如果考虑流体的粘性,即在欧拉运动方程右端(流体所受的力)加入一个粘性项,即可得到不可压缩粘性流体的运动微分方程(N-S方程)。

$$\begin{cases} \dfrac{dv_x}{dt} = f_x - \dfrac{1}{\rho} \dfrac{\partial p}{\partial x} + \nu\left(\dfrac{\partial^2 v_x}{\partial x^2} + \dfrac{\partial^2 v_x}{\partial y^2} + \dfrac{\partial^2 v_x}{\partial z^2} \right) \\[3mm] \dfrac{dv_y}{dt} = f_y - \dfrac{1}{\rho} \dfrac{\partial p}{\partial y} + \nu\left(\dfrac{\partial^2 v_y}{\partial x^2} + \dfrac{\partial^2 v_y}{\partial y^2} + \dfrac{\partial^2 v_y}{\partial z^2} \right) \\[3mm] \dfrac{dv_z}{dt} = f_z - \dfrac{1}{\rho} \dfrac{\partial p}{\partial z} + \nu\left(\dfrac{\partial^2 v_z}{\partial x^2} + \dfrac{\partial^2 v_z}{\partial y^2} + \dfrac{\partial^2 v_z}{\partial z^2} \right) \end{cases} \qquad (2-31)$$

其矢量式为

$$\rho\left[\frac{\partial \boldsymbol{V}}{\partial t} + (\boldsymbol{V} \cdot \nabla)\boldsymbol{V} \right] = \rho f - \nabla p + \mu \nabla^2 \boldsymbol{V} \qquad (2-32)$$

2.5.3 欧拉运动方程的积分——伯努利方程

若流动满足以下条件:流动定常、质量力有势、流体是不可压缩的正压流体,则可对欧拉方程沿流线进行积分,得

$$\Omega + \frac{p}{\rho} + \frac{v^2}{2} = C \qquad (2-33)$$

式中的积分常数,通常称为伯努利常数。

对于气体,在彻体力只考虑重力的情况下,可得对于低速气流的伯努利方程:

$$p + \frac{\rho}{2}v^2 = C \qquad (2-34)$$

$$p_0 = p + \frac{\rho}{2}v^2 \qquad (2-35)$$

上式中各项都具有压力的单位,右端第一项称为静压,第二项称为动压。它说明低速流动时,静压和动压之和保持不变。

利用这个原理可以制作用于测量低速气流速度的皮托管。

2.5.4 积分形式的动量方程

基于牛顿第二定理,作用于所选控制体上的合外力等于控制体内的动量变化率加上控制面上的动量通量,可得积分形式的动量方程,如图 2.9 所示。适用于求流体对其他物体的作用力。

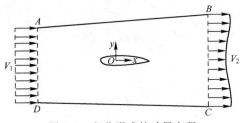

图 2.9 积分形式的动量方程

二维翼剖面或其他柱体的绕流常常伴随有一个尾迹区。由于粘性耗散作用,尾迹内的速度比外部速度小。这种流动很复杂,但如果我们只想知道物体受到的阻力的话,则可以利用积分形式动量方程方便地估算出来。为此,作控制面 $ABCD$,使其侧表面 AB 和 CD 由远离物体的水平线组成,上、下游界面 AD 和 BC 与来流方向垂直。认为在外控制面 $ABCD$ 上流动是定常、无粘的,应用积分形式的动量方程。可以得到结论:物体受到的流体阻力等于流体单位时间内的水平动量损失。

$$D = \rho \int V_2 (V_1 - V_2) \, \mathrm{d}y \qquad (2\text{-}36)$$

2.6 理想流体的旋涡运动

旋涡运动是流动中常见的现象,我们先从运动学的角度对其运动进行分析。

2.6.1 环量与涡

在流场中任取封闭曲线 K,速度 V 沿该封闭曲线的线积分称为速度沿封闭曲线 K 的环量,简称速度环量,用 Γ 表示,如图 2.10 所示,即

$$\Gamma = \oint_K \boldsymbol{V} \cdot \mathrm{d}\boldsymbol{s} = \oint_K v \cos\alpha \, \mathrm{d}s \qquad (2\text{-}37)$$

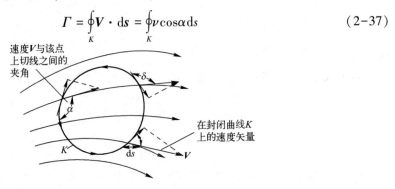

图 2.10 沿封闭曲线的速度环量

式中:V 为在封闭曲线上的速度矢量;α 为速度与该点上切线之间的夹角。

速度环量是个标量,但具有正负号。

速度环量的正负不仅与速度方向有关,而且与积分时所取的绕行方向有关。通常规定逆时针方向为 K 的正方向,即封闭曲线所包围的面积总在前进方向的左侧。当沿顺时针方向绕行时,应加一负号。实际上,速度环量所表征的是流体质点沿封闭曲线 K 运动的总的趋势的大小,或者说所反映的是流体的有旋性。

$$V = u\boldsymbol{i} + v\boldsymbol{j} + w\boldsymbol{k}$$

$$\mathrm{d}\boldsymbol{s} = \mathrm{d}x\boldsymbol{i} + \mathrm{d}y\boldsymbol{j} + \mathrm{d}z\boldsymbol{k}$$

$$V \cdot \mathrm{d}\boldsymbol{s} = u\mathrm{d}x + v\mathrm{d}y + w\mathrm{d}z$$

$$\Gamma = \oint_K V \cdot \mathrm{d}\boldsymbol{s} = \oint_K (u\mathrm{d}x + v\mathrm{d}y + w\mathrm{d}z) \tag{2-38}$$

在流场中沿封闭曲线计算环量时,如果该曲线包围的范围内有涡的话,则环量是有值的;如果不包含涡,则环量为零。

2.6.2 涡线、涡管和涡面

1. 涡线

一条曲线,在给定瞬时,这条曲线上每一点的切线与位于该点的流体微团的角速度 $\boldsymbol{\omega}$ 的方向相重合,如图 2.11 所示。

涡线的微分方程为

$$\frac{\mathrm{d}x}{\omega_x(x,y,z,t)} = \frac{\mathrm{d}y}{\omega_y(x,y,z,t)} = \frac{\mathrm{d}z}{\omega_z(x,y,z,t)} \tag{2-39}$$

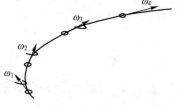

图 2.11 涡线

2. 涡管

在给定瞬时,在涡量场中任取一不是涡线的封闭曲线,通过封闭曲线上每一点作涡线,这些涡线形成一个管状表面,称为涡管。

3. 涡束

涡管中充满着做旋转运动的流体称为涡束。

4. 涡通量

旋转角速度的值 ω 与垂直于角速度方向的微元涡管横截面积 $\mathrm{d}A$ 的乘积的 2 倍称为微元涡管的涡通量。

$$\mathrm{d}I = 2\omega_n\mathrm{d}A \tag{2-40}$$

5. 涡度

沿封闭曲线的速度环量等于该封闭周线内所有的旋转角速度的面积积分的 2 倍,称为旋涡强度 I,即

$$I = 2\iint \omega_n\mathrm{d}A \tag{2-41}$$

2.6.3 斯托克斯定理

1. 微元封闭周线的斯托克斯定理

沿微元封闭周线的速度环量等于通过该周线所包围的面积的涡通量。

$$\mathrm{d}\Gamma = \frac{1}{2}\left[v_x + \left(v_x + \frac{\partial v_x}{\partial x}\mathrm{d}x\right)\right]\mathrm{d}x + \frac{1}{2}\left[\left(v_y + \frac{\partial v_y}{\partial x}\mathrm{d}x\right) + \left(v_y + \frac{\partial v_y}{\partial x}\mathrm{d}x + \frac{\partial v_y}{\partial y}\mathrm{d}y\right)\right]\mathrm{d}y -$$

$$\frac{1}{2}\left[\left(v_x + \frac{\partial v_x}{\partial x}\mathrm{d}x + \frac{\partial v_x}{\partial y}\mathrm{d}y\right) + \left(v_x + \frac{\partial v_x}{\partial y}\mathrm{d}y\right)\right]\mathrm{d}x - \frac{1}{2}\left[\left(v_y + \frac{\partial v_y}{\partial y}\mathrm{d}y\right) + v_y\right]\mathrm{d}y$$

$$= \left(\frac{\partial v_y}{\partial x} - \frac{\partial v_x}{\partial y}\right)\mathrm{d}x\mathrm{d}y = 2\omega_z\mathrm{d}A = \mathrm{d}J \tag{2-42}$$

2. 平面上有限单连通区的斯托克斯定理

沿包围平面上有限单连通区域的封闭周线的速度环量等于通过该区域的涡通量。

$$\Gamma_K = \oint_K \boldsymbol{V} \cdot \mathrm{d}\boldsymbol{s} = 2\iint_K \omega_n \mathrm{d}A \tag{2-43}$$

3. 空间表面上的斯托克斯定理

沿空间任一封闭周线的速度环量等于通过张于该封闭周线上的空间表面的涡通量。

$$\Gamma_K = \oint_K \boldsymbol{V} \cdot \mathrm{d}\boldsymbol{s} = 2\iint_A \omega_n \mathrm{d}A \tag{2-44}$$

4. 多连通区域的斯托克斯定理

通过多连通区域的涡通量等于沿这个区域的外周线的速度环量与沿所有内周线的速度环量总和之差。

$$\Gamma_{K1} - \Gamma_{K2} = 2\iint_A \omega_n \mathrm{d}A \tag{2-45}$$

2.6.4 理想流体中的涡定理

对理想流体中涡的行为有 3 条定理。

1. 亥姆霍兹第一定理
沿涡线或涡管的涡强不变。

2. 亥姆霍兹第二定理
涡管在流体内不可能中断,可以无限延伸,可以连接成环,或者止于边界(固体、液体),实际上就是涡管永远保持为由相同流体质点组成的涡管。

3. 亥姆霍兹第三定理
在理想流体中任何涡的强度不随时间而变化,既不会增强,也不会削弱或消失。

思 考 题

1. 什么是流线、流管、流束? 流线有什么特征?
2. 简述连续方程及其意义。
3. 简述伯努利方程及其意义。

4. 试简述流体运动的欧拉法和拉格朗日法。

5. 如果流体的密度表示为 $\rho=\rho(x,y,z,t)$ ，分别写出它的实质导数、当地加速度和迁移加速度的表达式。

6. 欧拉方法与拉格朗日方法的核心思想是什么？试举例说明其在科学研究中的应用。

7. 散度的物理意义是什么？

8. 有旋流动、无旋流动的区别是什么？什么是有势流动？

9. 什么是环量？与涡之间的关系是什么？

10. 什么是涡线、涡管和涡面？

第3章　粘性流动基础

20世纪之前,流体力学的研究分为两个分支:一是研究流体运动时不考虑粘性,运用数学工具分析流体的运动规律;另一个是不用数学理论而完全建立在试验基础上对流体运动进行研究,解决了技术发展中许多重要问题,但其结果常受试验条件限制。这两个分支的研究方法完全不同,这种理论和试验分离的现象持续了150多年,直到20世纪初普朗特提出了边界层理论为止。由于边界层理论具有广泛的理论和实用意义,得到了迅速发展,成为粘性流体动力学的一个重要领域。

3.1　湍流的形成

粘性流体的流动存在着两种不同的流型,即层流和湍流,这两种流动形态由英国物理学家雷诺(Reynolds)在1883年提出,他通过著名的雷诺试验大量观察了各种不同直径玻璃管中的水流,总结说明了这两种流动状态。

3.1.1　雷诺试验

雷诺试验装置如图3.1所示。试验的步骤如下:

(1)首先将水箱A注满水,并利用溢水管H保持水箱中的水位恒定,然后微微打开玻璃管末端的调节阀C,水流以很小速度沿玻璃管流出。再打开颜色水瓶D上的小阀K,使颜色水沿细管E流入玻璃管B中。当玻璃管中水流速度保持很小时,看到管中颜色水呈明显的直线形状,不与周围的水流相混。这说明在低速流动中,水流质点完全沿着管轴方向直线运动,这种流动状态称为层流,如图3.2(a)所示。

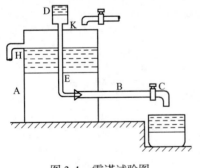

图3.1　雷诺试验图

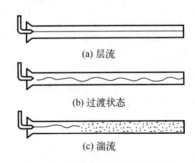

图3.2　层流、湍流及过渡状态

(2)调节阀C逐渐开大,水流速度增大到某一数值时颜色水的直线流将开始振荡,发生弯曲,如(图3.2(b))所示。

(3)再开大调节阀C,当水流速度增大到一定程度时,弯曲颜色水流破裂成一种非常紊乱的状态,颜色水从细管 E 流出,经很短一段距离后便与周围的水流相混,扩散至整个玻璃管内,如图 3.2(c)所示。这说明水流质点在沿着管轴方向流动过程中,同时还互相掺混,做复杂的无规则运动,这种流动状态称为湍流或紊流。

如果将调节阀 C 逐渐关小,水流速度逐渐减小,则开始时玻璃管内仍为湍流,当水流速度减小到另一数值时,流体又会变成层流,颜色水又呈一明显的直线。但是,由湍流转变为层流时的流速要比由层流转变为湍流时的流速小一些。我们把流动状态的转化称为转掠,把流动状态转化时的流速称为临界流速,由层流转变为湍流时的流速称为上临界流速,以 V'_c 表示。由湍流转变为层流时的流速称为下临界流速,以 V_c 表示,且有 $V_c < V'_c$。

当流速小于 V_c 时,流动一定是层流。当流速大于 V'_c 时,流动一定是湍流。当流速在两者之间的时候,可能是层流也可能是湍流,这与试验的起始状态、有无扰动等因素有关,不过实践证明是湍流的可能性更多些。因为这种情况下层流状态很不稳定,稍加扰动会立即转变为湍流。在相同的玻璃管径下用不同的液体进行试验,所测得的临界流速也不同,粘性大的液体临界流速也大;若用相同的液体在不同玻璃管径下进行试验,所测得的临界流速也不同,管径大的临界流速反而小。

3.1.2 层流与湍流

层流是流线平滑而又有层次的流动。这种流动仅在低雷诺数或者中等雷诺数下才能发生。在管道中层流的压力降与平均流速一次方成正比,流体质点间的动量输运是通过分子热运动进行的,并且将产生分子粘性切应力。

湍流是不规则和随机的运动,且流体质点间有强烈的掺混作用。在管道中湍流的压力降近似地与平均流速的平方成正比。这是由于湍流的掺混作用消耗了大量的能量,从而使流动阻力显著增大。此外,管道断面上流速分布要比层流的均匀得多。这也是因为湍流的掺混作用的结果。湍流的掺混作用也能进行动量输运,由于流体质点的质量比分子的质量大得多,因此湍流的动量输运能力远比分子热运动的输运能力要大得多。由于分子热运动的动量输运结果,要产生分子粘性切应力;湍流掺混作用的动量输运结果,则要产生湍流切应力,也称雷诺应力。这种应力在粘性流动中起着重要的支配作用。

除了由于分子热运动产生动量输运外,同样也要产生热量输运,这就是流体的热传导性和质量扩散性。在湍流流动中,湍流的掺混作用除了产生动量输运外,同样也要产生热量和质量输运,这就是所谓的湍流热传导性和湍流质量扩散性。

3.1.3 雷诺数

由前面可知,流体的流动状态是层流还是湍流,与流速、管径和流体的粘性等物理性质有关。雷诺根据大量的试验数据证明,流体的临界流速与流体的动力粘度成正比,与管内径和流体的密度成反比,即

$$V_c \propto \frac{\mu}{\rho d} \tag{3-1}$$

由此得到一个比例系数 Re_c,则式(3-1)可写成等式

$$V_c = Re_c \frac{\mu}{\rho d} = Re_c \frac{\nu}{d} \text{或} Re_c = \frac{V_c d}{\nu}$$

这是一个无量纲比例系数,称为临界雷诺数。与上下临界速度对应,也有上下两个临界雷诺数。大量精密试验结果指明,对于非常光滑、均匀一致的直圆管,下临界雷诺数等于2320。但对于一般程度的粗糙壁管值稍低,约为2000,所以在工业管道中通常取下临界雷诺数为2000。上临界雷诺数不易测得其精确数值,一般取为13800,即

$$Re_c = \frac{V_c d}{\nu} = 2000$$

$$Re'_c = \frac{V'_c d}{\nu} = 13800$$

再引入通常情况下的无量纲参数:雷诺数 $Re = \dfrac{Vd}{\nu}$,无数试验证明,不管流速多少、管内径多大,也不管流体的运动粘度如何,只要雷诺数相等,它们的流动状态就相似。所以,雷诺数是判别流体流动状态的准则数。

当流体流动的雷诺数 $Re < Re_c$ 时,流动状态为层流;当 $Re > Re'_c$ 时,则为湍流;当 $Re_c < Re < Re'_c$ 时,流动状态可能是层流,也可能是湍流,处于极不稳定的状态,任意微小扰动都能破坏稳定,变为湍流。

显然,上临界雷诺数在工程上一般没有实用意义,故通常都采用下临界雷诺数 Re_c 作为判别流动状态是层流或湍流的准则数。即 $Re < 2000$ 为层流,$Re > 2000$ 为湍流。

工程中实际流体(如水、空气、蒸气等)的流动,几乎都是湍流,只有粘性较大的液体(如石油、润滑油、重油等)在低速流动中,才会出现层流。

流体在任意形状截面的管道中流动时,雷诺数的形式是

$$Re = \frac{Vd_e}{\nu} \tag{3-2}$$

式中:d_e 为当量直径。

雷诺数之所以能作判别层流和湍流的标准,可根据雷诺数的物理意义来解释。粘性流体流动时受到惯性力和粘性力的作用,这两个力用量纲可分别表示为

$$惯性力 = m\frac{\mathrm{d}V}{\mathrm{d}t} = \rho V^2 l^2$$

$$粘性力 = \mu\frac{\mathrm{d}V}{\mathrm{d}y}A = \mu Vl$$

$$Re = \frac{\rho Vl}{\mu} = \frac{\rho V^2 l^2}{\mu Vl} = \frac{惯性力}{粘性力} \tag{3-3}$$

由此可知雷诺数是惯性力与粘性力的比值。雷诺数的大小表示了流体在流动过程中惯性力和粘性力哪个起主导作用。雷诺数小,表示粘性力起主导作用,流体质点受粘性的约束,处于层流状态;雷诺数大表示惯性力起主导作用,粘性不足以约束流体质点的紊乱运动,流动便处于湍流状态。

3.2　边界层理论

1904年,在德国举行的第三届国际数学家学会上,德国著名力学家普朗特第一次提

出了边界层的概念。他认为对于水和空气等粘度很小的流体,在大雷诺数下绕物体流动时,粘性对流动的影响仅限于紧贴物体壁面的薄层中,而在这一薄层外粘性影响很小,完全可以忽略不计,这一薄层称为边界层。普朗特的这一理论,在流体力学的发展史上具有划时代的意义。

3.2.1　边界层基本概念

根据普朗特边界层理论,把大雷诺数下均匀绕流物体表面的流场划分为 3 个区域,即边界层、外部势流和尾涡区,如图 3.3 所示。

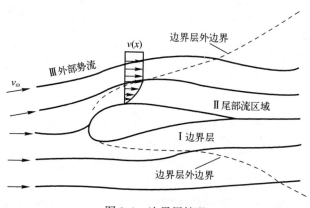

图 3.3　边界层情况

在边界层和尾涡区内,粘性力作用显著,粘性力和惯性力有相同的数量级,属于粘性流体的有旋流动区;在边界层和尾涡区外,流体的运动速度几乎相同,速度梯度很小,边界层外部的流动不受固体壁面的影响,即使粘度较大的流体,粘性力也很小,主要是惯性力。所以可将这个区域看作是理想流体势流区,可以利用势流理论和理想流体伯努利方程来研究流场的速度分布。

3.2.2　边界层厚度

普朗特边界层理论开辟了用理想流体理论和粘性流体理论联合研究的一条新途径。实际上边界层内、外区域并没有明显的分界面,一般将壁面流速为零与流速达到来流速度的 99% 处之间的距离定义为边界层厚度。边界层厚度沿着流体流动方向逐渐增加,这是由于边界层中流体质点受到摩擦阻力的作用,沿着流体流动方向速度逐渐减小,因此,只有离壁面逐渐远些,也就是边界层厚度逐渐大些才能达到来流速度,如图 3.4 所示。

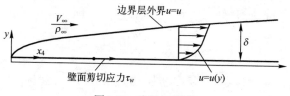

图 3.4　边界层厚度

1. 位移厚度

将由于不滑移条件造成的质量亏损折算成无粘性流体的流量相应的厚度 δ^*,又称为质量流量亏损厚度。它反映了由于边界层的存在导致的质量流量的损失,或者说是由于边界层的存在导致边界层外的流线向外的偏移量,如图 3.5 所示。

$$\delta^* = \int_0^\infty \left(1 - \frac{V}{V_\infty}\right) \mathrm{d}y \tag{3-4}$$

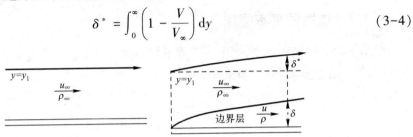

图 3.5　边界层位移厚度

2. 动量厚度

将由于不滑移条件造成的动量流量亏损折算成无粘流动量流量相应的厚度 θ。动量厚度反映了由于边界层的存在导致的动量流量的损失。

3.2.3　边界层流动特征

由试验结果可知,同管流一样,边界层内也存在着层流和湍流两种流动状态,相应称为层流边界层与湍流边界层。若在边界层起始部分内是层流,而在其余部分内是湍流,称为混合边界层,在层流变为湍流之间有一过渡区。在湍流边界层内紧靠壁面处也有一层极薄的层流底层。和管道流动一样,边界层中也会发生从层流到湍流的转捩,其特征标志是边界层厚度和壁面切应力突然急剧增大,如图 3.6 所示。

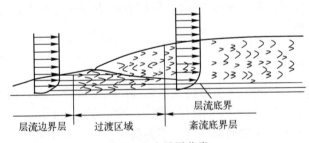

图 3.6　边界层分类

判别边界层的层流和湍流的准则数仍为雷诺数,但雷诺数中的特征尺寸用距前缘点的距离 x 表示,特征速度取边界层外边界上的速度 V_∞,即

$$Re_x = \frac{V_\infty x}{\nu}$$

对平板的边界层,层流转变为湍流(转捩)的临界雷诺数为 $Re_x = 5 \times 10^5 \sim 3 \times 10^6$。临界雷诺数的大小与物体壁面的粗糙度、层外流体的湍流度等因素有关。增加壁面粗糙度或层外流体的湍流度都会降低临界雷诺数的数值,使层流边界层提前转变为湍流边界层。

根据试验研究可以得到边界层的基本特征如下:

（1）与物体的长度相比,边界层的厚度很小；

（2）边界层内沿边界层厚度的速度变化非常急剧,即速度梯度很大；

（3）边界层沿着流体流动的方向逐渐增厚；

（4）边界层中各截面上的压强等于同一截面上边界层外边界上的压强；

（5）在边界层内粘滞力和惯性力是同一数量级的；

（6）边界层内流体的流动存在层流和湍流两种流动状态。

3.2.4 边界层微分方程及其精确解

对不可压缩粘性流体二维定常层流边界层流动,可用二维连续性方程和 N-S 方程描述(忽略质量力)。

$$
\begin{cases}
u\dfrac{\partial u}{\partial x}+v\dfrac{\partial u}{\partial y}=-\dfrac{1}{\rho}\dfrac{\partial p}{\partial x}+\dfrac{\mu}{\rho}\left(\dfrac{\partial^2 u}{\partial x^2}+\dfrac{\partial^2 u}{\partial y^2}\right)\\[2mm]
u\dfrac{\partial v}{\partial x}+v\dfrac{\partial v}{\partial y}=-\dfrac{1}{\rho}\dfrac{\partial p}{\partial y}+\dfrac{\mu}{\rho}\left(\dfrac{\partial^2 v}{\partial x^2}+\dfrac{\partial^2 v}{\partial y^2}\right)\\[2mm]
\dfrac{\partial u}{\partial x}+\dfrac{\partial u}{\partial y}=0
\end{cases}
\tag{3-5}
$$

利用边界层很薄的特点,首先,边界层内 y 方向的速度分量必远小于 x 方向的速度分量,即 $v\ll u$；其次,速度在 y 方向的变化远大于 x 方向的变化,即 $\partial/\partial y\gg\partial/\partial x$,对方程作简化。

普朗特用逐项量级比较法推导出来普朗特边界层方程组如下：

$$
\begin{cases}
\rho\left(u\dfrac{\partial u}{\partial x}+v\dfrac{\partial u}{\partial y}\right)=-\dfrac{\partial p}{\partial x}+\mu\dfrac{\partial^2 u}{\partial y^2}\\[2mm]
\dfrac{\partial p}{\partial y}=0\\[2mm]
\dfrac{\partial u}{\partial x}+\dfrac{\partial u}{\partial y}=0
\end{cases}
\tag{3-6}
$$

第二个方程表明边界层内 y 方向压强梯度为零,说明外部压强可穿透边界层直接作用在平板上。压强沿 x 方向的变化,完全由外部势流决定,因此对边界层内流动,压强可看作已知量。

第一个方程式右边得到简化(x 方向二阶偏导数消失),有利于数值计算。利用该方程就可计算壁面切应力和流动阻力。

对平板边界层流动,外部势流(均流)无压强梯度,普朗特边界层方程组更可简化为

$$
\begin{cases}
\rho\left(u\dfrac{\partial u}{\partial x}+v\dfrac{\partial u}{\partial y}\right)=\mu\dfrac{\partial^2 u}{\partial y^2}\\[2mm]
\dfrac{\partial p}{\partial y}=0\\[2mm]
\dfrac{\partial u}{\partial x}+\dfrac{\partial u}{\partial y}=0
\end{cases}
\tag{3-7}
$$

边界条件是

$$y = 0 \text{ 时}, u = 0, v = 0; y \to \infty \text{ 时}, u \to V_\infty$$

对于曲率很小的曲面,仍然可以使用这个方程,只需要将坐标系转换为跟曲面相应的曲线坐标即可。压强 p 沿曲面的法线方向不变。

在估阶时,各项量级取的是边界层内各项各自的平均值的量级,允许该项在区域内个别点和个别区域内量级不符,重要的是它的平均水平。这其中隐含了假设:平均值的量级高,则这些项决定总体流动,个别点上或区域内量级上的偏离不影响总体流动(近似)。

在前缘附近由于板上速度 u 从 0 过渡到 V_∞ 距离极短,因而不满足 $o\left(\dfrac{\partial u}{\partial x}\right) \ll o\left(\dfrac{\partial u}{\partial y}\right)$,故边界层理论在前缘附近失效。

边界层不仅存在于固壁附近,一般说来,边界两侧由无粘理论求得的流场若不满足界面上的粘性边界条件,那么在此界面处就一定会出现边界层,如自由表面(理想流体切应力 = 0);两不同速度的平行流动间的过渡层也是边界层。

压强梯度项为被动项(无外加压差时),它由粘性项和惯性项共同决定。

布拉修斯利用相似性解法,引入无量纲坐标

$$\eta = \frac{y}{\delta} = y\sqrt{\frac{V_\infty}{vx}}$$

用无量纲流函数 $f(\eta)$ 表示速度分量 u、v,如

$$f'(\eta) = \frac{u}{V}$$

普朗特边界层方程可化为布拉修斯方程

$$2f''' + ff'' = 0 \tag{3-8}$$

边界条件

$$\eta = 0, f = f' = 0$$
$$\eta \to \infty, f' \to 1$$

由数值解绘制的无量纲速度廓线与尼古兹试验测量结果吻合,如图 3.7 所示。

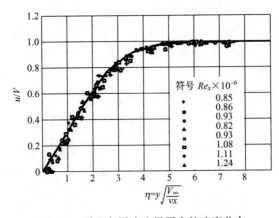

图 3.7　零迎角层流边界层内的速度分布

布拉修斯最初用级数匹配法求解,但现在用数值方法求解更为方便,特别是有限差分法。对布拉修斯方程进行较精确的求解。

38

边界层名义厚度：

$$f=0.99, \eta=5.0$$

边界层名义厚度 δ 与 $\sqrt{x}$ 成正比，即边界层厚度以距前缘距离的二分之一次方律增长；壁面切应力 τ_w 与 $1/\sqrt{x}$ 成正比，即壁面切应力以 x 的负二分之一次方律减小。

取如图 3.8 所示的控制体，可以得到边界层的动量积分关系式。

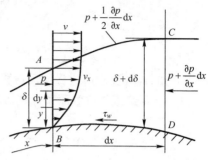

图 3.8　动量积分示意图

控制面：AB、BD、DC、CA。

单位时间内 AB 面流入的质量和动量：

质量为

$$\int_0^\delta \rho v_x \mathrm{d}y$$

动量为

$$\int_0^\delta \rho v_x^2 \mathrm{d}y$$

单位时间内 CD 面流入的质量和动量：

质量为

$$\int_0^\delta \rho v_x \mathrm{d}y + \mathrm{d}x \frac{\partial}{\partial x} \int_0^\delta \rho v_x \mathrm{d}y$$

动量为

$$\int_0^\delta \rho v_x^2 \mathrm{d}y + \mathrm{d}x \frac{\partial}{\partial x} \int_0^\delta \rho v_x^2 \mathrm{d}y$$

单位时间内 AC 面流入的质量和动量：

质量为

$$\mathrm{d}x \frac{\partial}{\partial x} \int_0^\delta \rho v_x \mathrm{d}y$$

动量为

$$v \mathrm{d}x \frac{\partial}{\partial x} \int_0^\delta \rho v_x \mathrm{d}y$$

单位时间沿 x 方向经控制面的动量通量：

$$\mathrm{d}x \left(\frac{\partial}{\partial x} \int_0^\delta \rho v_x^2 \mathrm{d}y - v \frac{\partial}{\partial x} \int_0^\delta \rho v_x \mathrm{d}y \right)$$

AB 面上的总压力：$p\delta$

CD 面上的总压力：$p + \dfrac{\partial p}{\partial x} \mathrm{d}x$

AC 面上的总压力：$\left(p + \dfrac{1}{2} \dfrac{\partial p}{\partial x} \mathrm{d}x \right) \mathrm{d}\delta$

BD 面上的切向压力：$\tau_w \mathrm{d}x$

$$p\delta + \left(p + \frac{1}{2}\frac{\partial p}{\partial x}dx\right)d\delta - \left(p + \frac{\partial p}{\partial x}dx\right)(\delta + d\delta) - \tau_w dx \approx -\delta\frac{\partial p}{\partial x} - \tau_w$$

根据动量方程,得

$$\begin{cases} \dfrac{\partial p}{\partial x}\displaystyle\int_0^\delta \rho v_x^2 dy - v\dfrac{\partial}{\partial x}\displaystyle\int_0^\delta \rho v_x dy = -\delta\dfrac{\partial p}{\partial x} - \tau_w \\[3mm] \dfrac{d}{dx}\displaystyle\int_0^\delta \rho v_x^2 dy - v\dfrac{d}{dx}\displaystyle\int_0^\delta \rho v_x dy = -\delta\dfrac{dp}{dx} - \tau_w \end{cases} \tag{3-9}$$

3 个未知量,因此要求解边界层动量积分方程,原则上还需要补充两个方程:

(1) 满足绕流物体壁面条件和边界层外边界条件的速度分布:

$$v_x = f(y) \tag{3-10}$$

(2) 与速度分布有关的 τ_w 与 δ 的关系式。

事实上,τ_w 与 δ 的关系可根据边界层内的速度分布求出。

3.3　边界层的分离与流动阻力

在实际工程中,物体的边界往往是曲面(流线型或非流线型物体)。当流体绕流非流线型物体时,一般会出现下列现象:物面上的边界层在某个位置开始脱离物面,并在物面附近出现与主流方向相反的回流,流体力学中称这种现象为边界层分离现象。流线型物体在非正常情况下也能发生边界层分离,如图 3.9 所示。

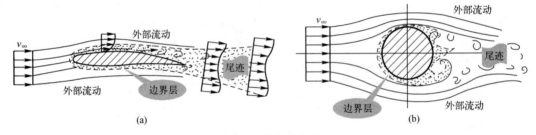

(a)　　　　　　　　　　　　　　　　(b)

图 3.9　外绕流流谱

3.3.1　边界层的分离

考虑如图 3.10 所示,不可压缩流体绕流圆柱体。当粘性流体绕圆柱体流动时,在圆柱体前驻点 A 处,流速为零,该处尚未形成边界层,即边界层厚度为零。随着流体沿圆柱体表面上下两侧绕流,边界层厚度逐渐增大。层外的流体可近似地作为理想流体,理想流体绕流圆柱体时,在圆柱体前半部速度逐渐增加,压强逐渐减小,是加速流。当流到圆柱体最高点 B 时速度最大,压强最小。到圆柱体的后半部速度逐渐减小,压强逐渐增加,形成减速流。由于边界层内各截面上的压强近似地等于同一截面上边界层外边界上的流体压强,因此,在圆柱体前半部边界层内的流动是降压加速,而在圆柱体后半部边界层内的流动是升压减速。

当流体绕过圆柱体最高点 B 流到后半部时,压强增加,速度减小,更促使边界层内流

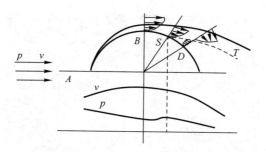

图 3.10　圆柱绕流边界层的分离

体质点的减速,从而使动能消耗更大。当达到 S 点时,近壁处流体质点的动能已被消耗完,流体质点不能再继续向前运动,于是一部分流体质点在 S 点停滞下来,过 S 点以后,压强继续增加,在压强差的作用下,除了壁上的流体质点速度仍等于零外,近壁处的流体质点开始倒退。

接踵而来的流体质点在近壁处都同样被迫停滞和倒退,以致越来越多被阻滞的流体在短时间内在圆柱体表面和主流之间堆积起来,使边界层剧烈增厚,边界层内流体质点的倒流迅速扩展,而边界层外的主流继续向前流动,这样在这个区域内以 ST 线为界,在 ST 线内是倒流,在 ST 线外是向前的主流,两者流动方向相反,从而形成旋涡。使流体不再贴着圆柱体表面流动,而从表面曲面边界层分离出来,造成边界层分离,S 点称为分离点。

形成的旋涡,不断地被主流带走,在圆柱体后面产生一个尾涡区。尾涡区内的旋涡不断地消耗有用的机械能,使该区中的压强降低,即小于圆柱体前和尾涡区外面的压强,从而在圆柱体前后产生了压强差,形成了压差阻力。压差阻力的大小与物体的形状有很大关系,所以又称为形状阻力。

3.3.2　卡门涡街

1911 年,匈牙利科学家卡门在德国专门研究了这种圆柱背后旋涡的运动规律。试验研究表明,当粘性流体绕过圆柱体发生边界层分离时,在圆柱体后面产生一对不稳定的旋转方向相反的对称旋涡,对称旋涡不断增长,这对不稳定的对称旋涡,最后形成几乎稳定的非对称性的、多少有些规则的、旋转方向相反、上下交替脱落的旋涡,这种旋涡具有一定的脱落频率,称为卡门涡街,如图 3.11 所示。

圆柱体的卡门涡街的脱落频率 f 与流体流动的速度 V 和圆柱体直径 d 有关,由泰勒和瑞利提出下列经验公式

$$f = 0.198 \frac{V}{d}\left(1 - \frac{19.7}{Re}\right) \tag{3-11}$$

适用于 $250 < Re < 2\times10^5$ 范围内的流动,式中无量纲数 $\dfrac{fd}{V}$ 称为斯特劳哈尔(V. Strouhal)数,即

$$Sr = \frac{fd}{V} \tag{3-12}$$

根据罗斯柯 1954 年的试验结果,当 $Re > 1000$ 时,斯特劳哈尔数 Sr 近似地等于常数,即 $Sr = 0.21$。

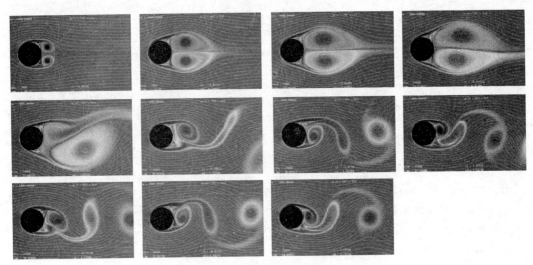

图 3.11　卡门涡街的形成

　　根据卡门涡街的上述性质,可以制成卡门涡街流量计,即在管道内从与流体流动相垂直的方向插入一根圆柱体验测杆。管内流体流经圆柱体验测杆时,在验测杆下游产生卡门涡街,测得了旋涡的脱落频率,便可由式(3-11)求得管内流体的流速,进而确定管内流体的流量。测定卡门涡街脱落频率的方法有热敏电阻丝法、超声波束法等。

　　在日常生活中,常听到风吹电线嘘嘘发响的鸣叫声,这种鸣响也是由于卡门涡街的交替脱落引起空气中压强脉动所造成的声波。在工程设备中(如管式空气预热器),空气横向绕流管束,卡门涡街的交替脱落会引起管箱中气柱的振动。特别是当旋涡脱落频率与管箱中的声学驻波振动频率相等时,便会发生声学共振现象,产生严重的噪声,并使器壁在脉动压力作用下弯曲变形,甚至振裂。最严重的情况是气室的声学驻波振动频率、管束的固有频率、卡门涡街的脱落频率三者相合时,将造成设备的严重破坏。

　　通常消除声学共振的措施是提高设备气室的声学驻波频率,也就是顺着流体流动方向加装若干块隔板,将设备气室的横向尺寸分成若干段,提高其声学驻波振动频率,使之与卡门涡街的声振频率错开。这种简单的办法实践证明是行之有效的,但具体做时要通过试验及必要的计算来解决。

3.3.3　流体中做相对运动物体所受的流体阻力

　　把与物体运动方向相反,起着阻碍物体运动作用的作用力,称为阻力。

　　按照理想流体的运动方程,与流体做相对运动的物体不受阻力作用,这就是达朗贝尔佯谬。可见,在讨论流体阻力的时候,理想流体运动方程是完全失效的。由于真实流体粘性的存在,使得与流体做相对运动的物体不可避免地受到阻力的作用。

　　根据阻力形成的机理不同可以将流体阻力划分为摩擦阻力和压差阻力两部分。

　　(1)摩擦阻力。流体绕过物体流动所引起的切向应力造成的阻力。它是由粘性直接作用的结果。

　　(2)压差阻力。流体绕过物体流动所引起的压强差造成的阻力。由粘性间接作用的结果。

42

思 考 题

1. 层流与湍流有什么区别？工程上如何判断流动状态？
2. 试讨论边界层的重要意义。
3. 什么是边界层分离？其影响是什么？如何避免或抑制边界层分离？
4. 讨论卡门涡街的损害及如何在工程中应用该现象。

第4章　航天飞行器空气动力学

航天器空气动力学主要是讨论航天器在发射上升段和再入返回段的空气动力学问题。本章主要介绍运载火箭、飞船、航天飞机的空气动力学问题。

4.1　运载火箭空气动力学

运载火箭以很大的推力加速,用很短的时间穿过稠密大气层,因此跨、超声速时的气动载荷、抖振载荷和火箭发动机的底部加热问题是其面临的主要空气动力学问题。

运载火箭的气动力特性与发射状态、结构外形以及操纵机构密切相关。当它竖立在发射架上时,在地面风作用下产生地面风载,这是结构设计中需要考虑的外在因素之一。发射后,在大气层内上升过程中,飞行马赫数从低速直至高超声速,雷诺数的变化范围非常大,最高可达 10^{10} 量级。此外,它一般由一级至四级组成,各级粗细不等,级间用支杆、裙部或倒裙整流,有的还带稳定翼和助推火箭,表面还有许多附加物。大范围的飞行参数和复杂的结构外形,除了要分析定常气动力外,还需要研究表面气流分离引起的严重的非定常气动力。此外,它还有一些特殊的气动问题,如级间分离对气动力的影响,喷流与外流之间干扰产生的附加气动力等,这里将不细述这些特殊气动问题。

4.1.1　发射前地面风载

运载火箭在发射前暴露竖立于地面风场中,是一个竖立物体粘性绕流问题。地面风载是由地面风产生的,地面风可分为定常与非定常风两部分,实用分析中,都采用阵风因子法将非定常风引起的气动载荷折算到定常风诱导的定常载荷中。不过即使是定常风,由于物体后会形成一个非定常尾迹,也会产生定常和非定常气动载荷,因此确定定常风诱导的定常与非定常气动载荷即可(图 4.1)。目前还没有合适的分析计算方法,主要依赖风洞试验结果。但在初步设计阶段,可估算风速峰值的定常阻力及其导致的弯矩,以此再留 50% 余量,作为允许非定常载荷。在结构设计接近完成时,由风洞试验最终确定定常与非定常载荷。

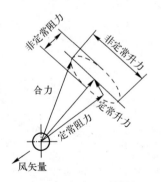

图 4.1　定常风诱导的定常与非定常载荷

图 4.1 所示四个力中,定常阻力和非定常升力在地面风载中占主要部分,但只有光滑圆柱有数值分析结果,实际飞行器只能依靠地面风洞试验。不过光滑圆柱的一些结果给风洞试验不少启示,其定常阻力与雷诺数 Re 密切相关,存在一个临界雷诺数 Re_{cr} 约为 3×10^5,当 $Re > Re_{cr}$,定常阻力明显下降。在亚临界区,非定常升力与定常阻力具有相同的量级,而非定常阻力小一个量级,且它们都具有周期性特点,频率与无量纲

44

绕流脱涡频率即斯坦顿数 St 相关,此时约为 0.2。在超临界区,$Re > 6 \times 10^6$ 时 St 约为 0.3,当 St 与运载火箭的一阶悬臂振动无量纲频率相同时,可能得到最大的横向动载荷。因此,在风洞试验中应注意以下几点:

1. Re 的模拟

由于定常阻力和非定常升力与 Re 相关,因此为获取确切的地面风载,要尽量做到 Re 完全模拟,至少需满足 $Re > 2 \times 10^6$。

2. 地面风

一般情况下风载试验不模拟定常风剖面分布,这是有一定的近似。对大型运载火箭竖立或起飞时,风剖面的影响有时会产生一个倾覆力矩,此时风洞试验段前需要增加一特殊装置,以产生非均匀来流,模拟地面定常风剖面。

3. 模型

有刚性与弹性两类试验模型,刚性模型只要求几何相似,按风洞常规试验可测得力和力矩,弹性模型应是全动力相似模型,但实际上只做到局部动力相似,仅满足 Re 与 St 相似,对选定的缩比模型,通过改变风洞风速来实现 Re 模拟。St 的模拟是通过调整模型的配重改变它的固有频率(主要是一阶),在不同的风速下,得到所需模拟的 St。

4. 数据处理

风洞试验时,通过测量弹性模型根部的应变值,求出根部弯矩,并假定运载火箭对定常风的响应是小阻尼系统对随机输入力的响应,利用下列关系式算出定常和非定常升力或阻力系数:

$$C_{mL} = \frac{\overline{M}_L}{q y_A A} \tag{4-1}$$

$$C_{mD} = \frac{\overline{M}_D}{q y_A A} \tag{4-2}$$

$$C_{mL}^d = \frac{[M_L]_{\max}}{qLA} N\gamma \sqrt{\frac{\zeta_L}{St_L}} \tag{4-3}$$

$$C_{mD}^d = \frac{[M_D]_{\max}}{qLA} N\gamma \sqrt{\frac{\zeta_D}{St_D}} \tag{4-4}$$

式中:C_{mL}、C_{mD}、C_{mL}^d、C_{mD}^d 为定常和非定常升力和阻力方向根部弯矩系数;A 为迎风面积;y_A 为迎风面积的几何中心至根部距离;ζ_L、ζ_D 为模型升力、阻力方向的一阶阻尼系数;St_L、St_D 为模型升力、阻力方向的 St 数;L 为模型长度;N 为模型结构系数;γ 为广义长细比;$[M_L]_{\max}$、$[M_D]_{\max}$ 为升力、阻力方向根据弯矩振动分量最大值;$\overline{M}_L$、$\overline{M}_D$ 为根部弯矩的平均值。

按照阵风因子法计算非定常风效应,定常根部弯矩为

$$M_L = 0.5\rho (GV^2) C_{mL} A y_A \tag{4-5}$$

$$M_D = 0.5\rho (GV^2) C_{mD} A y_A \tag{4-6}$$

非定常根部弯矩为

$$M_L^d = C_{mL}^d \frac{qAL}{N\gamma} \sqrt{\frac{St_L}{\zeta_L}} \tag{4-7}$$

$$M_D^d = C_{mD}^d \frac{qAL}{N\gamma} \sqrt{\frac{St_D}{\zeta_D}}$$ (4-8)

总弯矩用矢量叠加法得到

$$M = \left[(M_L + M_L^d)^2 + (M_D + M_D^d)^2 \right]^{0.5}$$ (4-9)

上述计算地面风载的方法是保守的,因为:

(1) 选取了振动分量的最大值,并认为升力、阻力两个方向完全相关,而实际结果两个方向的力不一定同时达到最大。

(2) 采用阵风因子法(一般计算中阵风因子 G 取 1.4)计入非定常风效应,这相当于假定沿运载火箭的长度方向非定常风完全相关,且作用时间足够建立起定常载荷。

由于实际的结构设计中,主要是按动力飞行来设计的,因此,在初步设计中上述方法是可取的。

4.1.2　定常空气动力特性

运载火箭的定常气动特性,必须考虑马赫数、雷诺数以及动压大范围变化的影响,而且要考虑大气层内的横向风与其运动速度合成后产生的有攻角运动,所以既要考虑轴向力,还要考虑横向力和静稳定性问题。如果其外形存在天线、电缆管道、稳定翼等,还要考虑滚动力矩。

马赫数、雷诺数、动压和攻角是决定运载火箭气动特性的最主要参数。一般情况下随着飞行高度的增大,运载火箭的动压先增大后减小,最大动压出现在高度 $10\sim15km$ 之间,对应的马赫数为 $1.2\sim2.0$,结合随高度水平风速的分布,可以发现最大攻角相应于马赫数约 1.5 左右。因此,最大动压和最大攻角几乎在相同的马赫数即 $1.3\sim2.0$ 之间出现,这是一个重要的气动环境。一般运载火箭的最大雷诺数出现在跨声速区,最大雷诺数一般超过 10^8,现有风洞无法模拟如此高的 Re,而 Re 的大小与飞行器气动特性密切相关。

多级火箭由头部、柱段、裙部、倒裙和稳定翼等气动部件组合成复杂的组合体。头部是箭体提供升力与波阻力的主要部件,在超声速飞行中,大钝度头部在后体物面上形成高熵层和压力梯度,影响后体裙上的压力分布和裙角附近的边界层分离。在小攻角低马赫数情况下,无限长柱体不产生升力,不过与头部组合后,柱体上产生干扰升力。在大攻角或高超声速情况下,无限长柱体也产生升力。前者是由背风面的脱体涡造成的,后者是由于迎风面的强激波造成的。总之,柱体与头部组合能提高升力,并增大静稳定性。裙部增大升力,起稳定作用,但增加波阻力。倒裙的作用与其相反,使升力下降,压心前移,但也增加阻力。稳定翼的作用是增加大型运载火箭的静稳定性。

运载火箭气动力的计算需要考虑粘性力和压缩性导致的非线性效应,并且随着飞行马赫数发生变化,需要根据马赫数的不同分别计算。

4.1.2.1　亚、超声速气动力计算

在该速度范围内,粘性和压缩性造成的非线性效应同等重要。

1. 单独弹身法向力和压力中心

1) 线性部分

在亚声速区采用细长体理论进行计算。

$$C_{N_L} = \frac{S_x}{S_b}\sin 2\alpha \cos\frac{\alpha}{2} \tag{4-10}$$

$$C_{m_L} = \frac{V - LS_x}{S_b d_b}\sin 2\alpha \cos\frac{\alpha}{2} \tag{4-11}$$

$$\bar{x}_{CP_L} = \frac{C_{m_L}}{C_{N_L}} \tag{4-12}$$

在超声速区,可以将火箭分为几个典型的气动单元分别计算。

钝头的压力分布可采用修正牛顿法,即

$$C_p = \frac{2}{\gamma Ma_\infty^2}\left[\left(\frac{\gamma+1}{2}Ma_\infty^2\right)^{\frac{\gamma}{\gamma+1}}\left(\frac{\gamma+1}{2\gamma Ma_\infty^2 - \gamma+1}\right)^{\frac{1}{\gamma-1}} - 1\right]\sin^2\theta_e \tag{4-13}$$

式中:$\sin\theta_e = \sin\delta\cos\alpha + \cos\delta\cos\varphi\sin\alpha$,$\delta$ 为钝头子午面局部斜率。

钝头锥上的压力分布,可基于高熵层理论计算。

$$C_p = (0.0016 + 0.002/Ma_\infty^2)\beta^{1.7} \tag{4-14}$$

$$\beta = \arctan\left[(1 - \bar{x}_u^{0.5}x^{-0.5})\tan\beta_d + \bar{x}_u^{0.5}x^{-0.5}\tan\beta_u\right] \tag{4-15}$$

$$\beta_d = \begin{cases} \arcsin(\sin\delta\cos\alpha + \cos\delta\cos\varphi\sin\alpha) \\ 0 \qquad \varphi \geqslant \arccos(-\tan\delta/\tan\alpha) \end{cases} \tag{4-16}$$

$$\beta_u = \left(\frac{C_{p1}}{0.0016 + 0.002/Ma_\infty^2}\right)_{x=l_N}^{\frac{1}{1.7}} \tag{4-17}$$

式中:l_N 为钝头长度;C_{p1} 为钝头末端处压力系数,由式(4-13)计算;下标:u 为钝头锥起点;d 为钝头锥终点;符号"—"表示该量用全长无量纲化。对于裙柱段,裙段压力分布采用式(4-14)计算,不过需要确定裙部初始点等效锥的斜率:

$$\beta_u = \left((p_2/p_1 - 1)\frac{2}{\gamma Ma_\infty^2(0.0016 + 0.002/Ma_\infty^2)}\right)^{\frac{1}{1.7}} \tag{4-18}$$

式中:

$$p_2/p_1 = \frac{2\gamma Ma_1^2\sin^2\sigma - (\gamma-1)}{\gamma-1}$$

$$\sin^2\sigma = \frac{1}{1 + \left[2\left|\frac{3ac-b^2}{9a^2}\right|^{0.5}\cos\left(60 - \varphi/3 - \frac{b}{3a}\right)^2\right]}$$

$$\varphi = \arccos\frac{\frac{b^3}{27a^3} - \frac{bc}{6a^2} + \frac{d}{2a}}{\left|\frac{3ac-b^2}{9a^2}\right|^{1.5}}$$

$$a = \frac{1}{\tan|\delta|}, b = \frac{\gamma+1}{2}Ma_1^2 + 1, c = \frac{1 - Ma_1^2}{\tan|\delta|}, d = \frac{\gamma-1}{2}Ma_1^2 + 1$$

δ 为裙角。

对于柱段,采用二阶膨胀波法计算压力分布:

$$C_p = \frac{2}{\gamma Ma_\infty^2}(\bar{p} - 1) \tag{4-19}$$

式中：

$$\bar{p}=\bar{p}_d+(\bar{p}_a-\bar{p}_d)\exp(-\eta)$$

$$\eta=\left[\frac{B_M}{R}\left(\frac{\Omega_1}{\Omega_u}\sin\delta_1-\sin\delta\right)-\frac{B_u}{B_1}\frac{\Omega_1}{\Omega_u}\left(\frac{\partial\bar{p}}{\partial s}\right)_1\right]\frac{\bar{x}-\bar{x}_u}{(\bar{p}_d-\bar{p}_u)\cos\delta}$$

$$B_u=\frac{\gamma Ma_u^2\,\overline{p_u}}{2(Ma_u^2-1)}$$

$$B_1=\frac{\gamma Ma_1^2\,\overline{p_1}}{2(Ma_1^2-1)}$$

$$\Omega_u=\frac{1}{Ma_u}\left(\frac{1+\dfrac{\gamma-1}{2}Ma_u^2}{\dfrac{\gamma+1}{2}}\right)^{\frac{\gamma+1}{2(\gamma-1)}}$$

$$\Omega_1=\frac{1}{Ma_1}\left(\frac{1+\dfrac{\gamma-1}{2}Ma_1^2}{\dfrac{\gamma+1}{2}}\right)^{\frac{\gamma+1}{2(\gamma-1)}}$$

$$\bar{p}_u=\bar{p}_1\left(\frac{1+\dfrac{\gamma-1}{2}Ma_1^2}{1+\dfrac{\gamma-1}{2}Ma_u^2}\right)^{\frac{\gamma}{\gamma-1}}$$

$$\bar{p}_d=\begin{cases}\dfrac{\gamma Ma_\infty^2}{2}\left(0.0016+\dfrac{0.002}{Ma_\infty^2}\right)\left[\arcsin(\sin\delta\cos\alpha+\cos\delta\sin\alpha\cos\varphi)\right]^{1.7}+1\\[2mm]1\qquad\varphi\geqslant\arccos(-\tan\delta/\tan\alpha)\end{cases}$$

$$\left(\frac{\partial\bar{p}}{\partial s}\right)_1=\frac{1.7\gamma Ma_\infty^2}{4}\left(0.0016+\frac{0.002}{Ma_\infty^2}\right)\beta_{1d}^{0.7}\cos\delta_{T_1}\cdot$$

$$\left.\frac{\bar{x}_u^{0.5}(\tan\beta_{1d}-\tan\beta_{1u})\bar{x}^{-1.5}}{1+\left[(1-\bar{x}_u^{0.5}/\bar{x}^{0.5})\tan\beta_{1d}+\bar{x}_u^{0.5}\bar{x}^{-0.5}\tan\beta_{1u}\right]^2}\right|_{\bar{x}=\bar{l}_1}$$

$$\delta_T-\delta_{T_1}=\sqrt{\frac{\gamma+1}{\gamma-1}}\left[\arctan\sqrt{\frac{\gamma-1}{\gamma+1}(Ma_u^2-1)}-\arctan\sqrt{\frac{\gamma-1}{\gamma+1}(Ma_1^2-1)}\right]-$$

$$\arctan\sqrt{Ma_u^2-1}-\arctan\sqrt{Ma_1^2-1}$$

$$\delta_{T_1}=\arcsin(\sin\delta_1\cos\alpha+\sin\alpha\cos\delta_1\cos\varphi)$$

$$\delta_T=\arcsin(\sin\delta\cos\alpha+\sin\alpha\cos\delta\cos\varphi)$$

下标"1"表示柱段前接裙部上的值。

倒裙上的压力系数采用式(4-19)计算,而计算柱上的压力系数时采用式(4-18)。

2）非线性部分

随着飞行攻角增大,弹体背风面的边界层开始分离,并形成一对对称的脱体涡,产生附加升力,通常称为粘性升力,并随攻角以非线性规律增大。

粘性升力为

$$C_{N_v} = \frac{4\sin^2\alpha}{\bar{S}_b} \sum_{i=1}^{n} \int_{l_{i-1}}^{\bar{l}_i} C_{d_c}\, \bar{r}_i \mathrm{d}\,\bar{x} \qquad (4-20)$$

式中：
$$C_{d_c} = \begin{cases} FKGC_{D_c}, 0 \leq \bar{x} \leq \bar{x}_N \\ FKC_{D_c}, \bar{x}_N \leq \bar{x} \leq 1-e \\ FKHC_{D_c}, 1-e \leq \bar{x} \leq 1 \end{cases}$$

式中：C_{d_c} 为二维圆柱阻力系数；F 为涡强修正因子；K 为 Re 修正因子；G 为压力梯度修正因子；x_N 为弹体头部轴向长度；H 为底部修正因子；e 为尾部影响去距离；$\bar{S}_b = \pi\,(d_b/l_b)^2$，$d_b$ 为底部直径，l_b 为弹体长度。

上述修正因子已绘成相应参数的曲线，详见参考文献[82]。

综上所述，单独体总的法向力系数和压力中心可写为

$$C_{N_B} = 0.5 C_{N_{L\alpha}} \sin 2\alpha + \frac{4\sin^2\alpha}{\bar{S}_B} \sum_{i=1}^{n} \int_{l_{i-1}}^{\bar{l}_i} C_{d_c}\, \bar{r}_i \mathrm{d}\,\bar{x} \qquad (4-21)$$

$$C_{m_B} = 0.5 C_{N_{L\alpha}} \bar{x}_{cp_L} \sin 2\alpha + \frac{4\sin^2\alpha}{\bar{S}_B} \sum_{i=1}^{n} \int_{l_{i-1}}^{l_i} C_{d_c}\, \bar{r}_i\, \bar{x} \mathrm{d}\,\bar{x} \qquad (4-22)$$

$$\bar{x}_{cp_B} = \frac{C_{m_B}}{C_{N_B}}$$

式中：$C_{N_{L\alpha}} = \dfrac{C_{N_L}(\alpha+\Delta\alpha) - C_{N_L}(\alpha)}{\Delta\alpha}$ 为法向力系数斜率。

2. 稳定翼法向力和压力中心

1）亚声速

三角翼的法向力系数为

$$C_{N_\omega} = C_{N_{L\alpha}} \sin\alpha\cos\alpha + K_{vle}^* K_{vle} \sin^2\alpha \qquad (4-23)$$

$$C_{m_\omega} = (C_{N_{L\alpha}} \sin\alpha\cos\alpha + K_{vle}^* K_{vle} \sin^2\alpha) \bar{x}_{cp_L} \qquad (4-24)$$

式中：K_{vle} 为翼前缘粘性涡升力斜率因子；K_{vel}^* 为翼前缘粘性涡升力转换因子；$\bar{x}_{cp_L}$ 为由势流确定三角翼的压力中心；$C_{N_{L\alpha}}$ 为三角翼的升力线斜率。

矩形翼的法向力系数为

$$C_{N_w} = C_{N_{L\alpha}} \cos\alpha\sin\alpha + (K_{vle} + K_{vse}) \sin^2\alpha \qquad (4-25)$$

$$C_{m_w} = C_{N_{L\alpha}} \cos\alpha\sin\alpha\, \bar{x}_{cp_L} + (K_{vse} \bar{x}_{cP_{vse}} + K_{vle} \bar{x}_{cP_{vle}}) \sin^2\alpha \qquad (4-26)$$

式中：K_{vse} 为侧缘分离涡引起的粘性涡升力因子。

梯形翼的法向力系数为

$$C_{N_w} = C_{N_{L\alpha}} \cos\alpha\sin\alpha + (K_{vle}^* K_{vle} + K_{vse} + \bar{K}_{vse}) \sin^2\alpha \qquad (4-27)$$

$$C_{m_w} = C_{N_{L\alpha}} \sin\alpha\cos\alpha\, \bar{x}_{cp_{vl}} + (K_{vle}^* K_{vle} + K_{vse} + \bar{K}_{vse}) \bar{x}_{cp_{vl}} \sin^2\alpha \qquad (4-28)$$

式中：$\bar{K}_{vse} = \dfrac{2K_{vie}c_t}{b\sec\Lambda_{Le}}$ 为前、侧缘粘性涡升力干扰因子。

2）超声速（亚声速前缘）

三角翼法向力和俯仰力矩系数公式与式（4-23）、式（4-24）相同，此时 $\bar{x}_{cp_L}$ 取面心，而线性部分法向力系数斜率为

$$C_{N_{La}} = 19.7392\tan(90°-\Lambda_{Le})/(\pi+\eta) \qquad (4-29)$$

梯形翼法向力和俯仰力矩系数公式与式(4-27)、式(4-28)相同,其中,K_{vie} 和 K_{vse} 分别由下式计算

$$K_{vie}=\sqrt{(16-\beta^2 A_0^2)(16+A_0^2)}\,C_{N_{L\alpha}}/8A_0 \qquad (4-30)$$

$$K_{vse}=\frac{4c_{t_1}(4+c_{t_1})s_{ref}}{\pi(c_{t_1}+\dfrac{m-1}{2})(1+m)s} \qquad (4-31)$$

式中:

$$A_0=2b/(c_r-c_t)$$
$$c_{t_1}=2c_t/(b\cot\Lambda_{Le})$$
$$m=\beta\cot\Lambda_{Le},\beta=\sqrt{Ma_\infty^2-1}\;;$$
$$s_{ref}=\frac{b^2}{2}\tan\Lambda_{Le}\left(c_{t_1}+\frac{1-\beta\cot\Lambda_{Le}}{2}\right)$$
$$s=(c_t+c_r)b/2$$

当前缘为超声速时,对于三角翼和梯形翼可令 K_{vie} 和 $\bar{K}_{vse}$ 为零,对于矩形翼

$$\begin{cases} C_{N_w}=C_{N_{L\alpha}}\cos\alpha\sin\alpha+K_{vse}\sin^2\alpha \\ C_{m_w}=C_{N_{L\alpha}}\cos\alpha\sin\alpha\,\bar{x}_{cpL}+K_{vse}\sin^2\alpha\,\bar{x}_{cpLvse} \end{cases} \qquad (4-32)$$

式中:

$$C_{N_{L\alpha}}=4\tan\mu(1-0.5\tan\mu/A),\mu=\arcsin(1/Ma_\infty)$$
$$K_{vse}=8/\pi\beta A$$
$$\bar{x}_{cpL}=\left(A-\frac{3}{2}\tan\mu\right)/(2A-\tan\mu)^{-0.25}$$
$$\bar{x}_{cpvse}=0.417$$

上式仅适用矩形翼两翼梢前缘发出的马赫线不在后缘之前相交的情况。

上述用吸力比拟法计算翼面的纵向气动特性,其攻角适用范围小于20°,对亚声速情况,展弦比范围为 $A=1.0\sim2.0$。而对超声速情况,要求 $\beta A<4$ 或 $\beta A_0<4$。

4.1.2.2　高超声速气动力计算

高超声速时,部件之间的干扰变小,柱体对翼产生不利干扰,压缩性导致的非线性升力比分离涡导致的粘性升力更加重要,后者甚至可忽略不计,因此理论计算不再分成线性和非线性部分。

1. 单独弹身法向力和压力中心

假设作用在弹身上的气动力仅与局部物形有关,不计相邻之间的气动干扰,因此只需要列出3种典型的气动外形:球头、裙和柱。

球头的法向力和压力中心分别为

$$\begin{cases} C_{N_1}=\dfrac{4C\,\bar{l}_1}{\pi}\left[\int_0^{1-\lambda}\int_0^\pi\sin^2\theta_e\cos\varphi\,\bar{r}\mathrm{d}\varphi\mathrm{d}\,\bar{x}+\int_{1-\lambda}^1\int_0^{\varphi_u}\sin^2\theta_e\cos\varphi\,\bar{r}\mathrm{d}\varphi\mathrm{d}\,\bar{x}\right] \\ C_{m_1}=\dfrac{4C\,\bar{l}_1^2}{\pi\,\bar{l}_B}\left[\int_0^{1-\lambda}\int_0^\pi\sin^2\theta_e\cos\varphi\,\bar{r}\,\bar{x}\mathrm{d}\varphi\mathrm{d}\,\bar{x}+\int_{1-\lambda}^1\int_0^{\varphi_a}\sin^2\theta_e\cos\varphi\,\bar{r}\,\bar{x}\mathrm{d}\varphi\mathrm{d}\,\bar{x}\right] \\ \bar{x}_{cp1}=c_{m_1}/c_{N_1} \end{cases} \qquad (4-33)$$

式中：

$$\varphi_u = \arccos(-\tan\delta/\tan\alpha)$$

$$x_u = R - R^2 \tan^2\alpha/(1-\tan^2\alpha)$$

l_B 为弹长；l_1 为球头长；d 为弹身最大直径；

$\bar{l}_B = l_B/d$；$\bar{l}_1 = l_1/d$；$\lambda = x_u/l_1$；$\bar{r} = r/d$

$$C = \frac{2}{\gamma Ma_\infty^2}\left[\left(\frac{\gamma+1}{2}Ma_\infty^2\right)^{\frac{\gamma}{\gamma+1}}\left(\frac{\gamma+1}{2\gamma Ma_\infty^2-\gamma+1}\right)^{\frac{1}{\gamma-1}}-1\right]$$

$$\sin\theta_e = \sin\delta\cos\alpha + \cos\delta\sin\alpha\cos\varphi$$

$$\delta = \begin{cases} \dfrac{\pi}{2}, & \text{在球头顶点} \\ 0, & \text{与柱相接处} \\ \delta_{EN}, & \text{与裙相接处（裙张角）} \end{cases}$$

$(\bar{x}, \bar{r}, \varphi)$ 为无量纲坐标。

裙或倒裙的法向力和压力中心分别为

$$\begin{cases} C_{N_i} = \dfrac{4\,\bar{l}_i}{\pi}(0.0016 + 0.002/Ma_\infty^2)\displaystyle\int_{\bar{l}_{i-1}}^{\bar{l}_i}\int_0^{\varphi_u}\theta_e^{-1.7}\,\bar{r}\cos\varphi\,\mathrm{d}\varphi\mathrm{d}\,\bar{x} \\[3mm] C_{m_i} = \dfrac{4\,\bar{l}_1^2}{\pi\,\bar{l}_B}(0.0016 + 0.002/Ma_\infty^2)\displaystyle\int_{\bar{l}_{i-1}}^{\bar{l}_i}l\int_0^{\varphi_u}\theta_e^{1.7}\,\bar{r}\bar{x}\cos\varphi\,\mathrm{d}\varphi\mathrm{d}\,\bar{x} \\[3mm] \bar{x}_{cpi} = c_{m_i}/c_{N_i} \end{cases} \tag{4-34}$$

柱段的法向力和压力中心分别为

$$\begin{cases} C_{N_j} = \dfrac{4\,\bar{l}_j}{\pi}(0.0016 + 0.002/Ma_\infty^2)\displaystyle\int_{\bar{l}_{j-1}}^{\bar{l}_j}\int_0^{\frac{\pi}{2}}\theta_e^{1.7}\,\bar{r}\cos\varphi\,\mathrm{d}\varphi\mathrm{d}\,\bar{x} \\[3mm] C_{m_j} = \dfrac{4\,\bar{l}_j^2}{\pi\,\bar{l}_B}(0.0016 + 0.002/Ma_\infty^2)\displaystyle\int_{\bar{l}_{j-1}}^{l_j}\int_0^{\frac{\pi}{2}}\theta_e^{1.7}\,\bar{r}\bar{x}\cos\varphi\,\mathrm{d}\varphi\mathrm{d}\,\bar{x} \\[3mm] \bar{x}_{cpj} = c_{m_j}/c_{N_j} \end{cases} \tag{4-35}$$

式中：$\bar{l}_{i-1}$、$\bar{l}_i$ 分别为第 i 段裙部无量纲轴向位置起点与终点；$\bar{l}_{j-1}$，$\bar{l}_j$ 分别为第 j 段裙部无量纲轴向位置起点与终点。

因此弹身总的法向力系数与压心为

$$\begin{cases} C_{N_B} = C_{N_1} + \displaystyle\sum_i C_{N_i} + \sum_j C_{N_j} \\[3mm] C_{m_B} = C_{m1} + \displaystyle\sum_i C_{m_i} + \sum_i C_{m_j} \\[3mm] \bar{x}_{c_p} = C_{m_B}/C_{N_B} \end{cases} \tag{4-36}$$

2. 稳定翼法向力和压力中心

稳定翼处在非均匀体流场中，可假设流场仅沿展向是非均匀的，而沿弦向是均匀的。因为马赫锥非常细长，可用二元片条方法计算展向单位宽度的翼型升力，叠加后得到稳定翼的升力，然后用超声速线性化理论进行三元修正，并且需要引进考虑头部弓形激波和裙部压缩的动压修正。

作用在单位宽度翼型上、下表面的压力系数分别为

$$C_{P_L} = \frac{2}{\gamma Ma_\infty^2}\left[\left(\frac{2\gamma}{\gamma+1}K^2 - \frac{\gamma-1}{\gamma+1}\right) - 1\right] \qquad (4-37)$$

$$C_{p_u} = \frac{2}{\gamma Ma^2}\left[\left(\frac{1+\dfrac{r-1}{\alpha}Ma^2}{1+\dfrac{\gamma-1}{2}Ma_b^2}\right)^{\frac{\gamma}{\gamma-1}} - 1\right] \qquad (4-38)$$

式中：

$$K = \frac{Ma}{\sqrt{1+\left[2\left|\dfrac{3ac-b^2}{9a^2}\right|^{0.5}\cos\left(60°-\varphi/3\right)-\dfrac{b}{3a}\right]^2}}$$

$$\varphi = \arccos\left(\frac{\dfrac{b^3}{27a^3}-\dfrac{bc}{6a^2}+\dfrac{d}{2a}}{\left|\dfrac{3ac-b^2}{9a^2}\right|^{1.5}}\right)$$

$$a = 1/\tan\alpha, b = \frac{\gamma+1}{2}Ma^2+1, c = -(Ma^2-1)/\tan\alpha, d = 1+\frac{\gamma-1}{2}Ma_\circ$$

马赫数 Ma_b 由膨胀波公式得到：

$$\alpha = \sqrt{\frac{\gamma+1}{\gamma-1}}\left[\arctan\sqrt{\frac{\gamma-1}{\gamma+1}(Ma_b^2-1)} - \arctan\sqrt{\frac{\gamma-1}{\gamma+1}(Ma^2-1)}\right] -$$
$$(\arctan\sqrt{Ma_b^2-1} - \arctan\sqrt{Ma^2-1})$$

因此稳定翼上的法向力系数为

$$C_{N_{\omega(B)}} = \frac{2}{S_B}\int_r^b \bar{q}c(y)(C_{P_L} - C_{P_u})\mathrm{d}y \qquad (4-39)$$

式中：

$$\bar{q} = q/q_\infty$$

$$q = 0.5\gamma Ma^2 p$$

$$Ma = Ma_\infty + \frac{r}{y}(Ma_r - Ma_\infty)$$

$$p = p_\infty + \frac{r}{y}(p_r - p_\infty)$$

r 为弹体半径；$c(y)$ 为稳定翼局部弦长。

4.1.3　非定常空气动力特性

运载火箭非定常气动特性主要是表面脉动压力和跨声速抖振，它们与表面流谱密切相关。附体流表面脉动压力由边界层的特性决定：层流区不产生脉动压力，湍流区表面压力脉动的强弱取决于流态、物形和表面粗糙度等因素；转捩区存在峰值，因此可利用此特性判断边界层转捩区。分离区会产生强于湍流边界层产生的脉动压力，并在分离与再附点处脉动压力也存在峰值。

在飞行器表面，当局部流动达到声速时，形成局部超声速区并伴随生成激波。此时，

激波往往是极不稳定的,形成激波振荡,加之气流分离和附体的交替出现,会产生强烈的随机脉动压力,甚至引起结构振动,通常它发生在跨声速飞行时,称为跨声速抖振。

综上所述,运载火箭的表面流谱有以下几种:

（1）附体流:层流、转捩和湍流边界层;

（2）分离流:压缩或膨胀分离;

（3）激波振荡:局部激波振荡或激波振荡、分离流动、附体流动交替出现;

（4）凸起物和空穴引起的局部分离;

（5）底部流(通常单独研究)。

下面按表面流谱分别论述表面脉动压力。

4.1.3.1 附体流表面脉动压力

根据大量试验结果,附体流湍流边界层中的脉动压力已有很多经验公式,如下:

$$\Delta C_{p_{rms}} = 0.006 \tag{4-40}$$

$$\Delta C_{p_{rms}} = \frac{0.007}{1+0.015(r_e-1)Ma_e^2} \tag{4-41}$$

$$\Delta C_{p_{rms}} = \frac{0.007}{1+0.012Ma_e^2} \tag{4-42}$$

$$\Delta C_{p_{rms}} = \frac{0.006}{1+0.14Ma_e^2} \tag{4-43}$$

$$\Delta C_{p_{rms}} = \frac{0.007}{1+r_e\left(r_e-\dfrac{1}{2}\right)Ma_e^2} \tag{4-44}$$

$$\Delta C_{p_{rms}} = \frac{0.006}{1+(0.15Ma_e)^2+(0.15Ma_e)^4} \tag{4-45}$$

式中: $\Delta C_{p_{rms}} = \bar{p}/q_e$ 为均方根脉动压力系数, $\bar{p}$ 为均方根脉动压力; u_i 为粘性次层外边界处的速度。

$$r_e = (1-u_i/u_e)(r_i+u_i/u_e)$$

$$r_i = \alpha(T_w/T_e-1)/[Ma_e^2(\gamma-1)]$$

$$u_i/u_e = 10.5[(T_w/T_e)(c_f/\alpha)]^{0.5}$$

式(4-40)是不可压低亚声速外流的试验统计值,式(4-41)~式(4-45)是压缩性修正公式。式(4-43)适用于 $Ma_e<3$,式(4-44)适用于 $Ma_e<8$,式(4-45)适用于 $Ma_e<12$ 。

上述公式适用于光滑壁,对粗糙壁用下列公式

$$\Delta C_{p_{rms}} = \frac{0.0182}{1+0.14Ma_e^2} \tag{4-46}$$

它适用于 $Ma_e<3$ 。

对附体湍流边界层的功率谱的估算公式可取

$$\frac{\phi(\omega)u_e}{q_e^2\delta^*} = \frac{(\Delta C_{p_{rms}})^2}{\dfrac{\omega_0\delta^*}{u_e}\left[1+\left(\dfrac{\omega}{\omega_0}\right)^{0.9}\right]^2} \tag{4-47}$$

式中：$\phi(\omega)$ 为有因次功率谱密度；ω 为圆频率；$\omega_0 = 0.5u_e/\delta^*$。

转掠区脉动压力变化很大，目前还没有经验公式。

4.1.3.2　分离流表面脉动压力

运载火箭表面存在压缩和膨胀两种分离，如柱裙间出现压缩分离，而倒锥之后和底部是典型的膨胀分离。

目前还没有压缩分离流分离区的脉动压力系数经验公式，但有曲线可查。膨胀分离流脉动压力系数的经验公式为

$$\Delta C_{p_{rms}} = \frac{0.045}{1+Ma_e^2} \tag{4-48}$$

4.1.3.3　激波振荡引起的脉动压力

运载火箭上升段经历跨、超声速飞行时，其局部表面可能出现不同类型的激波振荡，一般有：

（1）跨声速流中激波振荡、气流分离以及流动分离与再附交替出现，形成强烈的随机脉动压力，常称为跨声速抖振；

（2）超声速流中压缩拐角分离点附近的斜激波振荡；

（3）分离流动中再附点附近形成的再附激波振荡；

（4）局部物形变化引起的局部激波振荡。

发生激波振荡时，激波前后压差大，而脉动压力与激波前后的压差成正比，因此，激波振荡引起的脉动压力，比附体湍流边界层或分离流高一至二个量级，甚至更高，所以它是研究重点。

跨声速瞬时激波振荡往往与气流分离和再附交替出现，常称为抖振。运载火箭上可能出现跨声速抖振的位置首先是锥柱肩部，它的强弱取决于半锥角。一般而言，当半锥角小于 17° 时，抖振较弱，超过 17° 时抖振强烈增长，因此，设计中应使半锥角小于 17°，也可采用双锥或多锥外形，从而降低锥柱连接的局部半锥角。其次在倒锥上，除其前部可能出现强的激波振荡外，在倒锥后部也存在一个点，产生强的激波振荡。这个点是由前向后移动的激波和由后向前移动的分离点的相遇点，风洞试验表明在来流马赫数大于 0.95 时出现。

超声速流中，由压缩拐角分离点处的激波振荡引起的脉动压力系数理论值 $\Delta C_{p_{rms}} = 0.068$，试验值一般 $\Delta C_{p_{rms}} < 0.1$。

4.2　飞船空气动力学

飞船作为天地往返运输工具之一，它的使命是向空间站运送货物、人员或作为轨道救生艇，当空间站出现故障时执行轨道救生任务。它可以是无人驾驶（运货），也可以是有人驾驶；可以是一次性使用，也可以是部分重复使用。但不管是哪一种飞船，也不管是执行何种使命，飞船在飞行尤其是再入返回过程中，总要经受严峻的气动力和气动热环境考验。在飞行中，攻角变化可从 0°~180°，马赫数可从 0~30，变化宽广的飞行历程，给飞船的气动、防热设计提出了许多亟待解决的问题。

飞船空气动力学问题主要是返回舱和逃逸救生系统的气动问题。

4.2.1　逃逸救生系统空气动力学

　　载人飞船的救生是指飞船连同其运载火箭竖立在发射架上到点火发射后整个上升段的任一时刻,当发生故障时,点燃分离发动机使飞船脱离运载火箭,实现逃逸救生,因此救生包含发射架上救生、低空救生、高动压救生和高空救生,涉及很宽的飞行高度(0~120km)和飞行马赫数范围(0~9)。逃逸救生系统通常由逃逸火箭、逃逸塔和返回舱及连接部件组成。

　　飞船在上升段飞行中,一旦启用救生系统,它将经历与运载火箭分离,然后逃逸火箭和逃逸塔再与返回舱分离至返回舱回收这样的过程。因此,飞行稳定性是救生系统重要的气动特性,而稳定性与外形密切相关,所以外形及其几何参数变化对稳定性影响是首要研究方面。

　　以美国"阿波罗"飞船为例(图4.2),为研究逃逸救生外形几何参数对飞行稳定性的影响,进行了广泛的风洞试验研究,试验马赫数从0.5~9,外形参数包括逃逸火箭的长度、头部外形、裙部和喷管倾斜角、逃逸塔的结构形式和长度。苏联研制的"联盟号"飞船,由于采用了轨道舱、返回舱和推进舱的三舱构型,在救生时,需要将轨道舱和返回舱同救生塔一起抛射,为此"联盟号"飞船的救生外形是静不稳定的,为了使救生外形静稳定,在抛射时要同时展开栅状稳定翼,针对栅状稳定翼几何参数对气动特性的影响,苏联进行了广泛的试验研究工作。

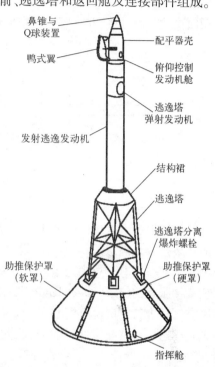

图4.2　"阿波罗"飞船逃逸救生系统

鼻锥与
Q球装置
配平器壳
鸭式翼
俯仰控制
发动机舱
逃逸塔
弹射发动机
发射逃逸发动机
结构裙
逃逸塔
逃逸塔分离
爆炸螺栓
助推保护罩
(软罩)
助推保护罩
(硬罩)
指挥舱

　　由于救生系统外形复杂,尤其是逃逸火箭与返回舱之间还有一个桁架式的逃逸塔连接,因此,流场十分复杂。目前没有任何理论计算方法可以准确计算它的流场和气动特性,最可信赖的办法只能是通过不同尺寸的逃逸火箭及逃逸塔组合体的大量风洞试验。

　　主动段救生中,逃逸火箭点火使得指令舱(即返回舱)迅速逃离运载火箭,然后按预定救生程序运行以达到救生目的。逃逸火箭安装在指令舱的前面,根据美国"水星"和"阿波罗"飞船的经验,逃逸火箭点火减小逃逸救生系统的稳定性。

　　逃逸火箭点火产生的喷流将使指令舱前端产生复杂的流动图像,喷流与主流场产生严重干扰,同时,喷流可能撞击指令舱的表面。因此,喷流对逃逸飞行系统的气动稳定性特性、局部压力分布以及指令舱表面的热性能都将产生影响。带动力逃逸飞行器气动稳定性研究的途径是喷流干扰模拟技术,它应该包括羽流形状(含主火箭喷流羽流及环形分布多个火箭的同轴多喷流羽流)对气动稳定性影响、喷流与主流场相互干扰以及喷流对飞船表面撞击的干扰效应研究。

　　为了较真实地模拟逃逸火箭点火产生的羽流形状、喷流与主流场的干扰和对指令舱的碰撞,采用了在风洞中直接喷流的试验模拟办法(图4.3)。试验证明,在亚、跨声速范围内采用热喷流模拟和在超声速马赫数范围内采用冷喷流模拟是可行的。应当指出的是,如同在研究反作用控制系统喷流干扰一样,这里同样存在的一个重要问题是模拟参数的选择,要做到马赫数、雷诺数、速度比、温度、密度比和比热比等参数的全模拟几乎是不可能的,只可能选择某些风洞和某几种推进剂以满足其中部分参数组合的模拟。"阿波罗"飞船逃逸飞行器亚、跨声速风洞试验中,采用过氧化氢进行喷流模拟取得了有价值的结果。在具有催化剂的情况下,过氧化氢分解时体积可以增大几倍,其分解产物的比热非常接近于逃逸火箭喷流产物的比热。因此,在适当压力下,恰当安排过氧化氢的引射,并用型面喷管控制分解物的排泄,较好地模拟了带动力条件下逃逸飞行系统的气动环境。

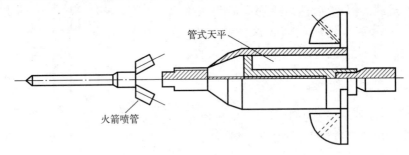

图 4.3　逃逸救生系统喷流模型简图

超声速喷流干扰试验则采用高压冷空气进行模拟。在马赫数 1.5～3.5 的范围内取得的结果是令人满意的。在这个范围内的模拟参数的选择只能是综合平衡的折中产物,原因在于并非所有参数都处于同等重要的地位。研究结果表明,冷喷流能令人满意地模拟喷流膨胀和羽流形状,同时也指出,温度变化对气动特性的影响比其他参数的影响小。中国空气动力与发展研究中心在马赫数 0.6～4.0 的跨、超声速风洞中使用高压气体模拟了飞船逃逸飞行器喷流的影响,发现飞行器头部 4 个火箭喷管喷流几乎笼罩了整个飞行器,严重影响了飞行器气动特性和载荷分布。

4.2.2　返回舱空气动力学

飞船在返回飞行段,返回舱以第一宇宙速度再入地球大气层,经历自由分子流、过渡流、滑移流和连续流等不同的大气环境,返回舱表面与高速运动的空气摩擦产生巨大的热量,温度可达数千摄氏度,使返回舱周围空气出现电离并产生化学平衡和非平衡反应,产生等离子鞘,导致返回舱与地面出现通信中断。由于返回舱周围流场结构十分复杂,易受飞行环境和随机干扰影响,使返回舱的受力情况和飞行稳定性容易发生变化。再入飞行段气动力是返回舱所受的主要作用力,所以返回舱的气动设计的重要性体现在以下几个方面。

(1) 返回舱静态和动态气动力数据是正常和救生返回轨道设计的主要设计依据,也是飞行控制中心进行返回轨道实时预测的重要依据。返回舱气动力设计和数据的精度直接影响轨道计算、轨道预示的精度和返回飞行性能。

(2) 返回舱的动态气动力特性是 GNC 分系统进行返回控制的主要依据之一,气动设计对返回舱升阻比的预示精确程度关系到 GNC 分系统实施返回落点控制的精度。开伞前返回舱的动态特性是回收系统的初始运动姿态和初始力学环境,地面研究和预示的准确性将决定回收的成功和航天员的生命安全。

(3) 返回舱气动设计所提供的返回舱表面热流分布规律、特征点热流沿返回弹道变化规律和总加热量是飞船结构分系统进行返回舱防热结构设计的主要依据。返回舱气动设计对表面热流分布设计的合理性和所提供热流密度数据的精度,直接影响返回舱表面的烧蚀情况。如果气动设计对返回舱表面和局部热流设计不合理,热环境预估不准,可能出现舱壁和表面凸起物被烧穿,造成船毁人亡。

气动设计是载人飞船总体设计和总体技术中的重要部分之一,气动设计的预先研究是否全面和深入影响返回舱外形的创新程度。

研究飞船空气动力学的手段,也是理论计算、地面试验和飞行试验。鉴于飞行试验费用昂贵,因此主要靠地面试验和理论计算。但是,地面模拟设备的尺寸、模拟参数的范围及模拟能力配套方面的局限性,使得全参数模拟几乎是不可能的,理论计算中数值模拟也因计算机硬件和计算技术达不到完全的模拟能力。因此,利用有限的地面设备,放宽对部分参数的限制,进行局部和全模型的风洞试验,将结果在可允许的范围内外推,同时辅之数值模拟和工程处理相结合的理论预估,是研究飞船空气动力学的可行途径。

飞船返回舱大体上有以下4种典型外形:

(1) 纯弹道式,如"东方"号、"水星"。其外形简单,一般呈圆球或轴对称体,质心不偏置,不产生升力,只有阻力,无机动能力。在大气层内飞行时间短,过载大。

(2) 升力弹道式,如"联盟"号、"双子座"和"阿波罗"飞船等(图4.4)。外形为对称体,质心配置在偏离中心轴的一段距离。再入飞行历程中,存在一个配平攻角,此时,质心和压心同在空气动力合力作用线上,气动力对质心的力矩为零。通过返回舱的自身转动,改变升力的垂直与水平分量,获得所需的机动能力,以此控制返回舱在再入大气中的运动轨道,调整飞船着陆点。

(3) 升力体式,如"飞行者"。外形呈非对称体,在一定的攻角下,能产生高升阻比,机动能力大。但是由于是非对称体外形,增加了气体性能与结构设计的复杂性。

(4) 有翼滑翔式,如"快船"(图4.5)。再入飞行器带有翼片,产生高升阻比,机动性能好,但设计复杂,外形不紧凑,结构质量大,成本高。

图4.4　美国双子座飞船

图4.5　俄罗斯快船

57

飞船返回舱的外形选择,需要依据它的飞行使命并综合考虑各种因素而定。

首先要考虑有一定的容积,尤其是载人飞船,至少能容纳宇航员活动空间,同时,要适应运载器发射能力如质量控制等。其次,要确保其安全返回并精确着陆。于是,要求返回舱外形满足一定的升阻比要求和保持飞行稳定性,减小气动加热和具有良好的热防护特性,并满足人体能承受的过载要求。

根据上述要求,地面试验和理论计算表明,大钝头旋转体外形是最理想的再入外形。它在特定的再入轨道飞行中,可以具有较小的热流密度和总加热量,同时又可以达到减速的目的。通过将质心偏移纵轴位置造成适当配平角飞行,从而获得设计要求的升阻比,并保持一定的静稳定度。此外,各种钝双锥外形被证明满足飞船的空气动力特性要求,它具有中等升阻比,能保持气动静稳定性和控制要求,尤其具有较佳的价格性能比,因此这种外形受到了重视。

在初步确定了再入时的基本外形后,就可以用理论计算方法给出这种基本外形的气动力特性。为了得到更精确的信息,需要研究外形的各个几何参数变化对气动特性的影响,从而在满足飞行使命的前提下,对原始外形进行修正以获得优化外形。

为了为返回舱结构设计提供确切的载荷分布以及分析再入时的飞行稳定性,必须进行压力和气动特性的试验研究与理论计算。

1. 试验研究

试验模拟是返回舱压力和气动特性研究的主要手段。由于要尽可能真实地模拟马赫数、雷诺数、攻角以及其他因素对气动特性的影响,而不同的参数在不同的飞行高度时的影响程度又是不同的。因此单一风洞不能完成所要求的全部模拟试验,必须使用众多模型和多个风洞,才能得到气动设计所需要的尽可能多的数据。

风洞试验是气动参数地面预估主要手段,为了获取返回舱 6 分量静态气动力系数测量结果和 3 分量动态阻尼导数测量结果,以及返回舱表面气动热分布规律和返回舱驻点区、肩部小拐角、倒锥迎风面和局部凸起物的气动加热数据,完成的常规气动力和气动热风洞试验主要有:

(1)亚、跨、超、高超声速静态测力试验;

(2)高超声速测压、测热风洞试验;

(3)低密风洞静态测力、测热试验;

(4)激波风洞测力、测热试验;

(5)返回舱迎风面局部凸起物热流测量风洞试验。

通过地面试验得到了高度 90km 以下、马赫数 15~0.6 的风洞试验数据。但对于高度 90km 以上滑移流、过渡流的气动数据,目前国内地面试验设备无能为力;对于高马赫数的真实气体效应,化学平衡和非平衡影响,地面设备难以模拟。

目前,国内外通常采用风洞试验来研究返回舱的动稳定特性。但是,雷诺数、质心位置、尾迹干扰、极限环运动等参数对精确测量返回舱动稳定特性带来了很大影响,具体表现在以下几个方面。

(1)质心位置对配平攻角和动导数试验结果影响很大,因此在模型加工和设计时必须保证质心位置与真实质心尽可能一致;返回舱的短钝体外形特征,质心位置是影响运动稳定性的主要偏差因素之一,它会直接影响配平攻角值和动导数值。"阿波罗"飞船返回舱在 AEDC 风洞中开展的试验表明质心纵向偏量变化±5%时,配平攻角改变了±1.5°,而横向偏量对配平攻角影响更为显著,横向偏量±1%时,配平攻角改变了±5°。一般认为,质心纵移量主要调节稳定性,而质心横向偏量主要调节配平特性。中国航天空气动力技术研究院在 Φ0.5m 高超声速风洞中研究了球冠倒锥形返回舱的气动力特性,马赫数从 4.94 增大到 7.96 时对配平攻角与配平升阻比基本上无明显影响,而在配平状态下,随马赫数增大,压力中心略微后移,使得纵向位置位于重心之后的压力中心更加远离重心。

(2) 返回舱尾部会产生分离流动,形成回流区,尾部迎风面与背风面造成压差而形成附加后体力,加大试验支撑系统的干扰,有可能改变阻尼性质。

返回舱在跨声速段,容易发生气体分离,由分离引起的附加载荷对静、动稳定性往往产生相反效应,使得静稳定性增加,但动稳定性降低。这种分离流往往会在尾端再附,产生后体气流再附效应,进一步降低动稳定性。

地面风洞试验中,为避免激波干扰,多采取尾支撑的方式将模型支撑在风洞中。由于返回舱尾流对动稳定性影响较大,支杆的存在往往会改变尾流,从而改变试验结果,在大攻角下支杆对返回舱动稳定性的影响更加明显。

(3) 短钝外形在亚、跨、超声速区域可能出现极限环运动,从而影响返回舱的动稳定特性试验结果。

返回舱再入过程中大部分运动状态都是稳定的振动模态,多采用图 4.6 (a) 所示天平—拨杆的自由振动试验方法。在高亚声速时,在配平角附近出现动不稳定情况。振幅发散较小时,可在图 4.6(a) 所示装置上稍加改动成图 4.6(b) 所示装置进行试验,模型尾部的拨块改成了滑块,由尾部的汽缸推动推杆从而带动滑块运动,试验时,推杆将滑块向前推动,锁定模型,然后推杆再将滑块向后拉动,释放模型,这时模型将小角度开始自由振动。模型的振幅角位移—时间历程曲线由弹性铰链上的应变片记录。试验结束后可获得模型振幅变化的时间历程极限环振幅及阻尼参数等。

但当振幅发散大于 5° 时,超出天平元件弹性变形范围,无法用天平元件测量阻尼导数。这时需采用图 4.6(c) 所示轴承支撑的大振幅自由振动试验方法。该方法与前两种方法类似,也是模拟返回舱,受到扰动而产生角运动时,测量角位移变化历程。但试验模型通过轴承支撑在支杆上,模型绕支杆振动幅度可大于±10°。试验时,依旧由滑块触发模型小角度开始自由振动,模型的振幅角位移-时间历程曲线由风洞外的相机或者模型内非接触光栅尺记录。试验结束后经数据处理也可获得模型极限环振幅、振动频率及阻尼等参数等。

回收降落伞模型是指用于测量飞船回收过程中降落伞气动特性的风洞试验模型,其用途是测定模型的稳定性与阻力特性,以保证飞船和宇航员的安全和正常降落。

飞船模型一般由木质材料制成,表面涂银灰色油漆,在模型底部和侧面各有一测压孔(了解减速伞对飞船底部和侧面压力的影响)。降落伞模型是由织物制成,其质地柔软且有一定的透气性。降落伞系统是由多级降落伞所组成,包括减速伞和主伞。根据各个工作段的不同特点与要求,选用的降落伞组合形式是多种多样的(图 4.7)。

试验内容主要是观察测量飞船模型与不同伞绳长度减速伞模型组合状态和多伞模型组合状态的降落伞稳定性及阻力特性。通过试验选定最佳工作状态,降落伞模型的稳定性和阻力特性分别由高速摄影机和应变式天平观测。

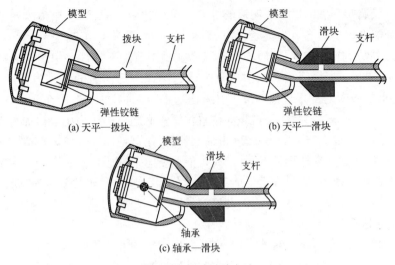

(a) 天平—拨块
(b) 天平—滑块
(c) 轴承—滑块

图 4.6　振动试验方法

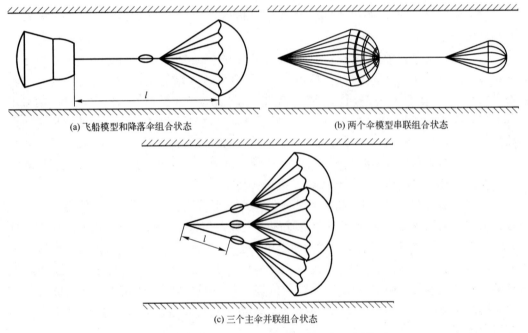

(a) 飞船模型和降落伞组合状态
(b) 两个伞模型串联组合状态

(c) 三个主伞并联组合状态

图 4.7　飞船和降落伞模型组合状态示意图

2. 理论计算

理论计算在空气动力特性预估中,起着越来越重要的作用。目前,最适用的方法是局部数值模拟再辅以半经验的工程处理方法。但是,要给出一套从低空连续流区到高空自由分子流,从亚声速到高超声速互相衔接的计算方法是困难的。因此,在不同的高度范围,不同的速度范围以及不同的几何部位,分别采用数值模拟、近似理论、风洞试验数据关联和工程处理方法,最后求得再入返回舱表面压力分布和气动力特性。

首先,根据不同高度时的分子平均自由程与飞行器特征长度之比,将流动区域划分为连续流区、过渡区和自由分子流区,在不同流动区域给出不同的计算方法。这里主要讨论

60

连续流区的气动性能计算,同时简述自由分子流区计算方法。

在自由分子流区,忽略分子间的相互碰撞,只考虑气体分子与物体表面之间作用,而且是完全漫反射,同时,气体分子速度满足麦克斯威尔分布率,则可得到返回舱表面法向力和切向力为

$$\frac{P}{q_\infty} = \sigma^2 g + \frac{1}{2s^2 \left[1 + \mathrm{erf}(\sigma s) \right]} + \sigma g \frac{\sqrt{\pi}}{2s} \sqrt{\frac{T_\infty}{T_w}} \tag{4-49}$$

$$\tau/q_\infty = \sigma g \sqrt{1 - \sigma^2} \tag{4-50}$$

式中:

$$g = \left[1 + \mathrm{erf}(\sigma s) \right] + \frac{1}{\sigma s \sqrt{\pi}} \mathrm{e}^{-k}$$

$$\mathrm{erf}(\sigma s) = \frac{2}{\sqrt{\pi}} \int_0^{\sigma s} \mathrm{e}^{-x^2} \, \mathrm{d}x$$

$$s = \frac{V_\infty}{\sqrt{2RT_\infty}}$$

$$\sigma = \cos\theta = \frac{n_\theta \cdot V_\infty}{|V_\infty|}$$

θ 为物面法向与来流速度矢量夹角,n_θ 为物面单位外法向矢量,$\frac{V_\infty}{|V_\infty|}$ 为来流速度单位矢量。

在连续流区,通过局部数值模拟,配合近似理论(如牛顿碰撞理论、二阶激波膨胀理论)以及利用标准试验数据的拟合和修正,是预估飞船返回舱压力分布与气动特性的实用方法。

1)球面

当球面张角 $\theta_m > 45°$ 及马赫数为超声速范围时,球面压力分布可利用零攻角欧拉方程数值结果,即当攻角为 α 时,球面上任一点 (r_b, θ, φ) 处的压力系数为

$$C_p(r_b, \theta, \varphi) = C_p(r_b, \bar{\theta}) \tag{4-51}$$

式中:$\bar{\theta} = \arccos \left[\sin\theta \sin\alpha \cos\varphi + \cos\theta \cos\alpha \right]$。

当 $\theta_m < 45°$ 时,可采用牛顿理论:

$$C_p = C_{p_s} \sin^2 \delta \tag{4-52}$$

式中:δ 为局部物面倾角;C_{p_s} 为驻点压力系数。

"阿波罗"飞船的大头面试验结果表明,当流动处于亚声速时,其驻点压力系数与等熵流驻点压力系数计算值相同,而且压力系数分布规律同超声速情况相似,因此仍可采用牛顿理论公式,不过 C_{p_s} 需要取等熵流结果

$$C_{p_s} = \frac{2}{\gamma Ma_\infty^2} \left[(1 + 0.2 Ma_\infty^2)^{\frac{\gamma}{\gamma-1}} - 1 \right] \tag{4-53}$$

2)倒锥

在倒锥起点即拐角处,其压力可由无粘流的普朗特–迈耶膨胀求得膨胀后的压力值,再加上粘性修正。

$$\frac{p_2}{p_0} = \left(\frac{p_2}{p_0}\right)_{inv} + \left(\frac{\Delta p}{p_0}\right)_{vis} \tag{4-54}$$

在角点处气流不发生分离时,粘性影响不大,右边第二项可略去不计,出现分离时,就必须考虑粘性影响。试验表明,当球面角点切线与倒锥母线夹角大于45°时,这个粘性修正值等于平头柱角点处试验压力值即

$$\left(\frac{\Delta p}{p_0}\right)_{vis} = 0.08 \tag{4-55}$$

因此

$$\frac{p_2}{p_0} = 2.3 \sin^7 [0.4(130° - \theta_c - \theta_h)] + 0.08 \tag{4-56}$$

倒锥背风子午面($\varphi = \pi$)处压力分布系数,假设由角点处值开始,到无穷远处时,膨胀到底部压力系数,则

$$C_{p_\pi}(x) = C_{p_b} - (C_{p_b} - C_{p_2}) e^{-k(x-x_2)} \tag{4-57}$$

式中:C_{p_b}为底部压力系数;C_{p_2}为角点处压力系数;k与角点处的压力梯度有关,在计算中取常数为10.5。

锥面上压力分布分两个区计算:迎风面区(气流碰撞区)和背风区(阴影区)。在背风区压力系数为$0 \sim C_{p_\pi}(x)$,因此,$C_p(x,\varphi)$可用三角级数分布表示为

$$C_p(x,\varphi) = C_{p_\pi}(x)(\cos\varphi^* - \cos\varphi)/(1 + \cos\varphi^*) \tag{4-58}$$

式中:φ^*为迎风和背风面分界处的子午角。

在迎风面区,压力系数仍可采用牛顿理论,以柱坐标表示可写为

$$C_p(x,\varphi) = C_{p_s} \sin^2\delta \tag{4-59}$$

式中:
$$\sin\delta = (r_{bz}\cos\alpha + \sin\alpha\cos\beta + \frac{r_{b\varphi}}{r_b}\sin\alpha\sin\beta)/m$$

$$m = \sqrt{1 + r_{bz}^2 + \left(\frac{r_{b\varphi}}{r_b}\right)^2}$$

对于倒锥的底压计算,若取$\varphi = 90°$处的马赫数和压力作参考条件,底阻系数为

$$C_{D_b} = -[C_{P_b} - (0.012 - 0.0036Ma_\infty)_\alpha]\left(\frac{d_b}{d_r}\right)^3 \tag{4-60}$$

式中:d_b为底部直径;d_r为参考面积的直径;C_{p_b}为长圆柱体的底部压力系数。

摩阻系数在假设物面流态为完全发展的湍流状态时,可写为

$$\frac{0.242}{A(C_{f\infty})^{\frac{1}{2}}(T_\omega/T_\infty)^{\frac{1}{2}}}(\arcsin c_1 + \arcsin c_2) = \lg(Re_\infty C_{f\infty}) - \left(\frac{1+2n}{2}\right)\lg\left(\frac{T_\omega}{T_\infty}\right) \tag{4-61}$$

式中:
$$c_1 = \frac{2A^2 - B}{(B^2 + 4A^2)^{1/2}}; c_2 = \frac{B}{(B^2 + 4A^2)^{1/2}}; A = \left[\frac{(\gamma-1)Ma_\infty^2}{2T_\omega/T_\infty}\right]^{1/2};$$

$$B = \frac{1 + (\gamma-1)Ma_\infty^2/2}{T_\omega/T_\infty} - 1; T_\omega/T_\infty = 1 + 0.9\frac{(\gamma-1)}{2}Ma_\infty^2; n = 0.76。$$

当来流条件确定后,可用迭代法求解上述超越方程以得到$C_{f\infty}$。

由上面求出$C_{f\infty}$、C_{D_b}和锥面上$C_p(x,\varphi)$后,可沿表面积分得到身部气动力系数,包括

法向力系数、轴向力系数和俯仰力矩系数的值。

4.3 航天飞机空气动力学

　　航天飞机是一种垂直起飞、水平降落的载人航天器,它以火箭发动机为动力发射到太空,能在轨道上运行,且可以往返于地球表面和近地轨道之间,可部分重复使用。虽然世界上许多国家都陆续进行过航天飞机的开发,但只有美国与苏联实际成功发射并回收过这种航天飞行器。美国自1972年开始投入巨资对航天飞机进行研究,先后生产出6架航天飞机,分别是"企业"号、"哥伦比亚"号、"挑战者"号、"发现"号、"亚特兰蒂斯"号与"奋进"号。其中"企业"号是测试机,从未载人,也没有发射升空。第一架正式服役的是"哥伦比亚"号,它与"挑战者"号均发生爆炸失事,共造成14名宇航员遇难。苏联航天飞机为"暴风雪"号。

4.3.1 上升段空气动力学

　　美国航天飞机上升段构型如图4.8所示。它由轨道器、外部燃料箱和两个固体火箭助推器组成。航天飞机上升段空气动力学的任务是选择合理的外形并预测其气动特性,确保航天飞机在上升段的安全和将航天员及货物送入轨道。

　　航天飞机上升段的气动特性,主要考虑马赫数为0.6到固体火箭助推器分离这一段的问题。为了进行性能分析、结构设计和固体火箭助推器分离系统的设计,要求预测总的气动特性。为了进行通气分析、凸起物设计、防热瓦载荷研究和上升段空气数据系统的设计,还要求给出更详细的气动数据。

图4.8　美国航天飞机

　　美国航天飞机气动特性的预测主要依靠风洞试验,在风洞试验的基础上,应用相似参数并加上适当的修正,建立空气动力数据库。对于美国的航天飞机,在上升段要预测5个构型的气动特性。这5个构型是组合外形、轨道器、外部燃料箱、左固体火箭助推器、右固体火箭助推器。除了预测常规的气动特性外,还要考虑外部燃料箱和固体助推火箭上凸起物的影响,连接支架上的载荷和连接支架的干扰效应以及固体火箭助推器和航天飞机主发动机的喷流影响。

　　航天飞机总的气动力系数可分成前体和底部两部分。如图4.9所示,在风洞中要进行无喷流而采用底部支杆的试验(A类试验)和有、无喷流而采用侧向支架的试验(B类试验)。根据这两类试验的结果,可求得计入喷流效应的总的气动力系数。以阻力系数为例:

$$C_{x_T} = C_{x_{f0}} + \Delta C_{x_{f1}} + C_{x_b} \tag{4-62}$$

式中:C_{x_T}为总阻力系数;C_{x_b}为有喷流底部阻力系数;$C_{x_{f0}}$为无喷流底部阻力系数;$\Delta C_{x_{f1}}$为有喷流底部阻力系数增量。

　　由A类试验可得

$$C_{x_{f0}} = (C_{x_T} - C_{x_b})_0 \tag{4-63}$$

63

$$C_{x_{b_0}} = \frac{1}{qS}\int_{S_b}(p_b - p_\infty)\,\mathrm{d}S \tag{4-64}$$

式中:p_b 为 A 类试验中测得的底部压力。

由 B 类试验可得

$$\Delta C_{x_{f1}} = \frac{1}{qS}\int_{S_f}(p_b - p_0)\,\mathrm{d}S \tag{4-65}$$

$$C_{x_{b1}} = \frac{1}{qS}\int_{S_b}(p_{b1} - p_{\infty 0})\,\mathrm{d}S \tag{4-66}$$

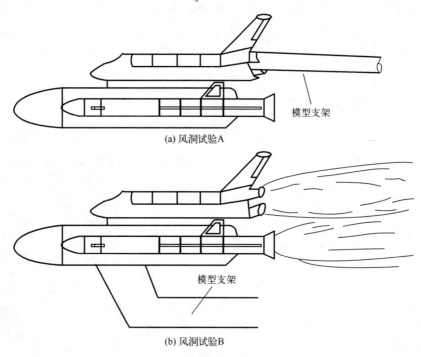

图 4.9　航天飞机喷流风洞试验

当航天飞机的飞行高度和飞行马赫数给定时,喷流的影响随火箭发动机燃烧室压力的变化而变化。喷流直径开始时很小,对前体压力分布的影响较小,此时由于在喷流边界上吸入高速气流而使底部压力较小;当燃料室压力增加时,喷流尺寸增大并屏蔽底部,使底压增加;最后前体边界层分离形成回流。若是多个发动机,则喷流互相撞击,气流在底部阻塞,此时底部压力比无喷流时要高。

航天飞机固体火箭助推器与轨道器、外部燃料箱分离时产生两种现象:一是由于轨道器和外燃料箱比固体火箭助推器有更高的轴向加速度,从而拉开纵向距离;二是由于分离发动机推力和气动力的作用而拉开横向距离。为了不发生碰撞,必须控制好这些横向力,因此必须研究清楚以下三个问题:①一个飞行器的流场对邻近飞行器的主要影响;②分离发动机的喷流对周围飞行器流场的影响;③分离发动机喷流对外部燃料箱的直接撞击带来的影响。这三方面的现象都是轨道器、外部燃料箱相对于自由流的方位和这些飞行器的相对方位和距离的函数,而喷流干扰和喷流撞击的影响也是喷流模拟参数的对象。

4.3.2 再入段空气动力学

再入段空气动力学主要研究航天飞机轨道器。轨道器既要作为航天器完成各种使命,又要作为飞机安全着陆,这就要求仔细地设计轨道器的外形,使其在轨道飞行时能完成任务,在再入大气层时达到热防护和横向航程的要求,并能满足在无动力下降和着陆时的气动性能和控制的要求。其中机翼的气动设计是轨道器气动设计的关键。美国航天飞机轨道器气动设计时考虑的几何参数变化范围为:前缘后掠角 40°～60°,展弦比 2～4,尖削比 0.1～0.3,厚度比 0.04～0.10。最后选定前缘后掠角为 45°,展弦比为 2.265,尖削比为 0.2。分析表明,减小后掠角可以用较小的机翼面积来达到所要求的着陆速度,但根据减小气动加热的要求,后掠角不能小于 45°,而后掠角选定为 45° 也能保证得到合适的高超声速升阻比。

机身的形状和尺寸主要考虑适应载荷、座舱和轨道机动系统的要求。机身所采用的横截面形状、头部弯度和向上倾斜的前体侧面形状用于改进高超声速配平特性和方向稳定性,这些措施和机身机翼融合等措施共同用于减轻机身侧面的气动加热。

航天飞机是一个非常复杂的外形,计算高超声速气动力时将复杂的航天飞机表面分成若干面元,假设每一平面面元上的气动力是互相独立的,因此将每一平面面元的各气动力系数求和,就可以求得整个航天飞机的气动力系数。首先,计算每个微面元上的参数,如压力系数静/动导数,然后积分就可以求出整架航天飞机的气动力系数及其静/动导数。关于四边形平面面元的确定、面元坐标系与飞行器坐标系的变换等见参考文献[50、51]。通过计算,可求出面元的外法向矢量 n,面元面积 ΔS 和面元质心坐标(x,y,z)。用 V 表示来流的速度矢量,则可求得平面面元与 V 之间的夹角,即撞击角

$$\delta = \frac{\pi}{2} - \arccos\left(\frac{-n \cdot V}{|n||V|}\right) \tag{4-67}$$

当 $\delta \geq 0$ 时,面元处在迎风面流场;当 $\delta < 0$ 时,面元处于背风面流场。假设每一块面元的压力系数为常数,因此只需求得面元质心上的压力系数就可把它作为整个面元上的压力系数。对于背风面流场,根据牛顿理论,将压力系数假设为零,即 $C_p = 0$。对于迎风面流场,可采用下列公式来计算:

$$C_p = C_{p0} \frac{C_{p_c}(Ma \leq 20)}{C_{p_c}(Ma = 20)} \tag{4-68}$$

$$C_{p0} = \begin{cases} \left[\sin(4\delta)^{-0.75} + 1\right]\sin^2\delta, & \delta \leq 22.5° \\ K\sin^2\delta, & \delta > 22.5° \end{cases} \tag{4-69}$$

$$C_{p_c} = 2\sin^2\theta_{T_c}\exp(\xi) \tag{4-70}$$

$$\xi = 0.18145 - 0.20923\eta + 0.09092\eta^2 + 0.006876\eta^3 + 0.006265\eta^4 - 0.000971\eta^5 \tag{4-71}$$

$$\eta = \ln\left(\sqrt{Ma^2 - 1}\sin\theta_{T_c}\right) \tag{4-72}$$

$$\theta_{T_c} = \arcsin(\sin\theta\cos\alpha + \cos\theta\sin\alpha\cos\varphi) \tag{4-73}$$

式中:θ 为锥的半角;α 为攻角;φ 为从迎风射线量起的径向角。

系数 K 采用下列拟合公式:

机身

$$K=2.38+0.03792\delta-0.00252\delta^2+0.00004583\delta^3+2.917\times10^{-7}\delta^4 \tag{4-74}$$

机翼

$$K=3.24-0.08867\delta+0.002775\delta^2-4.333\times10^{-5}\delta^3+2.5\times10^{-7}\delta^4 \tag{4-75}$$

升降副翼

$$K=1.15+0.004179\delta+0.0009958\delta^2-4.166\times10^{-6}\delta^3+4.166\times10^{-8}\delta^4 \tag{4-76}$$

机身襟翼

$$K=1.33+0.08225\delta-0.003412\delta^2+6.25\times10^{-5}\delta^3-3.75\times10^{-7}\delta^4 \tag{4-77}$$

上列公式中 $20°\leqslant\delta\leqslant60°$。

在应用上述公式进行计算时,得到的阻力系数比风洞试验结果低,因此必须考虑粘性的影响。可将计算分成层流和湍流两种情况,其中转捩雷诺数可取为 $3\times10^6\sim1.5\times10^7$。对于层流,可采用参考温度方法计算摩擦阻力系数:

$$C_f=0.664\sqrt{c/Re_x} \tag{4-78}$$

$$c=\frac{T_e}{T_r}\cdot\frac{\mu_r}{\mu_e} \tag{4-79}$$

$$\frac{T_r}{T_e}=\frac{T_\omega}{T_e}+0.468Pr^{1/3}\times\left[1-\frac{T_\omega}{T_e}+Pr^{1/2}\left(\frac{\gamma-1}{2}\right)Ma_e^2\right] \tag{4-80}$$

式中:γ 为比热比;下标"e"表示边界层外缘;"ω"表示壁面;空气的普朗特数 $Pr=0.7\sim0.73$。对于层流流动,还需要考虑边界层位移厚度 δ^* 引起的诱导压力。由于边界层位移厚度使得物面流线产生一个偏转角 $\Delta\delta_{vis}$,因此撞击角可由下式计算:

$$\delta_{vis}=\delta+\Delta\delta_{vis}=\delta+\arctan\left(\frac{d\delta^*}{dx}\right) \tag{4-81}$$

$$\frac{d\delta^*}{dx}=\frac{1}{0.664}\sqrt{\frac{c}{Re_x}}\left[\frac{T_\omega}{T_e}\left(\frac{\pi}{2}Pr^{1/3}\right)+\left(\frac{\gamma-1}{2}Ma_e^2\right)\times\left(Pr^{5/6}-\frac{\pi}{4}Pr\right)+Pr^{1/3}-1\right] \tag{4-82}$$

对于湍流流动,首先要计算不可压的摩阻系数 $\overline{C}_f$,然后采用压缩性修正因子 F_c 来计算可压缩的摩阻系数 C_f:

$$C_f=\overline{C}_f/F_c \tag{4-83}$$

国外几种压力系数计算方法。

(1) OSU 钝体压力系数公式:

$$C_p=(2/\gamma Ma_\infty^2)\left[(p_1/p_{t\infty})(p_{t\infty}/p_\infty)-1\right] \tag{4-84}$$

式中:

$$p_1/p_{t\infty}=0.32+0.455\cos\theta+1.95\cos2\theta+0.034\cos3\theta-0.005\cos4\theta,\theta=(\pi/2)-\delta$$

$$p_{t\infty}/p_\infty=k(\gamma/2)Ma_\infty^2+1$$

$$k=2.0$$

(2) VANDYKE 压力系数公式:

$$C_p=\delta^2\{[(\gamma+1)/2]+\sqrt{(\gamma+1)^2/2}+(4/H^2)\} \tag{4-85}$$

式中:

$$H=(\sqrt{Ma_\infty^2-1})\delta$$

66

（3）DAHLEM-BUCK 压力系数公式：

$$C = \begin{cases} \{[1 = (\sin 4\delta)^{3/4}]/(4\cos\delta\cos 2\delta)^{3/4}\}(\sin\delta)^{5/4} \\ 2\sin^2\delta, \quad \delta \geqslant 22.5° \end{cases} \tag{4-86}$$

（4）活塞与牛顿理论结合的压力系数公式：

$$C_p = \begin{cases} C_{p,\max}\{(1-B)/(0.32Ma_\infty)]+B\sin\delta\}\sin\delta, & Ma_\infty > 4 \\ C_{p,\max}[1/Ma_\infty + B\sin\delta]\sin\delta, & Ma_\infty \leqslant 4 \end{cases} \tag{4-87}$$

式中：

$$B = (2/\pi)\arctan[(Ma_\infty^2 + 6)/10]$$

垂直尾翼气动设计中考虑最重要的因素是横侧方向的稳定性，一般用 $C_{n_\beta}^*$ 作为横侧方向静稳定性的综合判据。

$$C_{n_\beta}^* = C_{n_\beta}\cos\alpha - \frac{I_z}{I_x}C_{l_\beta}\sin\alpha > 0 \tag{4-88}$$

式中：I_z、I_x 为绕 z 轴和 x 轴的转动惯量；C_{n_β}、C_{l_β} 为偏航力矩和滚转力矩对侧滑角 β 的导数。

4.3.3 再入段热环境

4.3.3.1 机身气动加热

1. 驻点热流密度

常用的计算方法是

$$\dot{q}_{sw} = 0.76 Pr^{-0.6}(\rho\mu)_{sw}^{0.1}(\rho\mu)_{se}^{0.4}\left(\frac{\mathrm{d}v_e}{\mathrm{d}s}\right)_{se}^{0.5} \times [1+(Le^\omega)h_d/h_{se}](h_{se}-h_{sw}) \tag{4-89}$$

式中：$\omega = \begin{cases} 0.52, \text{离解气体处于热化学平衡时} \\ 0.63, \text{离解气体处于冻结状态时} \end{cases}$

该方法得到较多试验验证，应用范围宽，在空气尚未电离或电离较弱时多采用该公式，离解空气热焓可采用下面的方法进行计算。假设空气离解时，只产生氧原子、氮原子和分子，其他反应暂不考虑。离解和复合反应处于热化学平衡状态。氧、氮离解的平均常数为

$$k_{pO} = 9160000\exp(-59200/T) \tag{4-90}$$

$$k_{pN} = 127T^{1.25}\exp(-11200/T) \tag{4-91}$$

在已知温度 T 和压力 p 时，先计算混合空气分子量，首先任意给定一个初始值 $M_{n-1} \leqslant 28.853$，如温度低于 8000K 时，有

$$M_{n-1} = 35.49 - 0.002527T \tag{4-92}$$

然后计算：

$$c_{O_2} = \frac{[2a_2 + a_1/M_{n-1} - \sqrt{a_1 M_{n-1}^{-1}(a_1 M_{n-1}^{-1}+4a_2)}]}{2} \tag{4-93}$$

$$c_{N_2} = \frac{[2(1-a_2) + a_3 M_{n-1}^{-1} - \sqrt{a_3 M_{n-1}^{-1}[a_3 M_{n-1}^{-1}+4(1-a_1)]}]}{2} \tag{4-94}$$

$$c_O = a_2 - c_{O_2} \tag{4-95}$$

$$c_N = 1 - a_2 - c_{N_2} \tag{4-96}$$

式中：$a_1 = k_{po} M_O^2 / (p_{se.} M_{O_2})$；$a_2 = 0.2329$；$a_3 = k_{p_N} M_N^2 / (p_{se} M_{N_2})$；$M_{N_2} = 2 M_N$；

$M_O = 16$；$M_{O_2} = 32$；$M_N = 14.008$。

下一步计算：

$$M_n = (c_O M_O^{-1} + c_{O_2} M_{O_2}^{-1} + c_N M_N^{-1} + c_{N2} M_{N_2}^{-1})^{-1} \tag{4-97}$$

对上述公式进行迭代，当相邻两次 M_n 和 M_{n-1} 前 7 位有效数字相同时，质量浓度 c_O 和 c_N 即达到要求，最后按照下式计算离解空气热焓：

$$h_d = c_O h_O + c_N h_N \tag{4-98}$$

其中氧原子生成焓 $h_O = 15585 \text{kJ/kg}$，氮原子生成焓 $h_N = 33764 \text{kJ/kg}$。

刘易斯数可近似取：

$$Le = 1.4[1 + 0.25(c_O + c_N)] / [1 + 1.62(c_O + c_N)] \tag{4-99}$$

2. 球面热流密度

层流时采用 Lees 计算方法，公式如下：

$$\frac{q_x}{q_s} = 2\theta \sin\theta \left[\left(1 - \frac{1}{\gamma Ma_\infty^2} \right) \cos\theta^2 + \frac{1}{\gamma Ma_\infty^2} \right] \Big/ D(\theta)^{0.5} \tag{4-100}$$

式中：$D(\theta) = \left(1 - \frac{1}{\gamma Ma_\infty^2} \right) [\theta^2 - \theta \sin(4\theta)/2 + (1 - \cos(4\theta))/8] + \frac{4}{\gamma Ma_\infty^2} [\theta^2 - \theta \sin(2\theta)/2 + (1 - \cos(2\theta))/2]$（$\theta$ 为球心角）

湍流时采用平板计算公式：

$$q_x = 0.0296 Pr^{-2/3} \rho_e u_e Re_e^{-0.2} (h_r - h_w) \tag{4-101}$$

3. 锥面热流密度

层流时

$$q_x = 0.332 \sqrt{3} Pr^{-2/3} \rho_e u_e Re_e^{-0.5} (h_r - h_w) \tag{4-102}$$

湍流时见式（4-101）。

4. 柱面热流密度

层流时

$$q_x = 0.332 Pr^{-2/3} \rho_e u_e Re_e^{-0.5} (h_r - h_w) \tag{4-103}$$

湍流时见式（4-101）。

边界层转捩准则采用马赫数判别准则，即

$$Re_c = (\rho_e u_e x / \mu_e)_r = 10^{5.37 + 0.2325 Ma_e - 0.004015 Ma_e^2} \tag{4-104}$$

当 $Re_e \leq Re_c$ 时为层流，$Re_e > Re_c$ 时为湍流。

4.3.3.2 机翼前缘气动加热

不考虑机身对机翼的干扰影响，机翼前缘的气动加热可近似按后掠圆柱翼前缘热流公式计算，即

$$q_x = \alpha (T_{w\Lambda} - T_w) \tag{4-105}$$

式中：

$$T_{w\Lambda} = Pr^{0.5}(T_{\infty 0} - T_{N0}) + T_{N0}$$

$$T_{\infty 0} = T_\infty \left(1 + \frac{\gamma - 1}{2} Ma_\infty^2 \right)$$

68

$$T_{N0} = T_\infty \left(1 + \frac{\gamma-1}{2} Ma_\infty^2 \cos^2 \Lambda\right) \quad (\Lambda \text{ 为后掠角})$$

$$\alpha = \theta_w' Pr^{-0.54} (\rho u)_{w\Lambda}^{0.5} \left(\frac{\mathrm{d}u}{\mathrm{d}x}\right)_{SL}^{1/2} C_p$$

$$\mu_{w\Lambda} = 1.697 \times 10^{-5} \left(\frac{T_{w\Lambda}}{261}\right)^{1/2} \left(\frac{375}{T_{w\Lambda}+114}\right)$$

$$\frac{\mathrm{d}u}{\mathrm{d}x} = \begin{cases} \dfrac{1}{R_0}\left[\dfrac{2(p_{WSL\Lambda}-p_\infty)}{\rho_{N0}}\right]^{0.5}, Ma_{N\infty} > 1.5 \\[3mm] \dfrac{2u_{\infty\Lambda}}{R_0}(1-0.416Ma_{N\infty}^2 - 0.164Ma_{N\infty}^4), Ma_{N\infty} < 1.5 \\[3mm] \dfrac{A_0+B_0}{0.7}Ma_{\infty\Lambda} - \dfrac{0.8A_0+1.5B_0}{0.7}, 0.8 < Ma_{N\infty} < 1.5 \end{cases}$$

$$A_0 = \frac{1}{R_0}\left[\frac{2(p_{WSL\Lambda}-p_\infty)}{\rho_{N0}}\right]^{0.5}_{Ma_{N\infty}=1.5}$$

$$B_0 = \left[\frac{2u_{\infty\Lambda}}{R_0}(1-0.416Ma_{N\infty}^2 - 0.164Ma_{N\infty}^4)\right]_{Ma_{N\infty}=0.8}$$

$$u_{\infty\Lambda} = u_\infty \cos\Lambda$$

$$\rho_{N0} = \rho_{w\Lambda}$$

$$\theta_N' = \left[1 + 1.5(\theta_{N0}')^{3.5} T_w/T_{\infty 0}\right] \theta_{N0}'$$

$$\theta_{N0}' = \left[0.00145\left(\frac{T_{\infty 0}}{T_{N0}}\right)^{2.113} - 0.0109\left(\frac{T_{\infty 0}}{T_{N0}}\right)^{1.113} + 0.516\left(\frac{T_{\infty 0}}{T_{N0}}\right)^{1.113}\right]$$

4.3.3.3 翼面气动加热

翼面气动加热按平板公式计算,先计算翼面上压力。

当 $Ma_\infty^2 < 1 + \tan^2\Lambda$ 时,翼面压力为

$$p_\Lambda = p_\infty \tag{4-106}$$

当 $Ma_\infty^2 \geqslant 1 + \tan^2\Lambda$ 时,翼面压力系数为

$$C_{p\Lambda} = 2\varepsilon_0 / (Ma_\infty^2 - 1 - \tan^2\Lambda)^{0.5} \tag{4-107}$$

式中:Λ 为后掠角;p_Λ 为翼面表面压力;$C_{p\Lambda}$ 为翼面表面压力系数;ε_0 为翼面倾角。

层流时翼面热流为

$$q_x = 0.332 Pr^{-2/3} \rho_e u_e Re_e^{-0.5} (h_r - h_w) \tag{4-108}$$

湍流时翼面热流见式(4-101)。

4.3.4 横向喷流

喷流控制适用于全速域和全空域,具有响应快、效率高等特点,利用喷流的反作用力是控制飞行器飞行姿态的有效手段之一,然而喷流与飞行器流场的相互干扰十分复杂,准确地获得喷流干扰气动力非常困难,至今仍没有从理论上给出射流上下游的分离特性和定性定量规律。

国内外的大量试验表明,当喷口压强比周围流场的压强较大时,喷流诱导流场的分离

便不可避,在流场中产生分离激波、剪切层、旋涡、羽流及再附等复杂流动现象,在喷口上游产生高压区,在喷口下游产生低压区及再附压力恢复区。分离流场引起飞行器表面的压力分布、法向力及压心位置发生变化。

飞行器喷流干扰效应的工程分析方法有两种:一种是试验数据关联法;另一种是工程模型比拟法。

试验数据关联法是通过试验,确定喷流干扰力的相似参数,并将干扰力按一定规律进行关联。

工程模型比拟法试图建立分离形态和分离区的压力经验公式,通过压力积分获得干扰效应。国内外的大量试验表明,前台阶、缝隙、圆柱等局部凸起物引起的分离流场和压力分布与喷流干扰流场十分接近,因而可以借助这些凸起物及部分喷流干扰流场的结构及结果来研究喷流的干扰。对于二维平板问题和轴对称问题,目前已有一些计算喷流的穿透高度、虚拟凸起物产生的分离流场的分离范围和平台压力等的经验方法。

1. 喷流推力系数计算

对于有来流的干扰喷管,当已知海平面推力 F_{j0}、喷管室压力 p_{0j}、喷管出口压力 p_j、来流压力 p_∞、海平面压力 $p_{\infty 0}$、喷管出口面积 A_j 和喷流气体比热比 γ_j,则喷流出口马赫数为

$$Ma_j = \sqrt{\frac{2}{\gamma_j - 1}\left[\left(\frac{p_{0j}}{p_j}\right)^{\frac{\gamma_j - 1}{\gamma_j}} - 1\right]} \quad (4-109)$$

喷口随高度变化的直接推力为

$$F_j = F_{j0} + A_j(p_\infty - p_{\infty 0}) \quad (4-110)$$

喷流推力系数为

$$C_{F_j} = \frac{F_j}{q_\infty S_{\text{ref}}} \quad (4-111)$$

2. 当地压力和当地马赫数计算

航天飞机表面上任意一点的当地压力为

$$p_1 = p_\infty\left[1 + \frac{1}{2}\gamma_\infty Ma_\infty^2 C_{p_1}\right] \quad (4-112)$$

式中:C_{p_1} 为当地压力系数。

从而得到当地马赫数为

$$Ma_1 = \sqrt{\frac{Ma_\infty^2\left[(\gamma_\infty + 1)\dfrac{p_1}{p_\infty} + (\gamma_\infty - 1)\right] - 2\left[\left(\dfrac{p_1}{p_\infty}\right)^2 - 1\right]}{\dfrac{p_1}{p_\infty}\left[(\gamma_\infty - 1)\dfrac{p_1}{p_\infty} + (\gamma_\infty + 1)\right]}} \quad (4-113)$$

式中:γ_∞ 为自由来流气体比热比。

3. 喷流干扰分离流动的工程模型

喷流的穿透高度是喷流干扰流场的一个重要的参数。大量试验表明,喷流的穿透高度 h 与马赫盘高度 h_m 存在着很好的相关性:

$$h = 1.36h_m \quad (4-114)$$

马赫盘高度在二维情况或轴对称时有如下关系式：

$$\frac{h_m}{d_j} = 0.7 \left(\frac{\gamma_j Ma_j^2 p_j}{p_{p_1}} \right)^{\frac{1}{2}} \tag{4-115}$$

式中：d_j 为喷管出口直径；p_{p_1} 为喷流引起的上游平台压力值。

4. 分离区长度的计算

分离区长度是指从喷口前缘到分离点的距离，它是表征分离特性的又一个重要参数。当喷流的穿透高度 h 小于边界层厚度 δ 时，分离区的平台压力值和分离区范围随 h 的变化而变化；当 $h>\delta$ 时，则 h 与平台压力的大小无关，只影响分离区的范围，当 h 大于某个极限值后，分离区长度不再随喷流的穿透高度而变化。

对于二维平板及轴对称问题，假定分离流线为一直线，分离区长度可近似写为

$$L_s = h / \tan\theta \tag{4-116}$$

式中：θ 为分离区的气流偏转角；

$$\tan^2\theta = \left(\frac{a-1}{2\gamma Ma_1 - a + 1} \right)^2 \left(\frac{2\gamma Ma_1^2 - (\gamma-1) + (\gamma+1)a}{(\gamma+1)a + (\gamma-1)} \right)$$

$a = p_1 / p_\infty$。

大量试验指出，分离区长度与穿透高度存在如下近似关系：

$$L_s = 4.2h \tag{4-117}$$

5. 三维干扰区形状

研究三维干扰区的形状十分重要。大量试验表明，分离曲面与平板相交所形成的分离曲面均为椭圆，当坐标原点为对称面分离点时，可以用下式进行近似估算：

$$\eta^2 = R\xi + B\xi^2 \tag{4-118}$$

式中：

$$R = K_1 7.18\exp\left[\frac{1.8}{(Ma_1-1)^{0.75}} \right] \bigg/ \exp\left(\frac{0.67}{Ma_1} \right); B = K_2(0.58 - 3.5/Ma_1);$$

$\xi = x/L_s; \eta = y/L_s$。

$$K_1 = \begin{cases} 0.3521, & Ma_1 \leqslant 2.5 \\ 0.3521 - 0.065(Ma_1 - 2.5), & 2.5 < Ma_1 \leqslant 3 \\ 0.319, & Ma_1 \geqslant 3 \end{cases}$$

$$K_2 = \begin{cases} 0.6366, & Ma_1 \leqslant 2.5 \\ 0.6366 - 0.5824(Ma_1 - 2.5), & 2.5 < Ma_1 \leqslant 3 \\ 0.9278, & Ma_1 \geqslant 3 \end{cases}$$

当喷口直径与当地航天飞机机身直径相比较小时，可以利用当地的平板假设并利用几何形状的尺度因子获得机身上的三维分离形状。如此，分离流线上任意点与过该点的机身横截面上对称分离轴的夹角为

$$\theta_s = \eta / r \tag{4-119}$$

式中：r 为机身当地横截面半径。

6. 平台压力的计算方法

试验表明，分离流使物面压力分布改变，使上游的压力增高，接近常数，呈现平台状，

即平台压力 p_{p_1} 或称为第一峰值压力;接近喷口时出现第二峰值 p_{p2},喷口后压力下降,低于无干扰时的压力并在再附羽流处达到另一峰值 p_4,随后恢复到无干扰情况。无论是层流分离还是湍流分离,其分离区的压力仅是当地压力 p_1、上游环境马赫数 Ma_1 和雷诺数 Re 的函数,而与喷口条件无关。一般认为,喷流干扰力主要来源于喷口的上游,而下游干扰力仅为上游干扰力的 2%~10%,而且喷口下游的流动更加复杂。

在工程应用中使用的关于 p_{p_1} 的计算方法,多半是来自试验数据的拟合。对于层流分离,比较流行的平台压力 p_{p_1} 计算公式为

$$\frac{p_{p_1}}{p_1} = 1 + \frac{\gamma_\infty}{2} Ma^2 C_p^* \qquad (4-120)$$

式中:

$$C_p^* = 1.6 \left[Re_{xs} (Ma_1^2 - 1) \right]^{\frac{1}{4}}$$

Re_{xs} 为沿表面流线的雷诺数。

对于湍流有

$$\frac{p_{p_1}}{p_1} = 1 + \frac{Ma_1}{2} \qquad (4-121)$$

对于高超声速平板—圆柱凸出物的分离流动,认为沿圆柱中心发出的射线上的压力分布与对称面平台压力一样有常量的趋势。若已知对称面内的平台压力 p_{p_1},则可以用以下经验公式获得与对称面成 φ 角的其他射线上的压力:

$$\frac{p_{p_1}}{p_{p(\varphi)}} = -1.65 \times 10^{-5} (\varphi + 35)^2 + 1.02 \qquad (4-122)$$

从而得到喷流干扰区域的压力系数:

$$C_{p_i} = (p_{p_1} - p_\infty)/q_\infty \qquad (4-123)$$

7. 二维喷流干扰数值仿真

二维平板上的超声速来流与欠膨胀喷流的基本流场形态如图4.10所示。由图可以看出,欠膨胀喷流在平板附近迅速膨胀,由于喷流边界的反射作用,其核心区内的多个膨胀波逐渐汇集形成了马赫盘;当喷流核心区通过马赫盘后,压力再次升高,因此,喷流核心区再次膨胀,在超声速自由来流的影响下,其核心区向下游偏转,经过多次膨胀—压缩—膨胀的喷流最终贴附在平板上,从而在喷口后面形成了一个回流区。

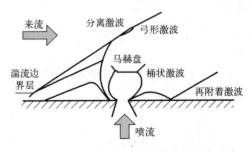

图4.10 二维平板上喷流干扰流场基本形态

由于超声速来流受到喷流膨胀的阻挡,喷流前方会形成一个诱导弓形激波,此激波与喷口前的边界层相互作用,并在喷口前形成较强的逆压梯度,导致边界层分离。分离点附

72

近变厚的边界层相当于一个压缩拐角,因此,超声速自由来流会在边界层分离点附近形成一个分离激波。

喷流出口下游气体为了保持其流动方向与壁面平行,并最终贴附在平板上,将在喷流出口下游产生再压缩激波。在喷口前的分离区及喷口后的回流区内存在各种涡,这些涡的结构及分布满足一定规律,详见参考文献[1]。

计算区域及其网格如图 4.11 所示,计算域 X 方向长度为 $L_x = 429mm$,Y 方向长度为 $L_y = 150mm$,平板位于计算域底部,其前沿坐标为 $(0,0)$,喷流出口宽度 $D = 1mm$,其中心距平板前沿的距离为 $X_0 = 330mm$。为了减少数值仿真中由于网格倾斜所产生的假扩散,计算域采用正交结构网格;由于喷口附近流动参数变化剧烈,因此计算区域被划分为 3 个区;为了准确模拟湍流条件下近壁区流场,近壁区的网格进行了局部加密。

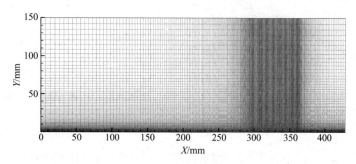

图 4.11　计算区域及其网格

假设平板为绝热壁面,超声速自由来流及喷流出口的雷诺数 Re、马赫数 Ma、湍流强度 I、总压 P_0、总温 T_0、氮气质量分数 C_N 等边界条件如表 4.1 所列,为了分析自由来流与喷流总压对流场特性及参数的影响,仿真过程中喷流出口总压的变化范围是自由来流总压的 $0.18 \sim 1.2$ 倍。

表 4.1　超声速自由来流及喷流出口的边界条件

边界条件参数	$Re/10^6/m$	Ma	I	μ_t/μ	T_0/K	P_0/atm	C_N
超声速自由来流	5.83	3.7	0.005	1	—	20.497	0
喷流出口	—	1	0.03	2	700	—	1

图 4.12 给出了喷流与自由来流滞止压强比等于 0.51 时,流场等压线和速度矢量分布。由图 4.12(a)中等压线分布可知,计算所得干扰流场的流场结构符合二维干扰流场基本形态。由图 4.12 (b)中速度矢量分布可知,来流在膨胀后的喷流的影响下,喷流出口前的边界层发生分离并形成了一个顺时针漩涡,分离区中逆时针漩涡是由喷流对来流阻碍所形成的,由于喷流尾迹在喷口下游再附于平板上,因此喷口后也形成了一个顺时针漩涡。整个流场总共存在 8 个奇点,其中来流边界层分离点、喷流尾迹再附点及点 B、E 为半鞍点 (S'),漩涡中心 A、D、F 为中心点 (N),点 C 为流场中的鞍点 (S),整个流场的奇点数量、类型及其分布满足半无限条件流场的拓扑规律。

图 4.13 给出了喷流与自由来流滞止压强取不同比值时,平板不同位置静压与自由来流静压比值的变化。喷流出口前后壁面上分别存在一个高压区和低压区,随着滞止压强比增大,高压区的幅值增大,且高压区和低压区的范围将逐渐增大。高压区中压力出现了

两次不同幅度的跳跃,壁面边界层分离点附近的分离激波使壁面压力出现了第一次跳跃;压力的第二次跳跃点离喷口很近,与图 4.13（b）中分离区的流动再附点 B 的位置很接近,所以分离区中的流动再附形成了壁面压力第二次跳跃。喷口后的回流区使喷口后壁面出现了一个低压区,在再压缩激波的影响下,喷口后壁面上的压力最终恢复到来流静压。图 4.13(a)还给出了滞止压强比为 0.44 时的试验结果,比较相同滞止压强比下的仿真和试验结果可知,仿真结果在分离区前半部分的壁面压力与试验结果存在一些误差,但壁面压力峰值附近的仿真结果与试验结果非常吻合;喷口后的壁面压力小于试验结果,但误差不是很明显。

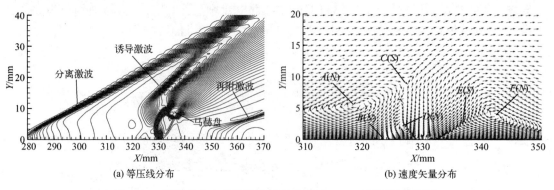

| (a) 等压线分布 | (b) 速度矢量分布 |

图 4.12　喷流与自由来流滞止压强比等于 0.51 时的流场结构图

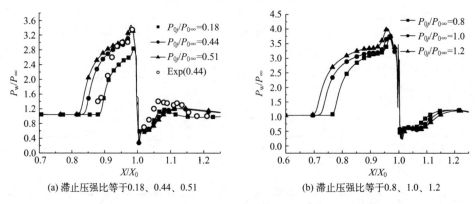

| (a) 滞止压强比等于0.18、0.44、0.51 | (b) 滞止压强比等于0.8、1.0、1.2 |

图 4.13　喷流与自由来流滞止压强比对壁面压力分布影响

图 4.14 给出了不同滞止压强比时,喷口附近氮气质量浓度分布情况。氮气在喷口上方和喷口后回流区中质量浓度很大,而喷口前分离区的质量浓度较小,这是由于喷流 Y 方向的分速度很大,氮气能依靠初始动量在喷口上方通过对流输运传入来流中;而喷流速度在 X 方向的分速度较小,所以氮气只能依靠扩散传入分离区;喷口后的回流区是由喷流尾迹形成的,所以氮气在此区域的质量浓度也很大。

假设喷流穿透高度为喷口中心正上方氮气质量浓度为 0.99 的点距平板的距离,分离区长度为分离点到喷口中心的距离。表 4.2 给出了在不同喷流与来流滞止压强比的条件下,分离区长度和喷流穿透高度的数值。滞止压强比越大,边界层分离点将越靠近平板前沿,喷流穿透高度也将增大。与试验结果相比,分离区的长度存在较大的误差,喷流穿透高度与马赫盘高度之间的误差较小。分离区长度的较大误差可能是由以下两方面因素引起的,首先由图4.4(a)可知数值仿真的壁面压力扰动范围比试验结果大,所以壁面上较早出现了逆压梯度,使得边界层较早出现了分离;其次本书和试验的分离点定义不同,本书的分离点定义为壁面摩擦力为零的点,试验中的分离点定义为分离激波延长线与壁面的交点,由于分离激波也会与边界层相互作用,因此本书分离点都应在试验中定义的分离点上游。由图4.13(a)、(b)可知本书在压力峰值附近及喷口后回流区的仿真结果比较合理,所以喷流穿透高度与试验的马赫盘高度之间的误差也较小。这个小误差可能是由本书穿透高度与马赫盘高度定义不同引起的,喷流气体在来流中过膨胀形成了马赫盘,所以马赫盘附近的主要气体组分应该仍是氮气,这使得本书定义的喷流穿透高度略大于马赫盘高度。

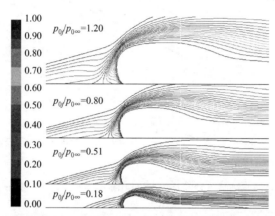

图4.14 氮气质量浓度分布随滞止压强比变化

表4.2 分离区长度及喷流穿透高度随滞止压强比的变化

滞止压强比 $p_{0j}/p_{0\infty}$	数值仿真结果		试验结果[96]	
	分离区长度/mm	喷流穿透高度/mm	分离区长度/mm	穿透高度/mm
0.18	34.38	4.33	19.80	2.75
0.44	50.11	7.15	39.60	6.05
0.51	54.53	8.56	41.25	7.07
0.80	71.91	11.48	—	—
1.00	86.54	16.20	—	—
1.20	92.72	17.15	—	—

8. 三维喷流干扰数值仿真

三维平板上的超声速来流与欠膨胀喷流的三维干扰流场中的各种激波、喷口后的尾迹区及喷流核心区都显示出了明显三维特性,并出现了以下二维干扰流场所没有的流场特性。

(1)喷口前的分离区会形成马蹄形涡,并延伸至下游的尾迹区。

(2)马赫盘后的喷流核心区会逐渐生成一对尾涡,这对尾涡在向下游发展的过程中会相互干扰并逐渐融合。

(3)包覆喷流的自由来流会在喷流的外边界上形成一对转向相反的涡,这对涡会极大地影响自由来流与喷流的混合过程,喷流核心区中融合后的尾涡最终会在下游与这对涡融合。

(4) 由于流场的三维效应,喷流在向下游膨胀过程中不会再附到下壁面,而自由来流会在喷口后再附到下壁面,因此会在喷口后出现再压缩激波,即图中的二次激波。

Fan 在 Albama 大学马赫数 5 风洞中进行了圆形喷口喷流干扰试验,自由来流及喷流都为空气,风洞试验段的形状、坐标及其尺寸参数如图 4.15 所示,圆喷口的直径 $D = 4.89\text{mm}$。

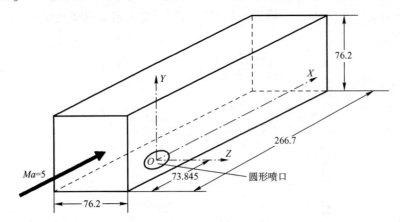

图 4.15　风洞试验段及圆形喷口的形状及其尺寸参数(mm)

喷流干扰流场关于轴向平面 OXY 对称,因此,计算域沿轴向平面 OXY 取风洞试验段的一半,并在数值计算中把此平面当作对称面处理;计算域的下壁面设为无滑移绝热壁面,由于计算域的上壁面及另一个轴向壁面距离喷口较远,壁面上的湍流边界层不会影响干扰流场,因此,这两个壁面可设为滑移壁面;计算域沿轴向出口面上的流场参数由其上游网格点插值得到;计算域沿轴向的入口及喷流出口的边界条件如表 4.3 所列。

整个计算区域采用正交结构网格,为了较好地捕捉喷口附近的流场特性,需要对喷口附近区域网格进行局部加密;采用壁面函数法处理下壁面的湍流边界层,因此,紧邻下壁面的一层网格应处于对数层中,取最底层网格高度为 $y_p = 0.1\text{mm}$。

表 4.3　计算域进口及喷流出口边界条件

边界条件参数	Ma	p_0/MPa	T_0/K	I	μ_t/μ
计算域进口	5.0	2.4	355	0.005	0.5
喷流出口	1.0	0.1	295	0.1	5

图 4.16、图 4.17 分别给出了标准 $k\text{-}\varepsilon$ 湍流模型和 SJT 湍流模型在对称面上的湍动能、湍流粘性比及速度矢量分布。

由图 4.16(a)、(b)可知,速度矢量在喷口前方出现了偏转,这证实了弓形激波的存在;喷口前后都存在一个湍流强度较大的区域,喷口前湍流强度增大的原因是喷流前方存在激波、滞止点以及弓形激波诱导的分离区,喷口后湍流强度增大的原因是射流核心区内的尾涡相互干扰;与标准湍流模型相比,SJT 湍流模型明显地抑制了喷口前滞止点及弓形激波附近的湍动能,且所得的喷流剪切层较薄,这更加符合剪切层特点。

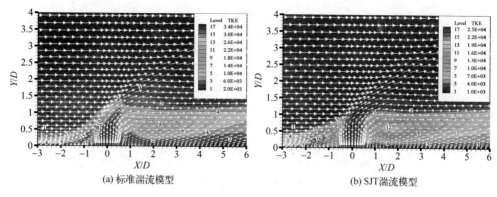

(a) 标准湍流模型   (b) SJT湍流模型

图 4.16 对称面喷口附近湍动能及速度矢量分布

由图 4.17(a)、(b)可知,几乎在整个流场中,SJT湍流模型所得的湍流粘性都比标准湍流模型小,在喷口前的边界层及滞止点附近的差别更为明显,这是因为SJT湍流模型抑制了流场中湍动能的增加。由于SJT湍流模型考虑了可压缩性对湍流强度地影响,因此激波及喷口后的尾迹区等强剪切层附近的湍流粘性比也有一定减小。

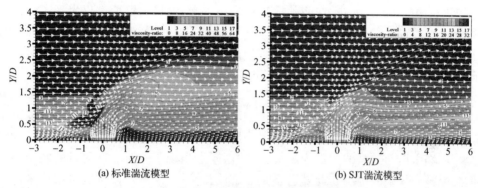

(a) 标准湍流模型   (b) SJT湍流模型

图 4.17 对称面喷口附近湍流粘性比及速度矢量分布

图 4.18、图 4.19 分别给出了标准 k-ε 湍流模型及 SJT 湍流模型两种情况下,下壁面对称轴 OX 的静压分布,及下壁面静压和速度矢量分布,仿真所得静压用自由来流静压进行量纲归一化处理。

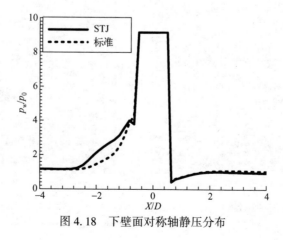

图 4.18 下壁面对称轴静压分布

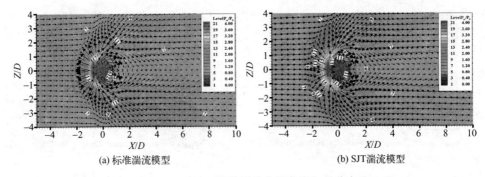

(a) 标准湍流模型   (b) SJT湍流模型

图4.19　下壁面的静压分布及速度矢量分布

由图4.18可知,SJT湍流模型的压力曲线在$X/D=-0.9$处存在压力峰值,所以SJT湍流模型准确捕捉到了喷口附近的再附点;SJT湍流模型在分离点附近的压力梯度比标准湍流模型所得结果大,证明SJT湍流模型能更好地捕捉到分离点附近的分离激波;两种湍流模型在喷口后的压力梯度基本相同,所以两种湍流都能捕捉到喷口后出现的再压缩激波并能较好模拟喷口后的流动。

由图4.19(a)、(b)可知,在两种湍流模型条件下,喷口前壁面都仅出现了一次流动分离,分离点位置都在$X/D=-2.0$附近,但SJT湍流模型的分离点位置离喷口稍远,可能因为SJT湍流模型抑制了边界层内的剪切层的湍动能增加,使得流动稍微提前出现分离;与标准湍流模型相比,SJT湍流模型喷口前的高压区更明显且范围更大。

图4.20给出了标准$k-\varepsilon$湍流模型、SJT湍流模型及试验在$X/D=8$的横截面上动压及速度矢量分布,试验及仿真所得动压用自由来流总压进行量纲归一化处理。靠近平板处的$Z/D=0$附近的低压区为喷流后的尾迹区,紧接着尾迹区上方压力稍高区域为喷流核心区,流场中压力最高的区域为激波;尾迹区附近出现了一对非常明显的转向相反的涡,但湍流核心区中的尾涡在此处已不是非常明显了;标准湍流模型所得尾迹区范围较小,SJT湍流模型与试验结果的尾迹区形状及范围基本相同且距壁面的距离约为$1.4D$;SJT湍流模型及试验结果在$Z/D=4$或-4附近都出现了一个低压区,而标准湍流模型在此处低压区不太明显,形成此低压区的原因是喷口前缘形成的马蹄形涡逐渐向下游延伸;根

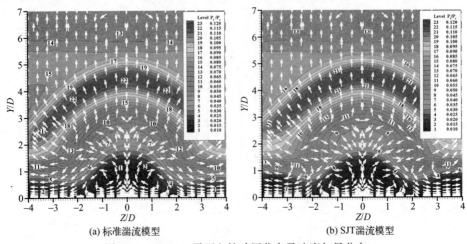

(a) 标准湍流模型   (b) SJT湍流模型

图4.20　$X/D=8$平面上的动压分布及速度矢量分布

据壁面附近的速度矢量分布可知,壁面两个低压区之间的边界层厚度明显减小;两种湍流模型及试验所得激波距壁面的距离基本相同,为 $4D$,且激波形状及范围与试验结果比较接近。

4.4 稀薄气体动力学

稀薄气体动力学是航天空气动力学的重要组成部分之一,它研究不同稀薄程度的气流中气体分子之间和气体分子与飞行器物面之间的相互作用,对于再入飞行器、长期运行低轨航天器、姿轨控火箭发动机喷流研究具有重要意义。

气体动力学中表征流动性质的参数为克努森数 $Kn=l/L$,l 为平均分子自由程,L 为飞行器特征长度,据此可将流动区域划分为:

(1)连续流区:满足连续介质假设,即流动介质分子间碰撞的特征时间远远小于流动特征时间,使得压力、密度、温度等参数宏观上呈连续变化的区域,$Kn \leqslant 0.01$,约海拔 30km以下。

(2)近连续滑移流区:连续假设仍成立但物面出现速度或温度滑移的区域,$0.01<Kn<0.1$,约海拔 $30 \sim 60$km。

(3)过渡流区:介于连续流和自由分子流的中间区,$0.1 \leqslant Kn < 1.0$,约海拔 $60 \sim 130$km。

(4)自由分子流区:分子间碰撞可忽略的区域,$Kn \geqslant 1.0$,约海拔 130km 以上。

在稀薄气体中,分子输运效应的弛豫过程将控制流动的物理过程,因此流动是处于非平衡状态,所以从本质上讲,稀薄气体动力学是非平衡态的气体动力学。对于航天飞行器而言,在过渡流区主要关注飞行器的气动特征和热防护,在自由流区主要关注热辐射。

为描述流场中可能出现的不同稀薄程度的流动现象,引进当地 Kn_L 数:

$$Kn_L = (l/L)\frac{d\rho}{dx} \tag{4-124}$$

式中:$\frac{d\rho}{dx}$ 为沿流线的密度变化率。

Kn_L 表征了流场当地的气体稀薄程度,对于同一个飞行器而言,不同位置处的 Kn_L 并不相同,需要采用不同的研究方法。

4.4.1 研究方法

稀薄气体动力学的研究有试验、计算和理论分析三个方面。

(1)试验研究包括低密度风洞、电弧风洞、分子束装置试验和稀薄气体流动的诊断和测试技术。

低密度风洞试验是在模拟稀薄气体飞行环境下,进行飞行器测力和力矩、压力分布、热流密度、电子密度、分子转动自由能和振动自由能激发的温度的测量及辉光显示等。

电弧风洞主要用于测定分子转动自由能和振动自由能激发的温度和热流密度,也包括热辐射。

分子束装置用于模拟自由分子流,它可提供具有一定宏观速度的平衡态的自由分子流,因此需要对气体分子加速。通常使用喷管加速,故常称为喷管分子束装置。

稀薄气体流动试验需用电子束诊断和激光干涉原理,测试流动组分、密度和速度分布。

(2) 数值模拟研究主要有两个方面:玻尔兹曼(Boltzman)方程的数值解和蒙特卡洛(Monte-Carlo)直接模拟方法。

玻尔兹曼方程是控制气体分子分布函数对时间和空间变化率的微分方程,数值求解不但借助于非线性微分-积分方程的数值方法,还取决于分子间碰撞、分子与物面碰撞的物理模型,以给出碰撞积分关系和物面条件,这些都有待于试验和理论研究的结果。

相比之下,蒙特卡洛方法是研究较成功的数值方法,尤其是直接模拟蒙特卡洛方法(DSMC),这种直接模拟方法不是根据微分方程的离散方法,而是直接把物理问题抽象为数值计算模型进行计算,是在计算机上计算流场中若干样本粒子的动力学过程。这些样本粒子由粒子间的典型碰撞和物面作用而不断改变运动状态,追踪它们的运动,按时间和空间统计粒子密度和速度分布即求得宏观的物理流场的密度和速度分布、物面压力和热流密度。

对于飞船、航天飞机等需要经过不同流域的飞行器而言,还存在一个重要的问题是如何实现从稀薄流到连续流的统一计算,传统方法是将二者分开并各采用一套算法,但是两种方法差距较大,结果也难以实现光滑连接,这是近年来学术界比较关注的热点。

(3) 理论研究集中在研究分子间的碰撞和分子与物面碰撞的物理—化学过程对飞行器流动环境及气动特性和气动加热规律的影响和相应的数学表达简化,如研究玻尔兹曼方程的简化,最主要有模型方程方法,使原方程中的碰撞积分项用松弛项近似,因而将微分—积分方程近似成微分方程(如 BGK 方程),这种近似只是把碰撞积分项线化,整个方程仍是非线性,因此仍需依赖数值解。玻尔兹曼方法的完全线化,只能描述平衡流小扰动情况,与稀薄气体动力学的非平衡流特点不符。因而很少考虑,而研究工作致力于寻找比BGK 方程更接近于玻尔兹曼方程的模型方程。

4.4.2 稀薄气体动力学基本方程

稀薄气体动力学中最重要、应用最广泛的是特征概率函数 $f(t,x,\xi)$,$f(t,x,\xi)\mathrm{d}x\mathrm{d}\xi$ 确定了 t 时刻在点 $x=(x_1,x_2,x_3)$ 附近物理空间体积元 $\mathrm{d}x$,点 $\xi=(\xi_1,\xi_2,\xi_3)$ 附近速度空间体积元 $\mathrm{d}\xi$ 内速度为 ξ 的可能的分子数目,由此可导出描述分子运动其他特征的概率函数,因此是稀薄气体动力学的理论基础。稀薄气体动力学的主要任务就是确定出速度分布函数 $f(t,x,\xi)$ 所满足的方程,并在不同条件下进行求解,从而确定气体运动的宏观规律。

拉格朗日形式的玻尔兹曼方程为

$$\frac{\mathrm{d}f}{\mathrm{d}t}=\frac{\partial f}{\partial t}+\xi\frac{\partial f}{\partial x}+\frac{F}{m}\frac{\partial f}{\partial \xi}=\int(f^*f_1^*-ff_1)gb\mathrm{d}b\mathrm{d}\varepsilon\mathrm{d}\xi_1 \tag{4-125}$$

式中:$f=f(t,x,\xi)$;$f_1=f_1(t,x,\xi_1)$;$f^*=f^*(t,x,\xi^*)$;$f_1^*=f_1^*(t,x,\xi_1^*)$;$g=|\xi_1-\xi|$;$F=F(t,x)$ 表示作用在分子上的外力;m 为气体分子质量;速度 ξ^*、ξ_1^* 分别是具有速度为 ξ、ξ_1 的两分子相碰撞后的对应速度;b 为两分子碰撞前的轨道距离;ε 为张角;积分号表示对于积

分变量 b、ε、ξ_1 在自己的所有域值上取积分。

玻尔兹曼方程的求解方法见参考文献[37]。

4.4.3　自由流区工程计算方法

对于平板来说，当来流攻角为 α 时，平板上下表面单位面积法向力之和为

$$\frac{F_N}{p_\infty}=\frac{2(1+\varepsilon)}{\sqrt{\pi}}s\sin\alpha\exp(-s^2\sin^2\alpha)+(1-\varepsilon)\sqrt{\frac{\pi T_{re}}{T_\infty}}s\sin\alpha$$
$$+(1+\varepsilon)(1+2s^2\sin^2\alpha)\mathrm{erf}(s\sin\alpha) \tag{4-126}$$

式中：s 为宏观流动和分子热运动的速度比；ε 为反射系数；T_{re} 为反射流温度。

上下表面单位面积切向力之和为

$$\frac{F_\tau}{p_\infty}=\frac{2(1-\varepsilon)}{\sqrt{\pi}}s\cos\alpha\exp(-s^2\sin^2\alpha)+\sqrt{\pi}s\sin\alpha\mathrm{erf}(s\sin\alpha) \tag{4-127}$$

可以得到平板的升力系数为

$$C_L=\frac{4\varepsilon}{\sqrt{\pi}s}\sin\alpha\cos\alpha\exp(-s^2\sin^2\alpha)$$
$$+\frac{\cos\alpha}{s^2}\left[1+\varepsilon(1+4)s^2\sin^2\alpha\right]\mathrm{erf}(s\sin\alpha)+\frac{(1-\varepsilon)}{s}\sqrt{\frac{\pi T_{re}}{T_\infty}}\sin\alpha\cos\alpha \tag{4-128}$$

平板阻力系数为

$$C_D=\frac{2(1-\varepsilon\cos2\alpha)}{\sqrt{\pi}s}\exp(-s^2\sin^2\alpha)$$
$$+\frac{\sin\alpha}{s^2}\left[1+2s^2+\varepsilon(1-2s^2\cos2\alpha)\right]\mathrm{erf}(s\sin\alpha)+\frac{(1-\varepsilon)}{s}\sqrt{\frac{\pi T_{re}}{T_\infty}}\sin^2\alpha \tag{4-129}$$

对于非绝热平板，平板总热流密度为

$$\dot{q}=\frac{(1-\varepsilon)\alpha_c\rho_\infty}{2\sqrt{\pi}\beta_\infty^3}\left[s^2+\frac{\gamma}{\gamma-1}-\frac{\gamma+1}{2(\gamma-1)}\frac{T_w}{T_\infty}\right]\exp(-s^2\sin^2\alpha)$$
$$+\sqrt{\pi}s\sin\alpha\mathrm{erf}(s\sin\alpha)-0.5\exp(-s^2\sin^2\alpha) \tag{4-130}$$

式中：$\beta=1/\sqrt{2RT}$ 为麦克斯韦和气体常数的关系式。

对于绝热平板，当没有热辐射时，其壁温为

$$T_w=\frac{2(\gamma-1)}{\gamma+1}\left[s^2+\frac{\gamma}{\gamma-1}-\frac{1}{2}\exp(-s^2\sin^2\alpha)\right]$$
$$\times\left[\exp(-s^2\sin^2\alpha)+\sqrt{\pi}s\sin\alpha\mathrm{erf}(s\sin\alpha)\right]^{-1}T_\infty \tag{4-131}$$

对于圆球，其阻力系数为

$$C_b=\frac{2s^2+1}{\sqrt{\pi}s^3}\exp(-s^2)+\frac{4s^4+4s^2-1}{2s^4}\mathrm{erf}(s)+\frac{2(1-\varepsilon)}{3s}\sqrt{\frac{T_w}{T_\infty}} \tag{4-132}$$

对于轴线垂直于来流的无限长圆柱，其阻力系数为

$$C_b=\frac{\sqrt{\pi}\exp(-s^2/2)}{s}\left[\left(s^2+\frac{3}{2}\right)I_0\left(\frac{s^2}{2}\right)+\left(s^2+\frac{1}{2}\right)I_1\left(\frac{s^2}{2}\right)\right]+\frac{\sqrt{\pi^3}}{4s}\sqrt{\frac{T_w}{T_\infty}} \tag{4-133}$$

式中:I_v 为 v 阶的修正贝塞尔函数。

4.4.4 过渡流区工程计算方法

戴维球阻公式为

$$C_D = D_{D_c} + (C_{D_{FM}} + C_{D_c}) \exp\left(-\frac{\rho_\infty d}{\alpha \rho_{sh} \lambda_{sh}}\right) \tag{4-134}$$

式中:C_{D_c} 为连续流阻力系数;$C_{D_{FM}}$ 为自由分子数阻力系数;d 为球直径;ρ_{sh} 为激波后密度;λ_{sh} 为激波后分子平均自由程。

该公式的适用范围为 $Re = 30 \sim 15000$;$Ma = 11 \sim 60$;$T_0 = 1600 \sim 9000K$。

Matting 球阻公式为

$$C_D = C_{D_c} + \exp\left[-7.5\rho_\infty d + (1+G)\right] \tag{4-135}$$

式中:G 为经验公式,对于空气取 0,对于氦气取 2。

另外,关于航天飞机还有一些飞行试验结果的拟合经验公式。

思 考 题

1. 以 CZ-5 火箭为例,采用工程方法计算其地面风载和定常空气动力及压力中心。

2. 火箭表面脉冲压力对箭体结构、飞行过程可能造成什么影响?

3. 采用理论方法计算"神舟"飞船身部气动力系数。

4. 通过理论计算,分析影响飞行器再入飞行热载荷的主要因素,为降低热载荷飞行器外形设计应注意什么?

5. 估算 X-37B 返回时在海拔 100km 处的气动力。

第5章 航空飞行器空气动力学

5.1 翼型与机翼的几何参数

机翼是飞行器的主要气动力部件,一般来说,飞行器都会有一纵向对称面。平行于飞行器的对称面截得的机翼截面,称为翼剖面,通常也称为翼型,如图 5.1 所示。垂直于机翼前缘的横截面外形称为"法向翼型"。

翼型的几何形状是机翼的基本几何特性之一。翼型的气动特性直接影响到机翼及整个飞行器的气动特性,在空气动力学理论和飞行器设计中具有重要的地位。绕翼型的流动是二维流,它的理论处理比较简单,因此研究飞行器翼面的气动特性时总是从翼型着手,然后在此基础上研究其平面形状的影响。作用在翼型上的空气动力是指作用在单位展长翼上的力。

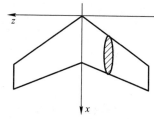

图 5.1 翼型

5.1.1 翼型参数

图 5.2 所示为翼型的体轴系和基本几何参数。

1. 几何弦长

翼型的尖尾点,称为翼型的后缘。在翼型轮廓线上的诸多点中,有一点与后缘的距离最大,该点称为翼型的前缘。连接前缘和后缘的直线,称为翼型的弦线,其长称为几何弦长,简称弦长,用 b 表示。弦长是翼型的特征尺寸。

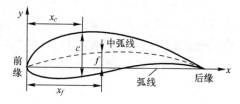

图 5.2 翼型的体轴系和基本几何参数

2. 翼面无量纲坐标

坐标原点位于前缘,x 轴沿弦线向后,y 轴向上,即取体轴坐标系,如图 5.2 所示。该坐标系中,翼型上表面和下表面的无量纲坐标为

$$\bar{y}_{上,下} \equiv \frac{y_{上,下}}{b} = f_{上,下}\left(\frac{x}{b}\right) \equiv f_{上,下}(\bar{x}) \tag{5-1}$$

3. 弯度

翼型上下表面平行于 y 轴连线的中点连成的曲线,称为翼型的中弧线,用来描述翼型的弯曲特征。中弧线的无量纲坐标 $\bar{y}_f(\bar{x})$ 称为弯度分布函数,其最大值称为相对弯度 $\bar{f}$,所在弦向位置记为 $\bar{x}_f$,即

$$\bar{y}_f(\bar{x}) \equiv \frac{1}{2}(\bar{y}_\perp + \bar{y}_\top) \tag{5-2}$$

$$\bar{f} \equiv \frac{f}{b} \equiv [\bar{y}_f(\bar{x})]_{max} \tag{5-3}$$

$$\bar{x}_f \equiv \frac{x_f}{b} \tag{5-4}$$

4. 厚度

翼面到中弧线的 y 方向无量纲距离,称为厚度分布函数 $\bar{y}_c(\bar{x})$,其最大值的 2 倍称为相对厚度 $\bar{c}$,所在弦向位置记为 $\bar{x}_c$,即

$$\bar{y}_c(\bar{x}) \equiv \frac{1}{2}(\bar{y}_\perp - \bar{y}_\top) \tag{5-5}$$

$$\bar{c} \equiv \frac{c}{b} \equiv 2[\bar{y}_c(\bar{x})]_{max} \tag{5-6}$$

$$\bar{x}_c \equiv \frac{x_c}{b} \tag{5-7}$$

5. 前缘钝度及后缘尖锐度

对圆头翼型,用前缘的内切圆半径表示前缘钝度,该内切圆的圆心在中弧线前缘点的切线上,圆的半径称为前缘半径,其相对值定义为

$$\bar{x}_c \equiv \frac{x_c}{b} \tag{5-8}$$

5.1.2 常见翼型

早期的翼型研究以试验为主,出现了一些比较成功的低速翼型,如德国的哥廷根 398 和美国的克拉克 Y 等。1929 年,美国国家航空咨询委员会(NACA)开始系统研究翼型,提供了很多低亚声速的翼型系列,统称 NACA 翼型。其他国家也研究并提出了自己的翼型系列,如英国的 RAE 翼型和德国的 DVL 翼型等,图 5.3 是几种常见翼型。

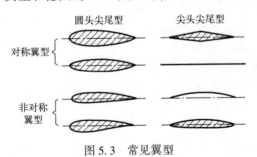

图 5.3　常见翼型

按使用的速度范围翼型分为低速、亚声速、跨声速、超声速和高超声速几类。主要气动特性参数有升力线斜率、零升迎角、最大升力系数、最小阻力系数、升阻比(通常指最大升阻比)、空气动力中心位置和零升力矩等。除翼型的几何形状外,影响这些参数的主要是马赫数和雷诺数。

低速翼型的主要性能要求是升阻比大,最大升力系数高,最小阻力系数低及低阻范围

宽。低速翼型的头部丰满,最大厚度靠前。

亚声速翼型同低速翼型没有质的差别。由于速度提高,降低最小阻力系数的要求更为突出,同时也要求提高临界马赫数。层流翼型是比较理想的亚声速翼型。特点是最大厚度后移,前缘半径较小。

跨声速翼型的基本要求是在超临界流动状态下,避免出现激波或使激波的不利影响减到最小,以使翼保持高效率,并保证安全飞行。已有的跨声速翼型有英国皮尔塞提出的尖峰翼型、美国惠特科姆提出的超临界翼型等。目前,跨声速翼型尚处于研究试验阶段。

超声速飞行中,为避免出现离体的正激波增大波阻,超声速翼型要求有尖的前缘,常见的有双楔形(菱形)、双弧形、六角形及钝后缘形等。对具有亚声速前缘的超声速翼,采用的是小钝头亚声速翼型。

高超声速翼型最好是下边为直线的三角楔,其最大厚度为弦长的5%,并位于距前缘2/3弦长处。为减小气动加热对前缘的烧蚀,要求前缘为钝头。

5.1.3 NACA 翼型

美国国家航空咨询委员会(缩写为 NACA,现在 NASA)在 20 世纪 30 年代后期,对翼型的性能作了系统的研究,提出了 NACA 四位数翼族和五位数翼族。他们对翼型做了系统研究之后发现:

(1) 如果翼型不太厚,翼型的厚度和弯度作用可以分开来考虑;

(2) 各国从经验上获得的良好翼型,如将弯度改直,即改成对称翼型,且折算成同一相对厚度的话,其厚度分布几乎是不谋而合的。由此提出当时认为是最佳的翼型厚度分布作为 NACA 翼型族的厚度分布,即

$$y_厚 = \pm \frac{c}{0.2}(0.29690\sqrt{x} - 0.12600x - 0.35160x^2 + 0.28430x^3 - 0.10150x^4) \qquad (5-9)$$

前沿半径为

$$r_前 = 1.1019c^2$$

中弧线取两段抛物线,在中弧线最高点二者相切。

$$\begin{cases} y_中 = \dfrac{f}{p^2}(2px - x^2), x < p \\ y_中 = \dfrac{f}{1-p^2}[(1-2p) + 2px - x^2], x \geq p \end{cases} \qquad (5-10)$$

式中:f 为中弧线最高点的纵坐标;p 为中弧线最高点的弦向位置。

中弧线最高点的高度 f(即弯度)和该点的弦向位置都是人为规定的。给 f 和 p 及厚度 c 以一系列的值便得翼型族。

图 5.4 所示为 NACA 四位数翼型的含义,其中第一位数代表 f,是弦长的百分数;第二位数代表 p,是弦长的十分数;最后两位数代表厚度,是弦长的百分数,例如,NACA0012 是一个无弯度、厚12%的对称翼型。有现成试验数据的 NACA 四位数翼族的翼型有 6%、8%、10%、12%、15%、21%、24%等几种厚度。弯度有 0%、1%、2%三种,中弧线最高点都在 40%。

五位数翼族的厚度分布与四位数翼型相同。不同的是中弧线。具体的数码意义如

下:第一位数表示弯度,但不是一个直接的几何参数,而是通过设计升力系数来表达的,这个数乘以 3/20 就等于设计升力系数。第二、第三两位数是 $2p$,以弦长的百分数来表示。最后两位数仍是百分厚度。例如,NACA23012 这种翼型,它的设计升力系数是 $2×3/20 = 0.3$;$p = 30/2$,即中弧线最高点的弦向位置在 15% 弦长处,厚度仍为 12%。

一般情况下的五位数编号意义如图 5.5 所示。

图 5.4　NACA 四位数翼型的含义　　　　图 5.5　NACA 五位数翼型的含义

有现成试验数据的五位数翼族都是 230 系列的,设计升力系数都是 0.30,中弧线最高点的弦向位置都在 15% 弦长处,厚度有 12%、15%、18%、21%、24% 五种。还有其他各种改型的五位数翼型,在此就不介绍了。此外,还有层流翼型、超临界翼型等。层流翼型是为了减小湍流摩擦阻力而设计的,尽量使上翼面顺压梯度区增大,减小逆压梯度区,减小湍流范围。超临界翼型的概念是美国 NASA 兰利研究中心的 Whitecomb 于 1967 年主要为了提高亚声速运输机阻力发散马赫数而提出来的。

5.1.4　机翼的平面形状

比较常用的机(弹)翼平面形状有矩形翼、平直翼、后掠翼(可分为单后掠翼和双后掠翼)、前掠翼、三角翼(可分为单三角翼和双三角翼)、菱形翼、曲线前缘翼、细长翼和边条等。图 5.6 所示为常见的机翼平面形状。

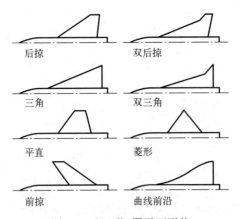

图 5.6　机(弹)翼平面形状

1. 矩形翼

平面形状呈矩形的翼。即沿展向的弦长不变,前缘与弹体纵轴相垂直的平直翼,如图 5.7 所示。

2. 梯形翼

梯形翼又称"尖削翼"或"斜削翼"。从翼根向翼梢弦长逐渐减小,平面形状呈梯形的翼,如图 5.8 所示。

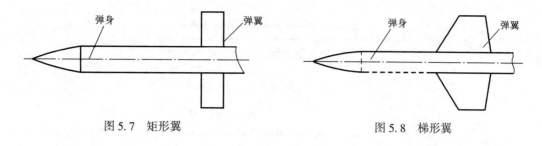

图 5.7　矩形翼　　　　　　　　　　　　图 5.8　梯形翼

3. 后掠翼

后掠翼又称"后退翼"。各翼剖面沿展向后移的翼。可减小空气压缩性对气动性能的影响,如图 5.9 所示。

4. 三角翼

平面形状呈三角形的翼。常见的是后缘稍有前掠并切去部分翼尖的"切尖三角翼",如图 5.10 所示。

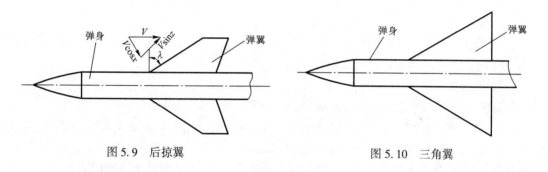

图 5.9　后掠翼　　　　　　　　　　　　图 5.10　三角翼

5. 细长翼

适于较高超声速飞行、具有亚声速前缘和超声速后缘、展弦比极小($\lambda < 1$)的翼,如图 5.11 所示。

有些战术导弹上采用两对非常狭长的极小展弦比鳍式弹翼,也是利用脱体涡产生的非线性升力,如图 5.12 所示。

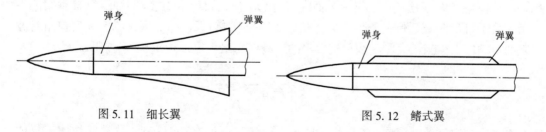

图 5.11　细长翼　　　　　　　　　　　　图 5.12　鳍式翼

6. 边条

附加于飞行器前部或机(弹)翼根部前缘处的细长翼面。前者称为"机(弹)身边条",后者称为"机(弹)翼边条"。用于控制脱体涡,能在大迎角时产生明显的涡升力。根据融合体的概念,可与飞行器前部或翼融合为一体,如图 5.13 所示。

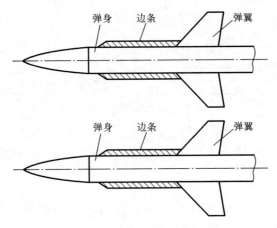

图 5.13　弹身边条与弹翼边条

5.1.5　机翼的平面参数

机翼的平面参数主要包括翼展、展弦比、梢根比、后掠角、机翼面积等。

1. 翼展

机(弹)翼两翼梢之间的距离。分内插翼展和外露翼展。内插翼两翼梢之间的距离称为"内插翼展"。将两片外露翼的翼根剖面相接,两翼梢之间的距离称为"外露翼展"。

2. 展弦比

翼展与平均几何弦长之比。表示翼的细长程度,通常用 λ 表示。

低速时,展弦比增大,升力线斜率随之增加,机(弹)翼的诱导阻力随着减小,因此,升阻比加大。高速时,展弦比对升力线斜率影响较小。跨声速时,减小展弦比和增大后掠角相配合,可减缓气流的压缩性效应,提高临界马赫数,缓和气流特性随马赫数的急剧变化。

3. 梢根比

梢根比又称"梯形比"或"尖削比"。机(弹)翼梢弦长与根弦长之比。三角翼为0,矩形翼为1。苏联的空气动力学书上习惯用"根梢比",它是梢根比的倒数。

机(弹)翼梢根比对气动特性的影响较小,三角翼比矩形翼的最大升阻比稍大一些。

4. 后掠角

后掠角又称"后退角"。翼弦平面内,各弦长等百分比点的连线与弹身纵轴垂线的夹角。表示机(弹)翼后倾的程度。后掠角为负时,机(弹)翼前掠。最大厚度线后掠角对波阻的影响较大。当最大厚度线顶端发出的马赫线与最大厚度线重合时,波阻最大。

5.2　飞行器空气动力

飞行器空气动力简称"气动力",是指飞行器与空气有相对运动时,空气作用于物体上的力。

空气动力是作用在飞行器整个表面上的分布力系,可分为法线方向的压力和切线方向的摩擦力(由空气粘性产生),这些力的合力总称为"空气动力合力",又称"总空气动力",如图5.14所示。一般将这个力按平行及垂直于迎面来流的速度方向分解,前者称为

"阻力",后者又在飞行器纵向平面内及侧向平面内分为"升力"和"侧力"。当空气动力作用点偏离重心(或其他力矩参考点)时,还有俯仰力矩、偏航力矩、滚动力矩3个分力矩。

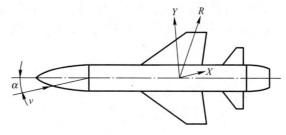

图 5.14　空气动力

空气动力与飞行器的形状、尺寸及飞行速度、高度、姿态(如迎角等)等有关。

空气动力与空气静浮力不同,后者即阿基米德原理所确定的浮力,与相对运动无关。对飞机、导弹等重于空气的飞行器而言,空气静浮力远小于空气动力,可以忽略。

5.2.1　升力

升力又称"举力",是指总空气动力在飞行器的纵向对称面内垂直于飞行速度的分力。飞行器的升力包括机(弹)翼、机(弹)身、尾翼等部件产生的升力,还包括进气道等产生的附加升力及各部件相互间的干扰升力。

根据库塔—儒可夫斯基公式,升力的形成取决于绕翼型的环量,环量的产生关键在于机翼起动过程所产生的涡。

翼型由静止加速到恒定运动状态的过程,称为起动过程。

在起动过程中,由于流体粘性的作用和后缘有相当大的锐度,会有旋涡从后缘脱落,这种旋涡被称为起动涡;同时,产生绕翼型的速度环量。

如图 5.15 所示为翼型起动过程中环量与涡的变化过程。

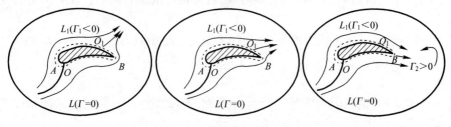

图 5.15　翼型的起动过程

在起动前的静止状态下,翼面邻近的闭曲线(L_1)上速度环量为 Γ_1,离翼型足够远的闭曲线(L)上速度环量为 Γ,翼型前缘、后缘点分别为 A、B。

刚起动的极短时间内,粘性尚未起作用,翼型前后驻点分别为 O、O_1。

起动中,粘性起作用。由于后缘较尖,后缘处绕流流速非常大、压强非常低,流体由下翼面绕过后缘并沿上翼面流向后驻点 O_1 时,遇到非常强的逆压梯度作用。某一时间间隔后,粘性发挥作用,沿上翼面从后缘流向后驻点 O_1 的流动出现分离,产生逆时针的旋涡,从前缘流向后驻点 O_1 的流动将后驻点 O_1 和旋涡向后缘推移。后缘绕流在上翼面出现分离,产生逆时针旋涡,后驻点 O_1 移向后缘点 B。

起动过程完结后,翼型匀速前进,后驻点 O_1 移至后缘点 B 时,后缘绕流分离形成的涡脱离翼面流向下游,形成起动涡,后缘处上下翼面流动平顺汇合流向下游。

由于远离翼面处流动不受粘性影响,因此

$$\Gamma = 0$$

若设边界层和尾流中的环量为 Γ_3,则应有

$$\Gamma = \Gamma_1 + \Gamma_2 + \Gamma_3$$

于是

$$\Gamma_1 = -(\Gamma_2 + \Gamma_3)$$

此时,如不计粘性影响,绕翼型的速度环量与起动涡的速度环量大小相等、方向相反,即

$$\Gamma_1 = -\Gamma_2$$

小迎角下,翼型绕流的压力分布及升力,与绕翼型的无粘位流的压力分布及升力无本质差别。因此,不计粘性作用,用绕翼型的无粘位流求解翼型压力分布及升力,是合理的近似。

绕翼型无粘位流的升力问题,遵循儒可夫斯基升力定理。根据该定理,直均流流过任意截面形状翼型的升力为

$$Y = \rho V_\infty \Gamma \tag{5-11}$$

5.2.2 阻力

阻力是指飞行器的总空气动力沿气流速度方向的分力。飞行器的阻力包括翼、身、尾翼等部件产生的阻力,以及各部件之间的干扰阻力。

阻力可分为摩擦阻力和压差阻力。后者根据形成的机理不同,又可分为粘性压差阻力、激波阻力(简称波阻)、诱导阻力等。另外,阻力也可按是否同时存在升力分为零升阻力和升致阻力。

显然,飞行器减小阻力就能提高速度,增大射程。减小阻力是空气动力学的重要研究课题。

1. 零升阻力

零升阻力又称"消极阻力",是飞行器升力为零时的阻力,由空气的粘性和压缩性所造成。不同几何形状的飞行器的零升阻力不同。

2. 升致阻力

升致阻力又称"广义的诱导阻力",是伴随着升力而产生的阻力,其值为总阻力与零升阻力之差。它包括低亚声速的诱导阻力、超声速波阻中与升力有关的部分(又称"升致波阻")、随着升力出现而引起的粘性压差阻力增量等。

3. 诱导阻力

诱导阻力是机(弹)翼后缘尾涡所诱生的阻力。当空气无粘性时,低速二维机(弹)翼上只能产生升力而无阻力。但对有限长的三维机(弹)翼,在产生正升力时,下翼面的高

压气流就会绕过翼尖而流向上翼面的低压气流区,形成绕翼尖的旋涡。此外,由于下翼面有流向翼尖的展向流动,而上翼面却有流向翼根的展向流动,当上下翼面气流在机(弹)翼后缘流出汇合时,这一上下相反的展向流动即形成旋涡从后缘拖出,此涡与翼尖旋涡组成了机(弹)翼后方的尾涡面。尾涡面会在机(弹)翼附近诱导出向下的诱导速度场。虽然诱导速度值不大,但与来流速度合成后,就使绕流机(弹)翼的气流方向向下偏一个小的角度。这时与合速度相垂直的气动合力在平行来流方向的分量,就是诱导阻力。它的产生与粘性无直接关系。

4. 摩擦阻力

因气流有粘性而作用于物体表面上与来流方向一致的剪切力。

当飞行器与空气有相对运动时,由于有粘性的空气流与飞行器表面的摩擦作用,使越贴近表面的气流速度越低,而紧贴表面的气流速度等于零。依据作用与反作用原理,被减速的空气流必然给飞行器表面一个与飞行方向相反的剪切力,即摩擦阻力。

飞行器的摩擦阻力等于各部分单独的摩擦阻力之和。

5. 粘性压差阻力

因气体粘性间接作用,改变了物体的绕流状态,造成物体前后有压力差而形成的阻力。

当飞行器相对空气运动时,在各部件的迎风面气流受到阻挡,压强增大。在背风面,边界层外的气流速度渐减,压强递增,使边界层内的气流受到阻滞,甚至迫使边界层中出现分离,引起能量损失,造成压强减小。这样在飞行器的前后便产生压力差,形成粘性压差阻力。

这种由粘性间接造成的粘性压差阻力,并不包括摩擦阻力和波阻、诱导阻力等形式的压差阻力。

6. 型阻

型阻是"型阻力"的简称。在亚声速时,型阻是摩擦阻力与粘性压差阻力之和,即总阻力减去诱导阻力。在超声速时,型阻是摩擦阻力与粘性压差阻力及零升波阻(与升力无关的波阻)之和。因翼型不存在诱导阻力,故翼型的型阻就是它的全部阻力。

飞行器的型阻取决于翼面及其他各部件的相对厚度,还与各部件上层流边界层转变为湍流边界层的位置有关。此外,还与马赫数有关,但影响较小。

7. 底部阻力

飞行器因底部压强低于环境压强产生的阻力。飞行器在跨声速和低超声速飞行时,若存在底部阻力,会使总阻力显著增大。

飞行器的尾部外形大都是突然中断的截尾形状。由于气流有粘性,在截尾底部形成一个充满旋涡的死水区,流过弹身尾部的气流,对旋涡区内的气流产生抽吸作用,使旋涡区内的压力急剧下降,形成端面上的负压(低于来流静压),产生向后的作用力,即底部阻力。

理论方法难以确定飞行器的底部阻力,只有试验才能给出较准确的数值。

8. 波阻

波阻是"激波阻力"的简称,是超声速气流绕流物体时,因激波造成的阻力。

超声速气流流过一双楔形翼剖面,产生激波和膨胀波,如图 5.16 所示。气流经过前缘附体激波后,速度减小,压强增大;再经过扇形膨胀波后,速度增大,压强减小。这样在翼剖面上前半部压强高,后半部压强低,产生了前后的压力差(图5.17)。这个压力差的合力在来流方向的分量即为波阻。

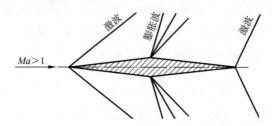

图 5.16 双楔形翼剖面产生的激波与膨胀波

超声速飞行的飞行器总阻力的绝大部分是波阻。激波越强,波阻越大。激波强度取决于飞行马赫数、飞行器及其各部件的几何形状。为减小波阻,弹身的长细比应较大,头部应为尖形,尾部要逐渐收缩,翼面前缘要尖锐,厚度和相对厚度应很小。

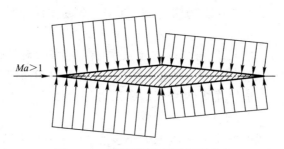

图 5.17 双楔形翼剖面的压强分布

9. 干扰阻力

机(弹)翼、机(弹)身及其他部件构成的组合体的阻力与各单独部件阻力之和的差值,是由各部件间的空气动力干扰所产生的。低速和亚声速飞行器的干扰阻力一般是正值。对于超声速飞行器,如果各部件安排得当,干扰阻力有可能为负值。

5.2.3 气动性能提升

提高气动性能的基本要求是减小阻力、增加升力和提高升阻比。对军用飞机特别是战斗机来说,还有提高大迎角气动特性、垂直或短距起落以及隐身性能等要求。不同的设计要求,需要采取不同的措施,而这些措施往往又互相矛盾,这就是飞行器气动设计的复杂性和综合性。本节只讨论不同设计要求所对应采取的不同措施。

1. 减少摩擦阻力

尽可能保持层流边界层:采用自然层流翼型,层流边界层控制;

减小浸润面积;

湍流减阻。

2. 减小波阻

机翼和尾翼:增大后掠角,减小展弦比,加大尖削比;

翼型:减小相对厚度,超临界翼型;

机身:减小机身最大截面,增大机身长细比,面积律修形;

座舱盖:增大风挡后掠角,减小截面积,增大长细比。

3. 减小诱导阻力

机翼:增大展弦比,减小后掠角;

翼型:带弯度翼型,增大前缘半径,增大相对厚度,特殊翼型;

机翼弯扭设计;

机翼变弯度措施:前后缘襟翼,前缘涡襟翼,气动弹性剪裁设计,任务适应机翼;

翼尖:翼尖小翼,翼尖外形;

减小翼载。

4. 增加升力线斜率

加大机翼展弦比;

减小机翼后掠角;

旋涡空气动力的应用。

5. 提高最大升力系数

加大机翼后掠角;

襟翼增升;

控制机翼分离措施;

前掠机翼;

旋涡空气动力的应用。

6. 提高升阻比

(1) 提高亚声速巡航升阻比。

机翼:加大展弦比,减小后掠角;

翼型:加大前缘半径和相对厚度,超临界翼型,特殊翼型;

采用机翼弯扭和自配平措施;

调节机翼安装角;

放宽静稳定度。

(2) 提高超声速巡航升阻比。

减小波阻;

采用机翼弯扭和自配平手段;

放宽静稳定度。

(3) 提高跨声速机动升阻比。

控制机翼分离措施;

采用超临界机翼;

旋涡空气动力的应用;

机翼弯扭和变弯度措施;

放宽静稳定度;

采用矢量推力。

5.3 空气动力特性

飞行器的分布载荷和气动力,包括压强分布、升力、阻力及俯仰力矩等。所谓飞行器的气动特性,就是指这些气动载荷和气动力及其随各种影响因素的变化规律。

影响因素涉及飞行器的几何参数(如厚度、弯度等)、飞行器与气流间的相对运动(如迎角和来流速度)及流体的属性(如粘性、惯性)等。

5.3.1 升力特性

升力特性通常用升力曲线 C_y-α 表示。升力特性中,升力线斜率、零升迎角和最大升力系数是三个基本参数。

1. 升力系数

升力系数是飞行器升力的无因次比例系数,表示单位面积上升力和动压的比值,表示式为

$$C_y = F_y \Big/ \frac{1}{2}\rho V_\infty S \tag{5-12}$$

升力系数与飞行器的形状、姿态(如迎角)等有关,与绝对尺寸无关。因此可把小模型试验测得的结果,经过必要的修正推广到飞行器上去。但测量必须在同一马赫数和尽可能相同的雷诺数等相似参数下进行。

2. 翼型升力曲线

典型的翼型升力曲线如图 5.18 所示。

3. 升力线斜率

升力线斜率通常由试验结果确定,如图 5.19 所示。试验结果表明,只要雷诺数足够大,它对升力线斜率值的影响不大。

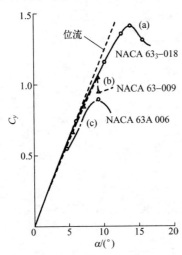

图 5.18 典型的翼型升力曲线

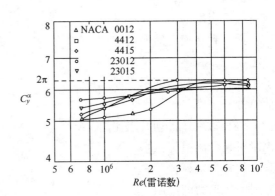

图 5.19 升力线斜率

4. 零升迎角

零升迎角是零升力线与弦线的夹角,正弯度时是一个小负数,如图 5.20 所示。理论

和试验均表明,它主要与弯度大小有关,可用薄翼理论估算。

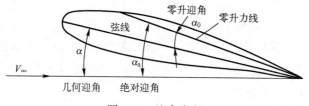

图 5.20 迎角定义

5. 最大升力系数

最大升力系数与边界层的分离密切相关,因此翼表面光洁度和雷诺数对它有明显影响。常用低速翼型的最大升力系数约为 1.3~1.7,随雷诺数的增大而增大,一般由试验提供,如图 5.21 所示。

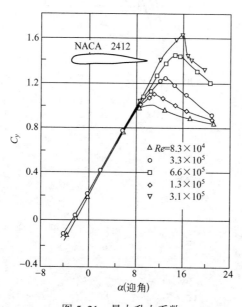

图 5.21 最大升力系数

5.3.2 阻力系数、升阻比与极曲线

1. 阻力系数

阻力系数是飞行器阻力的无因次比例系数,其值为单位面积上阻力和动压的比值,表示式为

$$C_x = F_x \Big/ \frac{1}{2}\rho V_\infty S \tag{5-13}$$

阻力系数与飞行器的形状、姿态(如迎角)及表面粗糙度等有关,而与绝对尺寸无关。因此,可把小模型试验测得的结果,经过必要的修正推广到飞行器上去。但测量必须在同一马赫数和尽可能相同的雷诺数等相似参数下进行。

2. 升阻比

翼型或飞行器的升力系数与阻力系数之比,称为升阻比,用 K 表示:

$$K = \frac{C_y}{C_x} \qquad\qquad (5-14)$$

3. 极曲线

飞机设计中常用 C_y-C_x 曲线表示翼型的升阻特性,该曲线称为极曲线,如图 5.22 所示。升力为零时的阻力系数,称为零升阻力系数 C_{x0},其值通常接近最小阻力系数 C_{xmin},失速前,极曲线近似为一条抛物线,即

$$C_x = C_{x0} + k C_y^2$$

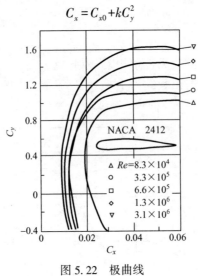

图 5.22 极曲线

5.3.3 力矩特性

力矩特性通常用曲线 m_z-C_y 表示。理论和试验均表明,在迎角或升力系数不太大时,曲线 m_z-C_y 接近一条直线,即

$$m_z = m_{z0} + m_z^{C_y} \cdot C_y \qquad\qquad (5-15)$$

式中:m_{z0} 为零升力矩,正弯度时是小负数;$m_z^{C_y}$ 为力矩曲线的斜率,为负值。

在迎角或升力系数较大时,曲线 m_z-C_y 出现弯曲,这也与边界层分离密切相关,如图 5.23 所示。

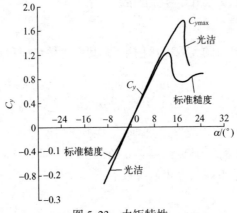

图 5.23 力矩特性

96

5.3.4　压心与焦点

1. 压力中心

压力中心简称"压心"。空气动力合力的作用点,气流绕流二维翼型时,产生升力和阻力,两者合力和翼弦的交点,称为翼型的压力中心。在理想气体的亚声速流动中,空气动力合力就是升力,它与翼弦的交点就是压力中心。飞行器表面压强分布的合力(即总空气动力向量)与参考线(如弹身轴线)的交点,称为飞行器的压力中心。它的位置取决于飞行器的气动布局、外形几何参数、飞行速度、迎角、舵面偏转角、翼面安装角等。

2. 空气动力中心

空气动力中心简称"气动中心",又称"焦点",飞行器或部件上的一个点,在一定迎角范围内空气动力绕它产生的俯仰力矩与迎角无关。

飞行器上产生俯仰力矩的空气动力主要是升力,它可分为三部分:正比于迎角的部分;正比于舵偏角的部分;因飞行对于弹体坐标系 Ox_1z_1 平面不对称而引起的部分。这三个分量各自作用在一定的点上。在升力系数随迎角呈线性变化的范围内,由于随着迎角的增加,各部件上的升力都成比例地增加,合力作用点的位置是不变的。故升力合力绕此点产生的俯仰力矩不随迎角而改变。

焦点的位置越靠后,飞行器的稳定性越好。

5.3.5　气动导数

空气动力系数和力矩系数对运动参数(迎角、舵偏角等)和运动参数随时间变化率的导数称为气动导数,通常写成无因次系数的形式。可分为静导数和动导数。

静导数是气动力系数和力矩系数对运动参数的导数。狭义地讲,静导数是指与静稳定性直接有关的气动导数,如俯仰力矩系数对迎角的导数、偏航力矩系数对侧滑角的导数等。广义地讲,静导数还包括舵面的操纵效率、铰链力矩导数和升力线斜率等。

动导数是气动力系数和力矩系数对运动参数随时间变化率的导数。是指与旋转角速度和下洗、侧洗时差(弹翼尾涡流到尾翼所需时间)有关的气动导数,如俯仰力矩系数对绕横轴的旋转角速度的导数等。动导数还包括与角加速度有关的惯性导数和与旋转飞行器有关的马格努斯系数等。

气动导数是研究飞行器稳定性和操纵性的基本参数,也是气动设计、控制系统设计的参数。

在高速飞行器设计中,某些气动导数需要经过弹性修正后才能应用。

在飞行器的颤振研究中,气动导数称为颤振导数,其中静导数称为刚性导数,动导数分为阻尼导数和惯性导数。

5.3.6　翼型失速

随着迎角增大,翼型升力系数将出现最大值,然后减小,这是气流绕过翼型时发生分离的结果。翼型的失速特性是指在最大升力系数附近的气动性能。翼型分离现象与翼型背风面上的流动情况和压力分布密切相关。在一定迎角下,当低速气流绕过翼型时,从上翼面的压力分布和速度变化可知:气流在上翼面的流动是:过前驻点开始快速加速减压到最大速度点(顺压梯度区),然后开始减速增压到翼型后缘点处(逆压梯度区),随着迎角的增加,前驻点向后移动,气流绕前缘近区的吸力峰在增大,造成峰值点后的气流顶着逆压梯度向后流动越困难,气流的减速越严重。这不仅促使边界层增厚,变成湍流,而且迎角大到一定程度、逆压梯度达到一定数值后,气流就无力顶着逆压减速了,从而发生分离。这时气流分成分离区内部的流动和分离区外部的主流两部分。

在分离边界(称为自由边界)上,二者的静压必处处相等。分离后的主流就不再减速增压了。分离区内的气流,由于主流在自由边界上通过粘性的作用不断地带走质量,中心部分便不断有气流从后面来填补而形成中心部分的倒流。

图5.24所示为翼型无分离和有分离时的绕流流谱。

根据大量试验,在大雷诺数下,翼型分离可根据其厚度不同分为以下几种。

1. 后缘分离(湍流分离)

后缘分离对应的翼型厚度大于12%~15%,这种翼型头部的负压不是特别大,分离是从翼型上翼面后缘近区开始的,随着迎角的增加,分离点逐渐向前缘发展,起初升力线斜率偏离直线,当迎角达到一定数值时,分离点发展到上翼面某一位置时(大约翼面的一半),升力系数达到最大,以后升力系数下降(图5.25)。后缘分离的发展是比较缓慢的,流谱的变化是连续的,失速区的升力曲线也变化缓慢,失速特性好。

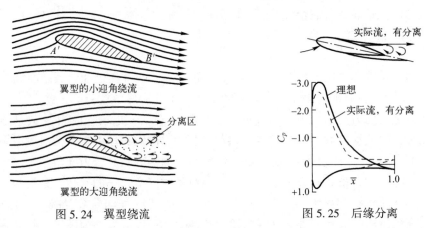

图5.24 翼型绕流   图5.25 后缘分离

2. 前缘分离(前缘短泡分离)

对于中等厚度的翼型(厚度6%~9%),前缘半径较小,气流绕前缘时负压很大,从而产生很大的逆压梯度,即使在不大迎角下,前缘附近发生流动分离。分离后的边界层转变成湍流,从外流中获取能量,然后再附到翼面上,形成分离气泡。起初这种短泡很短,只有弦长的1%,当迎角达到失速角时,短气泡突然打开,气流不能再附,导致上翼面突然完全分离,使升力和力矩突然变化,如图5.26所示。

3. 薄翼分离(前缘长气泡分离)

对于薄的翼型(厚度4%~6%),前缘半径更小,气流绕前缘时负压更大,从而产生很大的逆压梯度,即使在不大迎角下,前缘附近引起流动分离,分离后的边界层转换成湍流,从外流中获取能量,流动一段较长距离后再附到翼面上,形成长分离气泡。起初这种气泡不长,只有弦长的2%~3%。随着迎角增加,再附点不断向下游移动,当到失速迎角时,气泡延伸到后缘,翼型完全失速,短气泡突然悄失,气流不能再附,导致上翼面突然完全分离,使升力和力矩突然变化,如图 5.27 所示。

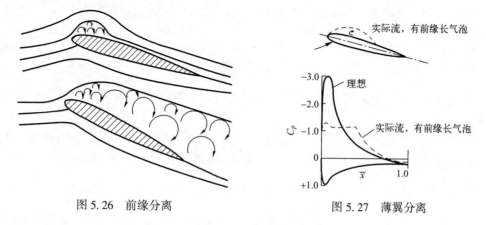

图 5.26　前缘分离　　　　　　　　图 5.27　薄翼分离

图 5.28 所示为不同分离形式对翼升力变化的影响。

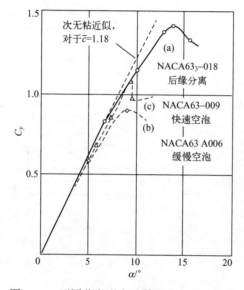

图 5.28　不同分离形式对翼型升力变化影响

另外,除上述 3 种分离外,还可能存在混合分离形式,气流绕翼型同时在前缘和后缘发生分离。

4. 激波失速

激波失速的原因是,飞行器在高亚声速飞行时,即使在不大的迎角下,当飞行马赫数超过临界马赫数后,翼表面产生激波,由于激波边界层干扰,引起边界层分离,使升力迅速下降,导致失速。同样,引起纵向平衡的破坏和俯仰力矩的剧烈变化。

5.4　飞行器气动布局

飞行器气动布局是指飞行器身部与气动力面的配置形式,主要包括:

(1) 气动力面的数目及其沿飞行器身部周向的布置形式,常见的有"一"形、"十"形、

"X"形等。

（2）气动力面沿飞行器纵轴的配置形式，如正常式、鸭式、旋转弹翼式、无尾式、无翼式、尾翼式等。

5.4.1 舵

舵又称"操纵面"或"舵面"。在气流中偏转产生控制力矩，操纵飞行器飞行的气动力面。

按功能分为升降舵、方向舵和副翼等；按作用介质分为空气舵和燃气舵；按结构和部位安排分为全动舵、位于翼面后缘的舵、翼尖舵、陀螺舵和扰流片等，如图5.29～图5.31所示。

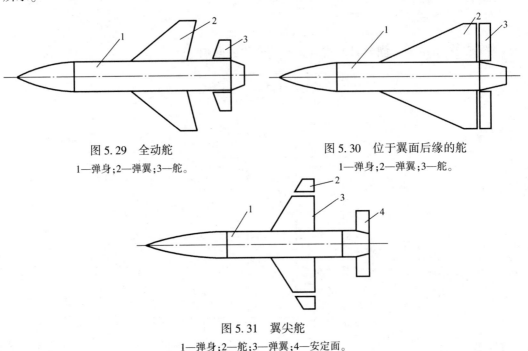

图 5.29　全动舵　　　　　　　　　　　　图 5.30　位于翼面后缘的舵
1—弹身；2—弹翼；3—舵。　　　　　　　　　1—弹身；2—弹翼；3—舵。

图 5.31　翼尖舵
1—弹身；2—舵；3—弹翼；4—安定面。

舵的平面形状有梯形、矩形和三角形等。由于压力中心位置随舵面偏转而前后移动，舵面转轴应在压力中心的所有可能位置的前面。舵的几何参数、形式及配置直接决定飞行器的机动性。

5.4.2 纵向布局形式

飞行器的纵向布局形式主要按照翼在飞行器纵向的布置以及翼与舵在飞行器纵向的相对关系来区分。

1. 正常式布局

舵面在翼之后一段距离的布局形式，如图5.32所示。

当舵面偏转对飞行器进行操纵时，舵面上的升力增量方向与翼上的升力增量方向相反，飞行器的响应特性较慢，舵面载荷和铰链力矩都不大。正常式布局的平衡迎角较大，气动载荷大部分集中在翼上，飞行器身部承受弯矩较小。

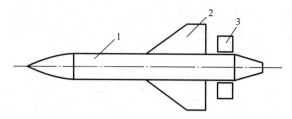

图 5.32　正常式布局

1—弹身；2—弹翼；3—舵。

2. 鸭式布局

舵面在翼之前的布局形式，如图 5.33 所示。当舵面偏转对飞行器进行操纵时，舵面上的升力增量方向与翼上的升力增量方向相同，飞行器响应特性优于正常式布局。由于舵面差动产生的不对称洗流对翼的影响，使得通过舵面进行滚动稳定比较困难。通常采取在翼上加副翼、翼梢陀螺舵，以及使翼绕飞行器身部纵轴自由旋转等措施实现滚动稳定。

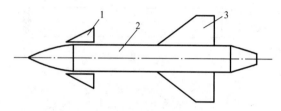

图 5.33　鸭式布局

1—舵；2—弹身；3—弹翼。

3. 旋转弹翼式布局

利用翼的偏转直接改变升力的布局形式，如图 5.34 所示。翼位置靠近重心。翼偏转时，飞行器的升力立即改变。飞行器的响应特性比其他布局形式都快。由于使翼偏转的铰链力矩较大，要求舵机功率较大。对于重心位置变化很大的飞行器，为保证飞行器的操纵性和稳定性，翼的位置很难选择。

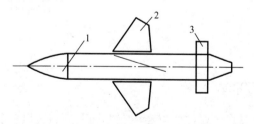

图 5.34　旋转弹翼式布局

1—弹身；2—旋转弹翼；3—尾翼。

旋转弹翼式飞行器的滚动稳定一般由翼的差动偏转实现。

4. 无尾式布局

在翼后缘安置舵面、无尾翼的布局形式，如图 5.35 所示。特点是超声速飞行时导弹的阻力小。无尾式布局的翼位置难以安排；主翼置于重心之后过远，则稳定度过大，要得

101

到大的法向过载,须有很大的舵面或舵偏角;主翼置于距重心过近处,又会降低操纵效率和气动阻尼。为解决这一矛盾,往往在无尾式导弹的头部安置反安定面。

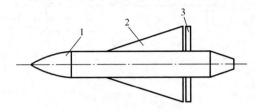

图 5.35 无尾式布局
1—弹身;2—弹翼;3—舵。

5. 无翼式布局

不设置气动力面——翼的布局形式,如图 5.36 所示。弹道式导弹多采用这种布局,通常用推力矢量控制。

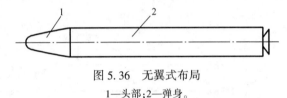

图 5.36 无翼式布局
1—头部;2—弹身。

6. 尾翼式布局

只安置尾翼的布局形式,如图 5.37 所示。在大气中飞行时,靠飞行器身部升力和发动机推力的铅垂分量克服重力,尾翼主要起稳定作用。火箭弹和有些弹道式导弹(如德国的 V-2)采用这种布局。

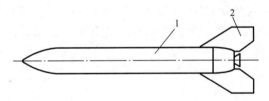

图 5.37 尾翼式布局
1—弹身;2—尾翼。

5.4.3 周向布局形式

飞行器的周向布局形式主要按照翼在飞行器周向的布置以及翼与舵在飞行器周向的相对关系来区分。

1. "—"形翼布局

翼在飞行器身部两侧呈"—"形的布局。翼面积和翼展较大,飞机和巡航导弹经常采用这样的布局。这种布局的飞行器配有各种形式的尾翼。侧向机动性要求大的飞行器转弯时,需向转弯的一侧倾斜,才能提供相应的控制力。快速响应能力较"十"形翼和"X"形翼布局差,升力比较大。

2. "十"形翼布局

气动力面在飞行器身部周围呈"十"形的布局。在任一方向均能产生同样大的法向力,快速响应能力较"一"形翼布局好。

3. "X"形翼布局

气动力面在飞行器身部周围呈"X"形的布局。机动性与"十"形翼布局相同。

4. "X–十"形布局

沿导弹纵轴方向配置的两组气动力面,前一组呈"X"形、后一组呈"十"形的布局。

这种前后两组气动力面交叉的布局形式,在小迎角时后组气动力面可避开前组气动力面气流下洗的影响,有利于导弹的静稳定性。但在大迎角时,后组气动力面受气流下洗影响严重,甚至引起导弹的静不稳定。

5. "十–X"形布局

沿导弹纵轴方向配置的两组气动力面,前一组呈"十"形、后一组呈"X"形的布局。

6. "十–十"形布局

沿导弹纵轴方向配置的两组气动力面均呈"十"形的布局。

这种气动力面同方位的布局与气动力两方位交叉的布局相比,小迎角时后组气动力面受到前组气动力面洗流的影响,气动效率较低。

7. "X–X"形布局

沿导弹纵轴方向配置的两组气动力面均呈"X"形的布局。气动性能与"十–十"形布局相同,这种形式的导弹在发射装置上的放置较方便。

思 考 题

1. 翼型有哪些参数?机翼的平面参数有哪些?
2. 什么是升力、升力系数?升力与环量有什么关系?
3. 什么是阻力、阻力系数、升阻比?阻力的来源有哪些?
4. 什么是压心与焦点?二者的相对位置对飞行稳定性造成什么影响?
5. 翼型失速的机理是什么?翼型分离有哪些类型?
6. 舵的作用是什么?
7. 飞行器的纵向布局与周向布局各有哪些?

第6章 导弹空气动力学

从 1944 年德国首次使用 V-2 导弹开始,世界各国提出和研制的各类导弹(包括改进型),总数超过 600 种,为了便于研究、设计、生产和使用,需要将导弹进行分类。通常按照导弹作战使命、弹道特征、发射点—目标点位置、攻击目标不同、推进剂种类以及射程对导弹进行分类,详细分类如图 6.1 所示。在第 5 章航空飞行器空气动力学基础上,本章主要针对导弹的特点,重点介绍全弹气动力计算方法,包括细长体理论干扰因子法、等效横流比拟法、等效攻角法以及导弹阻力计算方法。

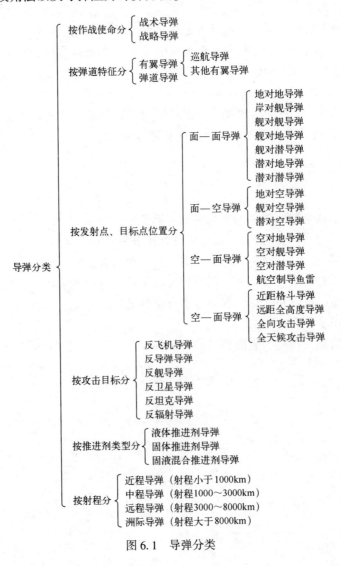

图 6.1 导弹分类

6.1 细长体理论干扰因子法

细长体理论干扰因子法又称 P-N-K 法,其全弹法向力系数表示为

$$(C_N)_{P-N-K} = C_{N_{B0}} + C_{N_{W(B)}} + C_{N_{B(W)}} + C_{N_{T(B)}} + C_{N_{B(T)}} + C_{N_{V(B)}} + C_{N_{B(V)}} \qquad (6-1)$$

式中:

$$C_{N_{B(W)}} = [K_{B(W)}\alpha + k_{B(W)}\delta]C_{N_W}^\alpha$$

$$C_{N_{W(B)}} = [K_{W(B)}\alpha + k_{W(B)}\delta]C_{N_W}^\alpha$$

$$C_{N_{T(B)}} = K_{T(B)}\alpha C_{N_T}^\alpha$$

$$C_{N_{B(T)}} = K_{B(T)}\alpha C_{N_T}^\alpha$$

$$C_{N_{T(V)}} = \frac{(K_{W(B)}\sin\alpha + K_{W(B)}\sin\delta)I(S_m - r)_W S_W C_{N_W}^\alpha C_{N_T}^\alpha}{2\pi\lambda_W(y_{v_W} - r_W)S_r}$$

$$C_{N_{B(V)}} = \frac{-4\Gamma}{S_W U_\infty}\left[\frac{y_{v_W}^2 - r_W^2}{y_{v_W}} - y_{cp_T} + \frac{r_T^2}{\sqrt{y_{cp_T}^2 + h_T^2}}\right]$$

$C_{N_{B0}}$ 为单独弹体法向力系数,可由弹体气动力计算方法给出;

y_{v_W} 为升力面集中涡的展向位置,$y_{v_W} = r_W + \dfrac{S_W C_{N_W}}{2[(C_N \cdot C)_{\text{root}}]_W}$;

y_{cp_T} 为尾展向压心位置;

C_{N_W} 为弹翼法向力系效;

$(C_N \cdot C)_{\text{root}}$ 为翼根弦向载荷分布;

$\dfrac{\Gamma}{U_\infty} = \dfrac{K_{W(B)}\alpha + K_{W(B)}\delta}{4(y_{v_W} - r_T)}S_W C_{N_W}^\alpha$ 为翼体组合段环流量;

h_T 为弹翼尾涡在尾翼压力中心位置上空的高度;

I 为翼涡对尾翼的干扰因子;

r_W、r_T 分别表示翼和尾翼处弹体半径。

翼和尾翼对体的干扰因子 $K_{B(W)}$ 和 $K_{B(T)}$,体对翼和尾翼的干扰因子 $K_{W(B)}$ 和 $K_{T(B)}$,由舵偏角 δ 引起的舵对体干扰因子 $k_{B(W)}$(或 $k_{B(T)}$)和体对舵干扰因子(或 $k_{T(B)}$)均由细长体理论确定。

相应于式(6-1)给定法向力的俯仰力矩系数为

$$C_M = C_N \cdot L_{cp}$$

式中:

$$L_{cp} = [l_B \cdot C_{N_B} + l_{W(B)} \cdot C_{N_{W(B)}} + l_{B(W)} \cdot C_{N_{B(W)}} + l_{T(B)} \cdot C_{N_{T(B)}} + l_{B(T)} \cdot C_{N_{B(T)}} + l_T(C_{N_{T(V)}} + C_{N_{B(V)}})]/C_N$$

其中,$l_{W(B)} = l_W + x_{cp_{W(B)}}$,$l_{B(W)} = l_W + x_{cp_{B(W)}}$,$l_{T(B)} = l_T + x_{cp_{T(B)}}$,$l_{B(T)} = l_T + x_{cp_{B(T)}}$;$l_W$ 和 l_r 分别为体头顶到翼根前缘和尾翼根前缘的相对距离,$x_{cp_{W(B)}} = x_{cp_W}$,$x_{cp_{T(B)}} = x_{cp_T}$。

翼对体干扰升力的压心位置取为翼在体干扰阴影区的面心。

对于亚声速流:$x_{cp_{B(W)}} = x_{cp_B}$

对于跨声速流:$x_{cp_{B(W)}} = (x_{cp})_{fb} + \dfrac{Ma_\infty - Ma_{fb}}{1.2 - Ma_{fb}}[x_{cp_{B(W)}}|_{Ma_\infty = 1.2} - (x_{cp})_{fb}]$

Ma_{fb}是升力线理论的压力中止马赫数,其相应压心位置约为 1/4 弦长,即$(x_{cp})_{fb}=C/4$。
对于超声速流:

(1)当$\beta d-x_{aft}\geqslant 0$和$\beta d-C_r-x_{aft}<0$时,有

$$x_{cpB(W)}=\frac{C_r^2 d-\beta^2 d^3/3+x_{aft}(2d-x_{aft}/\beta)x_3}{2C_r d-\beta d^2+x_{aft}(2d-x_{aft}/\beta)}$$

$$x_3=C_r+x_{aft}\left[\frac{0.5d-x_{aft}/(3\beta)}{d-x_{aft}/(2\beta)}\right]$$

(2)当$\beta d-x_{aft}\geqslant 0$和$\beta d-C_r-x_{aft}>0$时,有

$$x_{cpB(W)}=\frac{1.5(C_r+x_{aft})^3-(C_r+2x_{aft}/3)x_{aft}^3}{(C_r+x_{aft})^2-x_{aft}^2}$$

(3)当$\beta d-x_{aft}<0$时,$x_{cpB(W)}=0.5(C_r+\beta d)$。

式中:$\beta=\sqrt{Ma_\infty^2-1}$;$d$为体直径;$x_{aft}$为翼根后缘处到由该处发出的马赫线与体上对面子午线相交点之轴向距;C_r为根弦长。

细长体理论干扰因子法只能用于小攻角情况下的有翼导弹气动力计算,利用横流比拟理论可将其推广到大攻角计算:

$$C_N=(C_N)_{P-N-K}\frac{\sin 2\alpha}{2\alpha}+\eta\frac{C_{D_c}\sin^2\alpha}{S_r}\int_0^L\left(\frac{C_n}{C_{n0}}\right)_{Nt}dd x \tag{6-2}$$

式中:C_{D_c}为二维圆柱的横流阻力系数;η为实际有限长弹体横流阻力与二元圆柱横流阻力系数之比;$(C_n/C_{n0})_{Nt}$为牛顿法给出的带翼外形截面的横流阻力与其截面积相当的圆截面横流阻力之比。

6.2 等效横流比拟法

把沿轴向具有不变形状的非圆截面弹体的气动力等效于沿轴向截面积分布相同的等效圆截面体的气动力。弹体法向力及力矩系数之比$C_N/C_{N_{cir}}$等于单位长度上法向力系数之比$C_N/C_{N_{cir}}$。

$$\begin{cases}(C_N/C_{N_{cir}})_{SB}=(C_m/C_{m_{cir}})_{SB}=(C_n/C_{n_{cir}})_{SB}\\(C_N/C_{N_{cir}})_{Nt}=(C_m/C_{m_{cir}})_{Nt}=(C_n/C_{n_{cir}})_{Nt}\end{cases} \tag{6-3}$$

式中:下标“SB”和“Nt”分别表示细长体理论和牛顿方法。

对于带有升力面的一般截面形状弹体,可把它看成截面形状变化的等截面面积分布ds/dx的局部等效圆截面弹体,因此:

$$\begin{cases}C_N=\dfrac{\sin 2\alpha\cos\dfrac{\alpha}{2}}{S_r}\int_0^L(C_n/C_{n_{cir}})_{SB}\dfrac{ds}{dx}dx+\dfrac{2\eta C_{D_c}\sin^2\alpha}{S_r}\int_0^L(C_n/C_{n_{cir}})_{Nt}rdx\\[3mm]C_m=\dfrac{\sin 2\alpha\cos\dfrac{\alpha}{2}}{S_r L_r}\int_0^L(C_n/C_{n_{cir}})_{SB}\dfrac{ds}{dx}(x_m-x)ds\\[3mm]\quad+\dfrac{2\eta C_{D_c}\sin^2\alpha}{S_r}\int_0^L(C_n/C_{n_{cir}})_{Nt}\cdot(x_m-x)rdx\end{cases} \tag{6-4}$$

纵向压力中心位置:

$$\frac{x_{cp}}{L_r}=\frac{x_m}{L_r}-\frac{C_m}{C_N}$$

方便起见可将前两式修改为

$$
\begin{aligned}
C_N = & \frac{\sin2\alpha\cos\dfrac{\alpha}{2}S_b}{S_r}\Big[\frac{1}{L}\int_0^L(C_n/C_{n_{cir}})_{SB}\mathrm{d}x \\
& +2\eta C_{D_c}\sin^2\alpha\,\frac{S_p}{S_r}\frac{1}{L}\int_0^L(C_n/C_{n_{cir}})_{Nt}\mathrm{d}x\Big]
\end{aligned}
\tag{6-5}
$$

带三角翼(椭)圆锥可用相同长度的圆锥代替,气动力公式简化为弹体公式。经验表明,对带三角翼的锥体,用修正细长体理论给出的结果可与线性理论相比,因此,可用修正因子 λ(线化弹翼升力与细长体理论弹翼升力之比)对线性气动力进行修正。

$$\beta\cdot\tan\varepsilon\leqslant1(亚声速前缘):\lambda=\frac{1}{E(\sqrt{1-\beta^2\tan^2\varepsilon})}$$

$$\beta\cdot\tan\varepsilon\geqslant1(超声速前缘):\lambda=\frac{2}{\pi\beta\tan\varepsilon}$$

式中: $E(\sqrt{1-\beta^2\tan^2\varepsilon})$ 为第二类椭圆型积分; $\beta=\sqrt{Ma_\infty^2-1}$; E 为翼平面半顶角。

由此得到带翼椭圆锥气动力为

$$
\begin{cases}
C_N=\sin2\alpha\cos\dfrac{\alpha}{2}\dfrac{S_b}{S_r}\Big(\dfrac{C_n}{C_{n_{cir}}}\Big)_{SB}\lambda+\eta C_{D_c}\sin^2\alpha\,\dfrac{S_p}{S_r}\Big(\dfrac{C_n}{C_{n_{cir}}}\Big)_{Nt} \\[2mm]
C_m=\sin2\alpha\cos\dfrac{\alpha}{2}\dfrac{V_b-S_b(L-x_m)}{S_rL_r}\Big(\dfrac{C_m}{C_{m_{cir}}}\Big)_{SB}\lambda \\[2mm]
\quad+\eta C_{D_c}\sin^2\alpha\,\dfrac{S_p}{S_r}\dfrac{(L-x_m)}{L_r}\Big(\dfrac{C_m}{C_{m_{cir}}}\Big)_{Nt}
\end{cases}
\tag{6-6}
$$

(1)横流垂直于弹翼时,带翼圆锥的气动力与等截面面积分布的等效圆截面面积分布的等效体气动力之比为

$$
\begin{cases}
\Big(\dfrac{C_n}{C_{n_{cir}}}\Big)_{SB}=\dfrac{S^2}{r^2}+\dfrac{r^2}{S^2}-1 \\[2mm]
\Big(\dfrac{C_n}{C_{n_{cir}}}\Big)_{Nt}=\dfrac{3}{2}\Big(\dfrac{S}{r}-\dfrac{1}{3}\Big)
\end{cases}
\tag{6-7}
$$

r、s 见图6.2(a)。

(2)带翼的椭圆锥绕流。当横流速度垂直于半主轴和弹翼时,带翼椭圆锥的气动力(图6.2(b))与等截面面积分布的等效圆截面体气动力之比为

$$\Big(\frac{C_n}{C_{n_{cir}}}\Big)_{SB}=\frac{1}{ab}(K_1^2+a^2)$$

式中:

$$K_1=\sigma_1-\frac{(a+b)^2}{4\sigma_1}$$

$$\sigma_1=0.5(S+\sqrt{S^2+b^2-a^2})$$

当横流速度平行于半主轴并垂直于弹翼时,带翼椭圆锥的气动力(图6.2(c))与等截面面积分布的等效圆截面体的气动力之比为

$$\left(\frac{C_n}{C_{n_{cir}}}\right)_{SB} = \frac{1}{ab}(K_2^2 + b^2)$$

式中:

$$K_2 = \sigma_2 - \frac{(a+b)^2}{4\sigma_2}$$

$$\sigma_2 = 0.5(S + \sqrt{S^2 + a^2 - b^2})$$

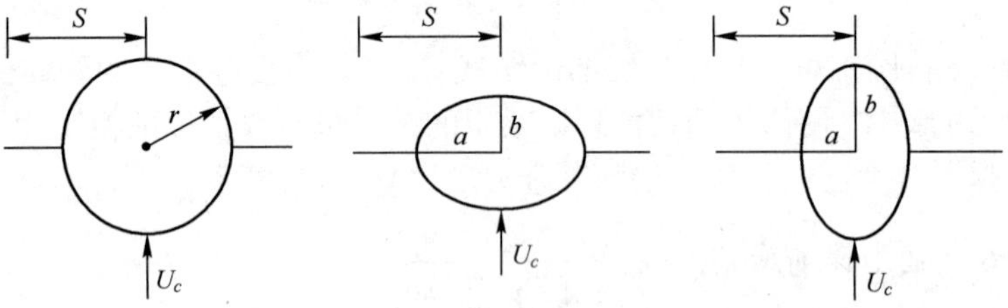

(a) 垂直于带翼圆锥　　(b) 垂直于带翼长轴椭圆锥　　(c) 垂直于带翼短轴椭圆锥

图6.2　横流方向

6.3　等效攻角法

等效攻角法是用包含翼与体、攻角 α 与侧滑角 β、α 与舵偏角 δ、β 与 δ、面与面以及各种涡系与翼(体)之间等干扰因素在内的等效攻角代替体存在时弹翼当地平均来流攻角,用该攻角求得的具有相同弹翼几何参数的 1/2 单独翼法向力系数与该弹翼法向力系数等效。在部件气动力计算组装方面,根据来流、头段、翼段、后体段和尾段的不同流场干扰特性,分别给出头段、翼段、后体段和尾段的气动力(分别用下标 n、c、a 和 t 表示),然后把它们叠加起来得到全弹气动力。根据需要还可以增加下游尾段和后体段,用同样的气动力计算方法,计算下游相应的后体段和尾段的气动力。

在有攻角 α 的情况下,导弹滚转 ϕ 角后体坐标系(半坐标系)的全弹气动力及其绕力矩中心 x_m 的力矩为

$$
\begin{cases}
C_z = C_{z_n} + C_{z_c} + C_{z_a} + C_{z_t} \\
C_y = C_{y_n} + C_{y_c} + C_{y_a} + C_{y_t} \\
C_x = C_{x_0} + C_{x_c} + C_{x_0} \\
C_{mz} = C_{mz_n} + C_{mz_c} + C_{mz_a} + C_{mz_t} \\
C_{my} = C_{my_n} + C_{my_c} + C_{my_a} + C_{my_t} \\
C_{mx} = C_{mx_n} + C_{mx_c} + C_{mx_a} + C_{mx_t} \\
\dfrac{x_{cp}}{L_r} = \dfrac{x_m}{L_r} - \dfrac{C_{my}}{C_z} \\
\dfrac{y_{cp}}{L_r} = \dfrac{x_m}{L_r} - \dfrac{C_{mz}}{C_y}
\end{cases}
\tag{6-8}
$$

假设旋成体力矩中心位于体轴上，即 $y_m = z_m = 0$，则旋成体上合力通过弹体中心，不产生气动滚转力矩，即 $C_{mx_n} = C_{mx_a} = 0$，以及任何偏心的俯仰和偏航力矩。

（1）头段气动力。头段是指前翼根前缘到头顶点之间的弹头部分。弹头法向力系数为

$$C_{N_n} = C_{N_n}^\alpha(0°)\sin\alpha_c \frac{\pi\alpha^2}{S_r} + C_{D_c}\sin^2\alpha_c \frac{S_c}{S_r} \tag{6-9}$$

式中：C_{D_c} 为横流粘性阻力系数，它与横流马赫数 Ma_c 和横流雷诺数 Re_c 有关；$C_{N_n}^\alpha(0°)$ 为弹头零攻角法向力系数对攻角的导数；S_c 为头部头涡干扰区的平面面积。

头段俯仰力矩系数为

$$C_{my_n} = C_{N_n}^\alpha(0°)\sin\alpha_c \frac{\pi\alpha^2}{S_r}\frac{x_m - x_p}{L_r} + C_{D_c}\sin^2\alpha_c \frac{S_c}{S_r}\frac{x_m - x_v}{L_r} \tag{6-10}$$

式中：$x_p = l_n\left(1 - \frac{V_n}{\pi\alpha^2 l_n}\right)$，$V_n = \pi\int_0^{l_n} r^2(x)\,\mathrm{d}x$ 为弹头体积；$x_v = \frac{2}{S_c}\int_{x_s}^{l_n} x \cdot r(x)\sin\phi_s(x)\,\mathrm{d}x$，$x_s$ 为起始分离位置。

则头段压力中心系数为

$$x_{cp_n} = \frac{C_{my_n}}{C_{N_n}} \tag{6-11}$$

在滚转后体坐标系中有

$$\begin{cases} C_{z_n} = C_{N_n} \\ C_{my_n} = C_{my_n} \\ C_{y_n} = 0 \\ C_{mz_n} = 0 \\ C_{mx_n} = 0 \end{cases}$$

（2）后体段气动力由弹体涡升力气动方法的半经验方法给出，本方法只适用于攻角小于 60° 的定常流场。用拉格朗日流体质点位流线涡叠加圆柱位流解的办法，将弹体每个截面流动描述成二元不可缩的横流平面的流动。设轴向位置 X 处存在 $N(X)$ 个涡，第 j 个涡的强度为 Γ_j，j 涡位置与其映象涡之间的位置复坐标为 σ_j，利用涡冲量定理给出下涡在 $\mathrm{d}x$ 微元上涡诱导的非线性复升力公式为

$$\mathrm{d}z_{vj} - i\mathrm{d}Y_{vj} = \rho_\infty U_\infty\left[\mathrm{d}(\Gamma_j \cdot \sigma_j)\right] \tag{6-12}$$

利用 $q_\infty S_r = \frac{1}{2}\rho_\infty U_{Sr}^2$ 除以式（6-12），并引入无因次量 $\Gamma_j' = \frac{1}{2}\Gamma_j\pi a U_\infty$ 和 $\sigma_j' = \sigma_j/a$，a 为体半径，则式（6-12）变为

$$\mathrm{d}C_{z_{vj}} - i\mathrm{d}C_{y_{vj}} = \frac{4\pi a^2}{S_r}\left[\mathrm{d}(\Gamma_j' \cdot \sigma_j')\right] \tag{6-13}$$

对 $N(X)$ 个涡沿体轴 X 积分式（6-13），得到诱导体法向力、侧向力及力矩系数为

$$\begin{cases} C_{z_{vj}} - iC_{y_{vj}} = \dfrac{4\pi a^2}{S_r} \displaystyle\sum_{j=1}^{N(x)} \int_{X_s}^{X_b} \mathrm{d}(\varGamma_j' \cdot \sigma_j') \\ C_{my_{vj}} - iC_{m_{zv}} = \dfrac{4\pi a^3}{S_r L_r} \displaystyle\sum_{j=1}^{N(x)} \int_{X_s}^{X_b} (X_{cg} - X) \mathrm{d}(\varGamma_j' \cdot \sigma_j') \end{cases} \tag{6-14}$$

式中：$\varGamma_j' = \dfrac{\varGamma_j}{2\pi a U_\infty}$ 为无量纲涡强；σ_j' 为 j 涡与其映象涡之间的复距离无量纲形式；X_s 为涡起始轴向位置；X_b 为体底部轴向位置。

为得到涡诱导力和力矩，还需要进一步使用位流线涡模型或涡片模型进行计算。

（3）翼（舵）段气动力。翼段气动力是翼（或舵）气动力在该段体上气动力之和：

$$\begin{cases} C_{x_c} = C_{x\mathrm{fw}} \\ C_{y_c} = C_{y\mathrm{fw}} + C_{y\mathrm{drw}} \\ C_{z_c} = C_{a\mathrm{fw}} + C_{z\mathrm{drw}} \\ C_{mx_c} = C_{mx_{\mathrm{fw}}} \\ C_{my_c} = C_{my_{\mathrm{fw}}} + C_{my\mathrm{drw}} \\ C_{mz_c} = C_{mz_{\mathrm{fw}}} + C_{mz\mathrm{drw}} \end{cases} \tag{6-15}$$

其中，下标"fw"表示该段四舵面法向力在滚转 ϕ 角后体坐标上投影气动力及其力矩，下标"drw"表示该段体部分的气动力及其力矩。

6.4   阻 力 计 算

阻力是导弹布局和成本指标设计中首先要解决的一个重要气动问题，它直接关系到导弹的射程、速度、载荷及推力矢量的配置。

6.4.1   单独弹翼的阻力

1. 摩擦阻力

弹翼摩阻系数 C_{Dfw}，一般来说与弹翼形状、马赫数、雷诺数、转捩点相对坐标 $\bar{x}_t$ 以及外部介质与弹翼间热交换情况有关。影响弹翼摩阻系数的一个重要参数是转捩点的确定，这个位置 $\bar{x}_t$ 通常用转捩雷诺数来表征。确定转捩雷诺数后，可以分别计算弹翼层流摩阻系数和湍流摩阻系数，整个弹翼的摩阻系数可以用如下公式来计算：

$$C_{Dfw} = \left\{ (C_{fT})_{\bar{c}} + \left[(C_{fL})_{\bar{x}_t} - (C_{fT})_{\bar{x}_c} \right] \frac{\bar{x}_t}{\bar{c}} \right\} S_{\mathrm{wet}} / S_c \tag{6-16}$$

式中：$\bar{c}$ 为弹翼平均气动弦长；$\bar{x}_t$ 为转捩点位置（沿弦长）；S_{wet} 为弹翼上下表面总面积；S_c 为参考面积；$(C_{fT})_{\bar{c}}$ 为以平均气动弦长为参考长度的雷诺数时的湍流摩阻系数；$(C_{fL})_{\bar{x}_t}$ 为以 $\bar{x}_t$ 为参考长度的雷诺数时对应的层流摩阻系数；$(C_{fT})_{\bar{x}_c}$ 为以 $\bar{x}_t$ 为参考长度的雷诺数时对应的湍流摩阻系数。

上述摩阻系数均采用平均摩阻系数概念。

根据定义

110

$$\frac{\bar{x}_t}{\bar{c}}=\frac{Re_t}{Re_e} \tag{6-17}$$

当已知转捩雷诺数 Re_t 和平均气动弦长参考长度雷诺数 Re_e 即可确定式(6-17)。

湍流摩阻系数可采用下式进行计算:

$$\frac{0.242(\arcsin B_1+\arcsin B_2)}{(C_{fT})^{0.5}A(T_w/T_\infty)^{0.5}}=\lg\left[Re(C_{fT})-\left(\frac{1+\eta}{2}\right)\lg\left(\frac{T_w}{T_\infty}\right)\right] \tag{6-18}$$

式中:

$$\eta=0.76$$
$$B_1=(2A^2-B)/(B^2+4A^2)^{0.5}$$
$$B_2=B/(B^2+4A^2)^{0.5}$$
$$B=\left[1+\frac{\gamma-1}{2}Ma_\infty^2\right]T_w/T_\infty-1$$
$$A=\left[\frac{(\gamma-1)Ma_\infty^2}{2T_w/T_\infty}\right]^{0.5}$$
$$T_w/T_\infty=1+0.45(\gamma-1)Ma_\infty^2$$

式(6-18)中 T_w 为物面温度,可采用近似的恢复温度值。将 Re_t、Re_e 分别代入上述公式中,可求出 C_{fT} 分别为 $(C_{fL})_{\bar{x}_t}$、$(C_{fT})_{\bar{c}}$。

战术导弹弹翼表面大部分是湍流区,故对层流区的计算相对简单,可采用平板不可压摩阻系数公式:

$$(C_{fT})_{\bar{x}_c}=\frac{0.664}{\sqrt{Re_{\bar{x}}}}\left(0.45+0.55\frac{h_w}{h_\infty}+0.09(\gamma-1)Ma_\infty^2\sqrt{Pr}\right)^{-(1-\eta)/2} \tag{6-19}$$

2. 压差阻力

对非菱形对称剖面的弹翼的波阻,可以采用如下公式:

$$C_{Dpw}=\widetilde{C}_{Dpw}[1+\varphi(K-1)] \tag{6-20}$$

式中:$\widetilde{C}_{Dpw}$ 为相同平面形状的菱形剖面形状弹翼的波阻系数;φ 为表征最大厚度线位置的波阻影响因子,亚声速最大厚度线时取0,超声速最大厚度线时取1,中间情况由辅助曲线进行计算;K 为剖面形状因子。

K 的数值由剖面形状决定,菱形剖面时取1,其他剖面形状的值如下。

四角形剖面:

$$K=1/[4x_c(1-x_c)] \tag{6-21}$$

式中:x_c 为剖面最大厚度线的相对位置。

六角形剖面:

$$K=1/(1-a/b) \tag{6-22}$$

式中:a 为最大厚度位置的弦向总长度;b 为剖面弦长。

圆弧形和抛物线形剖面:$K=0.75$。

亚声速翼型剖面:$K=2.5\sim4$。

上述方法用于计算马赫数大于1时的波阻值,当马赫数小于1但大于临界马赫数时,可采用如下近似方法得到。

假定马赫数等于临界马赫数,则

$$C_{Dpw} = 0$$

$$\frac{\partial(C_{Dpw})}{\partial M} = 0 \tag{6-23}$$

可以利用这两个条件及上面介绍的方法,计算出马赫数为 1 时波阻值,进行函数插值而得到相应的波阻值。

6.4.2 单独弹体的阻力

1. 摩擦阻力

与弹翼情况具有类似之处,弹体摩阻可用下述方法进行计算:

$$C_{fB} = \left\{ (C_{fT})_l + \left[(C_{fL})_{\bar{x}} - (C_{fT})_{\bar{x}} \right] \frac{\bar{x}_t}{l} \right\} S_B / S_c \tag{6-24}$$

式中:l 为弹体全长;$\bar{x}_t$ 为转捩点位置;S_B 为全弹表面积;S_c 为参考面积;$(C_{fT})_l$ 为基于弹体全长雷诺数下的平均湍流摩阻系数;$(C_{fL})_{\bar{x}}$ 为基于转捩点距离 $\bar{x}$ 为参考长度的雷诺数的平均层流摩阻系数;$(C_{fT})_{\bar{x}}$ 为基于转捩点距离 $\bar{x}$ 为参考长度的雷诺数的平均湍流摩阻系数。

湍流平均摩阻系数 $(C_{fT})_l$、$(C_{fT})_{\bar{x}}$ 采用冯-居利斯特方法进行求解,即

$$\frac{0.242(\arcsin B_1 + \arcsin B_2)}{(C_f)^{0.5} A (T_w/T_\infty)^{0.5}} = \lg(Re, C_{fT}) - \frac{1+2\eta}{\eta}\lg\left(\frac{T_w}{T_\infty}\right) \tag{6-25}$$

式中:

$$\eta = 0.8$$
$$B_1 = (2A^2 - B)/(B^2 + 4A^2)^{0.5}$$
$$B_2 = B/(B^2 + 4A^2)^{0.5}$$
$$B = \left[1 + \frac{\gamma-1}{2}Ma_\infty^2\right] T_w/T_\infty - 1$$
$$A = \left[\frac{(\gamma-1)Ma_\infty^2}{2T_w/T_\infty}\right]^{0.5}$$
$$T_w/T_\infty = 1 + 0.45(\gamma-1)Ma_\infty^2$$

式(6-25)中 T_w 为物面温度,可采用近似的恢复温度值。将转捩雷诺数 Re_t、弹体全长为参考长度的来流雷诺数 Re_l 分别代入上述公式中,可求出 C_f 分别为 $(C_{fT})_{\bar{x}}$、$(C_{fT})_l$。

层流摩阻系数如下:

$$(C_{fL})_{\bar{x}} = \frac{0.664}{\sqrt{Re_t}}\left(0.45 + 0.55\frac{h_w}{h_\infty} + 0.09(\gamma-1)Ma_\infty^2 \sqrt{Pr}\right)^{-(1-\eta)/2} \tag{6-26}$$

2. 压差阻力

一般对弹头与尾段分别进行计算,对超声速情况,采用如下方法计算。

对尖锥头部外形,直接采用精确的尖锥数值解(有数据和曲线形式),也可采用一些较好的拟合公式,利用这些公式可以得到相当精确的尖锥锥面上压力系数,如

$$C_p = 4\sin^2\theta_c(2.5 + 8B\sin\theta)/(1 + 16B\sin\theta) \tag{6-27}$$

$$B = \sqrt{Ma_\infty^2 - 1} \tag{6-28}$$

对于尖头旋成体,如尖拱形、抛物形母线头部,目前尚无类似方式,工程计算有两种方法:一是采用二次激波膨胀波法;二是采用切锥近似(相当于一次激波膨胀波法),对头部局部尖锥近似得到当地压力分布,再沿物面积分即可得到压差阻力。

弹身尾段一般为倒锥形,也有采用二次曲线母线的旋成体外形,它的目的是减少具有大阻力的底部面积,从而减少弹体总阻力,但是因为收缩尾段也产生正阻力,因而大大降低了它的减阻作用,故目前只有部分导弹采用收缩尾段。不论是亚声速还是超声速流动,在弹体尾段,收缩部分形成低压区,都产生正阻力。在超声速流动情况下,可以采用比较简单但具有较好精度的二次激波膨胀波法进行尾段压力分布计算。在跨声速流动情况下,吴建民等采用数值求解跨声速小扰动方程,在此基础上提出一个计算压力分布的公式,可以用来计算尾段的阻力系数。

6.4.3 底部阻力

导弹底部阻力简称"底阻",包括弹体底部阻力和弹翼钝后缘底部阻力,是导弹阻力重要组成部分。

对于二元翼型,马赫数较低时,底部压力比随雷诺数变化增长较慢,随着马赫数增高,底部压力比随雷诺数的变化快速增大。对于旋成体,不能简单地采用来流参数来建立底部压力比相关曲线,而要采用分离点边界层外缘参数来建立相关底部压力比。

对于很高雷诺数情况,可以忽略雷诺数效应。对于不同头部外形和长细比弹体,它们的底部压力比,采用分离点处静压和马赫数作基本参数,基本上形成一条相关曲线,底部压力的变化图形如图6.3所示。

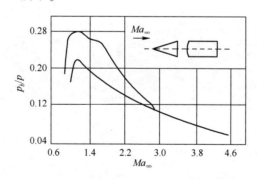

图6.3　高雷诺数底部压力相关曲线

实际弹体大都有一个较长的圆柱段,故可以认为在弹体尾部处外流参数基本上已恢复到来流条件,可以直接利用来流参数来计算底部压力比,而不必进行较复杂的外流计算,下式为一个近似公式,底部压力系数为

$$C_{pb} = -K_2 \left(0.29 + 0.13 \sin^{2/3}\theta\right)^{K_3} \tag{6-29}$$

式中:

$$K_2 = \left(4 - 1.65\gamma/Ma_\infty^3\right)/\gamma Ma_\infty^2$$

$$K_3 = 0.3\left(2 + Ma_\infty^{-0.5}\right)$$

该公式适用于超声速情况,即 $1 < Ma_\infty < 5$,此时底阻系数为

$$C_{Db} = K_2 \ (0.29 + 0.13 \sin^{2/3}\theta)^{K_3} \frac{S_b}{S_c} \qquad (6\text{-}30)$$

思 考 题

某一导弹,总长度 2m,长细比为 10,头部为半锥角 30°的尖锥,采用等效攻角法计算其在不同飞行速度下的气动力系数。

第7章 高超声速空气动力学

7.1 主 要 特 征

自 20 世纪 50 年代提出超声速燃烧概念以来,高超声速技术的研究已经持续了半个多世纪。20 世纪 90 年代,美国、俄罗斯、法国、日本、德国、澳大利亚等国在大量基础研究和技术积累后,已陆续取得了关键技术上的重大突破。总的来说,高超声速飞行器已经经历了 3 个发展阶段:

第一代:以航天飞机为代表,用火箭将飞行器送到外层空间,再在预定位置再入大气层。

第二代:以 X-33 验证机为代表,一次进入外层空间轨道并再入大气层。

第三代:目前正在研究,其特点是像常规飞机一样起飞和着陆,既能在大气层中作高超声速飞行,还能进入外层空间的一定轨道,在大气层内飞行时飞行器利用大气中的氧气,而进入外层空间后,飞机利用自身携带的氧化剂。

高超声速(Hypersonic)这一术语是我国著名科学家钱学森于 1946 年在他的一篇重要论文中首创的。高超声速流是速度远大于声速的流动,通常用自由流马赫数大于 5 作为高超声速流的一种标志。这个界限不是绝对的,流动是否是高超声速流动还和飞行器的具体形状有关。对于钝体 $Ma>3$ 时就开始出现高超声速流动特征,而对于细长体,$Ma>10$ 时才出现高超声速流动特性。除了高马赫数以外,高超声速流还具有以下特点。

1. 小密度比和薄激波层

将激波与物面间的流动区域称为激波层,激波层薄是高超声速流动的一个特征。这是因为自由流马赫数越大,激波越强,激波角 β 就越小,同样导致激波后气体受到的压缩也越大,激波前后密度之比是小量。对于完全气体极高马赫数时,正激波前后密度比约为 1/6,而"阿波罗"飞船再入飞行时的密度比约为 1/20,这主要是由真实气体效应造成的。

根据薄激波层这个特征,建立了包括牛顿理论在内的高超声速无粘流动的近似分析方法,在大部分情况下能够得到比较合理的结果,后面将进一步讲述工程估算方法。另外,因为激波很薄,雷诺数较低,粘性边界层很薄,就必须在整个激波层内考虑粘性。

2. 强粘性效应,甚至可支配整个流场

由于高超声速激波层薄,边界层厚度与激波层相比不能略去,甚至还会出现整个激波层都具有粘性的情况。边界层变厚对无粘流产生影响,无粘流的变化又反过来影响

边界层的增长,出现了高超声速流的粘性相互作用,这时经典的普朗特边界层理论失效。

3. 高熵层

飞行器头部驻点处的对流传热与头部曲率半径的平方根成反比,将头部钝化可以减轻热载荷,因此高超声速飞行器都做成钝头体,即使是细长飞行器也做成微钝头细长体,则环绕头部的激波是高度弯曲的。

正激波熵增:

$$s_2-s_1=c_p\ln\left[\left[1+\frac{2\gamma}{\gamma+1}(Ma_1^2-1)\right]\frac{2+(\gamma-1)Ma_1^2}{(\gamma+1)Ma_1^2}\right]-R\ln\left[1+\frac{2\gamma}{(\gamma+1)}(Ma_1^2-1)\right] \quad (7-1)$$

斜激波熵增:

$$s_2-s_1=c_p\left\{\ln\left[\frac{2}{\gamma+1}Ma_1^2\sin^2\beta-\frac{\gamma-1}{\gamma(\gamma+1)}\right]-\ln\frac{(\gamma+1)Ma_1^2\sin^2\beta}{(\gamma-1)Ma_1^2\sin^2\beta+2}\right\} \quad (7-2)$$

根据上述熵增公式,对于弯曲激波后的不同位置,β 角不同,熵增不同,如图 7.1 中的 A 点和 B 点,这两点之间就存在熵梯度。穿过曲线激波不同位置的流线经历了不同的熵增,于是具有强熵梯度的气体将覆盖在物体表面构成熵层。熵层中涡量很大,导致经典边界层理论无法用于确定边界层外缘条件。

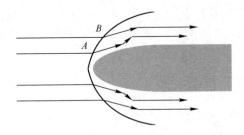

图 7.1 熵层示意图

4. 真实气体效应

高超声速飞行器前缘弓形激波后的高温和飞行器表面边界层中的高温,可以激发气体分子的振动,引起解离甚至电离。若飞行器表面采用烧蚀防热,烧蚀产物进入边界层,形成复杂的化学反应。上述种种现象都使气体偏离完全气体的假设,通常把这些现象称为真实气体效应。此时,比热比 γ 不再是常数,这个参数在高温气体动力学中的地位远没有在一般气体中重要。通常当空气的温度超过 800K 时,分子的振动自由度开始激发;当温度增加到 2000K 时,开始发生氧分子的离解;当温度增加到 4000K 时,氮分子开始离解;当温度高于 9000K 时,开始发生电离,此时空气就变成等离子体了。

这个效应对高超声速飞行器的气动力有着重要的影响,特别是对复杂的飞行器影响很大。另外,真实气体效应对高超声速飞行器的气动加热将产生十分显著而又十分复杂的影响。如阿波罗飞船在高度 53km、温度 283K,来流马赫数为 32.5 的条件下,如果采用完全气体假设,取比热比为 1.4,则正激波后驻点温度为 58300K,而对于实际气体,仅为 11000K。除此之外,由于电离而产生的自由电子可以吸收电磁波,从而引起通信中断,即所谓"黑障"。

7.2　高超声速飞行器气动外形设计

高超声速飞行器气动外形设计是对飞行器气动力、气动热、气动光学效果综合性能权衡之后的结果,它从根本上决定了飞行器的上述性能。目前总的来讲,主要有4种高超声速飞行器外形:升力体、翼身融合体、轴对称旋成体和乘波体。

7.2.1　升力体

升力体是指没有产生升力的机翼,依靠本身结构形成的升力稳定飞行的气动构型。由于不需要常规飞行器的主要升力部件——机翼,这样可消除机身等部件所产生的附加阻力和机翼与机身间的干扰,从而有可能在较高的速度下获得较高的升阻比。升力体构型具有高热载荷、低热流率的再入物理特性,在大迎角和高超声速时具有良好的气动特性,内部体积利用率高,可以在航天器气动构型设计中得到很好的应用,如可重复使用运载器、空天飞机、亚轨道飞行器等。其缺点也非常明显,就是操纵性能非常差。一般来说,升力体外形往往具有带上反角的形状,机身的迎风面、背风面与侧面(沿翼尖)压力沿纵轴分布。由于翼尖激波作用,翼面压力升高,在主激波与翼尖相交点之后,压力和密度均有所下降。

Kelly 通过试验和两种有限体积法得到了不同马赫数下的 X-33(图 7.2)气动系数,如图 7.3、图 7.4 所示,结果与 George 提供的数据比较吻合。由图 7.4 可知,在攻角为 20°时,X-33 的升阻比可达到峰值 1.3 左右。

图 7.2　X-33

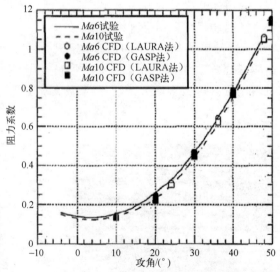

图 7.3　X-33 阻力系数随攻角的变化

7.2.2　翼身融合体

翼身融合体是由飞行器机翼与机身两个部件融合而成的一体化布局,二者之间没有

117

明显的界限。翼身融合体的优点是:结构重量轻、内部容积大、气动阻力小,可使飞行器的飞行性能有较大改善,并且由于消除了机翼与机身交接处的直角,翼身融合体也有助于减小飞行器的雷达反射截面积,改善隐身性能,可用于高速飞行器外形。但翼身融合体外形复杂,设计和制造比较困难。

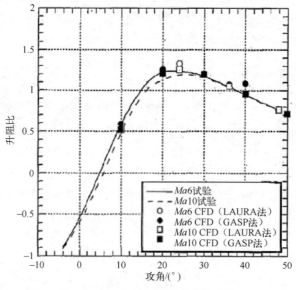

图 7.4　X-33 升阻比随攻角的变化

作为一个整体来进行设计的翼身融合体飞行器,它不但可减小压力中心从亚声速到超声速的向后移动,而且可减小飞行器头部不稳定偏航力矩,使其在超声速或高超声速状态具有比普通结构高的升力和飞行稳定性。翼身融合体最早应用于航天飞机的外形设计,X-34 试验机也采用了这种构型。

Bandu 给出了 X-34 不同马赫数下升力系数随攻角的变化趋势,如图 7.5 所示。很显然,在马赫数较小时升力系数较大。张涵信院士指出在马赫数小于 1 时,翼身融合体飞行器升阻比可达到 7~8 以上,但在马赫数大于 3 时,其升阻比一般不超过 3。

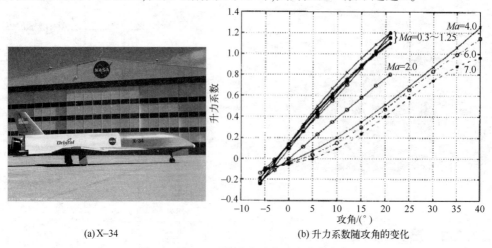

(a)X-34　　　　　　　　　　(b)升力系数随攻角的变化

图 7.5　X-34 及其升力系数随攻角的变化

118

7.2.3 轴对称旋成体

轴对称旋成体就是由一条母线围绕某轴旋转而成的构型。轴对称旋成体的任一截面均系圆形。其外形特点是尖头部、大长细比、弹翼大后掠角、小展弦比，常采用无尾翼气动布局。轴对称旋成体在马赫数小于1.5时最大升阻比可达到6以上，但在高马赫数下，升阻比只有3左右。Thomas针对不同长细比的轴对称旋成体进行了气动特性研究，给出了不同条件下轴对称旋成体升阻比随升力系数的变化趋势，如图7.6所示。一般轴对称旋成体飞行器最佳升阻比对应攻角为6°左右。

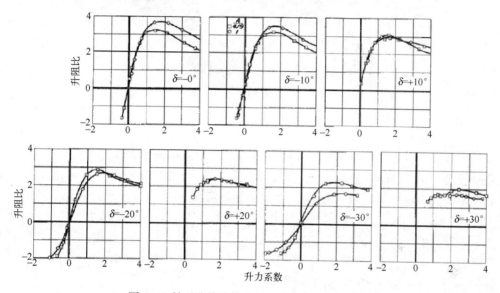

图7.6 轴对称旋成体升阻比随升力系数的变化

7.2.4 乘波体

乘波体(Waverider)是指一种外形是流线形(图7.7)，其所有的前缘都具有附体激波的超声速或高超声速的飞行器。它的设计与常规的由外形决定流场再去求解的方法相反，而是先有流场，然后再推导出外形，其流场是用已知的非粘性流方程的精确解来决定的，由斜激波公式决定流场而形成一个Λ形机翼，其翼的前缘平面与激波的上表面重合，就像骑在激波的波面上，所以称它为乘波体。因为斜激波和圆锥激波在超声速流中是可以获得精确解的，所以两者就构成了反设计乘波体的基础。乘波体的概念是诺威勒在1959年提出的，他首先提出了由二元楔形流组成三元升力体的基本乘波体构想，后由Venn和Flower、Nardo等人研究出了Λ形弹翼或Λ形乘波体，从此引起各国气动专家的注意，并于1990年在美国马里兰大学召开了第一届乘波体外形学术会议，把乘波体的研究推向了一个新的高潮。

乘波体外形有3个显著的气动特性，即低阻、高升力和大的升阻比，对于高超声速飞行器这些特点尤其突出。

常规外形在超声速流中前缘大都是脱体激波，激波前后存在的压差使得外形上的波阻非常大，而乘波体的前缘及上表面与激波同面，所以不会形成大的压差阻力，而下表面在设计马赫数下受到一个与常规外形一样的高压,这个流动的高压不会绕过前缘泄漏到上表面,这样上下表面的压差不会像常规外形一样相互交流而降低下表面的压力,使得升力降低,乘波体外形则因无此损失而得到大的升力。常规外形要得到同样大的升力,必须使用更大的攻角。同时,乘波体的下表面常常设计得较平,相对常规轴对称外形,平底截面外形的上下压差要大得多,所以升力也大得多。

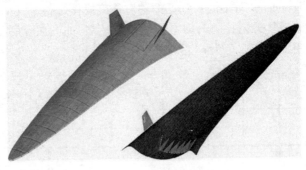

图 7.7　乘波体构型

一种外形的升阻比取决于它的气动布局,对于常规轴对称圆柱类外形,头部的上表面要经受气流的压缩,使升力减小,阻力增加,头部的侧面压力也影响阻力而不增加升力,所以如果用流线面将头部切断,除去流线面上部的机身部分,并将流线翼面延长到激波的发生点,变成Λ翼状,则上述的圆柱机身减小升力增加阻力的影响就会消失,其下表面就会保持一个较高的压力。薄翼与下面乘波体外形的比较就可以看出,在高超声速下其上表面的吸力还可忽略,所以在保持一定大容积的前提下还具有大的升阻比。在相同攻角下,乘波体的升力及升阻比比常规外形要大得多。

国外对于乘波体设计方法的研究进行了很多的工作,基本思想是基于一定设计条件,如马赫数、压缩角等,从已知基本流场导出外形,使其与基本流场具有相近的激波分布从而达到激波贴附于前缘的基本要求。

乘波飞行器应用前景十分广阔,既可用作高超声速吸气发动机—气动构型一体化飞行器、单级入轨飞行器、双级入轨(TSTO)飞行器的第一级,也可用作能够穿越大气层的可重复使用的高超声速飞行器,还可作为高超声速导弹,在大气层内作低空高速飞行,用于低空突防。此外,乘波飞行器可作为高超声速侦察机或战略巡航飞机。在民用方面,乘波飞行器可设计成一种洲际高超声速客机,主要飞行段的巡航速度可达马赫数5~6甚至更高,4h可绕地球一圈。

正是由于乘波构型和乘波飞行器的优点及广阔的应用前景,从20世纪80年代末期开始,许多国家对乘波构型和乘波飞行器的研究给予高度的重视。投入相当大的精力,使得对乘波飞行器的研究工作进展很快。在应用方面的研究则是以 NASA 的 X-43、X-51飞行器和 FALCON 计划中的通用航空飞行器(CAV)为代表。法国、俄罗斯等航天大国也都提出了自己的乘波构型飞行器方案。目前,国外的乘波体设计及优化技术已经基本成熟,正在从理论阶段走向应用阶段。国内在高超乘波体构型的研究上也在逐渐走向工程应用,2018年军民融合展会上,"凌云"临近空间高超声速通用试飞平台公开亮相,这是一款采用了超燃冲压发动机的吸气式高超声速飞行器,其公开亮相表明国内研究团队已突破了超燃冲压发动机及一体化设计的关键技术。

图 7.8 为 X-43A 飞行器不同马赫数下升阻比随攻角变化情况,可以看出,乘波体在高马赫数时具有较高的升阻比,且随攻角变化比较平缓。

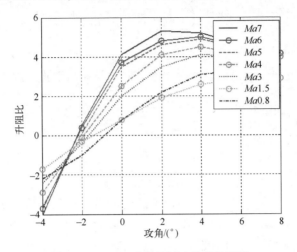

图 7.8 X-43A 升阻比随攻角变化情况

7.3 高超声速气动力工程计算

高超声速飞行器在飞行过程中,无粘高超声速空气动力提供了飞行器在飞行过程中所需的主要动力,无粘气动特性是飞行器运动与稳定性的决定因素。实践表明:用无粘流动的分析方法,可以预测大部分的气动特性,特别是预测升力和俯仰力矩可以取得比较满意的结果。因此,无粘流动分析方法不仅是高超声速流动的基础方法,而且有很大的实用价值。气动工程预测方法大多都是建立在高超声速无粘流动分析的基础上的。但是,仅仅计算无粘气动特性是不够的,高超声速飞行器作为一个复杂的系统,还需要对粘性阻力、部件气动干扰等给予充分的考虑。在工程设计的精度允许要求下,气动工程计算方法是提供气动参数的有效工具。

7.3.1 牛顿理论

1687 年,牛顿提出了一种流体动力学理论:流体由一系列均布的、彼此无关的运动质点组成,流体质点未到物面前,不受物体影响。当流体质点与物面相碰后,垂直于物面的法向动量将转换为对物体的作用,流体沿着物面的切向运动,切向动量不变(图 7.9)。这就是牛顿碰撞理论。

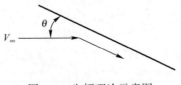

图 7.9 牛顿理论示意图

牛顿法的基本思想是绕物体流动的流体在物面与微元表面相碰时,流体介质将失去物面垂直方向上的动量而保持原有切向动量沿着物体表面流动。由于物面法向方向动量的变化将引起流体作用于物面上的力。显然,流体对物面的压力只作用在物面上能与流体相碰的表面。根据牛顿第二定律,作用在物面上的力为

$$F_n = \rho V_\infty^2 A \sin^2\theta \tag{7-3}$$

式中:ρ 为来流密度;V_∞ 为来流速度;A 为物面面积;θ 为物面与自由来流方向的夹角。

这个力的作用方向与动量的时间变化率方向都与物面垂直。因此物面压强为

$$P = \frac{F_n}{A} = \rho V_\infty^2 \sin^2\theta \tag{7-4}$$

此时压力系数为

$$C_p = \frac{P - P_\infty}{0.5\rho V_\infty^2} = 2\sin^2\theta \tag{7-5}$$

这称为牛顿正弦平方定律。在牛顿理论的流动模型中假设流体无法撞击物体背面,并假设此处 $C_p = 0$。根据高超声速无粘流理论,下表面的激波贴近表面,流体质点几乎不能到达物体表面,同时背面压力很低,可近似认为真空。因此在 $Ma \gg 1$ 时,牛顿理论对于形状比较简单的物面计算结果非常接近实际值。

1. 李斯特修正

牛顿压力公式在 $Ma_\infty \to \infty$,$\gamma \to 1$ 时才是准确的,这时密度比 $\varepsilon = \frac{\gamma-1}{\gamma+1}$ 趋于 0。事实上即使在极高的温度下,对空气来说密度比也不可能比 1/20 更小,牛顿压力公式不能代表真实的高超声速流动。1955 年,李斯特在他的"高超声速流"一文中提出了牛顿压力公式的修正时,考虑了 Ma 和 γ 的综合影响,得到以下修正公式:

$$C_p = C_{p\max}\sin^2\theta$$

式中:

$$C_{p\max} = \frac{2}{\gamma Ma_\infty^2}\left\{\left[\frac{(\gamma+1)^2 Ma_\infty^2}{4\gamma Ma_\infty^2 - 2(\gamma-1)}\right]^{\frac{\gamma}{\gamma-1}}\left(\frac{1-\gamma+2\gamma Ma_\infty^2}{\gamma+1}\right) - 1\right\} \tag{7-6}$$

2. 布塞曼修正

布塞曼修正主要考虑离心力的影响,其压力系数计算公式如下:

$$C_p = 2\sin^2\theta + 2\sin\theta\frac{\mathrm{d}\theta}{\mathrm{d}y}\frac{1}{y^j}\int_0^y y^j\cos\theta\mathrm{d}y \tag{7-7}$$

其中,当 $j = 0$ 时用于平面问题,当 $j = 1$ 时用于轴对称问题。

当 θ 角很小时,式(7-7)可进一步简化:$\sin\theta_i \approx \theta_i$,$\int_0^{y_i}\cos\theta\mathrm{d}y \approx y_i$,用 $\mathrm{d}s$ 表示沿物面的长度增量,即 $\mathrm{d}y_i = \sin\theta_i\mathrm{d}s_i$,则

$$\sin\theta_i\left(\frac{\mathrm{d}\theta}{\mathrm{d}y}\right)_i = \left(\frac{\mathrm{d}\theta}{\mathrm{d}\theta}\right)_i = K_i \tag{7-8}$$

K_i 表示物面曲率。因此对于二维薄体,则

$$C_p = 2(\theta^2 + Ky) \tag{7-9}$$

对于细长旋转体,则

122

$$C_p = 2\theta^2 + Ky \qquad (7\text{-}10)$$

当 $\gamma = 1.4$ 时,牛顿—布塞曼公式比简单牛顿公式要差。但当 $\gamma \to 1$ 时,牛顿—布塞曼公式比简单的牛顿公式要好。一方面,牛顿理论未考虑离心力修正,所以对物面的压力估计过大;但是另一方面,由于实际流动的 γ 大于1,激波角大于按照 $\gamma = 1$ 时计算的值,对应于波后的压力计算值要比实际压力小一些,所以按照牛顿公式计算的压力值偏小。这两种因素在估算物面压力时出现的偏差互相补偿,得到了较为合理的结果。布塞曼修正了离心力,结果刚好去掉了一个补偿因素,反而扩大了误差,仅当 $\gamma \to 1$ 时它才显出比简单牛顿公式的优越性。布塞曼公式使用不方便,应用较少。

7.3.2 切劈法和切锥法

切劈法是计算 2D 高超声速物体上压力的一种近似方法。如图 7.10 所示,物面上点 i 的当地倾斜角为 θ_i,"切劈近似"假设 i 点的压力等于半顶角为 θ_i 的劈或者楔上的压力,即 p_i 由完全气体精确的斜激波关系式求得

$$C_{pi} = \frac{4}{\gamma+1}\left(\sin^2\beta - \frac{1}{Ma_\infty^2}\right) \qquad (7\text{-}11)$$

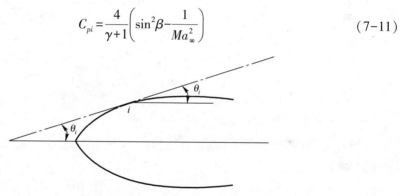

图 7.10　切劈法示意图

当 θ_i 为小量,来流马赫数 Ma_∞ 极大且 $\theta_i Ma_\infty$ 量级为1时,式(7-11)可简化为

$$\frac{C_{pi}}{\theta_i^2} = \frac{\gamma+1}{2} + \sqrt{\left(\frac{\gamma+1}{2}\right)^2 + \frac{4}{Ma_i^2\theta_i^2}} \qquad (7\text{-}12)$$

应用于轴对称物体的切锥法和切劈法相似,切锥近似假设轴对称物体上某点 i 的压力等于半锥角为 θ_i 的等效锥上的压力,等效锥的表面压力可由圆锥激波关系得到。切锥法情况要复杂得多,气流通过圆锥激波要继续压缩,等效锥面上的压力不等于紧靠圆锥激波后的压力。另外,与平面激波不同,圆锥激波不存在简单的 θ-β-M 解析关系式。

高超声速条件下,圆锥激波角 β 与圆锥半顶角 ω_k 的近似关系为

$$\frac{\beta}{\omega_k} = \frac{\gamma+1}{\gamma-3}\left[1 + \sqrt{1 + \frac{2(\gamma+3)}{(\gamma+1)^2 Ma_\infty^2 \omega_k^2}}\right] \qquad (7\text{-}13)$$

圆锥表面压力系数为

$$\frac{C_{p_k}}{\omega_k^2} = \frac{4}{\gamma+1}\left(\frac{\beta^2}{\omega_k^2} - \frac{1}{Ma_\infty^2\omega_k^2}\right) + \frac{2(\gamma+1)Ma_\infty^2\omega_k^2}{\dfrac{2\omega_k^2}{\beta^2} + (\gamma-1)Ma_\infty^2\omega_k^2}\left(\frac{\beta}{\omega_k} - 1\right)^2 \qquad (7\text{-}14)$$

当 $Ma_\infty\omega_k \gg 1$ 时,式(7-14)可简化为

$$\frac{C_{p_k}}{\omega_k^2} = \frac{4}{\gamma+1}\frac{\beta^2}{\omega_k^2} + \frac{2(\gamma+1)}{\gamma-1}\sqrt{\left(\frac{\beta}{\omega_k}-1\right)^2} \qquad (7-15)$$

进一步整理后可得到如下工程估算公式:

$$\frac{C_{p_k}}{\omega_k^2} = 2.08 + \frac{k}{Ma_\infty \omega_k} \qquad (7-16)$$

当 $Ma_\infty \omega_k$ 为 $0\sim8$ 时, k 取 $0.675\sim0$。当 $Ma_\infty \omega_k>2$ 时, k 值很小,式(7-16)第二项可忽略不计,误差小于5%;当 $Ma_\infty \omega_k=1$ 时, $k=0.25$。

7.3.3 激波—膨胀波法

当高超声速气流流经某些剖面和物体时,可以利用平面激波关系式和普朗特—迈耶膨胀波关系式求出物面压力。其基本思想是将物面曲线在选择的一系列位置上应用与曲线相切的折线来代替。先用激波关系计算激波后的流动,在略去膨胀波和激波相互作用前提下,用普特朗—迈耶流动计算拐角后的流动,并在拐角后一小段折线上假设压力是常数。这本来是一种精确解法,但是由于求解的条件只能近似满足,因此把它归于工程估算方法之列。

激波膨胀波法首先假设头部尖劈半顶角为 δ ,通过公式确定激波角 β 。

$$\tan\delta = \frac{Ma_\infty^2 \sin\beta\cos\beta - \cot\beta}{\left[Ma_\infty^2\left(\frac{\gamma+1}{2}-\sin^2\beta\right)+1\right]} \qquad (7-17)$$

其中 Ma_∞ 为来流马赫数,随后采用完全气体平面斜激波关系式计算斜激波后的马赫数和压力:

$$Ma_n^2 = \frac{(\gamma+1)^2 Ma_\infty^4 \sin^2\beta - 4(Ma_\infty^2 \sin^2\beta - 1)(\gamma Ma_\infty^2 \sin^2\beta+1)}{[2\gamma Ma_\infty^2 \sin^2\beta - (\gamma-1)][Ma_\infty^2 \sin^2\beta(\gamma-1)+2]} \qquad (7-18)$$

$$P_n = 1 + \frac{2\gamma}{\gamma+1}(Ma_\infty^2 \sin^2\beta - 1) \qquad (7-19)$$

再利用 $Ma\gg1$, $\theta\ll1$ 等关系将普特朗—迈耶公式简化为

$$\Delta\theta = \frac{2}{\gamma-1}\left(\frac{1}{Ma_n}-\frac{1}{Ma}\right) \qquad (7-20)$$

由此可求得压力系数为

$$C_p = \frac{2}{\gamma Ma_\infty^2}\left\{\left(1-\frac{\gamma-1}{2}Ma_n\Delta\theta\right)^{\frac{2\gamma}{\gamma-1}}\left[1+\frac{2\gamma}{\gamma+1}(Ma_\infty^2 \sin\beta - 1)-1\right]\right\} \qquad (7-21)$$

7.3.4 摩擦阻力计算

采用参考温度法计算摩阻系数:

$$C_f = \frac{0.664}{\sqrt{Re_x}}\left(\frac{T^*}{T_\infty}\right)^{\frac{n-1}{2}} \qquad (7-22)$$

式中: T^* 为参考温度; $\frac{T^*}{T_\infty} = 1+0.032Ma_\infty^2 + 0.58\left(\frac{T_w}{T_\infty}-1\right)$ (绝热情况下 $T_w = T_r = 1+\gamma\frac{\gamma-1}{2}Ma_\infty^2$)

或者 $\dfrac{T^*}{T_\infty} = 1 + 0.144\gamma Ma_\infty^2$；$Re_x = \dfrac{\rho_\infty V_\infty z}{\mu_\infty}$；$n$ 为粘温指数，取 0.76。

7.3.5 乘波体气动力计算

对于超声速、高超声速的气动特性工程估算一般采用面元法。对于复杂的外形，面元法首先将其曲面分割成若干小的曲面，对于每一曲面用一阶面元法的近似法则选用小的平面四边形来代替。这样，计算曲面的气动力就转化成计算面元上的气动力。将这些面元上的气动力综合起来，就可得到总的飞行器气动力。用面元法可以求任意形状物体的绕流问题。面元法不要求精确解析式表达物面的全部，而是用近似方法表达出任意的物体外形。计算的准确度取决于面元多少及分布。飞行器表面面元划分如图 7.11 所示，四边形四个角点分别用 A、B、C、D 表示。其中两个相对点可形成一个矢量，分别记为 T_1、T_2。面元法的求解步骤在文献[51]中有详细介绍，这里不再赘述。

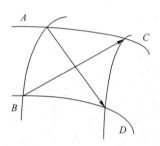

图 7.11　表面任意微元

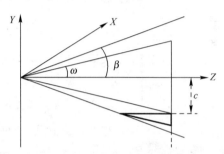

图 7.12　乘波体直角坐标系示意图

求出每一表面面元的压力系数后，面元单位法向向量在飞行器参考坐标系内的投影和面元面积，每一面元上的轴向力、法向力、侧向力和力矩系数可由下式求得

$$C_A = \sum_i C_{p_i} n_{x_i} \Delta S_i \qquad C_N = \sum_i - C_{p_i} n_{z_i} \Delta S_i \qquad C_Y = \sum_i C_{p_i} n_{y_i} \Delta S_i \tag{7-23}$$

式中：C_A 为轴向力系数；C_N 为法向力系数；C_Y 为侧向力系数；C_{p_i} 为第 i 个面元上的压力系数；ΔS_i 为第 i 个面元的面积；n_{x_i}、n_{y_i}、n_{z_i} 为第 i 个面元单位法向向量在飞行器参考坐标系中的投影。升力系数 C_L，阻力系数 C_D 可表示为

$$\begin{cases} C_L = -C_A \sin\alpha + C_N \cos\alpha \\ C_D = C_A \cos\alpha \cos\beta - C_Y \sin\beta + C_N \sin\alpha \cos\beta \end{cases} \tag{7-24}$$

式中：α、β 分别为迎角和侧滑角。

为进行面元划分和压力计算，先确定乘波体的表面法向量。当锥形激波流场的设计参数和乘波体的长宽比给定后，基线就成为乘波体外形的决定性因素。基线是飞行器前缘曲线在底面的投影，可以选择从自由面向前推进进行设计，也可以选择从压缩面向前推进进行设计，在效果上是等效的。由于锥形流场中流线呈辐射状，为了推导方便，基线方程采用两种坐标系表示，分别为直角坐标系和柱坐标系。基线方程在直角坐标系下为 $y = f(x)$，柱坐标系下为 $r = g(\varphi)$。推导时采用柱坐标系，然后再将其转换到直角坐标系。

当由自由面向前推进设计乘波体时，易知飞行器上表面的法向量为

$$\boldsymbol{n}_{top} = (-f'(x), 1, 0) \tag{7-25}$$

对于下表面,参见图 7.11 和图 7.12,设 A 点坐标为

$$\begin{cases} \varphi_A = \varphi, \quad z_A = z \\ r_A = r_{2A} + (z_A - z_{2A})\tan\omega = g(\varphi_A) + (z_A - z_{2A})\tan\omega \\ z_{2A} = r_{1A}/\tan\beta = g(\varphi_A)/\tan\beta \end{cases} \quad (7-26)$$

下标中包含 2 的表示飞行器相应的前缘坐标。则 B 点坐标为

$$\varphi_B = \varphi_A + \Delta\varphi, \quad z_B = z_A, \quad r_B = r_{2B} + (z_B - z_{2B})\tan\omega \quad (7-27)$$

其中 $r_{2B} = g(\varphi_B) = g(\varphi_A) + g'(\varphi_A)\Delta\varphi, z_{2B} = r_{2B}/\tan\beta$。

因此 $r_B = r_A + g'(\varphi_A)\Delta\varphi(1 - \cot\beta\tan\omega)$

C 点坐标为

$$\begin{cases} \varphi_C = \varphi_A, \quad z_C = z_A + \Delta z \\ r_C = r_{2C} + (z_C - z_{2C})\tan\omega = r_{2A} + (z_A + \Delta z - z_{2A})\tan\omega \\ \quad = r_A + \Delta z\tan\omega \end{cases} \quad (7-28)$$

D 点坐标为

$$\begin{cases} \varphi_D = \varphi_A + \Delta\varphi, \quad z_D = z_A + \Delta z \\ r_D = r_{2D} + (z_D - z_{2D})\tan\omega = r_{2B} + (z_A + \Delta z - z_{2B})\tan\omega \\ \quad = g(\varphi_A) + g'(\varphi_A)\Delta\varphi + (z_A - z_{2A})\tan\omega \\ \qquad + (\Delta z - g'(\varphi_A)\Delta\varphi\cot\beta)\tan\omega \\ \quad = r_A + g'(\varphi_A)\Delta\varphi(1 - \cot\beta\tan\omega) + \Delta z\tan\omega \end{cases} \quad (7-29)$$

则向量 $\boldsymbol{AD}$ 的坐标为

$$\begin{cases} X_1 = -r_A\sin\varphi_A \cdot \Delta\varphi + \Delta r(\cos\varphi_A - \Delta\varphi \cdot \sin\varphi_A) \\ Y_1 = r_A\cos\varphi_A \cdot \Delta\varphi + \Delta r(\sin\varphi_A - \Delta\varphi \cdot \cos\varphi_A) \\ Z_1 = \Delta z \end{cases} \quad (7-30)$$

向量 $\boldsymbol{BC}$ 的坐标为

$$\begin{cases} X_2 = r_A\sin\varphi_A \cdot \Delta\varphi - \Delta r(\cos\varphi_A - \Delta\varphi \cdot \sin\varphi_A) + 2\Delta z\tan\omega\cos\varphi_A \\ \quad = -X_1 + 2\Delta z\tan\omega\cos\varphi_A \\ Y_2 = -r_A\cos\varphi_A \cdot \Delta\varphi - \Delta r(\sin\varphi_A + \Delta\varphi \cdot \cos\varphi_A) + 2\Delta z\tan\omega\sin\varphi_A \\ \quad = -Y_1 + 2\Delta z\tan\omega\sin\varphi_A \\ Z_2 = \Delta z \end{cases} \quad (7-31)$$

其中 $\Delta r = \Delta z\tan\omega + g'(\varphi_A)\Delta\varphi(1 - \cot\beta\tan\omega)$

由 $\boldsymbol{AD} \times \boldsymbol{BC}$ 可得下表面 $ABCD$ 任意一微元面的法向量为

$$\boldsymbol{n}_{\text{bottom}} = (n_1, n_2, -1) \quad (7-32)$$

其中

$$n_1 = \cot\omega \cdot \frac{x}{\sqrt{x^2 + y^2}} - g'(\varphi_A)(\cot\omega - \cot\beta)\frac{y}{x^2 + y^2}$$

$$n_2 = \cot\omega \cdot \frac{y}{\sqrt{x^2 + y^2}} + g'(\varphi_A)(\cot\omega - \cot\beta)\frac{y}{x^2 + y^2}$$

采用相同的方法由压缩面向前推进设计乘波体时:

飞行器上表面的法向量为

126

$$\boldsymbol{n}_{\text{top}} = (-y_1', x_1', 0) \tag{7-33}$$

其中

$$y_1' = \frac{\tan\beta}{\sqrt{x^2+y^2}}\left[z_2'y + z_2\left(\frac{x^2f'-xy}{x^2+y^2}\right)\right] \quad x_1' = \frac{\tan\beta}{\sqrt{x^2+y^2}}\left[z_2'x + z_2\frac{y^2-yy'}{x^2+y^2}\right]$$

$$z_2 = \frac{\sqrt{x^2+y^2}-L\tan\omega}{\tan\beta-\tan\omega} \quad z_2' = \frac{x+yy'}{(\tan\beta-\tan\omega)\sqrt{x^2+y^2}}$$

下表面的法向量为

$$\boldsymbol{n}_{\text{bottom}} = (n_1, n_2, -1) \tag{7-34}$$

其中

$$n_1 = \cot\omega \cdot \left[\frac{x}{\sqrt{x^2+y^2}} - g'(\varphi)\frac{y}{x^2+y^2}\right]$$

$$n_2 = \cot\omega \cdot \left[\frac{y}{\sqrt{x^2+y^2}} + g'(\varphi)\frac{y}{x^2+y^2}\right]$$

式中：$g'(\varphi) = \sqrt{x^2+y^2}\dfrac{x+yf'}{xf'-y}$；$\omega$ 为半锥角；β 为设计状态下的激波角。这里两种设计方法的基线方程用同一个符号表示只是出于任意性的目的，并不表示它们是相同的。

从上述公式中可以看到，锥形流场乘波体的表面法向量主要由流场特征和基线方程决定，并且由于在推导过程中并没有假定流场和基线方程的具体参数，因此这是一个通用公式，即只需要知道任意一个设计流场和基线方程，就可以得到飞行器表面任意一点的法向量，这是进行乘波体气动力计算的前提。

基线方程通常为高次方程，转化到柱坐标系下比较困难。分析可知，只需要知道基线方程的直角坐标形式就可以进行计算，而无须知道基线方程的柱坐标形式。法向量公式中没有涉及 z 参量，说明从前缘任意微元开始直到底面相应微元之间的曲面可以认为是一个长平板微元，这大大简化了积分过程。

对图 7.13 所示的乘波体构型进行气动特性工程估算，来流马赫数范围为 4~18，攻角

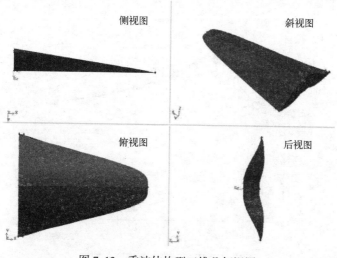

图 7.13　乘波体构型三维几何视图

127

范围为–5°~20°。乘波体升力系数、阻力系数和升阻比随攻角的变化如图 7.14~图 7.16

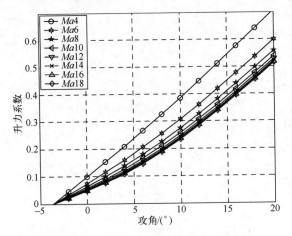

图 7.14　升力系数随攻角的变化规律

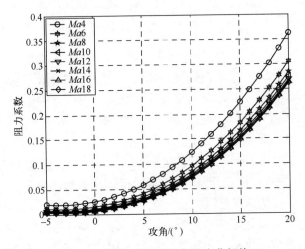

图 7.15　阻力系数随攻角的变化规律

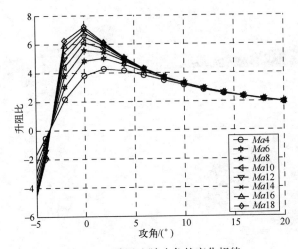

图 7.16　升阻比随攻角的变化规律

所示。在马赫数高于 10 时,可以看到飞行器气动特性曲线非常接近,这与高马赫数无关原理相吻合。在攻角位于 0°附近时,不同马赫数下的升阻比达到最大值。另外,当攻角达 10°以上时,飞行器升力系数曲线线性上升,而此时的阻力系数曲线却接近指数上升。

7.4　高超声速边界层转捩

如前所述,边界层中同样存在层流和湍流两种不同的流态。物体运动时所受到的阻力、传热在层流和湍流两种情况下差距非常大。而流动的分离位置受边界层流态的影响,这又间接地影响到物体的受力。同时,稳定性分析和转捩预测对于进行层流控制、分离控制、热防护设计等有重要影响。因此,对航空航天、船舶等的设计来说,进行稳定性分析,确定层流到湍流的转捩位置非常重要。

在流体中,通常看到的都是湍流而不是层流,这是因为层流的雷诺数范围通常很有限。转捩的发生是由流动中的各种扰动造成的。外部流动边界层中的转捩过程如图 7.17 所示,它通常包括 3 个过程:①接受过程,即小环境扰动进入边界层并激励不稳定边界层波模态,Morkovin 首先强调了这个初始阶段在整个转捩过程中的重要性,并发明了这个术语;②边界层不稳定模态的线性发展或增长过程,通过求解线性化稳定性方程的特征值问题可以得到这些模态;③当扰动模态足够大时,三维的和非线性的相互作用导致扰动快速发展,最终崩溃,造成转捩。

在图 7.17 中,如果初始扰动很弱,就按照 A 路径发展,这些扰动的初始发展由基态的线性稳定性理论(LST)以及线性化的非定常 N-S 方程描述,这个增长很慢,超过一个粘性长度,压力梯度、表面质量传输、温度梯度等都可以对它进行调制。当振幅增大,三维和非线性影响以二次不稳定的形式发生,并使得层流崩溃成湍流。现在通常假设按照 A 转捩,并基于线性理论预测转捩。它假设外部流动的自由流扰动很弱,和非线性区域相比线性增长区域很大。但是,由于初始条件(接受能力)未知,因此有着类似环境条件的两个系统之间的相关性非常重要。一般来说,在二维基本流中使用线性相关性方法很好,但是对于三维基本流不合适。

有时,自由流扰动太强,线性扰动增长过程被跨越,湍斑或二次不稳定性发生,流动迅速变成湍流,这是 E,称为跨越转捩。普遍认为跨越转捩指的是初始增长不能用 O-S 方程的基态描述的转捩。

当两个非正交的稳定模态相互作用时,发生瞬时的短暂的增长,经历一个代数增长区,然后指数衰减,其最重要模态是流向涡和壁面法向涡,它可以对二维波进行三维调制,这对于二次不稳定是必须的。理论和计算表明:只要初始条件合适,通过瞬时增长就可以得到很大的振幅。从图 7.17 可以看到,根据振幅不同,瞬时增长可以导致展向二维调制(B 路径),基本流动的直接扭曲导致二次不稳定性(C 路径)或者直接跨越转捩(D 路径)。

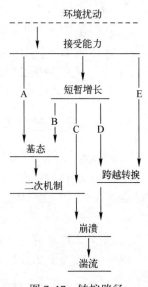

图 7.17　转捩路径

129

7.4.1 转捩机制

超声速和高超声速边界层中造成转捩的机制主要有 4 种。

1. 流向行波不稳定性

Mack 关于平板、绝热壁面边界层的无粘线性稳定性(在稳定性方程中粘性项被忽略,但是在平均流中没有)计算表明:在大于马赫数 2.2 时存在多个波数和相速度变化的不稳定波。最低波数模态是第一模态,通常被称为"涡"模态,对应于亚声速边界层的 TS 模态。Mack 发现的更高模态通常称为"Mack 模态"或第二模态,第二模态不稳定刚开始在低雷诺数下是作为第一模态发展的。在高超声速边界层的线性稳定性机制中,Mack 模态可能是研究最多的。

Mack 模态通常被描述为"声学"模态。和壁面附近的边界层流动相比它们的相速度是超声速的。超过马赫数 4 时第二模态放大率最大,不过当外缘马赫数小于 7 时第一模态在边界层转捩中可能扮演重要角色,这取决于壁面冷却量和几何构型。在超声速平板边界层中第一模态斜波比第一模态二维波更不稳定。对于第二模态则相反,二维波比斜波更不稳定。

2. 横流不稳定性

当存在展向压力梯度时,产生横向涡,横向涡是边界层中的扁平同向旋转涡,可以是驻波或行波,造成边界层底部的低动量流体比边界层外缘的高动量流体更强烈的展向移动,这就是横流不稳定性。横流不稳定性在任何现实的三维飞行器中都很重要。

3. Görtler 不稳定性

Görtler 不稳定性是固定反向旋转涡,产生于离心效应,取决于表面曲率。Görtler 不稳定性对于高超声速发动机进气道和尾喷管的可压缩斜面上的转捩非常重要。

4. 后掠前缘转捩

沿着附着线传播的不稳定性波是后掠前缘上的转捩机制。Malik 和 Beckwith 的计算表明不稳定性是一个 TS 波。由于在前缘造成很大的加热速率,以及湍流流过很大的面积,后掠前缘上的转捩已经得到了相当多的研究。

还有就是跨越转捩,但是在线性稳定性理论范围之内还无法对其进行描述。

7.4.2 接受能力或感受性

早期的关于接受能力的大部分研究都是在平板边界层范围之内。Kachanov 等人、Leehey 和 Shapiro 的试验以及 Murdock 的数值计算,鉴别了平板的前缘,这里是从自由流来的能量以 TS 波的形式转化成边界层不稳定性的最有可能的地方。Goldstein 使用大雷诺数渐近方法首次阐明了这个耦合过程背后的物理性质,他的工作打开了理解接受现象的大门,是后人的研究基础。重要的理论贡献同时在苏联出现。

数学上,接受能力问题和稳定性不同。稳定性分析描述边界层内扰动的固有模态。这些固有模态由求解带有合适边界条件的线性化 N-S 方程(即 O-S 方程)来得到。接受能力的不同之处在于:由于边界层被外部扰动所强迫,方程和边界条件都不再是齐次的。因此,这个问题不再是特征值问题,而是初始值问题,接受能力问题的控制方程是带有合适边界条件和初始条件的完整的 N-S 方程。

接受过程有多个途经,包括自由流湍流度和模型振动的声学扰动(声音)之间的相互作用、前缘曲率、表面曲率的不连续或者表面的不一致性。而且,二维和三维的接受途径不同。这些影响中的任何一个或多个的联合都可能诱导边界层中的不稳定波。如果初始扰动振幅较小,它们将激励边界层的线性固有模态。布拉休斯边界层中的典型固有模态是 TS 波。如果初始扰动振幅足够大,边界层可能直接响应为非线性三维效果,导致提前转捩或跨越转捩。

现在,已经有越来越多的人认识到:接受过程是转捩研究中最重要的环节。

7.4.3 计算方法

1. 线性稳定性理论

线性稳定性理论(LST)是经典的稳定性分析工具,已经得到广泛的应用。它的主要假设之一是边界层是局部平行的,即平均流沿着 x 和 z 的变化被忽略。在大多数情况下,研究限于二维平板流动,这时非平行效应很小。

基本的设计工具是 N 和转捩雷诺数相关法。相关法得到一个 N 值(一般为9),它用于预测没有可用试验数据的情况的转捩雷诺数,这就是著名的 e^N 法,即空间增大法。

经典的转捩预测设计工具是 LST 和 e^N 转捩预测格式的结合,可用于各种速度。LST 将每一个频率和波数分别对待,不考虑非线性放大和波的相互作用。针对某一模态,LST 沿流向计算每一个点上波数或频率的特征值,然后从第一个中性稳定点开始积分线性增长率直到下游的某一个点 x_T,对所得到的积分值取对数即可得到 N 值,在该点得到的 N 值与转捩雷诺数相关法得的 N 值相等。改变模态,再次积分,得到的最小 x_T 即为转捩开始点。由于没有考虑初始扰动振幅,e^N 只代表了振幅的比值,这也使得这个方法很容易产生很大的误差,使用的时候必须极其小心,并且如果选择的积分参数(压力、密度、温度等)不同,得到的结果也是不一致的。这个方法无法处理跨越转捩,同时它没有考虑接受过程。

LST 的另一问题是计算 N 因子的难度随着基本平均流的复杂性增加。对于二维的不可压缩流动没有任何实际问题,因为不需要考虑斜波,唯一的不确定性是时间和空间理论之间的选择。当马赫数增加时,斜波变得最不稳定,所以波的方向建立了一个新的自由度。在三维流动中问题更复杂,可能流向和横向扰动并存。

LST 对于三维边界层是不成功的。当用于飞行和风洞试验时,不同方法预测的转捩开始点的 N 值存在很大发散。有 3 个原因:①三维比二维流动的转捩位置更难确定;②横流扰动对微小的粗糙单元非常敏感,而它对流向扰动没有影响;③在转捩的很大一部分过程中非线性扰动发展是主要的,将线性理论用到崩溃阶段是不合适的,能过高地评估波振幅几个量级。

LST 预测横向行波比横向驻波的放大率更大,但是许多试验观测到的是驻波。Müller 和 Bippes 对一个低湍流度风洞和一个高湍流度风洞中的试验进行了一系列比较,他们的结果表明:在高湍流度风洞的非定常自由流扰动中观测到横向行波,在低湍流度风洞中的主要结构是横向驻涡。由于飞行环境比风洞条件更好,人们通常认为低湍流度风洞的结果更重要。

对于小振幅横向波,Redeztsky 等人发现 LST 正确地预测了横向驻波的模态形状,还

131

正确地预测了波长。短波长主导早期的流动,大波长在大弦长处起主导作用,还正确地鉴别出了放大率最大的波长。但是他们发现 LST 不能正确地预测横向驻波的增长率,增长曲线符号甚至都不正确。线性理论通常预测振幅强烈增长,而那里的振幅实际是衰减的。

线性理论的作用在于通过比较不同结构的增长率和 N 因子,然后进行设计,或者进行参数研究。使用相同的理论形式,N 因子小的结构更容易保持层流。如果这个理论至少在数量上保持合适的关系,它将是一个评估新机翼形状实用的和有效的工具。

2. 抛物化稳定性方程

抛物化稳定性方程(PSE)首先是用于层流边界层的,避免了典型稳定性理论的困难。它不需要在不同的流向位置计算特征值,其思想是在上游轴线位置选择一个模态,然后在轴向使用推进方法来追踪它。它将每一个波分解成一个慢变振幅函数和一个具有慢变波数的波函数。波函数和波数在流向的二阶导数可以忽略,这使得控制方程抛物化,可以应用推进解格式。PSE 可以简化具有准平行流假设的线性稳定性分析,与经典解差别可以忽略。由于 PSE 没有任何初始条件限制,允许初始波形和波数与研究的扰动模态不同,PSE 能够捕捉初始波形到不稳定模态的转化过程。并且 PSE 能够描述线性或非线性、二维或三维扰动的流向发展,考虑弱非平行流和不稳定性的上游历史。尤其是,它可以捕捉不稳定性波从初始的指数增长到非线性相互影响流动区域的转化,使其成为一个有希望的和鲁棒的处理边界层流动稳定性问题的工具。

尽管在 PSE 公式中消除了二阶导数项,得到一个抛物化微分方程系统,但是仍存在一些和声学扰动的上游传播有关的椭圆性。这类似于抛物化 N-S(PNS)方程。对于不可压缩情况,压力形状函数的流向导数可以被舍弃,或者采用一个大的步长来越过椭圆区。对于可压缩 PSE,方程在超声速区域是双曲线的,在亚声速区域是椭圆的。

3. 直接数值模拟

只要有足够的计算资源,直接数值模拟(DNS)能比 PSE 更深入计算崩溃过程,是目前的一种主要计算手段。

为减轻计算负担,LST 或 PSE 用于计算线性和初始的非线性扰动增长,将其结果作为 DNS 的输入。

7.4.4 工程预测方法

对于高超声速再入飞行器,边界层达到完全湍流的判据为

$$Re_{tr} = 200e^{0.197Ma_e} \tag{7-35}$$

对于一般的高超声速飞行器可采用以下判据:

$$Re_{tr}/Ma_e = O(150) \tag{7-36}$$

当飞行器壁面为粗糙壁面时,判据为

$$Re_{tr} = 500X^{-1.5}, 1 \leqslant X \leqslant 10 \tag{7-37}$$

$$X = \frac{K}{\theta} \frac{T_e}{T_w} \frac{1}{\left(1 + 350\frac{K}{R_n}\right)}$$

式中:K 为粗糙元波峰-波谷的高度;θ 为边界层动量厚度;T_e/T_w 为边界层外缘温度与壁温之比。该准则可推广用于实际飞行条件。

转捩区长度为

$$S_{end}-S_{beg}=\frac{(60+46.8Ma_e^{1.92})Re_s^{0.67}}{\rho_e u_e/\mu_e}$$

(7-38)

式中：S_{beg}、S_{end}分别为转捩开始和结束点。

7.5 高超声速气动热力学

气动热力学是高超声速空气动力学发展的结果，它有其本身的重要内涵。它是以空气动力学、传热传质、燃烧学、物理化学、材料学等基础学科发展起来的一个重要的新兴学科，并随着航天技术的发展得到了迅速发展和广泛应用。

气动热力学在 20 世纪 50 年代是指空气动力学与热力学的结合。由于航天技术的发展，人们不仅要研究气体具有可压缩性时的飞行器绕流的气动力特性，而且开始注意到气动热问题。进入 20 世纪 60 年代以后，洲际弹道式导弹再入弹头热障问题成为当时弹头设计的关键技术，热防护技术成为气动热力学研究的热点问题。在 20 世纪 70 年代，以小型化、高精度、强突防、全天候为标志的高级再入弹头及大型固体火箭发动机喷管热结构设计的要求对气动热力学提出了新的研究内容，即气体-热-结构的三位一体化问题。到了 20 世纪 80 年代，以航天飞机为代表的高超声速技术向气动热力学提出了更深入的一些问题。航天飞机新型防热瓦材料研制中发现，当平板金属瓦因受热而出现纹形变形时，测出的波峰热流较未变形前的平板热流增加 50%。这个试验结果表明，气动热与热变形存在着耦合关系，从而强化了人们的概念：现代气动热力学必须解决气体-热-结构的三位一体化求解问题。到了 21 世纪，随着 X-43A 等高超声速巡航飞行器的出现，防热技术面临了新的挑战，即长时间无烧蚀热防护。

1. 高温反应气体热化学反应机制

高温空气介质给高超声速流动带来的变化是本质的，在不同温度下将发生离解、电离等过程。高温条件下的空气实质上已经成为一种随温度变化而组分不断发生变化的反应介质，同时伴随有分子解离能和复合能的吸、释。另外，强激波的迅速压缩和高速膨胀，高超声速流动可以成为一种处于非平衡热力学状态介质的非定常流动。

高温空气介质给高超声速流动带来的变化是基础性的，介质的非平衡状态导致传统物性方程描述其热力学参数的困难，解离、电离、热辐射及其松弛过程尺度突破了气动试验的相似性准则，介质本身的微观变化通过热力学状态变化和宏观流动产生了强关联。所以，高温空气宏观热力学性质的定义必须重新确定，包括粘性、导热、导电系数，各组元的扩散系数，介质与壁面接触反应系数，气相介质和壁面辐射的发射和吸收函数，辐射和电离的耦合关系。

为了描述高温空气的热化学反应机制，已经提出了许多不同假定条件下的物理模型：Laudau-Teller 模型模拟振动—置换反应、振动—平动能量交换过程，Hammerling CVD 模型考虑振动对解离反应的影响，TreanorCVDV 模型同时考虑解离反应对振动的影响，Park 的双温模型考虑非平衡导致解离速度的降低以及振动能的消耗，Knab 的 CVCV 模型考虑了振动和两种反应的耦合关系，Zeitoun 提出了双温模型耦合系数，Séror 的 CVDEV 模型改进了双温模型的源项以保证相容性，建立了耦合系数的优先方程。

半个世纪来关于高超声速流动热化学反应机制的模化已经取得了巨大进展,但是这些模型都不同程度地带有各自的经验性、局限性和不确定性。所以关于高温气体热化学反应机制的研究,进一步提出不依赖于试验数据的物理模型是非常重要的,验证模型时所应用试验数据的不确定性是必须评估的,怎样才能有效地验证物理模型更是应该认真考虑的。

2. 高超声速气动热力学与边界层转捩

边界层转捩是气体动力学研究的一大难题,而高超声速边界层转捩由于高温气体动力学的影响更显示其复杂性。随着高超声速飞行器的发展,迫切需要对高超声速边界层转捩进行更深入的研究。

高超声速边界层转捩可以导致热传导加剧、热烧蚀率增加、飞行器头部形状变化加速、在转捩点下游形成宏观的壁面粗糙度,这种粗糙度反过来更加剧了湍流对流热传导。2003年,美国一个评估高超声速科技发展的技术委员会曾经建议把高超声速边界层转捩作为一个国家研究项目。

目前得到的研究结果,应用不同的预测方法和试验模拟得到的边界层转捩雷诺数和局部马赫数的差异是惊人的,其原因在于有太多的流场参数各自都不同程度地影响着高超声速边界层转捩:如局部流动马赫数、表面冷却速率、单位雷诺数、飞行器头部钝度、高熵层发展、局部横向流动、飞行器物面粗糙度、表面凸出物、质量射流等。

另外,假如高超声速流动存在解离和电离现象,那么高温热化学反应也影响边界层转捩。为了预测边界层转捩,在考虑有无热传递的情况下已经作了大量的超声速和高超声速流动试验,但是还没有得到适当的半经验模型可以用来精确地预测边界层转捩。

风洞噪声也影响边界层转捩,而且这种影响几乎存在于所有的高超声速试验结果中。例如,X-15风洞试验表明飞行器周围的流场大部分为湍流,而飞行试验表明这个流场主要表现为层流,来流扰动是产生差异的主要原因。由于缺乏对于实际飞行环境的了解,合理地自由飞行转捩马赫数的理论预测几乎是不可能的。

综上所述,由于有太多的因素影响着边界层转捩,目前还无法应用一种简单理论或者经验公式去试图解释相关所有试验数据。更关键的是边界层转捩的位置对测量技术非常敏感,在一般的试验测量研究中,测得的热传导率明显增加表明了边界层从层流到湍流的转捩。在流动显示研究中,一般应用纹影技术通过边界层的旋涡破碎来揭示转捩发展。根据目前得到的飞行试验的纹影显示结果,关于边界层转捩的数据比较分散,有时转捩雷诺数可以有量级的差别。所以,测量技术对边界层转捩的影响和转捩定义给试验结果带来的差异是非常重要的。进一步的研究还表明:高超声速流动边界层转捩可以发生在相当大的飞行速度范围内,与来流条件和物面形状密切相关。

一般来讲,所有的边界层转捩和湍流理论模型本质上都是半经验的,这就意味着计算结果至多与计算模型依据的试验数据的确信度是等价的。如果由于风洞扰动和其他原因,试验结果的确信度出现问题,那么计算结果也具有同样的问题。这个问题表明为了进行高超声速边界层转捩研究,我们需要本质上更基础的物理模型,这种模型应该不依赖于由试验得到的经验数据,就像湍流理论的大涡模拟一样仅仅依赖于控制方程和流体物理机制。更进一步讲:如果通过艰苦努力我们得到了高超声速流动转捩的理论模型,由于高超声速边界层转捩的风洞和飞行试验数据都具有不确定性,那么更大的困难是如何验证一个边界层转捩模型的正确性。所以,几十年的研究结果表明人们关于高超声速边界层转捩有了一定的认识,但是相关边界层转捩的研究依然是任重道远。

7.6 高超声速气动光学研究

高速导弹在稠密大气层内高速飞行时,气流对高速飞行器产生的气动加热在飞行器头部周围将产生高温,飞行器头部激波与弹体冷却层、气流与外部气流之间形成强湍流边界层。当目标的红外光线通过湍流流场时,由于混合层气体温度、密度梯度的变化,导引头光学系统将接收到畸变的目标图像,这种效应称为气动光学效应。它包括复杂流场光学传输效应、激波与光学头罩窗口气动热辐射效应和光学头罩气动热效应,可导致导引头位标器中目标图像产生像模糊、像跳动、像偏移和能量衰减,从而降低导引头输出目标视线角位置和角速度的精度,影响导引头对目标的探测、跟踪与识别能力,进而影响末制导的精度。

7.6.1 气动光学效应

复杂流场光学传输效应:根据光学基本原理可知,光线在介质中传播时,其传输特性取决于光线的入射方向、介质的介电常数、吸收损耗和散射特性等。光学头罩周围流场不断变化将影响来自目标光线的传输,使红外成像探测器中的目标图像产生模糊、抖动、偏移和能量衰减,使红外成像探测系统对目标的视线角位置发生偏折,视线角速率发生抖动,从而影响红外成像探测器的探测精度。当目标伴随有假目标或干扰时,该效应会导致红外成像系统对远距离的真目标、干扰或假目标成像发生混叠,从而降低对目标的探测识别概率,降低抗干扰和命中点选择的能力。

气动热辐射效应:飞行器在大气层中高速飞行时光学头罩周围高温激波和被气动加热的窗口产生强的红外辐射噪声,形成辐射干扰,甚至使光电探测器饱和而不能接收来自目标的辐射,该效应产生的热辐射增加了背景噪声,降低了红外成像系统的成像质量和探测系统对目标的探测信噪比,减小了红外探测系统的探测距离。由于光学窗口的材料对红外辐射具有一定的透过率,光学窗口内部的热辐射也可以透过窗口被红外探测器接收。因此,在对光学窗口进行辐射计算时,应将光学窗口进行微分,对每个小单元进行辐射计算,求和后得到整个光学窗口的辐射出射度。

气动热效应:飞行器在高速飞行时光学头罩与来流之间发生距离的相互作用,来流受到压缩而被阻滞,在头罩表面形成边界层,在边界层内来流中的动能被耗散而转变为热能,使头罩温度升高,表面被加热,在窗口内产生温度梯度,使通过窗口的光波发生波前畸变。光程差的变化是产生波前畸变的主要原因,它是由以下两个原因造成的:①光学窗口的温度和应力使折射率发生变化,致使入射光波的光程发生改变。②在窗口的温度和压差的共同作用下,窗口发生形变,导致光程改变。温度和应力对光学窗口的影响主要为热光效应、弹光效应和窗口变形:①热光效应是指光介质的光学性质(如折射率扎)随着温度的改变而发生变化的物理效应。②弹光效应(Elasto-Optical Effect),又称为应力双折射,指在内应力和外来的机械应力作用下,透明的、各向同性的介质变为各向异性,从而使折射率与方向有关。③温度和压力差共同作用引起光学窗口的变形,改变光波传输的路径长度。该效应将影响红外头罩的工作性能,严重时甚至会对红外头罩产生热破坏作用。

以美国为主要代表的国外发达国家,为了满足高速飞行器技术发展的需求,自20世纪80年代初投入大量人力与物力,耗巨资系统地开展气动光学效应与校正技术研究,在理论和工程实践上都取得了一系列成果,并已成功地将这项技术应用于新一代武器装备中。

目前,美国和以色列合作研制的箭式导弹,突破了高速导弹光学成像探测气动光学效应与校正等一系列问题,并成功地进行了拦截目标的飞行试验而转入定型装备阶段。美国战区高空区域防御系统(THAAD)的拦截弹采用了光学侧窗红外成像探测体制,在完成高层拦截飞行试验之后,正在考虑进行气动光学效应更加严重的低层拦截飞行试验。美国正在研制试验的"大气层内拦截弹"采用双波段红外成像制导体制,正在突破相关的气动光学效应校正技术。此外,美国机载激光武器以波音747飞机为载体,完成了对战术弹道导弹主动段拦截演示验证试验。

7.6.2 研究内容

气动光学是一门研究光束与气流介质相互作用规律的新型交叉学科,它涉及光学、流体力学、工程热物理、光电子学、计算机与信息信号处理以及材料科学等多学科领域。气动光学研究分为气动光学原理、气动光学工程和气动光学应用3个方面。

气动光学原理是气动光学开展研究的基础,主要研究高速流场光学传输效应、高速流场热辐射效应和光学头罩气动热效应的形成机理;研究各种基于不同原理的气动光学校正方法及其试验验证方法,揭示气动光学的基本规律,为气动光学工程和应用研究提供基本理论依据,并牵引气动光学技术的发展。

气动光学工程主要研究气动光学效应工程描述与校正方法的数学建模与仿真、光学头罩设计方法,开展气动光学校正原理系统研制和光学头罩样机研制,建立气动光学校正方法有效性和光学头罩的性能评估手段。开展评估试验,为气动光学校正技术和光学头罩技术在武器装备中的应用提供设计分析手段、技术解决途径和试验评估手段。

气动光学应用主要研究气动光学校正技术和光学头罩技术在具体型号中的实际应用,为高速飞行器采用光学成像探测实现高精度命中目标提供技术支撑。

7.6.3 研究方法

气动光学的研究对象从低速湍流、亚声速到高超声速剪切湍流层和湍流边界层,研究方法从20世纪80年代的统计方法到目前的统计方法与动态实时测量相结合的研究方法。

7.6.3.1 试验方法

小孔径光束技术(SABT)测量气动光学效应的主要思想是:当小孔径光束在流场中传播时,通过采集随时间变化的偏轴运动规律,得出光波波前的变化规律。因此,从探测光束的数据和对流速度就可以获得所有时刻的相位误差的各种信息。但小孔径光束技术的应用从文献报道上看仅用于低速湍流或大气湍流,尚未应用到高速湍流中。

目前,波前畸变场的测量方法有:纹影和阴影方法、干涉测量方法以及波面传感器和背景导向纹影(Background Oriented Schlieren,BOS)方法。波面传感器是当前研究波面畸变的主要仪器之一,但其空间分辨率一直受限于微透镜板的尺寸以及 CCD 的大小,整套系统包括激光源、平行光学组件、缩放光束孔径的可伸缩光学器件等,费用较高。高分辨率的干涉系统十分昂贵、易受环境干扰且后处理算法复杂,以全息双光路干涉技术为例,若两次曝光间有振动或相位变化都会在全息干涉图上表现出来,将出现黑条纹或反相情况的全息图(很难进行准确的判读和处理)。

BOS 方法测量光路简单,已用于波前畸变场测量,国外有用 CCD 相机、以森林为背景测量直升机旋翼绕流密度场的报道。该方法被认为是具有巨大应用前景的一种波前畸变场测量技术。BOS 以气体折射率和密度梯度场之间的关系为基础,比纹影装置获取的信息量更大。BOS 使用具有随机点阵分布的背景作为相机的观测对象,当相机和背景之间存在流场扰动时,背景点阵在相机上的像相对没有扰动情况会有一定的偏移。该偏移量是与流场的折射率分布直接相关的,根据相机和背景之间的相对位置,通过分析每个点的偏移量大小就可以得到流场对应的折射率场,以折射率场为基础可以定量分析密度梯度场及通过流场的气动光学特性等信息。偏移量的计算需要两幅反映流场变化的相关图像,这两幅图像既可以是流场扰动前后的背景图像,也可以是不同时刻流场扰动影响的背景图像,前者所体现的是扰动流场与未受扰动之间的差别,即畸变场,后者所代表的是给定时间间隔内流场结构的变化,即抖动场。一般说来,BOS 试验装置有两种布置方式:PIV 方式和纹影方式。比较而言,PIV 方式由于光路简单,很适合全尺寸模型的试验,但空间分辨率稍低。纹影方式空间分辨率稍高,但更多地用于风洞试验流场结构测量,难以实现全尺寸测量。

甘才俊等人通过将同一脉冲光源进行分光,一束光进入双曝光相机成像系统来考察光束畸变特点,另一束光进入纹影系统来获取可压缩混合层密度梯度场特点;这样在同步器的控制下就可以同时获取流场的密度梯度场和光束畸变图像,将两者结合在一起就可以进行大尺度结构影响气动光学效应的分析。他们同时将双曝光技术引入到气动光学效应的测量当中,所谓"双曝光技术"是指通过控制两台脉冲激光器发出的脉冲光和相应的 CCD 相机的开启时间,以获取微秒量级时间间隔的两幅瞬时图像,通过纳秒量级曝光,获得的是瞬时冻结流场,而两幅图像的时间间隔为微秒量级,可以捕捉到流场瞬间变化图像及其随时间的变化。

7.6.3.2 统计方法

统计方法是目前在工程上使用最广泛的方法,经过近 50 年的研究,仍处于不断发展和完善过程中。虽然也还存在不少问题,但事实上,到目前为止,工程上还没有提出更好的简化模型来准确反映高超声速飞行器真实状态下的气动光学效应,因此,统计方法仍不失为进行气动光学效应计算的一种实用方法。主要有以下几种。

1. Sutton 模型

Sutton 将气动光学效应的计算分为气体平均流场和湍流流动两部分。平均流场产生视线误差,通过求解雷诺平均 N-S 方程得出;湍流流动产生抖动、散射和模糊,通过求解湍流 k-ε 方程得出。

平均流动在焦平面上引起的图像光强分布为

$$I(\theta_x, \theta_y) = |u(\theta_x, \theta_y)|^2 \qquad (7-39)$$

式中:

$$u(\theta_x, \theta_y) = \frac{4}{\pi D^2} \int_{-0.5D}^{0.5D} \int_{-\sqrt{(0.5D)^2-x^2}}^{\sqrt{(0.5D)^2-x^2}} \exp[-jkQ(x,y)] \cdot \exp[jk(\theta_x x + \theta_y y)] dx dy$$

平均流动的光学调制传递函数 $\mathrm{MTF}\tau_{FF}$ 与孔径的 $\mathrm{MTF}\tau_A$ 的乘积为

$$\tau_{FF}(\xi,\eta)\tau_A(\xi,\eta) = (32I_0)^{-1} k^2 D^2 \int_{-\infty}^{\infty} I_{FF}(\theta_x, \theta_y) \exp[-jk(\theta_x\xi + \theta_y\eta)] d\theta_x d\theta_y$$

$$(7-40)$$

湍流的 $\mathrm{MTF}\tau_T$ 由下式确定：

$$\tau_T = \exp\left\{ -2k^2 \left[\int_0^L \overline{n'(z)^2} l'(z) dz - \int_0^\infty C\sqrt{D^2\rho + \xi^2} d\xi \right] \right\} \qquad (7-41)$$

式中：

$$l'(z) = \frac{k^{1.5}}{\varepsilon}; \rho = D^{-1}\sqrt{\xi^2 + \eta^2}$$

考虑平均流动、湍流流动和光学系统的综合作用后，气动光学效应引起的图像光强分布为

$$I(\theta_x, \theta_y) = \frac{8I_0}{\pi^2 D^2} \iint_S \tau_A \tau_{FF} \tau_T \exp[jk(\theta_x\xi + \theta_y\eta)] d\xi d\eta \qquad (7-42)$$

2. LAMBDA 代码

Lockheed 公司编制了一个物理光学传输模型的计算软件，并已用于预测"箭"、THAAD，以及 ENDOLEAP 红外导引头内冷的气动光学效应，其主要关键点包括：使用系列 CFD 代码进行导弹头罩空气动力学特性分析；利用 LVI～SOQ 物理光学代码进行目标图像的计算；对远场焦平面光束进行快速傅里叶变换，同时对近场传播的衍射效果进行计算；进行强度和相位分布计算；利用 MTF 和 OTF 对相干光和非相干光进行分析；利用频率域分析计算抖动效果和相位校正；系统输出的诊断软件包。

湍流的调制传递函数为

$$\mathrm{MTF}_1 = \exp\left\{ -k^2\sigma^2 \left[1 - \exp\left(\frac{SD}{2l_x}\right)^2 \right] \right\} \qquad (7-43)$$

式中：S 为空间频率。

3. Lawson 模型

Lawson 利用简化模型研究了超声速混合层气动光学的性能。模型包括：超声速混合层的生成速度、光路径的方差、湍流的 MTF、光学与湍流混合效应的 PSF、图像抖动及 Strehl 比等，这些模型在 PC 机上只需几秒钟就可计算出混合层气动光学性能的一阶近似，结果可以用于高超声速飞行器机载光学导引头的估算与设计。但作者同时指出：对气动光学做出比较准确的计算，必须通过计算流体力学和波动光学模型建立 6 个自由度的气动光学模型，才能得出气动光学效应引起的图像失真对导引头探测距离和制导性能的影响。

4. 波长尺度理论

气动光学效应与光波波长密切相关，Banish 给出了一个简单的表达式，并证明了选择一个合适的波长能使气动光学图像畸变达到最小值。当 $l_c \ll D$ 时，PSF 的表达式可写为

138

$$PSF = \left[1 - \exp(-k^2\sigma^2)\right] \frac{l_c^2}{4\pi\sigma^2 f^2} \exp\left(-\frac{x^2 l_c^2}{4\sigma^2 f^2}\right) \left[\frac{2J_1\left(\frac{kDx}{2f}\right)}{\frac{kDx}{2f}}\right]^2 \qquad (7\text{-}44)$$

式中：l_c 为相位相关长度；$J_1(x)$ 为一阶贝塞尔函数。

计算和试验结果表明：对很短波长，湍流对图像强度分布起主要作用，分布为高斯分布（Gaussian），当波长逐渐增加时，衍射起主要作用，此时图像为埃里斑（Airy）。

虽然，统计方法在工程应用上取得一定的成功，但 Havner 对统计方法在高超声速飞行器气动光学效应的适应性提出强烈的质疑，并指出：处理高超声速气流引起的气动光学效应问题，试验误差较大。从全息干涉仪中测量的光学相位数据令人困惑，其结果的可靠性值得怀疑。他认为上述所有模型仅适用于理想气体状态下发展的二维亚声速均匀湍流流动，湍流流场内部没有相互作用、不存在混合层、无共振效应、大涡的尺度远大于小涡的尺度，且 Gladstone-Dale 常数已知。事实上，到目前为止，工程上还没有提出更好的简化模型来准确反映高超声速飞行器真实状态下的气动光学效应，因此统计方法仍不失为进行气动光学效应计算的一种实用方法。

7.6.3.3　随机相位屏

当导引头传感器积分时间相对湍流时间尺度很小时，Kathman 提出用随机相位屏（Random Phase Screen）模拟"冻结"湍流波前畸变的方法来计算"快照"图像的畸变。其主要思想如下：

利用空间间隔和一高斯随机数产生 $r(k, k)$，得出代表湍流波前畸变的随机相位屏表达式为

$$\zeta(x, y) = F\left\{r(k_x, k_y) \sqrt{\Phi(k_x, k_y)}\right\}$$

对传感器孔径上的波前进行傅里叶变换得

$$U(k_x, k_y) = F\{w(x, y) \exp[j\zeta(x, y)]\} \qquad (7\text{-}45)$$

式中：$w(x, y)$ 为瞳函数；$\zeta(x, y)$ 为相位差。

"快照"图像为

$$PSF(k_x, k_y) = |U(k_x, k_y)|^2$$

将式（7-45）进行展开，并利用中心坐标理论即可得出 N 幅"快照"帧图像。利用双喷管气动模拟器进行的试验得出的结果与按上述理论模拟的结果表明，在积分时间 50ns～10.8ms 的范围内比较一致，气动光学效应中图像的模糊（甚至破裂）、偏移、抖动现象都能很好地仿真出来，但该方法对计算机的硬件要求较高。

7.6.3.4　湍流涡动力学研究

气动光学效应对流场密度的计算精度十分敏感，光学路径上一个小的偏差就能积累可观的光学路径差。当光线通过湍流剪切层时，统计方法中的时间平均破坏了密度瞬时脉动信息。因此，要得到密度随时间变化的重要信息，必须研究湍流拟序结构的产生及其演变过程，才能比较准确地预测图像畸变规律；同时，对畸变波前的补偿或校正要求对流动的涡动力学有详细的了解。

在研究湍流涡动力学方法中，直接数值模拟（DNS）能直接求解流场各种尺寸的涡，并能得到流场运动的瞬时信息，但 DNS 对计算机的运算速度和内存要求很高，在现有的计

算条件下,DNS 仅能模拟低雷诺数下一些简单的湍流问题。

线性随机估计(LSE)方法、适当正交分解(POD)方法是一种比较简单的方法,其指导思想是:大尺度涡在引起流场大的脉动上占主导地位,由大涡引起的标量脉动等与速度密切相关。通过测量流场中几个最关键的点的速度,即可近似复现瞬态流场结构,从而可以比较精确地得出密度脉动和光学相位畸变。

大涡模拟(LES)方法是研究湍流涡运动最有效的方法之一。光通过湍流流场时,光学相位差主要是密度大的脉动引起的,大密度脉动是由大涡诱导的,因此,由于湍流剪切边界层流动引起的相位差,可以仅通过求解湍流的大尺度结构的涡来解决。

思 考 题

1. 高超声速飞行器存在升阻比障,以 X-43A 为例,采用工程方法计算其升力、阻力系数,分析升阻比随飞行速度、攻角的变化情况,讨论产生升阻比障的机理,思考突破升阻比障的方法。

2. 采用空间增大法计算 X-51A 在不同飞行速度下表面发生转捩的位置,并与工程方法的计算结果进行比较。

第8章 临近空间飞行器空气动力学

8.1 空间环境特征

临近空间一般指距地面 20~100km 的区域(图 8.1),也称亚轨道或空天过渡区,大致包括部分平流层(20~32km)、全部中间层(32~85km)和部分电离层(85~200km)区域。临近空间这一新的空域概念既不属于传统的航天范畴,也不属于传统的航空范畴。通常航空器处于 20km 以下高度,而卫星等航天器主要占据 100km 以上外层空间,20~100km 临近空间的飞行器存在很少,是目前飞行器研究领域的空白。

临近空间环境特性主要体现在其中的平流层空域。平流层气体运动是稳定的水平流动状态,水汽、杂质很少,云、雨等现象少见,气流平稳,能见度高,适合长航时飞行平台如高空气球、平流层飞艇以及采用吸气式动力的高超声速飞行器平稳飞行。

大气层分为对流层、同温层、中间层、热层、外层大气。在对流层中,高度每增加 1km 其温度降低 6℃,雷电和乌云等气象现象都发生在对流层中。对流层上面是同温层,它距地面的高度大约是 10~17km,并且延伸到 50km 处,它是临近空间飞行器的主要活动空间;由于臭氧吸收了 99% 的太阳紫外线,同温层被加热,且温度随高度增大而逐渐升高。同温层上面是热层(50~90km),热层中的温度随高度的增加而降低,其顶部最低气温达到 −90℃(图 8.2)。

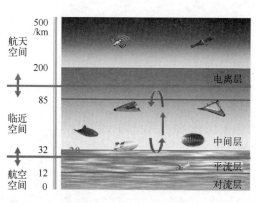

图 8.1 临近空间示意图

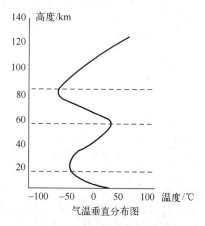

气温垂直分布图

图 8.2 温度随高度的分布图

临近空间空气稀薄,大气密度随高度呈指数降低。从图 8.3 中可以看到,20km 处空气密度约是地面的 7%,32km 约为地面的 1.1%,45km 处的空气密度约是地面的 0.15%,因此,理论上在 32km 以上喷气发动机就不能工作了,必须采用冲压发动机。在 45km 以上,冲压发动机也无法工作,需要采用火箭发动机。大气压力与大气密度具有近似的变化趋势,20km 为地面 5.3%,32km 为地面 0.86%(图 8.4)。

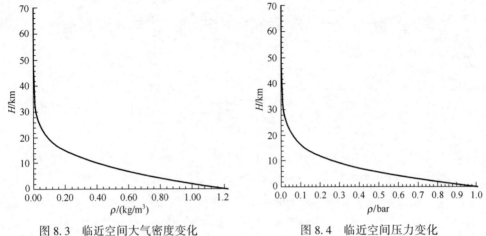

图 8.3　临近空间大气密度变化　　　　　图 8.4　临近空间压力变化

　　大气密度降低造成的最大影响在于浮力、升力变化,它导致在临近空间飞行的飞艇等浮空器需要极其庞大的浮力体积,而对于亚声速飞机而言则需要非常大的升力面。当浮力气体为氦气时,图 8.5 给出了不同高度处产生 1kg 浮力所需要的氦气体积,可以看到在 30km 以下时浮力体积增加速度非常快,超过 60km 以后增加趋势则逐渐平缓。对于高超声速临近空间飞行器来说,大气密度降低意味着来流动压降低(图 8.6),进而使得所受到的阻力降低,因此非常适合高超声速飞行器的飞行。

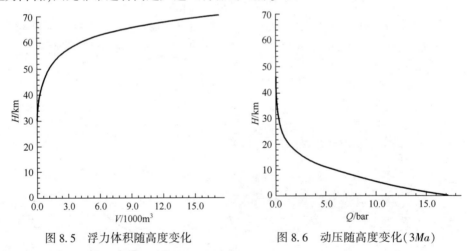

图 8.5　浮力体积随高度变化　　　　　图 8.6　动压随高度变化($3Ma$)

　　临近空间的臭氧成分主要分布在 15~45km 高度范围内(图 8.7)。由于臭氧对太阳紫外线辐射有强烈的吸收能力,使该段空域温度升高,这一区域就是同温层。臭氧会腐蚀飞行器表面材料,同温层的飞行器需考虑臭氧的影响,不过同温层的臭氧吸收了绝大部分紫外辐射,所以可不考虑紫外辐射的影响。

　　临近空间处在对流层之上,气候条件相对稳定,但是在临近空间底端空域,尽管空气密度很低,风仍是需要重点考虑的因素。对于平流层飞艇、高空气球来说,风将最终导致其速度和周围风速一样。

142

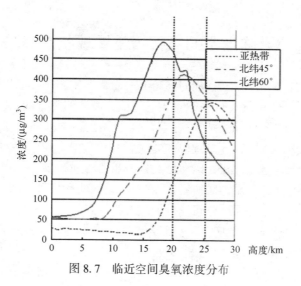

图 8.7　临近空间臭氧浓度分布

临近空间中的风随高度、季节、纬度变化,一般情况下随纬度和高度的增加而增强(表8.1),图8.8和图8.9分别给出了中国台湾上空和美国NASA发射场上空的风速分布情况。可以看到20km处的风速最小,而且这些风主要是东西方向的,上下垂直方向的风比较小。

表 8.1　临近空间底端空域的风速

纬度	高度/km	风速/(km/h)		
		平均值	95%的时间	99%的时间
近赤道(0°~20°)	20.0	<16.090	<48.270	<80.450
	24.6	<24.135	<64.360	<96.540
中纬度(20°~60°)	20.0	<24.135	<48.270	<80.450
	24.6	<32.180	<72.405	<96.540
两极(60°~90°)	20.0	<40.225	<64.360	<80.450
	24.6	<48.270	<96.540	<112.63

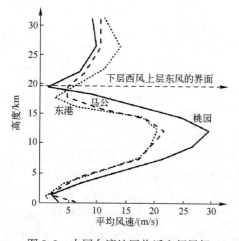

图 8.8　中国台湾地区临近空间风场

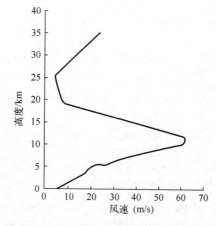

图 8.9　NASA 发射场上空风速分布

8.2 临近空间飞行器发展现状及趋势

临近空间飞行器(Near Space Vehicle, NSV),简称"临空器",也称"亚轨道飞行器",特指在临近空间作长期、持续飞行并能完成一定任务使命的飞行器,其主要飞行区域位于临近空间。需要注意的是,只是穿越临近空间的飞行器并不是临近空间飞行器,如弹道导弹、运载火箭等。当前主要以飞行马赫数3(或者马赫数0.5)为界限将其分为高速和低速两类,或者称为低动态和高动态,详细分类如表8.2所列。

低速临近空间飞行器主要包括平流层飞艇、高空气球和临近空间无人机3类,其中前两者又统称为浮空器。低速临近空间飞行器的主要特点是:①隐身性能好:低速临近空间飞行器速度低,不存在多普勒效应;没有高温部件,红外辐射弱;采用复合材料制造,雷达反射面积在$0.01m^2$量级。②驻空时间长:可达几天到几个月,规划中的后续平台预定驻空时间超过1年,因此能够长期、不间断地获得情报和数据,及时地对紧急事件做出响应。这些特点使得低速临近空间飞行器具有很高的生存能力,有利于在高技术、高强度局部战争中长时间保持战斗力;适于作为高精度持续信息平台,有助于提高信息化作战能力;有可能成为临近空间的常驻火力打击平台,具有执行多种作战任务、夺取临近空间控制权、反制强敌空间优势的重大潜力。

高速临近空间飞行器主要为高超声速飞行器,包括高超声速飞机、高超声速巡航导弹、通用航空飞行器(Common Aero Vehicle, CAV)等,表8.2中给出的米格-25、SR-71并不是严格意义上的临近空间飞行器。高速临近空间飞行器的主要特点是高速、高机动,因此作战响应快,适于打击时间敏感目标;突防能力强,现在的反导系统还无法拦截;毁伤能力高,可以摧毁坚固目标;作战范围广,能够满足战略战术打击需求。高速临近空间飞行器将成为未来重要的远程快速精确打击手段之一。

表8.2 临近空间飞行器

			纯升力式	"太阳神"无人机
临近空间飞行器	低速NSV(Ma<0.5)	重力克服方式	纯浮力式	高空气球,普通飞艇
			升浮一体式	升力外形平流层飞艇
	高速NSV(Ma>3)	主要动力	航空发动机	米格-25,SR-71
			火箭发动机	"太空船一号"
			组合发动机	高超声速飞行器
			无动力	通用航空飞行器

8.2.1 发展现状

美国NASA Dryden中心和航空环境公司研制的"太阳神"(Helios,见图8.10)无人驾驶太阳能飞机已发展到了第四代,前三代分别是Pathfinder(图8.11),Pathfinder Plus和Centurion(图8.12)。Helios共装有14个双叶螺旋桨推进器(后减少为10个),翼展75m,起飞质量小于930kg,有效载荷小于330kg,最大飞行高度约30km,巡航高度约15~21km,巡航速度为32~170km/h。

图 8.10 "太阳神"无人机

图 8.11 Pathfinder

图 8.12 Centurion

NASA 正在研制的超长周期气球(Ultra Long Duration Balloon,ULDB,见图 8.13)工作高度为 20~37km,寿命约 1~2 年,有效载荷 1t,用于监测地球环境、预报自然灾害、大气研究、天文观测和其他科学研究。

图 8.13 超长周期气球

航天数据公司制造的"战斗天星"(Combat Sky Sat,见图 8.14)是利用自由浮空气球以及自由浮空气球与无人机的组合来完成临近空间任务。该计划包括两个阶段:第一阶段,自由浮空器携带跟踪转发器至 30km 空中,跟踪范围达到 560km;第二阶段,能滑翔回收的自由浮空器,滑翔距离达到 500km 远,传感器能穿过云层探测、定位模糊的闪光和导弹发射,并第一时间报警。2005 年 1 月,美军通过在"战斗天星"高空气球上装载 2 个相连的 ThalesPRC-148 无线电台(用于地面部队战术通信的无线电装置)成功进行了通信距离扩展试验,其中起转发器作用的气球飞行在 20~30km 的高空。

图 8.14 "战斗天星"

高空飞艇(High Altitude Airship,HAA,见图 8.15)研制计划于 2002 年底启动,由美国导弹防御局代表国防部、陆军、美国北方司令部和国土安全部进行管理。HAA 的主要作战任务是长时间停留在美国大陆边缘地区的高空中,监视可能飞向北美大陆的弹道导弹、巡航导弹等目标。该飞艇有效载荷可达 1814kg,可在 19.8~21.3km 的高空持续飞行数个月,携带的旋转式探测雷达可监视直径达 1200km 的区域,可对任何来袭的洲际导弹和巡航导弹提供预警。这种飞艇最初只装载传感器设备,五角大楼要求其最终能携带化学激光武器,用于摧毁敌方的导弹,将作为美国 NMD 反导保护伞的一部分。

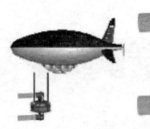

图 8.15 高空飞艇

美国 JP 公司与美国空军有 3 个合作计划:临近空间机动飞行器"攀登者"、高空轨道飞艇"轨道攀登者"和高空漂浮平台"黑暗空间站"。

"攀登者"V 形军用飞艇(图 8.16)长 53m,宽 30m,是美国空军科罗拉多州施里弗基地空间战实验室和空间战中心的重要项目之一,飞艇内部充填氦气,采用螺旋桨推进系统,能在 30~50km 的高空长时间飞行和停留。

高空轨道飞艇"轨道攀登者"(Orbital Ascender,见图 8.17)长 1.8km,能停留在 30~42km 的高空,可在地面—空间站—轨道之间往返飞行。要想完成轨道飞行,飞艇必须达到入轨速度,因此要求装备能保障航天飞行的大功率推进系统。该计划在计算机模拟基础上,研制一种可持续充入氦气的离子推进系统,这种发动机将能够推动飞艇在 3~9 天的时间内飞行到轨道上去,从而创造出一种不用火箭而把人和货物运送至地球轨道上的新型运送方式。

图 8.16 "攀登者" 图 8.17 "轨道攀登者"

高空漂浮平台"黑暗空间站"(Dark Sky Station,见图 8.18)是一个永久性的有人驾驶设备,用作从地面到轨道间的高空中转站、远距离操纵的无线电通信中继站。它将由许多长约 3km 的飞艇构成,驻空高度为 30.5km,利用 1 英里①长的氢电池作为主动力,燃料电池和太阳能电池则作为辅助动力。

美国约翰·霍普金斯大学应用物理实验室自行开展了"高空侦察飞行器"(图 8.19)研究工作,用高射炮将其发射到高空,然后气球充气,靠自身浮力漂浮。主要用于军事侦察,巡航高度 20~30km,巡航时间大于 1 个月。预计成本低于 10 万美元,使其作为一种一次性使用装备从而可大量部署。

图 8.18 "黑暗空间站"

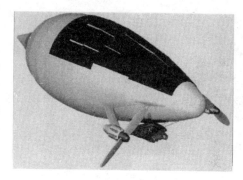

图 8.19 高空侦察飞行器

美国海军正在研制的"高空中继路由器"用作舰队通信和网络的填缝器,从图 8.20 中可以看到这是一种具有升力外形的浮空器。其一个研制方案是携带 136kg 有效载荷,在 21km 高度上工作 30 天。

"平流层卫星"(Stratellite,见图 8.21)飞行高度为 15~21km,将用于通信和实时监视等领域。2005 年 5 月,Sanswire Networks 宣称已经完成预定计划的军用飞艇原型演示验证。

图 8.20 高空中继路由器

图 8.21 平流层卫星

"海象"是一种重型飞艇(图 8.22),结合了空运的快捷、海运的大载重量,设想中能够在 3~4 天内运送 1800 名士兵或 500 多吨武器装备,行程超过 11000km(一说 22000km),能越洋跨洲飞行。2008 年初,美国国会正式批准"海象"计划。"海象"飞行高度并不清楚,其达到临近空间高度的可能性较低,仅有鲁培耿提到其"像一艘平流层巨无霸"。

① 1 英里约 1.609km。

俄罗斯阿夫古力浮空器中心于 2003 年研制出长度为 34m、容积为 1250m³ 的双座载人飞艇,可升空 1500m。目前正在研制的高速长航时载人飞艇长 268m,载重 180t,速度为 170km/h,航程可达 15000km,并且还制订了"金雕"平流层飞艇方案,飞艇长 250m,直径 50m,容积 32 万 m³,有效载荷可达 1.2t,飞行高度为 20~22km,两个这样的飞艇即可覆盖整个欧洲,可部分代替静止卫星,用于通信、观测和其他军事目的。Rosaerosysterns 公司的飞艇研究计划分为两个阶段,第一阶段升空 4000m;第二阶段升空 20km。

图 8.22 "海象"飞艇

图 8.23 英国 StrtSat 飞艇

英国 ATG 公司 StrtSat 软式飞艇(图 8.23)长 200m,最大直径 48m,可携带 2t 有效载荷在空中停留 5 年。欧洲航天局 HALE 飞艇(图 8.24)长 220m,最大直径 55m,飞行高度为 20km,有效载荷 1t,飞行时间数月到数年,主要用于通信对地观察、大气科学研究和天文学研究等。

以色列飞机工业公司 SPA 飞艇(图 8.25)是一种巨型侦察飞艇,希望取代价格昂贵的侦察卫星,执行对周边国家的侦察和预警任务并用于通信。该艇长 190m,直径 60m,可悬停在 21km 高空的固定位置,有效载荷约 2t,艇内可装载合成孔径雷达、高分辨率望远镜、电子战设备和通信设备,对地侦察覆盖直径可达 1000km,图像分辨率可达到厘米量级;可在时速 74~93km/h 的大风中保持悬停和机动飞行;必要时可令其返回地面,以进行维护、修理、升级或有效载荷更换。据以方计划,飞艇原型的研制和使用维持费约需 1 亿美元,生产型成本约 2000 万~3000 万美元。

图 8.24 HALL 飞艇

图 8.25 以色列 SPA 飞艇

日本从 1989 年开始对平流层平台进行研究，1998 年成立了由邮政省和科技厅以及许多大学、企业单位参加的飞艇研发国家项目，计划用 15 个平流层平台覆盖全部国土面积，2004 年试飞了一艘平流层试验飞艇（图 8.26），长 68m，容积约 1 万 m³，高度 4000m。目前，正计划用 150m 级携带任务系统的小尺寸飞艇进行演示验证。

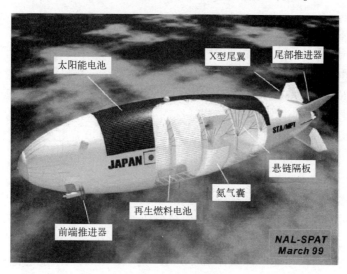

图 8.26　日本平流层飞艇

1998 年，韩国完成飞艇平台可行性研究后开始大型飞艇的研制工作，2003 年试飞了一艘平流层试验飞艇（图 8.27），该飞艇长 50m，驻空时间 3h，飞行高度 3000m，任务载重 200kg。

图 8.27　韩国平流层飞艇

此外，德国正在研制链式多气囊平流层飞艇。

8.2.2　关键技术

8.2.2.1　临近空间浮空器关键技术

1. 总体布局技术

浮空器平台有多种布局形式，各有优缺点，布局对平台结构、系统设备、性能、经济性、使用维护等许多方面影响很大。由于高空空气稀薄，浮力小，温度低，紫外线辐射强，平台经历由低空高密度大气环境到高空低密度、低温大气环境的过程，升空和回收时所处环境复杂、变化大,对总体布局有特殊的要求;浮空器平台以高空长时间驻空为目标,能源动力系统的布局方面与采用航空发动机作为动力的常规飞艇有明显不同;长时间定点驻空和机动飞行及其所采用的遥控和自动控制方式,对艇体结构、推进装置、操纵、压力调节等系统的设计及布局提出了极高的要求,因而临近空间浮空器的设计要比一般飞艇设计的难度大得多。

2. 材料技术

浮空器要长时间在低密度、高辐射、低温的环境下运行,而氦气又具有较高的渗透性,因此要求囊体和蒙皮材料具有强度高、重量轻、抗辐射、抗老化、低氦渗透、抗褶皱、工艺性好等特点。要求是:强度高,大于 1000N/cm;重量轻,宜小于 200g/m^2;抗老化,能抵抗宽范围的温度变化($-55\sim100$℃)、湿度、紫外线辐射、臭氧腐蚀等;抗撕裂强度高,防止蒙皮迅速撕裂;阻氦气泄漏性能优良,可维持长期高空运行;要求有好的接缝技术以防止蠕变破裂。

3. 能源技术

首先,在高空稀薄气体环境下,应尽可能降低动力系统等服务载荷的重量。其次,在没有补给的长时间工作过程中,必须为有效载荷以及服务载荷提供足够能源以维持飞艇的正常工作。因此,先进的能源技术是浮空器能投入使用的一个关键环节。表8.3为国外几种典型浮空器所采用的能源技术和推进技术,可以看到太阳能电池+再生燃料电池的能源方案是浮空器的主要能源系统,柔性薄膜太阳能电池与再生式燃料电池的组合构成了浮空器能源的理想方案,另外飞轮储能也可以作为一种选择。

表 8.3　国外典型浮空器推进系统

名　　称	国　家	能　源　系　统	推　进　系　统
平流层飞艇	日本	太阳能电池和再生燃料电池	三叶涵道桨叶螺旋桨
HAA	美国	太阳能电池和再生燃料电池	氦气驱动螺旋桨
"攀登者"	美国	太阳能电池和再生燃料电池	螺旋桨推进系统
"轨道攀登者"	美国		离子推进系统
HALE	欧空局	太阳能电池和燃料电池	
天猫系列飞艇	英国		燃气涡轮发动机
StratSat 飞艇	英国	太阳能电池和再生燃料电池	对转式电驱动螺旋桨推进
SPA	以色列	太阳能电池和再生燃料电池	螺旋桨发动机

(1) 高效、轻质、柔性薄膜太阳能电池技术。高效化合物半导体柔性薄膜太阳电池具有柔性(不怕弯曲)和密度低的特性,特别适用于浮空器平台的电源系统。目前,国内柔性薄膜太阳能电池的技术距工业化生产、应用还有较大差距,已成为研制浮空器平台的瓶颈。

(2) 可再生式燃料电池系统技术。以水为储能介质的再生式燃料电池系统需要与太阳能电池阵配合使用:当太阳能电池处于光照期间时,利用太阳能电池发出的电能将水电解为氢气和氧气并存储;而当太阳能电池处于阴影期时,该系统则利用氢气和氧气发电并产生水,从而实现重复使用及储能的作用。

(3) 飞轮储能技术。目前,先进的飞轮储能充放电系统单位储能可达到

20~60W·h/kg,而镍氢电池储能密度小于10W·h/kg,因此采用飞轮蓄电池可以大大减轻飞行器能源舱的重量。

4. 推进技术

从表8.3中可以看到,美国"轨道攀登者"需要达到入轨速度,因此拟研制离子推进系统;英国"天猫"系列飞艇飞行高度为1500~2400m,选择涡轮发动机更合适;其他临近空间浮空器均采用螺旋桨推进系统。

临近空间浮空器平台在从地面到20km的大跨度飞行高度范围内,空气密度变化大,直接影响了通过螺旋桨平面的空气流量,从而影响螺旋桨的效率,常规发动机和螺旋桨不适合在平流层环境下使用。要尽可能充分利用电动机或发动机功率,降低能源消耗,提高动力系统的效率,就需要研制合适的螺旋桨,为浮空器平台的长时间、稳定工作提供可靠、高效的动力。因此,螺旋桨在平台系统中是至关重要的部件。目前,国外许多高空飞行器都使用了复合材料制成的柔性螺旋桨,其效率已超过了80%,国内正在开展相关研究。

5. 控制技术

临近空间浮空器体积巨大,存在尺度大、惯量大、机动性差、响应缓慢、时滞效应显著等缺点,在放飞、升空、下降、回收过程中,容易受外界大气环境及气象条件的影响,并且在长时间驻留工作期间一方面要克服平流层气流、昼夜温度差等对飞行器定点能力造成的影响,另一方面飞行器需要进行机动,并且没有机载工作人员进行操作控制,因此对临近空间浮空器来说,自主控制技术是非常必要的,包括压力控制技术、温度控制技术、放飞与回收控制技术、高度与定点控制技术等几个方面。

(1)压力控制技术。压力控制的主要作用是保持浮空器的外形和进行升/降浮力控制。

外形保持主要有两种方法:一是对副气囊进行充气放气,在飞行器上升期间,外部压力低,为避免飞行器外形过度膨胀引起爆裂,需通过差压阀门放气以保持内外压平衡。飞行器下降过程,随着高度降低,外部压力增加,飞行器内部趋向负压,则需打开鼓风机充气,维持压差。二是调整驻空高度,通过适应外界压力来维持压差。

升/降浮力控制一般是在飞行器前后设一副气囊,通过对副气囊充放气,获得浮力控制和纵向配平控制。

(2)温度控制技术。平流层昼夜温差大,引起大气压发生较大变化。分析表明,与太阳能电池接触的一面,其昼夜温度起伏范围在70~100℃与−70~−100℃,这会引起太阳能电池效率降低,同时导致囊体材料加速老化。此外,温差造成艇体内部气体温度和压力变化,继而影响到飞行器的外形和浮力,造成高度漂移、姿态变化和抗风能力下降等。另外,一些机载设备对工作环境温度变化范围也有一定要求。所以,温度控制是浮空器的一项关键技术。

(3)放飞与回收控制技术。浮空器具有巨大的体积,在放飞、升空、下降、回收过程中,容易受外界大气环境及气象条件的影响,除可能遭遇复杂大气环境(如雨雪、风暴等),还要经历风场特别恶劣的激流区(10km左右高空附近)环境,因此,寻找有效可靠的放飞、升空、下降、回收技术是非常必要的。

(4)高度与定点控制技术。浮空器所处高空环境不稳定,经常受风、热气流、昼夜温差变化等各种扰动影响,对于有些飞行器来说还需要投放武器载荷,这些因素将导致飞行器偏离原来位置。因此,必须采取相应的控制策略使飞行器在各种情况下都能自动、快速回到原来位置并保持相对静止。

高度控制主要通过浮力控制系统实现,水平面控制主要通过推进系统实现,在强扰动条件下,还要借助姿态控制方法来实现。由此可见,浮空器平台的高度与定点控制和姿态控制、动力控制、压力控制等多方面相互联系、相互影响。

8.2.2.2 临近空间无人机关键技术

与浮空器类似,临近空间无人机同样面临能源技术、推进技术等关键问题,其特殊性在于 3 个方面。

1. 增升减阻技术

临近空间无人机飞行速度较慢,而临近空间大气稀薄,升力严重不足,需要发展新型增升减阻技术。

2. 结构设计技术

为提供足够大的升力,临近空间无人机翼展通常很大,如"太阳神"翼展达到 75m,导致机翼结构柔性变大,固有振动频率显著降低,以颤振、抖振和结构弹性/控制系统耦合为核心的空气弹性问题变得非常严重,2003 年"太阳神"试飞中因整机出现结构性失稳而空中解体(图 8.28),因此先进的结构设计对于临近空间无人机来说至关重要。

图 8.28 "太阳神"空中解体

3. 超轻质、高强韧材料技术

临近空间无人机有效载重低,减重是提高无人机性能的关键问题之一,发展超轻质、高强韧材料,研究超轻质材料特性和力学行为,以满足无人机飞行需要。

8.2.3 发展趋势

1. 智能化

智能化程度直接影响着近地空间飞行器军事效能的发挥。随着信息和电子技术的广泛应用,临近空间飞行器发射升空、展开工作、信息处理、实施打击、返航着陆等一系列行为都将自动完成。

2. 多用途

这里的多用途并不是指一个飞行器可以同时具备多种作战能力,而是指一个型号的飞行器可以搭载多种有效载荷执行多种任务。

3. 超高空

超高空主要指的是飞艇,其飞行高度向 50km 发展,但是高度越高未必就越好,关键在于是否满足需求。

4. 长航时

低速临近空间飞行器的工作时间可以达到数年。

5. 组合式

组合式包括 4 类:仿生智能变形飞行器、自适应飞行器、简单升浮一体式飞行器和简单组合式飞行器。主要目的是增升减阻,提高飞艇的适应能力。

鸟类在飞行中具有非常高的气动效率,其升阻比达 28,而运输机升阻比一般为 14～18,因此如果能大大提高升阻比,那么实现 30km 以上的高空飞行是完全有可能的。图 8.29 为美国 NASA 资助研究的仿生智能变形飞行器。

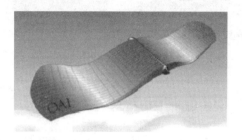

图 8.29　仿生智能变形飞行器

自适应外形临近空间飞行器的概念(图 8.30)就是结合临近空间浮空器和无人机的优势,在需要速度和机动的时候利用充气变形使飞行器具有类似飞机或飞翼的形状,此时具有良好的升阻特性;在升空或驻空停留时通过变形得到最大浮力,采用浮力升空方式可克服超高空无人机由于结构限制导致的起飞、升空困难。此类飞行器在飞行速度和机动能力方面,接近太阳能无人飞机,载荷能力方面接近临近空间浮空器。

图 8.30　自适应外形飞行器

简单升浮一体式飞行器是将飞行器制造成具有升力外形或者是常规飞艇与翼型的组合(图 8.31、图 8.32)。

图 8.31　翼型飞艇

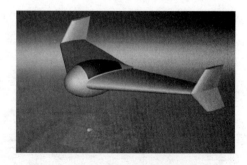

图 8.32　常规飞艇—翼型组合飞行器

简单组合式飞行器其实就是直接将多个飞行器直接连接在一起,从而提高载重能力的飞行器,例如,美国 JP 公司的"黑暗空间站"以及图 8.33 所示的两种飞行器。

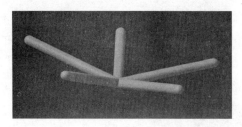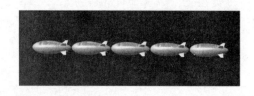

图 8.33　简单组合式飞行器

8.3　低速临近空间飞行器气动问题

低速临近空间飞行器面临的空气动力学问题主要有两类:一是如何解决动力也就是推进问题;二是如何减小阻力,提高飞艇的控制能力,特点是气体比较稀薄。

8.3.1　气动外形与柔性气动减阻

雷诺数是关系到飞行器的阻力性能的重要相似参数。低速临近空间飞行器由于要充分利用浮力,其最大的特点就是通常具有很大的体积。飞行器的体积是标度飞行器的尺寸的重要参数,因此,习惯上用来计算阻力系数、相似参数的特征尺度都和体积有关。例如,参考面积定义为体积的2/3次方,而特征长度定义为体积的1/3次方。

尽管临近空间空气密度很低,但是由于飞行器的大特征长度,因此实际飞行的雷诺数仍然是一个较大的值,能达到百万量级,接近常规小型飞机的实际雷诺数。

在给定的体积情况下(即保证所需的浮力),如何降低飞行器低速飞行时的阻力是临近空间低速飞行器气动设计的关键问题。

对低速临近空间飞行器,摩擦阻力占有重要比例。由于动升力所占比例很小,升致阻力可以忽略。适当地设计压力恢复段的外形也能避免分离出现。但是,为了保证体积效率(即在相同的体积下,尽量减少浮力体的表面积,从而降低蒙皮的重量),低速飞行器通常具有较大的最大横截面,例如,对旋成体,具有较小的长细比。当长细比小到一定程度,粘性导致的总压损失,导致后驻点压力恢复不足,最终反映为出现大的粘性压差阻力。

针对近空间飞行器的阻力特性,减阻主要可以遵循两条思路:一是进行层流化的减阻设计,主要是降低摩擦阻力;二是降低粘性压差阻力。

层流化减阻涉及的因素很多,包括顺流向的压力梯度、表面粗糙度、柔性表面、局部光滑而总体不连续的表面、高空辐射低温环境下的边界层流动机理等。

粘性压差阻力的减阻设计涉及的因素也很多,可采用选择合适的外形以及采取一些控制措施来实现。

阻力系数受飞艇的外形及飞行环境的影响。长细比即飞艇长度与最大直径的比 $F_r = l/d$,有时候也反过来讲细长比 d/l,这是影响飞艇阻力的一个关键参数。1927年,美国海军研究中心对各种长细比的飞艇模型进行了风洞试验,表8.4列出了在不同风速下各种径长比所对应的阻力系数。可以看到当长细比为1时,阻力系数最大;当长细比为4.62时,阻力系数最小。文献[41]给出了一个公式,用于计算不同长细比时飞艇的阻力系数

$$C_{DV} = (0.172F_r^{1/3} + 0.252F_r^{-1.2} + 1.032F_r^{-2.7})/Re^{1/6} \tag{8-1}$$

文献[91]给出了另一个计算飞艇阻力的公式

$$C_d=0.232-0.158F_r+0.047F_r^2-7.041\times10^{-3}F_r^3+5.153\times10^{-4}F_r^4-1.483\times10^{-5}F_r^5 \quad (8-2)$$

表 8.4　飞艇长细比对阻力的影响

长　细　比	10m/s	25m/s	平均阻力系数
1	0.1080	0.1130	0.111
1.5	0.0587	0.0467	0.053
2	0.0416	0.0328	0.037
3	0.0339	0.0291	0.032
4.62	0.0300	0.0269	0.028
6	0.0324	0.0283	0.030
8	0.0332	0.0311	0.032
10	0.0366	0.0305	0.034

两个公式的计算结果非常接近,均表明长细比 4.6 左右时飞艇阻力最小,与试验结果吻合。

如图 8.34 所示,风速较小时长细比对飞艇载重能力的影响更加显著,并且随着飞艇长度的增加而更加突出。另外,飞艇最大厚度的位置对阻力也会造成影响。

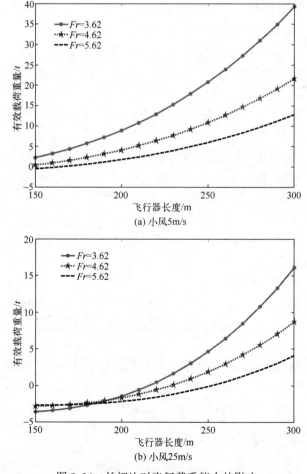

(a) 小风5m/s

(b) 小风25m/s

图 8.34　长细比对飞艇载重能力的影响

155

通过在飞艇表面施加一些波动能达到类似的效果,还有研究者在飞艇中间增加一条通道,将飞艇前面驻点的高压流体通过管道从尾部流出,以便改善飞艇后体的分离程度,从而在增加飞艇浮力的同时,减小飞艇的阻力。

8.3.2　临近空间稀薄流气动研究方法

目前,用于解决临近空间稀薄流气动问题的主要手段有风洞模拟试验、数值(DSMC)和工程(当地化)计算、基于玻尔兹曼模型方程的稀薄到连续流统一算法。上述方法均各具优势和不足。

1. 风洞试验的优势和不足

低密度风洞是稀薄气体动力学试验研究的重要工具,它能实现低克努森数、高马赫数范围的过渡流区地面模拟,并完成对试验模型气动力、热及其他气动载荷的直接测量,是获取航天飞行器设计依据的主要工具和手段,但由于目前技术上无法实现对来流总温的模拟,使得高空稀薄度与真实气体效应耦合的非平衡绕流过程模拟和测量受到限制。此外,国内唯一的低密度风洞口径较小(0.3m)也在一定程度上制约了有关研究工作。

2. 理论计算的优势和不足

DSMC 数值计算适用于自由分子流和过渡流高层区域,可模拟内能激发和非平衡化学反应等复杂流动,弥补风洞试验的不足;但受到运算量限制,目前其模拟下限为 85km;作为一种统计试验方法,计算结果存在随机误差。

当地化工程方法可以提供全空域气动力的快速估算手段,但过渡流区搭桥模型依赖大量的风洞试验数据,该方法对外形变化适应性较差、数据可靠性不高,不能直接作为气动设计依据。

基于玻尔兹曼模型方程的统一算法是一种新兴的数值模拟技术,其最大优势是可以实现从稀薄到连续的跨流域模拟。但目前只能进行轴对称简单外形完全气体的模拟,且该方法要突破海量计算开销、高马赫数模拟和真实气体效应模拟等工程应用上的瓶颈,有赖于计算模型的进一步完善。

3. 试验与计算结合的研究方法

综上所述,解决 30~100km 临近空间稀薄流区复杂飞行器气动预测问题必须依赖风洞试验、DSMC 数值模拟、当地化工程计算、玻尔兹曼模型方程数值模拟 4 种研究手段的有机结合,此外在临近空间稀薄流区底层区域及特殊的喷流近场流动中,还必须与较成熟的 N-S 方程数值模拟相结合。

8.4　临近空间螺旋桨气动问题

临近空间低速飞行器大多采用螺旋桨作为其动力装置。由于临近空间环境具有低压、低密度、低雷诺数等特点,桨叶表面更容易发生流动分离现象,如何获得高效螺旋桨是临近空间低速飞行器推力系统设计与制造的关键技术之一。

8.4.1　螺旋桨气动理论分析方法

对螺旋桨气动性能分析的理论方法主要有动量理论、叶素理论、涡流理论、片条理论、涡格升力线理论、涡格升力面理论以及随着计算技术发展而迅速发展的数值仿真方法。

　　动量理论是最早出现的螺旋桨分析方法，最早由 W. J. Rankine 和 R. E. Froude 提出，其基本思想是：通过桨盘前后的伯努利方程得到桨盘前后压差，进而得到桨盘上总的拉力与滑流区速度增量的关系；再由动量定理得到桨盘上的拉力是单位时间通过桨盘动量的增量，从而得出拉力与桨盘前后轴向速度的增量和滑流区速度增量的关系；二者相等得出桨盘前后轴向速度的增量和滑流区速度增量之间的关系；最后由拉力做功与气流通过桨盘的动能增量之比得出螺旋桨的理想效率。这种方法仅考虑了螺旋桨轴向效应，未考虑螺旋桨的旋转效应，并不完全符合螺旋桨的实际绕流特征，只能简单地估算螺旋桨的效率，不能用于螺旋桨的设计。但由于这种方法比较简单，且不用考虑螺旋桨几何实体，因此很多人采用这种方法计算螺旋桨滑流对飞机气动性能的影响，取得了不少有意义的结果。

　　为研究桨叶周围的流场，1878 年 W. Froude 首先提出叶素理论的概念，1885 年 S. Drzewiecki 首次引进了翼型气动数据对叶素气动力进行了积分。叶素理论有以下假设：①螺旋桨桨叶由有限个微小段组成，这些微小段称为叶素；②叶素之间互不干扰，即绕每个叶素的气流是二维的；③螺旋桨桨叶之间无干扰。其基本思想是：首先分别求解桨径上有限个微小段即各个叶素的气动性能，然后沿径向求和得到桨叶上总的气动力。由于叶素理论没有考虑叶素之间及桨叶之间的三维效应，因此误差比较大。

　　在叶素理论的基础上，1912—1915 年儒可夫斯基提出并研究了一种考虑了桨叶下洗效应和桨叶之间相互干扰的螺旋桨涡流理论。儒氏涡流理论引入绕翼型的速度环量，利用 Biot-Savart 公式建立诱导速度与环量之间的关系，由环量决定螺旋桨周围的速度场、螺旋桨的拉力和功率，然后建立桨叶几何参数与气流之间的关系，利用这些参数的相互关系，就可以设计和计算螺旋桨的气动性能。

　　儒可夫斯基涡流理论有以下假设：①螺旋桨的速度场是柱体圆周上的平均速度；②涡系边界在柱体圆周上；③螺旋桨涡系的环量是桨叶环量之和。所以它有以下不足：①螺旋桨的速度场不具实际性，没有周期性变化；②螺旋桨涡系的计算只适用于气流收缩不大的情况；③螺旋桨气动性能与桨叶数目呈正比。由此可见，儒氏涡流理论具有一定的局限性。

　　1926 年，H. Glauert 将 Prandtl 有限翼展理论应用于螺旋桨气动设计中，提出了一种改进型的涡流理论即片条理论，这种方法考虑了实际环量沿桨叶展向的变化，使涡流理论更加适用。

　　螺旋桨升力线理论实际上是三维有限翼展机翼升力线理论的推广，其主要思想是：在桨叶中弧面上布置离散的附着涡及其两端拖出的马蹄形等半径等螺距的螺旋涡线来模拟桨叶的绕流，通过在中弧面上的控制点处满足绕流的法向速度为零的边界条件求解附着涡或涡环的强度分布，用 Kutta-Joukowski 定理求出桨叶上的力，最后考虑阻力修正。在升力线理论中，首先要计算螺旋形尾涡线产生的诱导速度，这需要数值积分，存在着计算量和计算精度的矛盾。

　　升力线的分布要求桨叶厚度与弯度较小、展弦比大，因而受到限制。人们开始采用涡格法中升力面分析来计算螺旋桨的性能，它与升力线的不同在于可以在桨叶中弧面或上、下表面布置离散的涡环，主要优点是可以考虑桨叶弯度和厚度的影响，可以不受桨叶展弦比大小的限制，可以求出桨叶剖面的弦向载荷分布。

　　升力面理论有单层和双层升力面模型两种情况，如图 8.35 所示。单层升力面模型适用于桨叶较薄的情形,该方法把桨叶分成许多面元,展向附着涡放在每个面元的1/4弦线上,弦向附着涡沿中弧面等距分布,最后一条弦向附着涡位于离桨尖1/4面元宽度处。沿中弧面布设等环量的四边形涡环,由最后的涡环拖出螺旋形马蹄涡,一直延伸到下游无穷远,形成常值半径的螺旋形尾迹。双层升力面模型适用于桨叶较厚的情形,考虑了桨叶的厚度效应,四边形涡环均匀分布在桨叶上、下表面上,由最后一些面元拖出的马蹄涡在尾缘处相遇,伸向无穷远。展向附着涡位于每个面元的前缘,两个面上的第一根附着涡在桨叶前缘处重合。

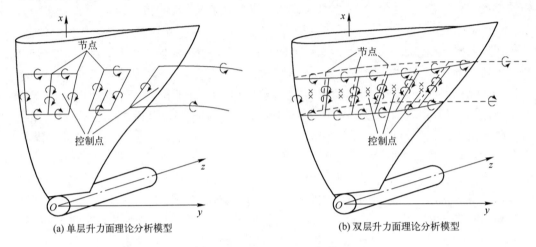

(a) 单层升力面理论分析模型   (b) 双层升力面理论分析模型

图 8.35 升力面理论分析模型

8.4.2 临近空间螺旋桨气动性能数值分析

螺旋桨流场非常复杂,其数值分析方法总体落后于固定翼数值分析方法,但固定翼数值分析中高效实用的方法大多可以引入螺旋桨数值分析中,国内外许多研究机构都对此进行了不同程度的研究。目前,研究螺旋桨气动性能的基本理论主要有动量理论、叶素理论、涡流理论等,但这些理论都不能体现螺旋桨周围的流场特性。螺旋桨的 CFD 工作可以模拟其运动过程,是数值分析的新途径。本章首先基于叶素理论和儒可夫斯基涡流理论,采用工程计算方法分析了高度为 20km 的临近空间中桨叶数目、桨径长度、旋转速度及前进速度对螺旋桨气动性能的影响;然后采用叶素二维仿真与经典叶素理论相结合方法,仿真得到了叶素周围流场分布情况,分析了不同工况下叶素气动性能及螺旋桨的整体气动性能。最后,基于滑移网格模型,考虑 RNG k-ε 湍流模型,通过求解三维非定常 N-S 方程,仿真研究了螺旋桨非定常旋转流场,比较研究了地面环境和 20km 临近空间环境下螺旋桨气动性能的异同。

8.4.2.1 工程估算

首先根据叶素理论得到拉力、扭矩、功率等参数的计算公式,然后由儒可夫斯基涡流理论得到诱导速度和环量等,从而确定螺旋桨气动性能。

1. 叶素理论

叶素理论:叶素理论是将桨叶分为有限个微小段(叶素),计算每一个叶素上的气动力,最后对叶素气动性能沿桨叶积分得到螺旋桨总的气动力。

158

假设螺旋桨前进速度为 V_0，旋转速度为 n_s，轴向和环向诱导速度分别 v_a 和 v_t，则可以得到距螺旋桨桨径根部距离为 r 处的叶素上速度合成多边形，如图 8.36 所示。图中，合成速度 $W_r = \sqrt{(V_0+v_a)^2+(2\pi rn_s-v_t)^2}$，叶素升力 $\mathrm{d}L_r = \dfrac{1}{2}\rho W_r^2 b_r C_{Lr}\,\mathrm{d}r$，阻力 $\mathrm{d}D_r = \dfrac{1}{2}\rho W_r^2 b_r C_{Dr}\mathrm{d}r$，总气动力 $\mathrm{d}R_r = \sqrt{\mathrm{d}L_r^2+\mathrm{d}D_r^2}$，$b_r$ 为叶素宽度，C_{Lr}、C_{Dr} 分别为叶素升力系数和阻力系数，ρ 为气体密度。实际气流入射角 $\phi_r = \arctan((V_0+v_a)/(2\pi rn_s-v_t))$。

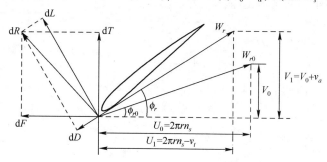

图 8.36 叶素多边形受力分析示意图

螺旋桨拉力、圆周力、旋转扭矩、吸收功率和叶素效率分别为 $\mathrm{d}T_r = \mathrm{d}R_r\cos(\phi_r+\gamma_r)$，$\mathrm{d}F_r = \mathrm{d}R_r\sin(\phi_r+\gamma_r)$，$\mathrm{d}M_r = r\sin(\phi_r+\gamma_r)\mathrm{d}R_r$，$\mathrm{d}P_r = 2\pi rn_s\mathrm{d}M_r$ 和 $\eta_r = \dfrac{\mathrm{d}TV_0}{\mathrm{d}P}$，半径 r 处的升阻角 $\gamma_r = \arctan(\mathrm{d}L_r/\mathrm{d}D_r)$。

2. 儒可夫斯基涡流理论

儒可夫斯基涡流理论是基于涡流理论，根据 Biot-Savart 公式求出儒可夫斯基涡系对周围流体的诱导速度场的作用，建立绕翼型速度环量与诱导速度、桨叶构造参数、功率及拉力之间的关系，从而分析、计算螺旋桨的气动性能。

旋转平面内环向诱导速度 $v_t = \dfrac{N_B\Gamma}{2\pi r}$ 和轴向诱导速度 $\overline{v_a} = -\dfrac{\overline{V_0}}{2}+\sqrt{\left(\dfrac{\overline{V_0}}{2}\right)^2+\overline{\Gamma}(1-\overline{\Gamma})}$，无量纲参数：$\overline{v_a} = v_a/(2\pi n_s R)$，$\overline{\Gamma} = N_B\Gamma/(4\pi(2\pi n_s)R^2)$，$\overline{V_0} = V_0/(2\pi n_s R)$。

对于长度为 $\mathrm{d}r$ 的叶素，则由环量定律可以确定其升力为 $\mathrm{d}L = \rho\Gamma W_r\mathrm{d}r$，令其等于由叶素理论得到的升力公式，可得升力与环量之间的关系得环量公式为 $\Gamma = \dfrac{1}{2}C_L bW_r$。

3. 螺旋桨性能计算及分析

由涡流理论可知，叶素升力系数和阻力系数的大小只会影响到气动参数的大小而不会影响其变化情况，因此本节将升力系数和阻力系数分别设为常数 1.2 和 0.06，参考文献[39]，桨叶宽度 b_r 和厚度 c_r 分别如下：

$$\frac{b_r}{D}(\%) = \begin{cases} 8.0388+0.8229\dfrac{2r}{D}, & r_0 \leqslant r \leqslant 0.31D \\ 24.77-87.55\left(\dfrac{2r}{D}\right)+154.11\left(\dfrac{2r}{D}\right)^2-89.08\left(\dfrac{2r}{D}\right)^3, & 0.31D_0 \leqslant r \leqslant 0.5D \end{cases} \tag{8-3}$$

$$\frac{c_r}{b_r}(\%) = 38.79-74.84\left(\frac{2r}{D}\right)+40.36\left(\frac{2r}{D}\right)^2 \tag{8-4}$$

图 8.37 是螺旋桨桨叶数目对其效率的影响,其中桨径为 2m,旋转速度为 300r/min,前进马赫数为 0.1,高度为 20km。由图 8.37 中小图可见,螺旋桨叶素效率和总的气动效率都随桨叶数的增加而逐渐减小。当桨叶数大于 3 时,在桨径根部会出现叶素效率小于零的区域,且叶素效率小于零的区域范围随桨叶数目的增加而增大。

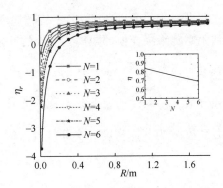

图 8.37　桨叶数对螺旋桨效率的影响

图 8.38 是螺旋桨桨径对诱导速度、拉力、效率等气动性能的影响,其中桨叶数目为 2,旋转速度为 300r/min,前进马赫数为 0.1,飞行高度为 20km。由图 8.38(a)和(b)可见,环

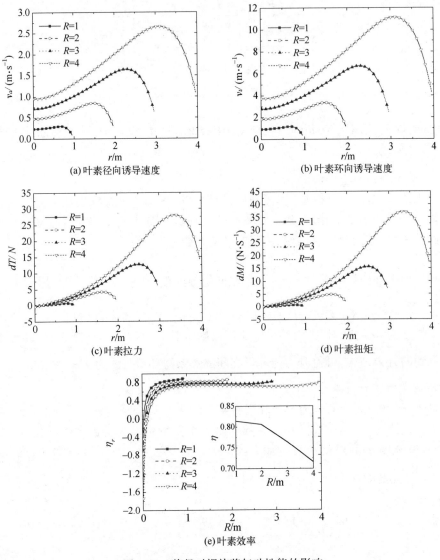

图 8.38　桨径对螺旋桨气动性能的影响

160

向诱导速度大于径向诱导速度;当螺旋桨半径增大时,径向和环向诱导速度都将增大,且它们随半径的变化趋势一致。由图 8.38(c)和(d)可见,拉力和扭矩的变化规律也一致,都是先增大后减小,最大值所在点与诱导速度一样。气动力与合成速度和桨叶宽度呈正比,所以它与环量的变化规律一样,导致拉力和扭矩沿边界的变化规律与诱导速度的变化规律一样。图 8.38(e)所示为叶素效率随半径的变化规律,其中小图是总的气动效率随半径的变化,可以看到叶素效率和螺旋桨总气动效率都随半径的增大而减小。叶素效率随半径的延伸先显著增大后基本不变。在桨径根部出现了效率为负的小部分区域,这是因为这些区域的环向速度很小,气流实际流入角很大,翼型处于负攻角工况,此时叶素不产生拉力,而是产生阻力,来流吹动螺旋桨转动,叶素吸收来流所做的功。此时由扭矩产生的叶素吸收功率依然存在,所以有负效率的情况存在,有时效率甚至会降到负无穷。

图 8.39 是螺旋桨旋转速度对其气动性能的影响,其中桨叶半径为 2m,桨叶数为 2,前进马赫数为 0.1,高度为 20km。由图 8.39(a)可见,拉力沿半径的分布与前述分析相同,但随着螺旋桨旋转速度的增加,拉力急剧增大。由图 8.39(b)可见,在桨径根部,叶素效率随螺旋桨转速的增大而增大,随桨径的延伸,这一关系将逐渐变反,当旋转速度大于 900r/min、r 大于 0.25m 时,叶素效率又随螺旋桨转速的增大而减小;当转速大于 600r/min 时,即使桨径根部的叶素效率也为正值。螺旋桨总的气动效率随转速的增大先增大后减小。

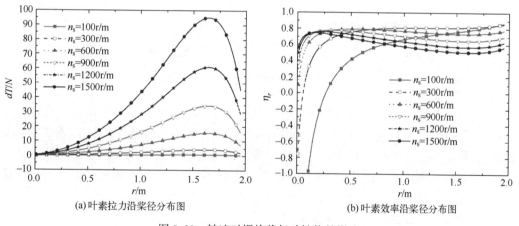

(a)叶素拉力沿桨径分布图   (b)叶素效率沿桨径分布图

图 8.39 转速对螺旋桨气动性能的影响

图 8.40 是前进速度对叶素气动性能的影响,螺旋桨半径为 2m,桨叶数为 2,旋转速度为 300r/min,高度为 20km。由图 8.40(a)可见,沿桨径方向叶素拉力均先逐渐增大后在桨尖附近减小,当前进速度小于马赫数 0.5 时变化率很小,大于马赫数 0.5 时变化幅度很大,同时以 $r/R \approx 0.25 \sim 0.5$ 为分界线,叶素拉力大小出现反转。由图 8.40(b)可见,不同前进速度下,叶素效率沿桨径方向的变化规律一样,都是先急剧增大到一定值后变化很小,叶素效率随前进速度的增大逐渐减小。

图 8.41 是前进速度对螺旋桨总的气动性能的影响。图 8.41(a)是拉力随前进速度的变化规律,随着前进速度的增大,螺旋桨拉力先增大后减小,峰值在马赫数 0.45 左右。图 8.41(b)是螺旋桨效率随前进速度的变化规律,随着马赫数的增大,螺旋桨效率先增大后减小,峰值在马赫数 0.1 左右。

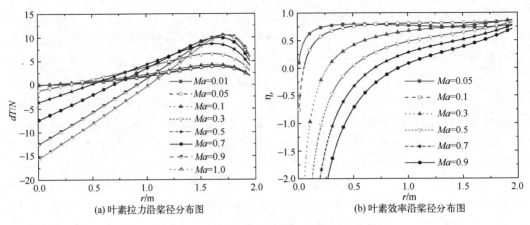

(a) 叶素拉力沿桨径分布图   (b) 叶素效率沿桨径分布图

图 8.40　前进速度对螺旋桨气动性能的影响

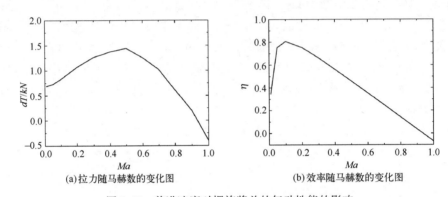

(a) 拉力随马赫数的变化图   (b) 效率随马赫数的变化图

图 8.41　前进速度对螺旋桨总的气动性能的影响

综上所述,随着桨叶数目的增加,螺旋桨效率逐渐降低,且在桨径根部会出现叶素效率小于零的区域;诱导速度、拉力、扭矩沿桨径的分布规律是先增大后减小;随着桨径长度的增大,螺旋桨拉力增大,但效率下降;随着螺旋桨旋转速度的增大,拉力逐渐增大,效率先增大后减小;前进速度越大,桨径根部叶素拉力越小,但叶素拉力随桨径增大而增大速率越快;随前进速度的增大,螺旋桨拉力和效率都先增大后减小。

8.4.2.2　二维仿真与叶素理论相结合

在试验条件和计算资源不足的情况下,可以采用二维叶素气动仿真与经典叶素理论相结合的方法对临近空间螺旋桨气动性能进行研究。

1. 螺旋桨叶素的选择

AH 79-100-A、Eppler 387、FX 61-140、GOE 801、Miley M 06-13-128、NACA 0009、S 1012 及 SD8000-PT 等是几种性能较好的低雷诺数翼型,本节对上述 8 种翼型进行了筛选,按照上述顺序分别用 A、B、C、D、E、F、G、H 表示,其中前 7 种翼型参数由 Profili 2 软件得到,SD8000-PT 翼型参数见文献[92]。

所选 8 种翼型的弦长均设定为 0.1m 以确保翼型雷诺数相同。假设翼型所处的高度是 20km,总温和总压分别为 216.5K 和 5460Pa。速度入口和远边界距翼型前缘 5 倍翼型弦长,给定总压、总温和马赫数;压力出口距翼型前缘 6 倍翼型弦长,给定总压和总温。翼型的计算区域和边界条件相同。为避免由计算因素引起计算结果的不同,相同工况下不同翼型的计算条件和网格数目都是一样的。

由于气流相对旋转桨叶叶素的马赫数和攻角与叶素所处桨径有关,因此旋转桨叶叶素必须在大、小攻角和高、低马赫数下都有较高的升阻比和比较稳定的气动力。基于此,本节研究 4 种工况下 8 种翼型的气动性能,来流条件的设置详如表 8.5 所列。其中,工况 1 是低马赫数小攻角工况,工况 2 是低马赫数大攻角工况,工况 3 是高马赫数小攻角工况,工况 4 是高马赫数大攻角工况。

表 8.5　来流条件的设置

	工况 1	工况 2	工况 3	工况 4
Ma	0.1	0.1	0.6	0.6
$\alpha/(°)$	3	15	3	15

表 8.6 是上述 8 种翼型在表 8.5 所列 4 种工况下平均升阻比的比较。低马赫数小攻角工况下,翼型 H、A、F、B 具有较高的升阻比;低马赫数大攻角工况下,翼型 D、E、B、A 具有较高的升阻比;高马赫数小攻角工况下,翼型 A、H、C、D 具有较高的升阻比;高马赫数大攻角工况下,翼型 E、D、C、B 具有较高的升阻比;翼型 G 在 4 种工况下升阻比都较小。可见,翼型 A、H 比较适合于小攻角的工况,翼型 D、E 比较适合于大攻角的工况。

表 8.6　不同工况下各翼型升阻比的比较

工况	A	B	C	D	E	F	G	H
1	8.67	7.99	6.85	6.00	3.12	8.59	2.73	8.95
2	3.53	3.72	3.32	3.97	3.76	2.92	2.92	3.43
3	24.03	15.96	18.07	16.82	8.32	12.84	15.11	21.38
4	3.75	3.76	3.81	4.22	4.61	3.14	2.35	3.46

图 8.42 是部分翼型周围流线。由图 8.42(a)和(c)可见,小攻角低马赫数工况下,翼型 F 周围的流线最好,翼型 A、B、H 吸力面后缘都出现了很小的分离现象,流动分离导致升阻力系数振荡;当马赫数增大时,流动分离均消失。由图 8.42(b)和(d)可知,在大攻角下,各翼型都发生了严重的分离现象,特别是低马赫数大攻角下,翼型的分离现象最严重,导致翼型气动力剧烈振荡,此时翼型的气动稳定性较差。

综上所述,低马赫数时翼型容易发生气动振荡现象;小攻角时,翼型 SD8000-PT 升阻比高、气动力比较稳定;大攻角时,翼型 GOE 801 和翼型 Miley M 06-13-128 升阻比高,但它们的气动力不稳定,而翼型 SD8000-PT 虽然升阻比比它们稍小,但稳定性比它们好。因此,翼型 SD8000-PT 比较适合做螺旋桨叶素。

2. 叶素气动仿真结果及分析

螺旋桨半径 R 为 0.75m,沿桨径方向每隔 0.1R 取一个叶素,通过数值仿真,研究 SDBD 等离子体对这些叶素气动性能的改善效果。叶素的弦长 b 和安装角 β 如表 8.7 所列,r 是叶素所处的桨叶半径。假设翼型所处的高度是 20km 的平流层。

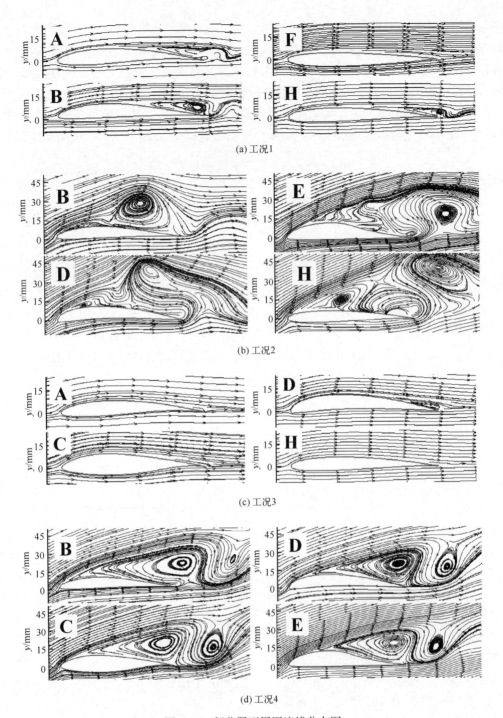

(a) 工况1

(b) 工况2

(c) 工况3

(d) 工况4

图 8.42　部分翼型周围流线分布图

表 8.7　不同截面处叶素的弦长和安装角

r/R	0.1	0.2	0.3	0.4	0.5	0.6	0.7	0.8	0.9	1.0
b/cm	5.5	5.7	8	10.4	11.4	11	10	8.5.	6.6	4
$\beta/(°)$	69	65.5	61	56	51	47.5	45	43	42	40

图 8.43 是转速为 600r/min、马赫数为 0.08 时叶素周围的流线,该工况下 10 个叶素中只有 $r/R=0.2$、0.3 和 0.5 三个叶素没有发生流动分离,其余情况均出现了一定程度上的流动分离。$r/R=0.1$ 时,气流合成速度仅为马赫数 0.082,合成攻角为$-9.7°$,所以在翼型下表面发生了分离。$r/R=0.4$ 时,叶素流场的分离现象较弱,分离涡只出现在翼型后缘。$r/R>0.6$ 时,由于气流合成攻角增大,叶素流场的分离现象都比较严重。

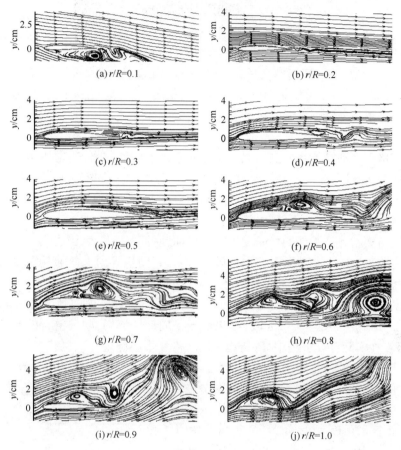

图 8.43 转速为 600r/min、马赫数为 0.08 时叶素周围流线分布比较图

8.4.2.3 螺旋桨三维仿真

本节基于滑移网格模型,采用 RNGk-ε 湍流模型和二阶精度有限体积 AUSM 离散格式,通过求解三维非定常 N-S 方程,在验证数学模型可行性的基础上,仿真研究了临近空间螺旋桨非定常旋转流场。

1. 湍流模型

RNG k-ε 湍流模型可以较好地捕捉螺旋桨的旋转流场,它是基于 k-ε 标准两方程的湍流模型。忽略了浮力湍动能的 RNG k-ε 湍流模型的输运方程如下:

$$\frac{\partial(\rho k)}{\partial t}+\frac{\partial(\rho k u_i)}{\partial x_i}=\frac{\partial}{\partial x_j}\left(\alpha_k\mu_{\text{eff}}\frac{\partial k}{\partial x_j}\right)+G_k-Y_M-\rho\varepsilon \tag{8-5}$$

$$\frac{\partial(\rho\varepsilon)}{\partial t}+\frac{\partial(\rho\varepsilon u_i)}{\partial x_i}=\frac{\partial}{\partial x_j}\left(\alpha_\varepsilon\mu_{\text{eff}}\frac{\partial\varepsilon}{\partial x_j}\right)+C_{1\varepsilon}\frac{\varepsilon}{k}G_k-C_{2\varepsilon}\rho\frac{\varepsilon^2}{k}-R_\varepsilon \tag{8-6}$$

式中:k 为湍流动能;ε 为湍流耗散率;u_i 为速度分量;x_i 为坐标分量;$\alpha_k = \alpha_\varepsilon = 1.393$ 分别为普朗特数对 k 和 ε 的反馈作用系数;μ_{eff} 为有效粘性系数;G_k 为由平均速度梯度引起的湍动能;Y_M 为由于可压缩湍流脉动膨胀对总的耗散率的影响;$C_{1\varepsilon} = 1.42$、$C_{2\varepsilon} = 1.68$ 为经验常数;R_ε 为湍流模型中数的解析项。

$$\mu_{eff} = \mu + \mu_t = \mu + \rho C_\mu k^2 / \varepsilon \tag{8-7}$$

$$R_\varepsilon = \frac{C_\mu \rho \eta^3 (1 - \eta / \eta_0) \varepsilon^2}{1 + \beta \eta^3} \frac{\varepsilon^2}{k} \tag{8-8}$$

上述两式中:$C_\mu = 0.0845$;$\eta_0 = 4.38$;$\beta = 0.012$;$\eta = Sk/\varepsilon$,S 是漩涡大小。

由上可知,RNG k-ε 湍流模型考虑了低雷诺数流动粘性,改进了标准 k-ε 模型的高雷诺数性质,并且提供了普朗特(Prandtl)数的解析公式,考虑了湍流漩涡,因此更加适合于雷诺数不是很高和带有强漩涡运动状态的数值仿真。

2. 滑移网格模型

滑移网格是在动参考系模型和混合面法的基础上发展起来的,常用于风车、转子、螺旋桨等运动的仿真研究。在滑移网格模型计算中,流场中至少存在两个网格区域,每一个区域都必须有一个网格界面与其他区域之间连接在一起。网格区域之间沿界面做相对运动。在选取网格界面时,必须保证界面两侧都是流体区域。

滑移网格模型允许相邻网格间发生相对运动,而且网格界面上的节点无须对齐,即网格交界面是非正则的。在使用滑移网格模型时,计算网格界面上的通量需要考虑到相邻网格间的相对运动,以及由运动形成的重叠区域的变化过程。

两个网格界面相互重合部分形成的区域被称为内部区域,即两侧均为流体的区域,而不重合的部分则被称为"壁面"区域(如果流场是周期性流场,则不重合的部分则被称为周期区域)。在实际计算过程中,每迭代一次就需要重新确定一次网格界面的重叠区域,流场变量穿过界面的通量是用内部区域计算的,而不是用交界面上网格计算。

下面通过一个简单的例子说明滑移网格是如何计算界面信息的。图 8.44 是二维网格分界面示意图,界面区域由面 A-B、B-C、D-E 和 E-F 构成。交界区域可以分为 a-d、d-b、b-e 等。处于两个区域重合部分的面为 d-b、b-e 和 e-c,构成内部区域,其他的面(a-d、c-f)则为成对的壁面区域。如果要计算穿过区域 Ⅳ 的流量,用面 d-b 和面 b-e 代替面 D-E,并分别计算从 Ⅰ 和 Ⅲ 流入 Ⅳ 的流量。

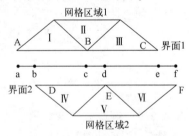

图 8.44 二维网格分界面示意图

参考文献[47],通过比较螺旋桨的静拉力,验证上述数学模型的可行性。螺旋桨验证模型直径为 28in,螺距为 10in。

表 8.8 是文献[47]的试验和计算结果与本书计算结果的比较。本书计算结果比文献[47]的计算结果更接近试验结果,原因可能是本书所用的 RNG k-ε 湍流模型比文献所用的标准 k-ε 湍流模型更适合用于螺旋桨等旋翼的仿真研究。可见本书所用气动模型具有一定的可行性,适合用于螺旋桨非定常旋转流场的仿真研究。

表 8.8　静拉力的比较

转速/(r/min)	1900	2100	2400	2500
试验数据[47]/N	27	29	34	40
文献仿真结果[47]/N	22	25	30	32
本书仿真结果/N	25.3	28.5	39.4	42.4

8.4.2.4　高度对螺旋桨气动性能的影响

随着螺旋桨巡航高度的增加,大气密度减小,动力粘性系数增大,雷诺数减小,使得翼型表面的流动分离更加严重。另外,平流层飞艇起飞或降落的过程中,其工作环境要从地面环境变化到临近空间环境,螺旋桨雷诺数变化超过 1 个量级,这对螺旋桨的气动性能提出了巨大的考验。

首先以表 8.7 所列螺旋桨 0.7R 处的叶素为例,仿真研究高度变化对叶素周围二维流场的影响。由表 8.7 可知,0.7R 处低雷诺数翼型 SD8000-PT 的安装角为 45°,弦长为 0.1m。为了研究方便,假设飞艇的前进速度为 10m/s,螺旋桨的转速为 300r/min。图 8.45 是高度 H 从地面环境变化到 40km 临近空间环境时,0.7R 处叶素周围流场的变化情况。

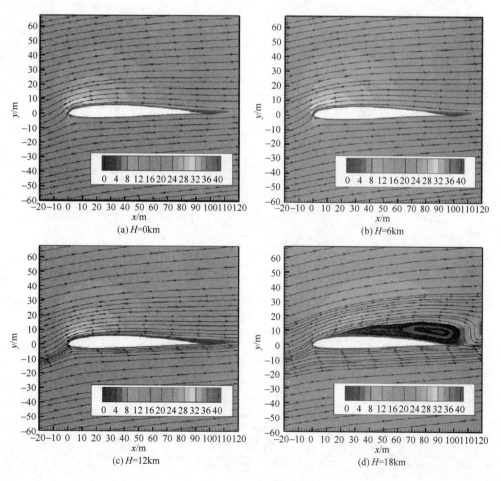

(a) H=0km (b) H=6km

(c) H=12km (d) H=18km

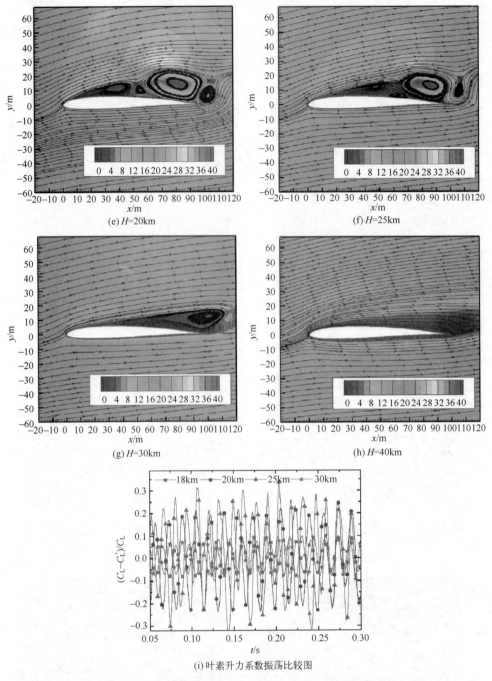

(e) $H=20$km (f) $H=25$km

(g) $H=30$km (h) $H=40$km

(i) 叶素升力系数振荡比较图

图 8.45　高度对 0.7R 处叶素周围流场及其升力系数的影响

当 $H=0$km、6km 和 12km 时,叶素周围流场稳定,没有出现流动分离现象,但叶素后缘速度较小的区域随高度的增加逐渐增大。当 $H=18\sim30$km 时,叶素上表面都均出现流动分离现象,而且分离涡的尺度较大,不过每个高度下叶素周围的流线和速度分布都不一样。气流与翼型相遇时,流经驻点的流线将来流分为两部分:一是该流线以上的部分绕过翼型前缘,然后沿上翼面向下游流去;二是该流线以下的部分沿下翼面向下游流去。上翼面气体向下游运动过程中,需要克服由于粘性流体边界层的摩擦阻力和翼型压差阻力。当流体动能不足以克服边界层的摩擦阻力和翼型压差阻力时,就会出现流动分离现象。当 $H = 18km$、$20km$、$25km$ 和 $30km$ 时,分离涡的起始弦长分别为 $20mm$、$10mm$、$20mm$、$40mm$,分离涡的高分别约为 $15mm$、$25mm$、$25mm$、$15mm$。当 $H = 40km$ 时,叶素后缘速度小的区域非常大,但没有出现流动分离现象。可见当 $H = 20km$ 和 $H = 25km$ 时,叶素周围的流动分离现象最严重。

图 8.45(i)是上述发生流动分离的 4 种情况中叶素升力系数的振荡比较图,其中 C_L 是叶素的瞬时升力系数,C'_L 是叶素平均升力系数。由图可见,当 $H = 18km$ 和 $H = 30km$ 时,叶素升力系数的振荡幅度在 8% 左右,但当 $H = 20km$ 或 $H = 25km$ 时,叶素升力系数的振荡幅度大于 20%。由此可见,螺旋桨工作在 $20 \sim 30km$ 的临近空间环境下,叶素表面会发生比较严重的流动分离,而大多数平流层飞艇的设计工作范围都在这一高度范围,这将对螺旋桨的气动设计带来一定的困难。

下面采用三维仿真的方法,研究高度为 $0km$ 和 $20km$ 时螺旋桨气动性能的差别。图 8.46 是螺旋桨拉力系数和效率随转速变化的比较图,其中前进速度 V_0 为 $10m/s$,拉力系数 $C_T = T/\rho n_s^2 D^4$,螺旋桨的效率 $\eta = TV_0/2\pi n_s M$,T 是螺旋桨总拉力,M 是总扭矩,n_s 是转速。由图可见,两种工作环境下,螺旋桨的气动性能随转速的变化规律相同,拉力系数都随螺旋桨转速的增大而增大,效率随转速的增大而减小。前进速度和转速相同时,$20km$ 的临近空间环境中,螺旋桨的拉力系数和气动效率都小于地面环境下螺旋桨的拉力系数和气动效率。说明当飞行高度增大时,相同工况下螺旋桨的气动性能有所下降,尤其当转速增大偏离最大功率时,这种现象更为明显。

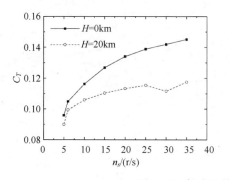 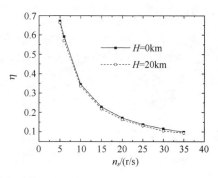

图 8.46　拉力和效率随转速的变化

当前进速度为 $10m/s$,转速为 $360r/min$ 时,地面环境和临近空间环境下螺旋桨的效率分别为 59.09% 和 56.99%。图 8.47 是该工况下螺旋桨部分叶素周围的流线分布,总的来说临近空间环境下桨叶表面更容易发生流动分离现象。叶素表面发生的流动分离现象使得叶素气动性能降低,影响螺旋桨整体性能。因此相同进距比下,螺旋桨工作在临近空间环境下其气动性能比工作在地面环境下稍低。

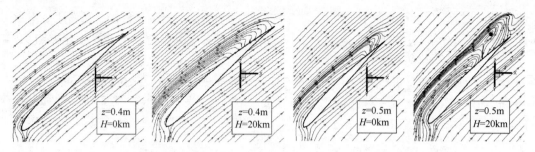

图 8.47　螺旋桨转速为 360r/min 时部分叶素周围流线分布比较图

思　考　题

1. 临近空间环境对飞行器造成了哪些不利影响？
2. 如何降低低速临近空间飞行器的阻力？
3. 采用工程方法计算并设计一个临近空间螺旋桨构型。

第9章 等离子体空气动力学

9.1 等离子体流动控制技术发展概况

等离子体流动控制技术是一项非常有发展潜力的新型技术,在军用、民用方面均具有广泛的应用前景,包括航空飞行器机翼增升减阻。等离子体是由大量带电粒子组成的非束缚态宏观体系,它由自由电子、自由离子和中性粒子混合而成,是除固体、液体、气体之外的第四种物质形态。不带电的普通气体在受到外界高能作用后,部分原子中的电子吸收的能量超过原子电离能后会脱离原子核而成为自由电子,同时原子因失去电子而成为正离子,就可形成等离子体。

等离子体流动控制技术存在两种控制概念。第一种为磁流体动力学(Magneto Hydro-Dynamics,MHD),即将大功率等离子体发生器产生的高浓度等离子体注入控制气流中,外加磁场通过等离子体将作用力传递到中性气体以达到所需控制效果;这种方法存在较多缺陷,例如,等离子体发生器功率大,一般需要携带工质,同时高强度磁场设备的体积、重量、功耗都很大,这些都限制了 MHD 等离子体设备的应用。

近年来,等离子体流动控制转向使用小尺度非平衡等离子体改变边界层流动,并通过粘性—无粘相互作用来控制主流,这就产生了第二种等离子体控制概念,即电流体动力学(Electro Hydro Dynamic,EHD),它通过在控制对象表面上设置的电极产生强电场,该电场一方面电离空气产生等离子体,另一方面加速等离子体,等离子体与中性气体发生碰撞从而将动量、动能传递到边界层的中性气体中,边界层流动状态的变化会进一步影响主流,从而达到流动控制目的。若为了加强控制效果,还可以再增加外部磁场,即电磁流体动力学(Electro Magneto Hydro Dynamic,EMHD)。这已成为高超声速飞行的最有希望和活力的技术前沿,但是这种物理学非常复杂,受到分析能力的限制,发展很缓慢,这些革命性的概念仍处于未定阶段。实现小尺度等离子体流动控制技术的一个主要障碍是如何在大气压下实现等离子体放电。1933 年,Von Engle 等人首先在一个大气压空气中得到直流(DC)正常辉光放电,但是他们的方法需要在真空中起动放电,随后逐步增加压力到一个大气压,而且需要对阴极进行大量冷却,以防止辉光放电变成电弧放电。由于存在辉光—电弧转化,这个放电是不稳定的,很少在工业或实验室中得到应用。1995 年,田纳西大学 Roth 等人在电极上使用射频电源,从而可以在电极之间捕获离子但不捕获电子,并且用一个绝缘平板进一步抑制辉光—电弧的转变。这种方法极大地降低了阴极加热、腐蚀以及等离子体污染,还使得等离子体稳定,增加了用于洛伦兹碰撞和流动加速的离子数密度。这类放电称为大气压均匀辉光放电等离子体(One Atmosphere Uniform Glow Discharge Plasma,OAUGDP™,也称 RF 辉光放电),并申请了专利。自此之后放电等离子体流动控制技术开始得到迅速发展。小尺度非平衡等离子体发生器包括直流（DC）电晕放电、交流（AC）表面介质阻挡放电（Surface Dielectric Barrier Discharge，SDBD）以及局部电弧丝状放电等。其中 SDBD 是一种重要的大气压放电等离子体，其激励器电极均设置在物体表面（图9.1），具有尺寸小、重量轻、无运动部件、气动灵活性好、可靠性高、便宜、高带宽、响应快、阻力小等优势，应用潜力很大，目前在国际上得到了非常广泛的研究。

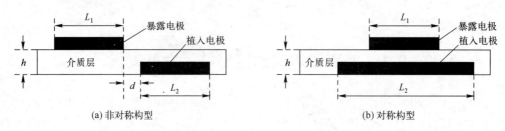

图 9.1　SDBD 激励器结构示意图

9.1.1　等离子体激励器类型

最先使用等离子体放电来控制气体流动的工作就是电晕放电，不过当时主要研究的是体放电。最早使用 DC 电晕表面放电等离子体控制流动的可能是法国 Poitiers 大学和阿根廷 Buenos Aires 大学组成的 Poitiers-Buenos Aires 大学团队，他们从 1998 年即开始此项研究。DC 电晕表面放电激励器与 SDBD 激励器不同，它的两个电极一般位于同一表面，且均不覆盖绝缘层，激励器的常见结构如图 9.2 所示。

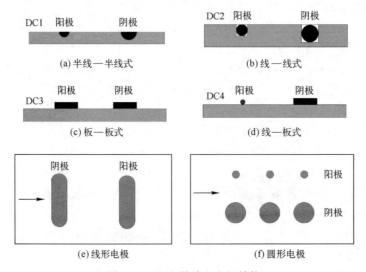

图 9.2　DC 电晕放电电极结构

DC 电晕表面放电存在放电不稳定的问题，一些研究者使用 AC 电源代替 DC 电源来试图解决该问题，但是并没有产生任何改进。另一个更可行的方法是在两个电极之间插入绝缘层，利用绝缘层熄灭电流来阻止电弧放电，这就是介质阻挡放电（DBD）。DBD 包括体放电（图9.3）和表面放电两类。DBD 体放电并不适合于流动控制，这里不做过多讨论。DBD 表面放电的一般电极结构如图9.3所示，根据两个电极之间的关系可以将其分为对称和非对称两类,另外还有一些改进变形。与 DC 电晕放电相比,SDBD 产生的等离子体更均匀,控制效果更好。SDBD 是目前最常用的等离子体流动控制方法。

图 9.3　DBD 体放电电极结构示意图

在 SDBD 的一个 AC 周期内存在一次大电流放电和一次小电流放电,一般研究者通常根据电势的正负将其分为正半周期和负半周期,Enloe 等人则根据电势的发展趋势将其分为"前向放电"(Forward Stroke)和"后向放电"(Backward Stroke)。当暴露电极向负电压发展时的放电为前向放电,也称负向放电(Negative-going)。相反,当暴露电极向正电压变化时的放电为后向放电,也称正向放电(Positive-going)。每一个放电过程均包括点火、扩展和熄灭 3 个过程,等离子体的扩展速度可以达到 100m/s,扩展区域则限于植入电极范围,放电等离子体化学是快速熄灭过程(<1μs)的动力。放电电流应包含 3 部分:一是电容电流,由电源和系统决定,与是否放电无关;二是一系列振幅较大、持续数毫秒的脉冲电流,这些电流对应于微放电;三是和前述脉冲电流同时出现、波形为 $(1+x^2)^{-1}$ 的小振幅电流,它们与放电造成的系统电容变化有关。

SDBD 等离子体激励器存在多种变形。俄罗斯科学院普通物理所和莫斯科 Lomonosov 大学在 SDBD 激励器上添加了一个暴露电极,该暴露电极与植入电极相连,这就是所谓的"滑移放电"概念(图 9.4)。滑移放电的击穿电势非常小,且随着电极间隙轻微变化,因此放电产生的等离子体覆盖范围可以达到 1m,且保持低电

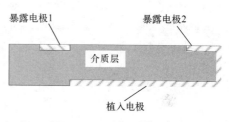

图 9.4　滑移放电激励器

势。另外,还有弯曲性、马蹄形、圆形等多种类型,主要目的是尽量提高等离子体的控制能力。

俄罗斯科学院高温所(IVTAN)研究的准 DC 多电极丝状面放电实际上是一种局部电弧丝状放电。与一般电晕放电、SDBD 激励器的电极不同,准 DC 丝状放电激励器的电极形状非常特殊,是一个尖头、钝体铜圆柱,类似于一根削好的铅笔,其中尖头一端与电源相接,柱体穿过壁面上的孔后进入气流,端面与壁面光滑齐平,在这种电极上施加高频(27MHz)高压电势后即可在该端产生丝状放电,会对马赫数 1.7～1.8 气流中激波的位置和强度造成影响。但是可能由于控制效果不是很好,IVTAN 随后使用 DC 电源,称为准 DC 丝状放电。根据电极与流动方向的关系,可以将其分为纵向和横向两种模式。如果阳极在上游,阴极在下游,放电沿着弦向、流向发生则为纵向放电模式。如果阳极和阴极并列、垂直于来流方向则为横向放电模式。横向放电模式是松弛型放电,初始等离子体细丝先被吹向下游,然后停住并在大约 10μs 后重新开始。

9.1.2　等离子体气动激励机理

虽然 SDBD 激励器结构比较简单,但其流动控制机理依然没有形成被大家完全认同

的成果。总体来看,人们研究 SDBD 等离子体气动激励机理的时,考虑最多的是等离子体积力及其热效应两种机理,另外放电过程会对空气成分造成一定影响。

1. 动力效应

等离子体在空间不均匀电场的作用下,电子逆电场方向运动,正离子沿电场方向运动,其中电子动量远小于离子和中性粒子的动量,其动量交换可以忽略。离子在向电场梯度方向运动的过程中与中性气体分子发生碰撞,从而交换动量和传递能量,诱导激励器表面的空气发生定向运动。因此,等离子体动力效应的作用效果是诱导近壁面气流加速,产生的诱导射流一方面直接加速边界层流动,另一方面通过与主流进行掺混而将主流能量引入边界层,总的效果是增加边界层能量,提高其抵抗逆压梯度的能力。

2. 能量冲击效应

如果将 SDBD 激励器与外界大气环境看成一个封闭的热力学系统,那么在这个系统中存在电子与中性气体之间碰撞而产生的欧姆加热、电子与振荡鞘层碰撞的电子加热等过程。SDBD 激励器工作过程中也存在一些功率损失,位移电流在介质板中会产生一定的热量,这些热效应产生热力学过程可能会对放电区域流场产生一定的影响。

3. 物性变化效应

高压电源激励介质阻挡放电,使得电极附近稳定的中性气体电离产生等离子体,这可能会给流场带来扰动,例如,等离子体之间的相互作用主要是长程库仑力而不是短程牛顿力,是非弹性碰撞而不是弹性碰撞,且等离子体内部还会发生复合、电荷交换等现象,这些微观物理现象的宏观效应是改变了流体的粘滞性等物性参数。放电区域物性的变化将带来流体内摩擦剪切应力的变化,这对层流—湍流转捩有很大影响,因此由于放电过程产生的物性变化可能会带来流场的变化。

9.2　等离子体流动控制仿真方法

9.2.1　数值研究方法

表面介质阻挡放电属于非平衡等离子体,朗谬尔探针等传统方法很难对非平衡等离子体进行探测,光谱测量技术也有待进一步发展,因此很有必要采用数值模拟方法研究表面介质阻挡放电及其流动控制过程。等离子体流动控制涉及 3 个过程,首先是空气放电,其次是空气放电产生的能量能够耦合到空气中去,最后是流动控制。这 3 个过程中就涉及 3 个时间尺度,第一个是微放电的尺度,大约是几个纳秒;第二个与电源激励周期有关,通常为 0.1ms 量级,最后是中性流体对等离子体的响应时间,在 10ms 量级。这 3 个时间尺度最大相差 6~7 个量级,同时考虑到放电模拟的空间尺度在微米量级,中性流体的空间尺度在毫米量级,二者相差约 3 个量级,如果完全采用多物理场耦合方法进行计算,则需要消耗海量计算资源,对仿真造成了很大的困难。目前主要有 3 种模拟方法:一种是唯像学的方法,第二种是多场松耦合方法,第三种是完全耦合方法。

1. 唯像学方法

唯像学方法就是不考虑放电过程,只给出效果,把效果直接代入方程进行计算。这种方法共有 4 种计算模型,其中 Shyy 模型为基础模型,其他 3 种为改进模型。

1998年,Shyy提出一种计算SDBD等离子体体积力的简化模型,该模型将电场和电荷的分布做了线性化处理,从而得到体积力的分布,与试验数据对比发现具有一定的可行性。研究中常用的体积力经验公式为

$$\overline{F}_{tave} = \rho_c e_c \overline{E} \delta \frac{\Delta t}{T} \tag{9-1}$$

式中:ρ_c为电荷密度,取$10^{17} m^{-3}$;e_c为元电荷;Δt为一个周期内的放电时间,取$67 \mu s$;T为电源周期。

Shyy模型存在两个缺陷,首先电荷分布是完全平均的,其次电场分布采用线性简化。针对这两个缺陷分别出现了不同的改进方法。

第一种是保持电荷分布为均匀分布,通过求解泊松方程得到电场分布,然后利用式(9-1)进行计算。

第二种由美国Kentucky大学Suzen等人提出,通过求解静电场的泊松方程得到了电场强度的分布,在假设最大电荷密度和德拜长度的基础上求解拉普拉斯方程得到了电荷密度的分布,在与试验数据做对比之后说明了该方法的可行性。

第三种与第二种方法类似,同样利用德拜长度计算电荷密度,不过采用分布式集中参数电路模型计算电场分布。

2. 多场松耦合方法

微放电和电源激励周期的时间尺度比中性流体的响应时间尺度小得多,可以认为中性流体感受的等离子体作用为定常作用,从而可以将空气放电与流动响应这两个过程分割开而独立模拟,这就是多场松耦合模拟方法。多场松耦合模拟方法,就是先采用细网格、亚纳秒时间步长,利用流体力学模型,或者动力学/粒子方法,或者混合方法计算空气放电过程,得到等离子体的热、体积力分布,然后将其作为能量、动量源项代入空气动力学控制方程中在另外一套粗网格中,采用更大的时间步长进行流动控制计算。由于动力学/粒子方法、混合方法的计算成本相对较高,流体力学模型是目前最常用的计算方法。这样处理的好处在于可以得到空气放电时等离子体的变化过程,能够更加真实地模拟等离子体流动控制,而两个物理过程可采用相互独立的时间、空间步长进行计算,因此计算成本很低,不足之处在于这种方法假设放电、流体之间的作用是单向的,认为流体状态不会对放电过程造成影响,这与实际情况不完全符合,不过在低速来流条件下还是可行的。

3. 完全耦合方法

同时模拟流动和放电的多物理仿真。这种方法耦合了电势场、化学输运和动量输运(N—S方程),能够得出电荷密度等电场参数、等离子体的体积力、放电空间的能量及诱导速度等流场参数等。由于不同物理过程逐渐存在较大的差别,因此这种方法较难实现。

等离子体仿真技术的发展趋势是越来越多的考虑等离子体的激发、二次激发、电离、潘宁效应、电子吸附、复合、电荷交换等元过程及这些元过程与流动过程的耦合。随着仿真技术的发展,SDBD等离子体气动激励过程的仿真必然越来越接近真实。仿真技术的发展对人们理解等离子体气动激励机理有很大的作用,仿真过程考虑了一种元过程就能够得出它对等离子体气动激励的影响,最终得到主要气动机理。

9.2.2 第一种交流激励等离子体唯像学模型仿真方法

9.2.2.1 体积力模型

忽略电磁场力的条件下,考虑带电粒子与中性粒子的碰撞频率得到放电过程中产生的平均体积力密度为

$$F = \sigma e (n_+ - n_- - n_e) E \tag{9-2}$$

式中:σ、e、n_+、n_-、n_e、E 分别为小于1的动量传递效率因子、元电荷(C)、正负离子数密度(m^{-3})、电子数密度(m^{-3})和电场强度。考虑到电子的质量比离子小得多,因此等离子体通过电子向流体施加的体积力可以忽略,故 $F = \sigma e (n_+ - n_-) E$。

另外,磁场变化的非定常性通常是可以忽略的,这样麦克斯韦方程可表示为 $\nabla \times E \approx 0$,相应的电场强度可由电势梯度求出:

$$E = -\nabla \Phi \tag{9-3}$$

式中:Φ 为电场电势分布。

电势 Φ 由两部分组成:一部分由外部电场产生,表示为 φ;另一部分由等离子体中静电荷密度产生,表示为 ϕ。电极上所加电压产生的外部电势分布为

$$\left(\frac{\partial^2 \varphi}{\partial x^2} + \frac{\partial^2 \varphi}{\partial y^2} \right) \varepsilon_d = 0 \tag{9-4}$$

式中:ε_d 为介质的相对介电常数。

通过求解方程式(9-4)即可得到激励器周围电势分布,由电势分布可以通过方程式(9-3)求得电场强度矢量分布,从而通过假设电荷密度分布就可以得到体积力矢量分布。将上述体积力以动量源项的形式添加到 N—S 方程中,通过求解带源项的 N—S 方程便可以模拟等离子体对流场的作用效果。

9.2.2.2 计算网格及边界条件

为了与试验结果进行比较,激励器参数选择如下:

$L_1 = L_2 = 10\text{mm}$,$d_1 = 0.5\text{mm}$,$d_2 = 0.1\text{mm}$,$h = 0.5\text{mm}$,电极附近局部网格如图 9.5 所示,计算域范围为 200mm×100mm。由于施加电源后,电极间电势及电场强度变化比较剧烈,故对植入电极上方的网格进行局部加密。

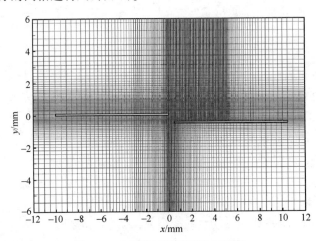

图 9.5 电极附近计算网格(局部)

求解电势分布方程的边界条件为：

外边界方向电势梯度 $\dfrac{\partial \varphi}{\partial n}=0$，暴露电极处激励电势为 $\varphi(t)$，植入电极处电势为 0，空气相对介电常数为 $\varepsilon_0=1$，绝缘介质层相对介电常数为 $\varepsilon_d=2.7$。

具体边界设置如图 9.6 所示。

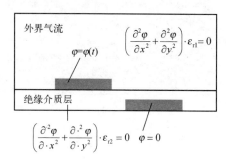

图 9.6　电势方程边界条件

9.2.2.3　模型验证

电源激励电压为 ±5kV，由方程式（9-4）求解得到的电势分布如图 9.7 所示，图中参数为电势 φ 归一化后的结果。在两电极间隙附近极小空间范围内，电势由 1.0 变化到 0.0 表明这里电势的变化梯度非常剧烈。

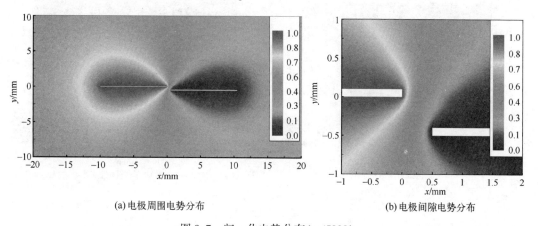

(a) 电极周围电势分布　　　　　　　(b) 电极间隙电势分布

图 9.7　归一化电势分布（$\varphi/5000$）

电极附近电场强度分布如图 9.8 所示。空气击穿的阈值电场强度为 $E_b=3\times10^6\,\mathrm{V/m}$，为了突出显示电极附近空气被击穿的主要分布区域，对电场强度进行归一化处理，图 9.8 中只显示了电极间隙附近 $|E/E_b|>1$ 的电场强度分布情况。施加高压高频电源后，两个电极头部及暴露电极与植入电极间隙附近的电场强度高于空气的击穿电场强度，由于介质层内不会产生等离子体，故主要在暴露电极头部及植入电极上方很小的区域内空气被击穿，该狭小区域是产生等离子体的主要地方，等离子体对周围空气的体积力也主要集中在这一区域。

暴露电极头部附近 x 和 y 方向的电场强度分布如图 9.9 所示，由图 9.9（a）可知，电场强度 x 方向分量大于空气击穿的场强主要集中在植入电极上方，分布范围约为 0.5mm×

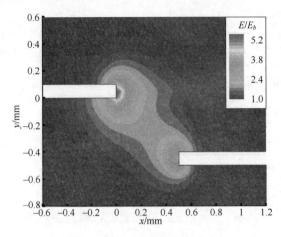

图 9.8　归一化电场强度分布

0.4mm，x 方向场强峰值约为空气击穿阀值的 5.4 倍；电场强度 y 方向分量中大于空气击穿场强的区域主要集中在暴露电极头部上方，最大峰值约为空气击穿阀值的 2.5 倍。可见，电极间电场强度 x 方向分量要大于 y 方向分量，同时 x 方向大于空气击穿阀值的场强分布区域也较大。另外，电场强度最大的位置主要分布在暴露电极头部，即暴露电极头部的空气最先被击穿产生等离子体。

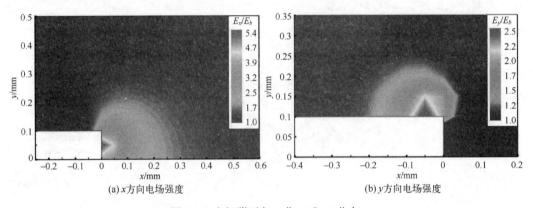

(a) x 方向电场强度　　　　　　　　　　　　(b) y 方向电场强度

图 9.9　电极附近归一化 E_x 和 E_y 分布

　　假定电荷数密度为 $1.0 \times 10^{17} \mathrm{m}^{-3}$，该条件下激励器在静止空气中最大诱导速度约为 1m/s 左右，与试验结果接近，本书静止空气中等离子体诱导速度场的仿真结果与文献 [97] 试验结果比较如图 9.10 所示。可见，仿真结果与试验结果两者流线图相似，在激励器下游形成壁面射流的同时诱导周围气流向激励器运动。

　　因此，该模型可近似用于模拟等离子体对流场的作用效果。

　　改变激励器激励电压可以得到不同大小体积力，电极间电压分别为 ±13kV，±15kV 和 ±18kV 时，仿真结果表明此时等离子体在静止空气中最大诱导速度分别为 3m/s，5m/s 和 7m/s。由于电极间电压达到一定值时会导致绝缘介质层被击穿，故等离子体诱导速度不会一直增大。

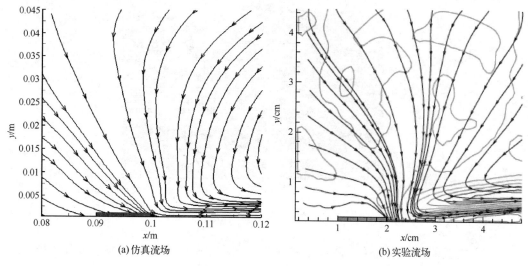

(a)仿真流场　　　　　　　　　　　　　　(b)实验流场

图9.10　仿真结果与试验结果比较

9.2.3　第二种交流激励等离子体唯像学模型仿真方法

9.2.3.1　体积力模型

本方法同样将总电场 Φ 分为外部电场 φ 和等离子体静电荷电场 ϕ 两部分,其中外部电场采用式(9-4)进行计算,静电荷电场为

$$\nabla \cdot (\varepsilon_r \nabla \phi) = -(\rho_c / \varepsilon_0) \tag{9-5}$$

式中:ε_0 为自由空间的介电常数;ρ_c 为等离子体静电荷密度。

德拜长度 λ_d、电荷密度 ρ_c、电荷电场 ϕ 三者之间存在如下关系:

$$\phi = -\rho_c \lambda_d^2 / \varepsilon_0 \tag{9-6}$$

由此可得

$$\nabla \cdot (\varepsilon_r \nabla \rho_c) = \rho_c / \lambda_d^2 \tag{9-7}$$

式中:ε_r 为介质阻挡层的相对介电常数。

根据式(9-7),只要给定德拜长度即可得到电荷密度分布。这个方法的特点是计算等离子体体积力时仅考虑外部电场的作用:

$$F = \rho_c(-\nabla \varphi) \tag{9-8}$$

9.2.3.2　计算网格及边界条件

SDBD 激励器参数为,$L_1 = L_2 = 10\text{mm}$,$d_1 = 0.5\text{mm}$,$d_2 = 0.1\text{mm}$,$h = 0.5\text{mm}$,采用结构性网格,对电极附近局部网格进行加密,由于施加电源后,电极间电势分布及电场强度变化比较剧烈,故对电极间和植入电极上方靠近暴露电极一侧的网格也进行局部加密,如图9.11所示。

计算区域和边界条件设置如图9.6所示。

求解电势分布方程的边界条件为:暴露电极处激励电势为 $\varphi(t)$,植入电极处电势为0,空气相对介电常数为 $\varepsilon_0 = 1$,绝缘介质层相对介电常数为 $\varepsilon_d = 2.7$。方波型电源电压振幅为5kV,频率为4.5kHz,暴露电极加载方波型高压电势作为求解拉普拉斯方程的初始条件得到空间电势分布;绝缘介质与空气的接触面上电势的法向梯度为0。

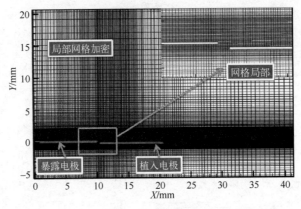

图 9.11　计算网格

植入电极的输入为初始条件求解泊松方程得到电荷密度的分布,绝缘介质与空气的接触面上电荷的法向梯度为 0;植入电极上方壁面的电荷密度为

$$\rho_{c,w} = \rho_{c,\max} G(x) f(t) \tag{9-9}$$

式中:$\rho_{c,\max}$ 为电荷密度的最大值,这里取 0.008C/m³;$f(t)$ 是波形函数;$G(x)$ 与激励器在流场中的位置有关。德拜长度 λ_d 取 0.001m。

$$G(x) = e^{(-(x-\xi)^2/2\theta^2)} \tag{9-10}$$

式中:ξ 是位置参数,由它决定函数最大值的位置,本书取为下表面电极的最左端;θ 为尺度参数,由它决定衰减速度,这里取 0.3。

9.2.3.3　模型验证

气体密度采用理想气体模型,湍流模型采用 Spalart-Allmaras 湍流模型。如图 9.12 所示,与图 9.10 试验结果相比,该计算方法是合理的。

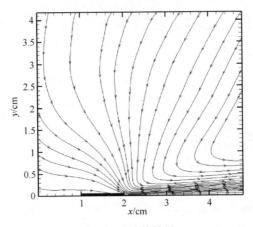

图 9.12　计算结果

9.2.4　松耦合仿真方法

SDBD 激励器如图 9.1(a)所示,电极厚度均为 0.1mm,其中植入电极宽 1.0mm,暴露电极宽 3.0mm,电极间隙为 0mm。介质层厚度为 2.0mm,相对介电常数 $\varepsilon_d = 3.0$。

180

9.2.4.1 放电模型

等离子体放电计算模型可以分为流体模型、粒子模型和混合模型3类,对于高于 13.3kPa 的高压放电,速度的可能分布函数被假设接近平衡,因此流体模型可以充分捕捉相关物理现象,大气压条件下的气体放电可以以此为根据加上边界条件构建合适的流体模型。本书中 SDBD 是在大气压条件下进行放电的,放电控制方程包括计算电场的泊松方程和计算电子、正离子密度的漂移—扩散方程。泊松方程为

$$\frac{\partial^2 \varphi}{\partial x^2} + \frac{\partial^2 \varphi}{\partial y^2} = -e(n_+ - n_e)/\varepsilon_0 \varepsilon_d \tag{9-11}$$

式中: φ、e、n_+、n_e、ε_0、ε_d 分别为电场电势(V)、元电荷(C)、离子数密度(m^{-3})、电子数密度(m^{-3})、真空介电常数(F/m)和相对介电常数。相应的电场强度则为

$$E = -\nabla \varphi \tag{9-12}$$

漂移—扩散方程为

$$\frac{\partial n_e}{\partial t} - \nabla \cdot (\mu_e n_e E) - \nabla^2(D_e n_e) = \alpha(E)|\Gamma_e| - \beta_e n_+ n_e \tag{9-13}$$

$$\frac{\partial n_+}{\partial t} - \nabla \cdot (\mu_+ n_+ E) - \nabla^2(D_+ n_+) = \alpha(E)|\Gamma_e| - \beta_e n_+ n_e \tag{9-14}$$

SDBD 放电参数具有多种表述方式,在数值上也不完全一致,这可能与放电过程的非定常特性以及试验条件不同有关。$\mu_e = 5600/p^*$ 为电子迁移系数($m^2/V \cdot s$),$\mu_+ = 30.4/p^*$ 为离子迁移系数($m^2/V \cdot s$),$p^* = p \times 293/T$(p 为大气压力),$\alpha(E) = 9.0p \times \exp(-256.5/(E \cdot p^{-1}))$ 为电离系数,$\beta_e = 2.0 \times 10^{-13}$ 为电离复合系数(m^3/c),T_e、T 分别为电子和离子温度,Γ_e 为电子通量。

采用 AF-FEM 有限元方法进行计算,放电计算区域为 30.0mm×22.7mm 的矩形区域,图9.13 仅给出了电极附近的计算网格。在未对电极施加电压前,空气中的带电粒子并不受影响,可以将其看作是一个弱电离空气,本书在整个计算域中使用低密度准中性等离子体作为初始计算条件。边界条件为:暴露电极: $\varphi = \pm 5000V$, $n_e = 0$, $\partial n_+/\partial y = 0$(上表面), $\partial n_+/\partial x = 0$(侧面);植入电极: $\varphi = 0$;介质层上表面: $\partial n_+/\partial y = \partial n_e/\partial y = 0$。

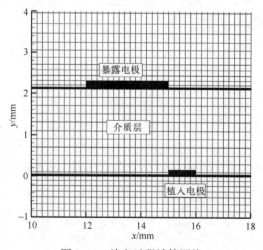

图 9.13　放电过程计算网格

自由流速度为 2.0m/s,但是等离子体激励器诱导的流动速度比较大,因此引入标准 $k\text{-}\omega$ 湍流模型,并采用耦合隐格式进行计算。试验表明电极厚度对性能没有影响,在计算等离子体流动控制中可以假设电极是无限薄的,将不考虑电极对流场的干扰,计算域为图 9.13 中介质层上面 50.0mm×50.0mm 的正方形区域,流动的入口、出口以及上边界均采用压力远场边界条件,下面的平板表面为无滑移壁面。

9.2.4.2 等离子体静电场力计算

暴露电极的长度对放电形式具有重要影响。电压不高时,如果暴露电极较宽则通常只有与植入电极相邻的一侧放电;如果暴露电极较窄则两侧都会发生放电,电极结构的对称性不同也会造成放电微观尺度的不均匀性。本书中激励器在暴露电极下游发生单侧放电,图 9.14 和图 9.15 给出的是暴露电极为−5000V 时的电场强度和离子浓度,为了节约篇幅省略了其他放电情况的电场和电荷云图。

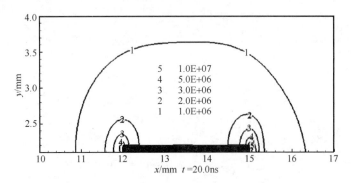

图 9.14　NF 20.0ns 电场强度(V/m)

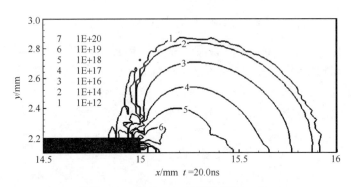

图 9.15　NF 20.0ns 离子浓度(1/m³)

图 9.16 给出了两种情况下离子受到的静电场力。从图中可以看到,x 方向即流向静电场力密度比 y 方向即法向静电场力密度高一个量级,与 Dyken 等人的试验结论一致,因此本书用流向静电场力的方向定义放电控制作用类型。当暴露电极电势为−5000V 时,等离子体体积力为向左的反向力,称为反向力控制(Negative Force,NF);当暴露电极电势为+5000V 时,等离子体体积力为向右的正向力,称为正向力控制(Positive Force,PF)。当电势为−5000V 时,流向和法向力比较饱满,以暴露电极后缘上顶点为中心呈扇形分布,分布范围相对更大;当电势为+5000V 时,最大电场力密度比反向力要高一个量级,但是分布范围非常小,比较扁平。这与电子的漂移—扩散过程有关。

182

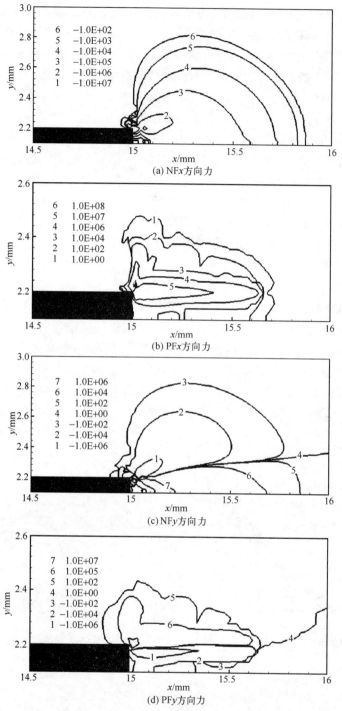

(a) NFx方向力

(b) PFx方向力

(c) NFy方向力

(d) PFy方向力

图 9.16　等离子体静电场力密度(N/m^3)

当电势为-5000V 时,电子受到暴露电极排斥力的作用而迅速向外扩散,导致发生电离的范围扩大,生成的正离子密度自然要低一些,从而电场力密度小。电子在移动过程中有两种作用机理,即浓度梯度造成的扩散和电场力造成的对流漂移。浓度扩散没有方向性,因此电子的分布区域以及由此造成的离子分布区域和电场力分布区域比较饱满。对流漂移则存在强烈的方向性,这在初始电离阶段表现地尤其明显,主要以暴露电极后缘顶点为中心向右上角漂移,最终造成电场力在中心处变成部分扁圆形状,这可以从图9.16(a)中曲线2看到,在电势为正时也存在这种现象,并且表现的更为突出,这从图9.16(b)中可以看到。流向电场力的这种方向性对流动控制效果有重要的影响。

当电势为+5000V时,电子受到暴露电极的吸引作用,不断向暴露电极移动,在暴露电极吸收一部分电子后电子浓度仍然富集,因此加剧了放电过程,但是产生的离子质量较大,短时间内无法在漂移-扩散作用下扩散开,使得离子浓度很高,因此静电场力密度大;而外部区域则由于缺少种子电子无法进一步电离,导致离子浓度很低,再考虑到放电过程中存在的方向性,静电场力的分布范围就比较小而扁平。

从图9.16(c)、(d)中可以看到,法向静电场力以从暴露电极顶点出发的一条略向上弯曲的曲线为0密度线,这主要是由y方向电场强度决定的。法向静电场力或者指向0密度线或者背离0密度线,对流动控制效果会有一定影响。

9.2.4.3 边界层流动控制仿真

图9.17给出了反向力控制下的平板边界层流动速度剖面和流场图。流向等离子体控制力以暴露电极后缘顶点为中心、具有一定方向性呈扇形分布,法向力推动空气向0密度线聚集,因此等离子体控制力对边界层中部的控制作用最强。从图9.17(a)的边界层速度剖面图中可以看到反向控制力对边界层流动产生减速作用,在距壁面0.2mm处产生一束反向射流,该射流与来流撞击造成的回流类似于一个凸起从而将边界层流动向上抬起,使得边界层厚度增加(图9.17(b))。但是边界层底部受到的控制力较弱,在$x=13.0$mm处仍向前流动,并将回流区向上、向后推动。

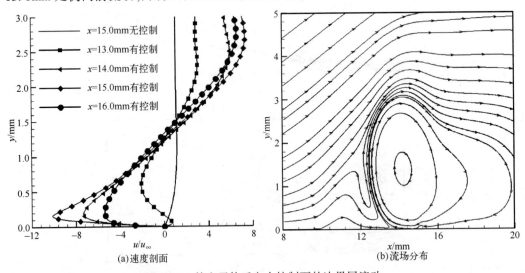

(a)速度剖面　　　　(b)流场分布

图9.17　等离子体反向力控制下的边界层流动

正向控制力加速边界层流动,从图9.18中可以看到产生了一个正向射流,能够增加边界层空气的能量,同时该射流的引射作用将电极附近的空气拉向电极,将主流中的能量输运到边界层中,在这两者的共同作用下,边界层厚度降低,有助于推迟边界层转捩或者控制流动分离。计算得到的流场与图9.10的试验流场类似,并且具有类似的边界层速度剖面形状,这说明该计算方法是正确的。

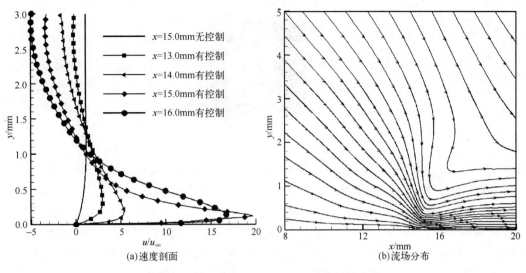

(a)速度剖面 (b)流场分布

图 9.18　等离子体正向力控制下的边界层流动

9.3　等离子体诱导流动

9.3.1　低气压密闭环境中等离子体诱导流场 PIV 试验技术

低气压等离子体诱导射流试验系统如图 9.19 所示,主要包括真空舱及其控制系统、激励电源、SDBD 激励器、粒子图像测速(Particle Image Velocimetry,PIV)系统。试验舱净尺寸为 1000mm×800mm×1750mm,舱内压力采用真空规管测量。激励电源通过两个高压接线柱引入试验舱,接线柱为铜柱,外表面为聚四氟乙烯绝缘棒制作的绝缘层,绝缘棒外表面加工为螺纹状以控制爬电,绝缘棒和铜柱之间紧密结合并通过 O 形圈密封。激励器面板如图 9.20 所示,电极为铜箔,介质阻挡层为环氧树脂。

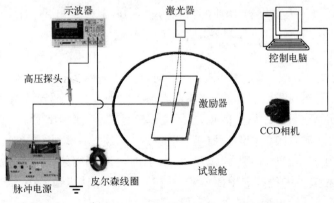

图 9.19　试验系统

PIV 系统包括 Nd:YAG 双脉冲式激光器、同步控制器、Kodak 科研级芯片 CCD 相机、计算机和图像处理软件。试验过程中激光脉冲重复频率为 5Hz。激光波长为 532nm,单脉冲能量 350mJ,脉冲宽度 6~8ns;CCD 分辨率 2048×2048,像素尺寸 7.4μm。

图 9.20　等离子体激励器面板

　　低气压下密闭环境中使用 PIV 技术的难点在于示踪粒子的撒播及悬浮。由于必须采用真空泵对低气压试验环境进行抽气,如果事先在环境中播撒大量示踪粒子,那么真空泵工作过程中将受到示踪粒子的严重污染,很快其密封性将受到严重损害而无法正常工作,所以我们采用了先抽气到低气压,然后利用舱内低气压通过专门设计的导烟管将示踪粒子直接吸入舱内,但试验发现由于示踪粒子产生速率慢,粒子吸入过程中舱内气压恢复较快,同样难以实现示踪粒子的播撒。经过试验探索,我们最终采用粒子沉积-充气搅动的方法进行低气压的粒子播撒,即:

　　(1) 在大气压下产生示踪粒子,该粒子沉积在舱壁上,然后关闭舱门抽气降压,该抽气过程中沉积在壁面的示踪粒子不进入真空泵,从而不对真空泵造成损害。

　　(2) 真空泵将气压降低到约 200Pa 时停止工作,然后打开快速充气阀门,产生的高速空气射流冲击舱壁并产生强烈扰流,从而将沉积粒子携带到空气中,实现粒子播撒。该过程中充气阀门必须快速开关,否则充入气体过多将导致气压过高,必须重新试验。

　　(3) 经过一段时间后,舱内气流稳定,此时即可进行 PIV 测速试验。

　　由于低气压下空气稀薄,示踪粒子难以长时间悬浮,因此 PIV 测速试验必须快速进行。

9.3.2　等离子体诱导启动涡

　　在不同环境压力下,研究了 SDBD 等离子体诱导流场启动涡的演化过程及诱导流场分布情况,4 种环境压力分别为 101kPa、19kPa、11.7kPa 和 5.5kPa,对应的海拔高度分别约为 0、12km、15km 和 20km。微秒脉冲电源的重复频率为 1000Hz。

　　图 9.21 是环境压力为 101kPa 的地面环境下,等离子体诱导流场启动涡随时间的演化图,其中 t^* 是放电时间,暴露电极在左,横向位置为 68~73mm,植入电极在右,横向位置为 73~78mm,下同。激励器开始工作时,流场中出现了一个诱导漩涡,随着放电时间的增大,诱导漩涡逐渐消失,最后在附面层形成了壁面射流,流线的形状为"L"形。诱导漩涡随放电时间逐渐向右向上扩散,且扩散速度随时间递减。最大诱导速度随放电时间的增大逐渐增大,在 $t^* = 1.0s$ 时达到稳定水平,当放电时间继续增大时,诱导流线基本不变,但诱导速度影响范围逐渐向壁面压缩,并在 $t^* = 1.8s$ 时达到最小,表明地面环境下等离子体诱导流场从开始出现诱导气流到稳定的启动时间约为 1.8s。

　　进一步分析可以发现,最大诱导速度所在位置随时间会发生变化,如同激励器按一定频率向右"吐"出一串"气泡",两个"气泡"之间相距 14~16mm。这种间断性的气动激励可能会加强主流与射流之间涡的相互作用,从而产生控制效果。

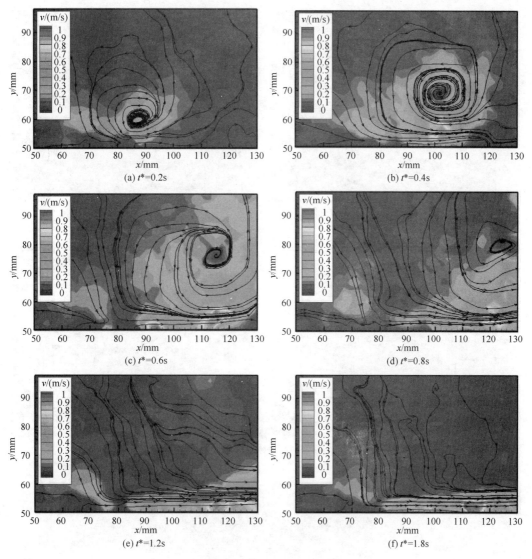

图 9.21   压力为 101kPa 时启动涡的演化图

图 9.22 是环境压力为 19kPa 时,等离子体诱导流场启动涡的演化图。由图可见,激励器开启时,流场中出现了两个不对称的涡对。随着放电时间的增大,左侧诱导漩涡逐渐向右向上扩散,扩散速度随时间递减,并在 $t^* = 1.4s$ 左右消失;右侧诱导漩涡逐渐向右向下扩散,向右扩散速度随时间递减,向下扩散速度随时间递增,并在 $t^* = 1.6s$ 时消失;可见,该工况下诱导流场的启动时间约为 1.6s。两个启动涡都消失后的诱导流场呈壁面射流状,流线的形状同样为"L"形,诱导流场稳定后,最大诱导速度约为 1.2m/s。

图 9.23 是环境压力为 11.7kPa 时,等离子体诱导流场启动涡的演化图。施加等离子体激励后,在激励器左侧迅速形成了向下向右的诱导气流,激励器右侧形成了向上向右的诱导气流,两股诱导气流之间形成了诱导漩涡,该诱导漩涡中心的横坐标基本不随时间变化。随着放电时间的增大,激励器右侧又逐渐形成了一个诱导漩涡,该诱导漩涡随放电时间的增大逐渐增大,并在 $t^* = 1.0s$ 时达到稳定状态。当流场稳定后,诱导流线呈"U"形,

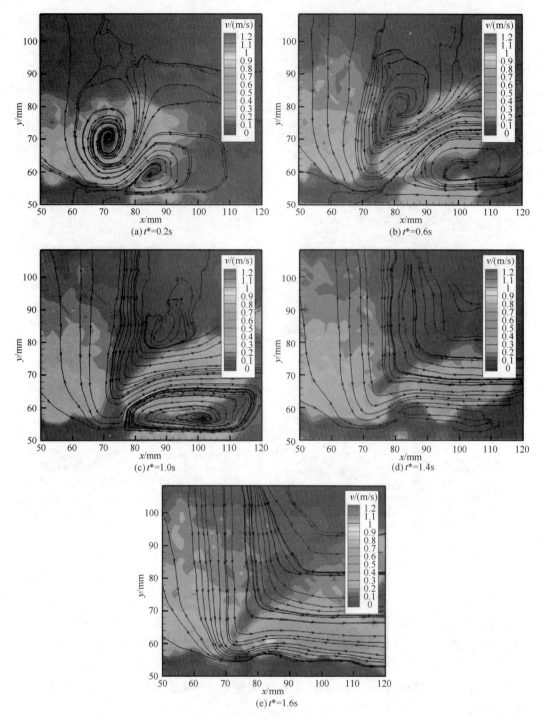

图9.22 压力为19kPa时启动涡的演化图

诱导漩涡分别分布在"U"形凹槽和右侧,可见低压下 SDBD 等离子体诱导流线的形状与常压下完全不同。

图9.24是环境压力为5.5kPa时,等离子体诱导流场启动涡的演化图。激励器工作

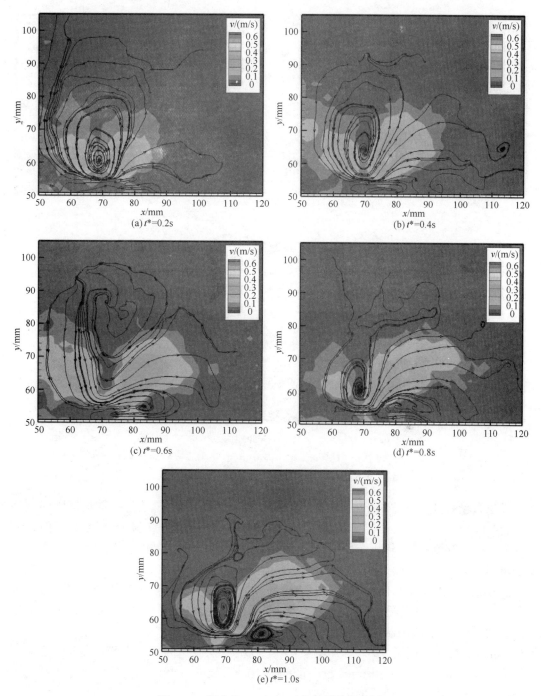

图 9.23　压力为 11.7kPa 时启动涡的演化图

时,激励器上表面瞬间产生了尺度较大的诱导漩涡,漩涡中心在激励器上表面,放电时间增大,诱导漩涡不会消失且其中心位置基本不变。当放电时间 $t^* = 0.4$s 时,流线分布不再变化,流场已经基本达到稳定状态。诱导流场稳定后,流线形状为“V”形,诱导漩涡在“V”形凹槽内。

　　综上所述,采用微秒脉冲激励时,当激励器开始工作,都会出现诱导漩涡即启动涡,在

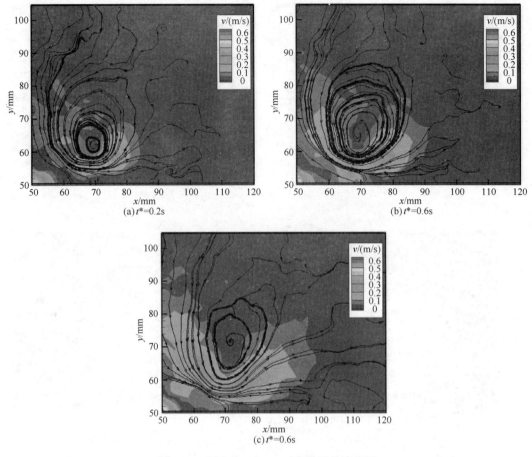

图 9.24　压力为 5.5kPa 时启动涡的演化图

环境压力较高时,启动涡随时间逐渐向右即向植入电极一侧扩散,且扩散速度随时间递减;在环境压力较低时,诱导漩涡不会随放电的时间增大而消失。随着环境压力的减小,等离子体诱导流场达到稳定的时间减小即启动时间减小。达到稳定后诱导流场的法向影响范围逐渐增大,横向影响范围逐渐减小。

　　SDBD 激励器开始工作一段时间后,诱导流场逐渐趋于稳定,平均速度及流线分布如图 9.25 所示。由图可见,在不同压力条件下,激励器左侧即暴露电极一侧都形成了向下向右的诱导气流,激励器右侧即植入电极一侧都形成了向上向右的诱导气流。

　　由图 9.25(a)可见,当环境压力为 101kPa 时,激励器左侧诱导流场高度和长度分别约为 15mm 和 10mm,右侧诱导流场高度约为 10mm、长度大于 60mm,最大诱导速度约为 1m/s,激励器两侧诱导流线的形状呈"L"字形。

　　由图 9.25(b)可见,当环境压力减小到 19kPa 时,激励器左侧诱导流场高度约为 50mm、宽度大于 20mm,右侧诱导流场的高度约为 30mm、长度约为 50mm。与地面环境相比,等离子体诱导流场的高度增大,长度有所减小,最大诱导速度增大,激励器两侧诱导流线的形状同样呈"L"形,但左侧向下的流线与右侧向上的流线之间的夹角减小,说明等离子体对气体"向上抛"的作用增强。最大速度所在位置与激励器的距离减小,说明等离子体对气体"向右推"的能力减小。

190

由图 9.25(c)可见,当环境压力为 11.7kPa 时,左侧诱导流场高度和长度分别约为 30mm 和 20mm,右侧诱导流场的高度和长度分别约为 35mm 和 30mm。与前述两种情况不同的是激励器两侧诱导流线的形状呈"U"形,诱导流场中存在的两个漩涡分别分布在"U"形凹槽内和右侧。由图 9.25(d)可见,环境压力为 5.5kPa 时,激励器左侧诱导流场高度约为 40mm、长度大于 20mm,右侧诱导流场的高度和长度分别约为 30mm 和 30mm。激励器两侧诱导流线的形状为"V"形,诱导漩涡在"V"形凹槽中间。

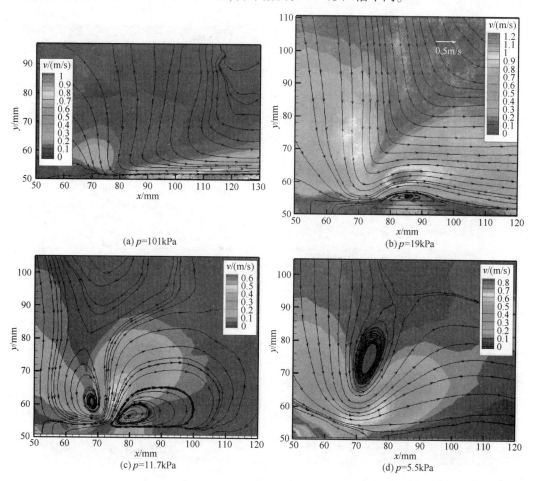

图 9.25　诱导流场平均值的速度及流线分布比较图

综上所述,当环境压力逐渐减小时,等离子体诱导气流法向分量增强,横向分量减弱,等离子体"向上抛"气体的能力增强,"向右推"气体的能力减弱,诱导流线所成形状的变化经历是:"L"→"U"→"V";"L"形流线没有诱导漩涡,"U"形流线有两个诱导漩涡,分别分布在"U"形凹槽内和右侧,"V"形流线有一个诱导漩涡,分布在"V"形凹槽中间。

9.3.3　低气压下等离子体诱导射流

当高频高压交流电源输出电势峰-峰值 V_{p-p} 均为 4.0kV,激励频率均为 10kHz,试验舱内气体压力为 1.0~27.7kPa 时 SDBD 激励器产生的诱导流场如图 9.26 所示,可以将诱导流场形式随压力变化分成 3 类。

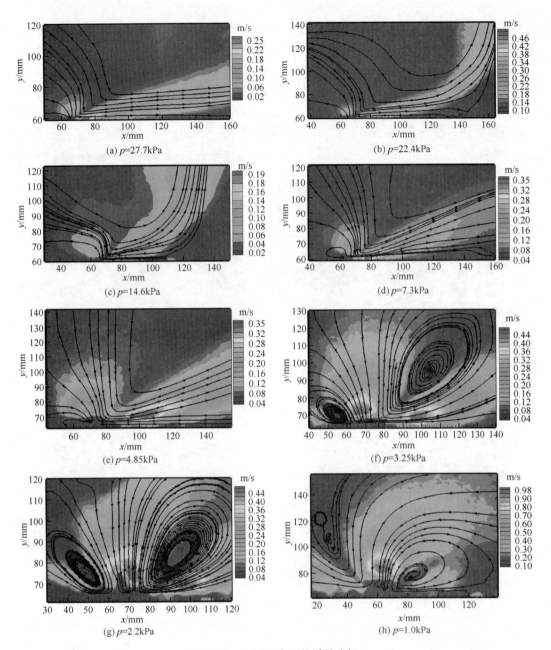

图 9.26　不同压力下的诱导流场

　　第 1 类流场形式为壁面射流流场,包括气体压力为 27.7kPa、7.3kPa 和 4.85kPa 3 种情况,该流场形式与大部分文献中地面条件下的诱导射流类似,即等离子体将植入电极上方的空气推向右侧,造成的低压区将激励器尤其是暴露电极左上方的空气吸引到壁面并再次被等离子体向右推出,从而形成连续的切向壁面射流。对比 3 种情况下诱导流场的流线,可以看到随着压力降低,流线与壁面之间的夹角增大,同时射流速度增大,这说明低压条件下 SDBD 激励器诱导射流具有更强的穿透能力。

　　第 2 类流场形式为 22.4kPa 和 14.6kPa 下的诱导流场,如图 9.26(b)、(c)所示,这种流场形式同样形成了切向射流,但是在离开激励器一段距离后射流迅速转向而成为离开

192

壁面的法向射流。随着压力降低,射流速度减小,但是可在更短距离内即完成转向。两种气压下,一旦形成法向射流,射流分布宽度均开始增大。这里称这种流场为复合流场。

第3类流场形式为低于4.85kPa时的涡形流场,包括图9.26(f)、(g)、(h)3种情况,这种流场包含3股射流,特点是流向壁面的法向射流很强,法向射流到达壁面后分成2个切向射流,其中指向右侧植入电极的切向射流将大部分入射空气带走,仅有小部分空气向左侧流动而形成微弱的左向壁面射流,法向射流与两个切向射流之间各形成一个涡。随着压力降低,反向壁面射流不断增强,1.0kPa时甚至已超过右向射流。涡形流场的形成在于随着空气压力降低,放电更容易发生,造成暴露电极两侧均可发生放电,且与植入电极不相邻的一侧放电强度逐渐增大,从而使得左向射流不断增强。两个切向射流分享了法向射流的流量,因此表面上看涡形流场以法向射流为主,这一点在1.0kPa时表现地尤为明显,但是本质上法向射流为被动射流,切向射流才为流动的动力源,这与前述两种流场构型没有区别。涡形流场以法向射流为主的特点,使其能够有效地将主流空气卷进边界层空气中,从而增加边界层空气能量,相比于前述两种流场构型主要依靠等离子体将电能转化为边界层空气动能的控制机制,可以推测涡形流场在抑制翼型流动分离方面具有优势。同时可以看到,随着压力降低,法向射流的速度迅速增大,说明法向射流卷携主流空气的能力增强,边界层空气将得到更多能量以抑制流动分离。当然问题在于两个切向射流方向相反,因此其中一个切向射流的法向必然与来流方向相反,该射流会降低边界层空气能力,反而更容易造成流动分离,因此还需要采取一定措施尽量减弱一个切向射流,相比之下左向射流更容易减弱,这可以通过增大暴露电极宽度来增强电场以及放电强度的不对称性来实现。

等离子体体积力使得射流加速,而壁面摩擦会造成射流减速,现有试验研究表明大气压下等离子体体积力作用在壁面上方4mm内。图9.27给出了22.4kPa和7.3kPa下等离子体诱导射流的速度剖面,可以看到最大速度分别出现在 $y = 1.27$mm 和 2.58mm 处,表明在低气压下等离子体体积力同样作用在壁面附近。不过图9.26、图9.27表明低气压下等离子体诱导射流具有更高的高度,这可能是由于低气压下流动更容易扩散造成的,可

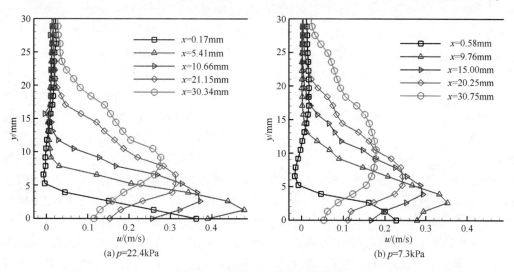

图 9.27　暴露电极下游速度剖面

以说当气压降低时暴露电极上方更多的空气被吸引到壁面,4.85kPa 时即形成法向射流,这意味着低气压等离子体能够更容易地将主流高能量空气卷入边界层,从而补充边界层能量,有利于抑制边界层分离。

9.4　低雷诺数 S1223 翼型流动控制试验研究

9.4.1　试验方法

地面试验模拟不同高度下等离子体对飞行器/部件流场的控制效果,模拟对象包括飞行器/部件和等离子体诱导射流,因此必须同时满足飞行器/部件相似和等离子体诱导射流相似两个条件。对于亚声速飞行器/部件,地面模拟利用风洞进行试验,主要的相似准则为几何相似、雷诺相似等,现有试验方法比较成熟,这里不予考虑。最关键的是如何在地面试验中模拟高空等离子体诱导射流,即等离子体诱导射流相似。为此,首先需要确定等离子体诱导射流的相似参数。等离子体诱导射流是一股自由射流,自由射流相似准则为雷诺相似,即

$$Re = \frac{\rho v L}{\mu} \tag{9-15}$$

式中:v 为射流出口速度,如果为平面射流则 L 取射流出口宽度。

与一般自由射流不同的是,交流或毫秒、微秒脉冲激励等离子体诱导射流存在一个逐渐加速然后减速的过程,另外射流出口宽度决定于激励器长度,因此采用一般自由射流参数并不恰当,更合适的雷诺相似参数为:v 采用等离子体诱导射流最大速度,L 采用射流半高宽,即速度等于最大速度 1/2 点距离壁面的高度,采用这两个参数可以更加合理地反映等离子体诱导射流的动力学特性。综上,开展地面试验时,必须确保高空和地面的等离子体诱导射流具有相同的雷诺数,其中雷诺数根据等离子体诱导射流最大速度和射流半高宽计算。

其次,需要测量不同高度处等离子体诱导射流的雷诺数,为此需要在地面试验中模拟不同高度的大气环境,并在该试验模拟环境中进行表面介质阻挡放电,测量等离子体诱导射流的速度场分布,计算其雷诺数。大气环境包括压力、密度、温度、湿度、组分等要素。表面介质阻挡放电等离子体为低温等离子体,电子温度一般达到上万开,离子温度一般为环境空气温度,大气温度主要影响离子扩散行为,而离子重量较大,扩散能力很弱,因此大气温度对表面介质阻挡放电等离子体的影响很弱。空气湿度虽然会对表面介质阻挡放电过程产生一些影响,但在大气湿度范围内可以忽略其影响。空气组分对放电过程及其诱导体积力可产生明显影响,不过从地面到海拔 20km 高空的空气组分尤其是氧气、氮气的百分比含量变化很小,因此不同高度下空气组分对表面介质阻挡放电的影响同样可以忽略。影响表面介质阻挡放电的主要因素为大气压力和密度,大气压力和密度通过理想气体关系耦合,考虑到等离子体诱导射流与等离子体产生的体积力、被诱导空气的密度相关,结合前面关于相似参数的讨论,可以认为空气密度是地面模拟不同高度大气环境的主要参数。等离子体激励器采用与实际飞行完全一致的结构参数和激励参数,这里称为实际激励器。相同的空气密度、相同的激励器,可以确保得到与实际大气中等效高度处基本

相同的等离子体诱导射流。

最后,需要确定地面大气压环境中模拟激励器的结构参数和激励参数。在地面大气压环境中进行等离子体诱导射流试验并测量其雷诺数,通过改变等离子体激励器的结构参数、激励参数最终得到与实际大气特定高度等离子体诱导射流具有相同雷诺数的地面等离子体诱导射流,将这种激励器称为对应于该高度的模拟激励器。实际飞行中等离子体诱导射流雷诺数随高度发生变化,一种模拟激励器难以完全实现全高度模拟,因此需要利用多个模拟激励器模拟不同高度下的等离子体诱导射流。

通过不同气压下放电试验确定不同高度下等离子体诱导射流雷诺数,并采用雷诺相似原则通过地面大气压环境下的等离子体诱导射流试验得到模拟激励器的结构参数和激励参数,利用该激励器可模拟特定高度处的等离子体诱导射流。具体试验过程如下:

(1)采用与实际飞行等离子体激励器完全相同的激励器,在真空舱中进行静止空气中表面介质阻挡放电,测量等离子体诱导射流,基于诱导射流最大速度和半高宽计算其雷诺数。真空舱空气压力由实际大气特定高度处的空气密度和真空舱空气温度确定。通过改变真空舱空气压力,可实现对不同高度空气密度的模拟,进而掌握同一个等离子体激励器诱导射流随高度的变化特性。

(2)在地面大气压环境中开展静止空气等离子体诱导射流试验,计算诱导射流雷诺数并记录相应的激励器结构参数和激励参数,然后与第一步试验得到的不同高度下实际激励器诱导射流的雷诺数进行比较,如果与某一高度下实际激励器诱导射流雷诺数相等,则认为该激励器采用相应的激励参数工作时可模拟相应高度下实际激励器的诱导射流,得到模拟激励器的结构参数和激励参数。

(3)将模拟激励器安装到需要控制的飞行器/部件模型上,在风洞中开展流动控制试验,来流条件满足飞行器/部件雷诺相似。

(4)根据风洞试验结果,评估相应高度下等离子体流动控制效果。

9.4.2 等离子体诱导流动试验

平流层飞艇等低速临近空间飞行器主要采用螺旋桨作为推进系统,由于飞艇巡航或定点高度一般为 20km 左右或更高,空气密度低,使临近空间螺旋桨翼型的雷诺数比低空翼型至少低一个量级,翼型表面流动分离问题尤为突出,造成临近空间螺旋桨效率急剧降低。等离子体流动控制技术在改善临近空间螺旋桨效能方面具有重要的应用价值。这里针对临近空间螺旋桨常用的 S1223 翼型展开研究。

激励电源采用中科院电工所研制的 HFHV30-1 高频高压交流电源,输出电压±15kV,输出频率 1~50kHz。试验时真空舱的气压和激励电压条件如表 9.1 所列,激励电压为峰-峰值,空气温度为 12℃,同时根据理想气体状态方程计算了空气密度,按照密度相等原则表中同时给出了各气压下的等效海拔。

采用铜箔制作激励器电极,暴露电极、植入电极宽度分别为 10.0mm、60.0mm,极间距离为 0.0mm,两电极重合长度为 5.0cm。介质层为 5.0mm 厚环氧树脂,表面喷有黑色亚光漆以避免介质层表面反射激光对 PIV 测量造成影响。暴露电极在观察窗的左侧方向,植入电极在右侧方向。

电压采用安捷伦 N2771B 高压探头测量,电流采用皮尔森电流线圈 6595 测量,电压、电流测量结果使用安捷伦 DSO3024A 示波器进行显示和记录。

采用 PIV 技术测量诱导射流。

表 9.1 试验气压和激励电压

气压/kPa	7.0	10.2	15.1	24.1	32.1	54.8	101.8
等效高度/km	20	18	15	12	10	6	0
电压/kV	13.9	14.5	13.9	14.5	13.9	13.9	14.3

9.4.2.1 临近空间等离子体诱导射流

图 9.28 给出了大气压力分别为 7.0kPa、10.2kPa 和 101.8kPa 时的等离子体诱导射流流场,图中 $x=0$mm 处为暴露电极后缘,$y=0$mm 处为等离子体激励器壁面。可以看到,地面大气压下等离子体诱导射流表现为单纯的壁面切向射流,最大射流速度出现在植入电极后缘附近($x=50\sim70$mm);低气压条件下等离子体诱导射流表现出 3 个特点:首先激励器上方出现了一个高速向下的法向射流,且法向射流的速度高于壁面切向射流,说明等离子体将激励器上方自由空间中的空气大量吸到壁面,经加速后排出,如果在 $x=-20\sim20$mm,$y=0\sim15$mm 处画矩形区域(见图 9.28(a)、(b)中白色矩形),分别计算其上、左、右三边上的质量流量,发现气压分别为 7.0kPa 和 10.2kPa 时法向射流流入矩形的质量流量是左右两侧流出质量流量的 2.2 倍、2.8 倍,这可能说明等离子体诱导射流将激励器上方的空气吸到壁面后进行一定程度的压缩后再加速排出。本试验中当气压低于 54.8kPa 时均出现该现象,而高气压条件下激励器上方的空气则几乎没有被吸引到壁面,激励器右侧空气是原地被加速的,其空气密度应该降低。上述现象表明低气压条件下等离子体能够将主流空气吸入边界层,从而将主流空气动量添加到边界层中,而高气压条件下等离子体仅将自身能量补充到边界层中,因此可以推测在本书试验条件下(气体压力大于 7.0kPa),

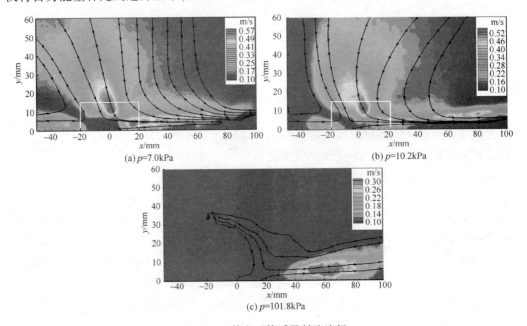

(a) $p=7.0$kPa　　(b) $p=10.2$kPa

(c) $p=101.8$kPa

图 9.28 等离子体诱导射流流场

低气压条件下等离子体抑制流动分离的能力应更强。其次,在暴露电极左侧出现了一个反向壁面射流,这是因为低气压条件下暴露电极两侧均出现放电。再次,壁面切向射流表现出一种断续重复特性,这可能是由前述等离子体对空气的压缩作用造成。

图 9.29 为各气压下等离子体诱导射流的最大速度与雷诺数,其中计算雷诺数时均采用由理想气体状态方程得到的空气密度,没有考虑等离子体对空气的压缩或降低密度作用。另外,低气压条件下射流最大速度取自切向射流,从而可与高气压下雷诺数进行比较。可以看到随着气压变化,射流最大速度出现波动,但总体而言随着压力增大而降低,不过由于空气密度差异较大,射流雷诺数持续增大,临近空间高度下 7.0~10.2kPa 时射流雷诺数为 36~40,约为 101.8kPa 时诱导射流雷诺数的 1/8。

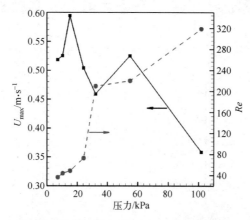

图 9.29 等离子体诱导射流最大速度与雷诺数随压力的变化

9.4.2.2 大气压等离子体诱导射流

采用相同激励器、激励参数时,低气压下的射流雷诺数远低于地面大气压情况,为了能够在地面大气压下获得雷诺数 36~40 的等离子体诱导射流,必须从激励器结构和激励参数两方面进行修改。由于翼型流动控制试验中,通常采用 Kapton 等柔性材料作为介质阻挡层,从而可以直接将激励器粘贴在翼型表面,这里先将宽度 10.0mm 的铜箔电极粘贴在喷有黑色亚光漆的环氧树脂板表面,然后在电极上面依次粘贴 3 层 Kapton 胶带作为介质阻挡层,最后在胶带上面再粘贴宽度 5.0mm 的暴露电极,两个电极之间的间隙为 0mm,重合长度为 5.0cm。激励电源同样采用 HFHV30-1 高频高压交流电源,激励电压峰-峰值为 4~6kV,激励频率为 8~12kHz、15kHz。

图 9.30 所示为激励电压峰-峰值 5kV,激励频率 11kHz 时等离子体产生的诱导射流,具有与图 9.28(c)类似的流场结构,最大速度同样出现在植入电极后缘附近。

图 9.31 给出了不同激励电压、频率下等离子体诱导射流的雷诺数。随着电压升高,诱导射流雷诺数明显增大,不同电压下激励频率的影响各不相同,总体而言 9~12kHz 较好。可以看到,当激励电压峰—峰值为 5kV 时,等离子体诱导射流雷诺数基本维持在 40 附近,因此如果不考虑空气密度变化则可认为暴露电极宽度 5.0mm,植入电极宽度 10.0mm,极间距离 0mm,介质阻挡层为 3 层 Kapton 胶带的等离子体激励器,地面大气压条件下当激励电压峰—峰值为 5kV,激励频率为 8~15kHz 时(不包括 10kHz),其产生的等离子体诱导射流可模拟海拔 20km 处的等离子体诱导射流,实际激励器结构为暴露电

极宽度 10.0mm,植入电极宽度 60.0mm,极间距离 0mm,5.0mm 厚环氧树脂介质阻挡层,激励电压峰—峰值为 13.9kV,激励频率为 10kHz。

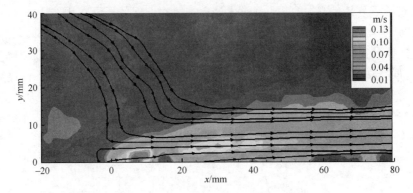

图 9.30　等离子体诱导射流流场(5kV～11kHz)

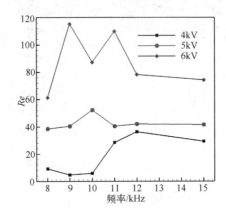

图 9.31　等离子体诱导射流雷诺数随电压和频率的变化

9.4.3　S1223 翼型流动控制试验

翼型流动控制试验在装备学院低湍流度风洞中进行。翼型模型为 S1223,弦长 200mm,展长 790mm,采用环氧树脂加工。模型上下表面分布布置 18、17 个测压孔,分别位于弦长的 0、2.5%、5.0%、7.5%、10.0%、15.0%、22.5%、28.75%、35.0%、41.25%、47.5%、53.75%、60.0%、66.25%、72.5%、78.75%、85.0%和 91.25%。

等离子体激励器的宽度、间隙以及阻挡层均与前节大气压等离子体诱导射流试验情况相同,根据翼型情况将激励器两个电极的长度分别增大到 500mm,使得重合区长度为 230mm,如图 9.32 所示。翼型上表面前缘和下表面后缘各安装一个激励器,其中上表面激励器暴露电极位于植入电极之前,前缘距离翼型前缘 5.0mm,下表面激励器暴露电极位于植入电极之后,其后缘距翼型后缘 5.0mm。上表面 1～5 号测压孔均被等离子体激励器遮挡而无法正常测压。激励电源同样采用 HFHV30-1 高频高压交流电源,激励电压峰-峰值为 5kV,激励频率为 11kHz。

试验时来流风速 5.0±0.02m/s,空气温度为 6.7℃,相应的雷诺数为 7.1×10^4。翼型攻角为 $-20°\sim20°$,间隔 2°测量一次,每次测量均采样 15 次并取平均值。

198

图 9.32　S1223 翼型模型

图 9.33 给出了翼型升力系数随攻角的变化。由于部分测压孔无法正常工作,这里升力系数仅表示 $x/c=15.0\%$ 之后区域的升力情况。图中 No actuator 表示没有安装等离子体激励器之前的翼型升力系数。可以看到,安装等离子体激励器对翼型升力特性造成了严重影响,大多数攻角下升力系数都低于 0,因此实际应用时必须将等离子体激励器与机翼等被控制对象进行一体化设计加工,确保等离子体激励器本身结构不会对被控对象的气动特性造成负面影响。开启等离子体激励器后,翼型升力系数显著增大,绝大部分情况下已超过翼型原始性能,攻角大于 6° 时,升力系数增大 27%~43%。

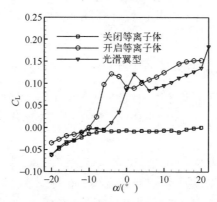

图 9.33　不同攻角下的翼型升力系数

思 考 题

1. 等离子体体积力唯像学模型的不足有哪些? 应用时需注意什么?
2. 大气压力对等离子体放电及诱导流场有什么影响? 影响机理是什么?
3. 如何持续产生等离子体诱导涡?

第 10 章　计算流体力学

计算流体动力学(Computational Fluid Dynamics,CFD)是通过计算机数值计算和图像显示,对包含有流体流动、热传导、化学反应等相关过程的系统所做的分析。CFD 的基本思想可以归结为:把原来在时间域、空间域上连续的物理量的场,如速度场和压力场,用一系列有限个离散点上的变量值的集合来代替,通过一定的原则和方式建立起关于这些离散点上场变量之间关系的代数方程组,然后求解代数方程组获得场变量的近似值。

10.1　流体力学数值模拟

数值模拟通常使用电子计算机来完成,所以也称计算机模拟。它以电子计算机为手段,通过数值计算和图像显示的方法,达到对工程问题和物理问题乃至自然界各类问题研究的目的。

10.1.1　数值模拟的概念

在计算机上实现一个特定的计算,非常类似于实施一个物理试验,这时分析人员已跳出了数学方程的圈子来对待物理现象的发生,就像做一次物理试验,因而数值模拟有时候也称为数值试验。

数值模拟实际上应该理解为用计算机来做试验。例如,某一特定机翼的绕流,通过计算并将其计算结果进行图像显示,可以看到流场的各种细节:如激波是否存在,它的位置、强度、流动的分离、表面的压力分布、受力大小及其随时间的变化等。通过上述方法,目前人们已能清楚地看到激波的运动、涡的生成与传播等。总之,数值模拟可以形象地再现流动情景。

从上面的例子可以看到,数值模拟包含以下几个步骤:

首先要建立反映问题(工程问题、物理问题等)本质的数学模型。具体说就是要建立反映问题各量之间的微分方程及相应的定解条件。这是数值模拟的出发点。没有正确完善的数学模型,数值模拟就无从谈起。牛顿型流体流动的数学模型就是著名的 N-S 方程及其相应的定解条件,它及其简化后的数学模型是计算流体力学研究的主要目标。

数学模型建立之后,需要解决的问题是寻求高效率、高准确度的计算方法。通过人们的努力,目前已发展了许多数值计算方法。计算方法不仅包括微分方程的离散化方法及求解方法,还包括贴体坐标的建立,边界条件的处理等。这些问题对计算结果的精确性和可靠性有至关重要的意义,现在受到越来越多的重视和研究。

在确定了计算方法和坐标系后,就可以开始编制程序,进行计算。实践表明这一部分工作是整个工作的主体,占绝大部分时间。由于求解的问题比较复杂,例如,N-S 方程就是一个非线性的十分复杂的方程,它的数值求解方法在理论上不够完善,所以需要通过试验来加以验证。正是在这个意义上讲,数值模拟又称数值试验。应该指出这部分工作绝不是轻而易举的。

在计算工作完成后,大量数据需要通过图像形象地显示出来,因此数值结果的图像显示也是一项十分重要的工作。

CFD 方法与传统的理论分析方法、试验测量方法组成了研究流体流动问题的完整体系,如图 10.1 所示。

理论分析方法的优点在于所得结果具有普遍性,各种影响因素清晰可见,是指导试验研究和验证新的数值计算方法的理论基础。但是,它往往要求对计算对象进行抽象和简化,才有可能得出理论解。对于非线性情况,只有少数流动才能给出解析结果。

试验测量方法所得到的试验结果真实可信,它是理论分析和数值方法的基础,其重要性不容低估。然

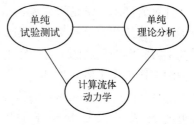

图 10.1 空气动力学的研究方法

而试验往往受到模型尺寸、流场扰动、人身安全和测量精度的限制,有时可能很难通过试验方法得到结果。此外,试验还会遇到经费投入、人力和物力的巨大耗费及周期长等许多困难。

而 CFD 方法恰好克服了前面两种方法的弱点,在计算机上实现一个特定的计算,就好像在计算机上做一次物理试验。例如,机翼的绕流,通过计算并将其结果在屏幕上显示,就可以看到流场的各种细节:如激波的运动、强度,涡的生成与传播,流动的分离、表面的压力分布、受力大小及其随时间的变化等。数值模拟可以形象地再现流动情景。

10.1.2 计算流体动力学的发展

关于计算流体动力学开始形成的时间,没有统一或公认的说法,一般认为计算流体动力学是从 20 世纪 60 年代中后期逐步形成和发展起来的。但有关流体动力学基本方程数值求解的数学方法和理论研究早在 20 世纪初就开始了,而且不少研究成果对后来计算流体动力学的发展有重要影响。Richardson 在 1910 年提出了求解拉普拉斯方程的迭代格式和松弛求解方法;Courant,Friedrichs 和 Lewy 提出特征线方法,给出了稳定性判据:CFL 条件,至今仍有重要指导意义;Von Neumann 提出了数值方法的线性稳定性分析方法,仍在广泛应用;Lax 等人研究了非定常偏微分方程差分逼近的稳定性,提出了 Lax 等价定律,仍然是数值解的理论基础之一。总之计算流体动力学的形成和发展除了计算机的发展这个物质基础外,大量的研究工作,充分的理论准备也是重要和不可少的条件:从所求解的流体动力学基本方程的简化程度来划分,计算流体动力学大致经历了以下 4 个发展阶段:无粘线性、无粘非线性、雷诺平均的 N-S 方程以及完全的 N-S 方程。各个阶段解决的重点问题不同,具体的应用对象或工程背景也不同,因此各个阶段并不是严格按时间顺序进行的,而是相互交替发展的。

另外,计算流体动力学解决任何实际问题都需要生成合适的计算网格,对复杂外形,如飞机,这是难题。要建立对各种外形都通用、快捷的网格生成技术更是个难题,国内外许多人都致力于解决该难题,提出了结构网格、非结构网格、直角网格等不同形式,建立了微分方程、代数方程等结构网格生成方法和阵面推进、Delaunay 等非结构网格生成方法,

也开发了不少好的应用系统,但这个问题还需继续研究。

10.1.3　计算流体动力学的应用

计算流体动力学是一门年轻的学科,但却有很强的生命力,发展速度很快。高速发展的计算机软硬件技术是计算流体动力学发展的基础,需求和应用是计算流体动力学发展的动力。计算流体动力学的应用主要有如下几个方面。

计算流体动力学是研究流体动力学现象、机理,探索新概念、新规律的不可缺少的重要工具。流体动力学的基本方程虽然早已建立,也就是基本的理论框架早已确立,但人们对基本方程解的性质的了解还很有限,探索这些解的性质、利用这些解来改造社会和造福人类的工作永无止境。20世纪,利用风洞试验、理论和计算、飞行试验三大手段,对流体动力学现象作了广泛和深入的研究,为实现人类飞向天空、飞向太空做出了贡献。为了飞得更远、更快、更安全、更经济,首先要从研究流体动力学入手,研究如何减阻增升,如何以最小的代价实现对流动的有效控制等等,流体动力学面临的研究课题很多。计算流体动力学作为研究工具有其独特的优点,首先是经济、快捷,其次是可直接获取基本方程的解,能给出流场包括对绕流物体的力、热、电子密度等所有详尽的数据,能够方便地识别一些关键参数的影响和探索力学现象相互作用的结果和规律,而且可以方便地向相邻和相关学科渗透和结合,这是试验研究难于做到的,可以预计,计算流体动力学将在流动问题的基础和应用基础研究中,发挥更为突出和重要的作用。

计算流体动力学是航空航天飞行器、水中航行器流体设计,包括与流体有关的动力系统设计的重要工具。在概念设计、初步设计阶段,用计算流体动力学可以较快地进行技术可行性分析和多种方案的筛选。这一阶段如果用试验进行,在时间和经费方面都将付出很大代价,而且不可能像计算那样在广阔的范围内筛选。通过计算,在广阔的范围内筛选后再用试验进行精选,可以更有效地保证质量和避免技术风险。在方案设计阶段,计算流体动力学又是优化设计的理想工具,首先用于关键部件及重要部位的外形优化设计,其次用于综合优化设计,如机体—动力装置一体化设计、气动弹性综合设计、气动—控制系统的综合等。总之在工程设计中,广泛使用计算流体动力学不仅可以保证质量,减少和避免风险,而且可能以较小的代价获取性能优化。此外,探索新概念设计、新型布局形式,计算流体动力学更是一种有效的工具。

计算流体动力学与相邻学科和相关学科的结合,比起风洞试验和飞行试验手段更容易、更直接,而且可避免大的技术风险和经济风险。因此,计算流体动力学在化学流体动力学、气动光学、电空气动力学等交叉学科研究中更是起到了不可替代的作用。

CFD的应用有个前提,即相应的软件要可靠,计算要有一定的精度,这就提出了一个重要的问题,即CFD软件的验证和确认。验证与确认,需要对软件进行严格的测试,需要大量的对比性计算,特别需要设计用于CFD验证的高精度试验等,这是计算流体动力学界面临的重大课题。

10.1.4　数值模拟的意义与局限性

当问题本身遵循的规律比较清楚,所建立的数学模型比较准确并为实践证明能反映问题本质时,数值模拟具有较大的优越性。这是因为数值模拟具有耗费少、时间短、省人力等优点,便于优化设计,比试验研究更自由、更灵活,并且还能对试验难以测量的量做出估计,如星体内部温度的推测、可控反应堆温度场分布、航天飞机飞行和返回时的复杂流场等。对核反应堆失水事故的模拟、反应堆在地震等特种条件下安全性的分析,这些都是试验研究难以模拟的情况。

数值模拟的另一个特点是具有很好的重复性,条件易于控制,可以重复模拟过程,这对湍流的数值模拟尤为重要。通过数值模拟还可以发现一些新的现象,例如,两个孤立波相互作用的一些特性就是通过数值模拟首先被发现的。

由于数值模拟的优越性,因此得到越来越广泛的应用。不仅在航天航空工业中,也在其他工业中得到广泛的应用,例如,核工程设备的设计和优化、水击分析、气轮机压缩机的设计与流场分析、石油输送管道的设计与优化、近海工程的设计、分析和优化、天气预报、海浪和风暴潮的预报等,都广泛应用数值模拟。

另外,数值模拟也有一定的局限性,面临不少问题。

首先是要有准确的数学模型。这不是所有问题都能做到的。对于不少问题,在其机理尚未完全搞清楚之前,数学模型很难量化。例如,高速水流的气蚀现象、分层流界面的掺混问题、多相流各相间的相互作用、非牛顿流体的本构关系、物理化学流动中的复杂规律等,都难以用准确的数学模型加以描写,人们经常借助于各种半经验性的模型,这就大大地影响了数值模拟的正确性和可靠性。

其次是数值模拟中对数学方程进行离散化处理时,需要对计算中所遇到的稳定性、收敛性等进行分析。这些分析方法大部分对线性方程是有效的,对非线性方程来说只有启发性,没有完整的理论。对于边界条件影响的分析,困难就更大一些。所以,计算方法本身的正确与可靠也要通过实际计算加以确定。在计算过程中有时还有一定的技巧性。因此为了验证计算结果的正确性,还必须与相应的试验研究结果进行比较。

再次,数值模拟本身还受到电子计算机本身条件的限制,即计算机运行速度和容量大小的限制,有些问题尽管已经有了成熟的数值模型,但是完全实现模拟仍不现实。湍流运动的数值模拟是一个典型的例子。它的数学模型就是经典的 N-S 方程。但由于流动是不定常的、三维的,各种涡的尺度变化很大,如果要详细描写湍流运动,需要巨大的存储空间和计算时间,甚至大到当前计算机系统无法承受。为了能完全模拟湍流运动,还必须大力发展计算机,同时还要努力改进计算方法,提高计算效率。

总而言之,在强调数值模拟优越性的同时,也必须看到它的局限性,应该把它放在适当的位置。它与理论分析、试验研究相辅相成,作为研究流体流动的一个重要手段。

10.2 计算流体动力学基本方法

10.2.1 流动控制方程

流体流动要受物理守恒定律的支配,基本的守恒定律包括:质量守恒定律、动量守恒定律、能量守恒定律。如果流动包含不同成分的混合或相互作用,则还要遵守组分守恒定律。如果流动处于湍流状态,还要遵守附加的湍流输运方程。控制方程就是这些守恒定律的数学描述。

为了便于对各控制方程进行分析,并使用同一程序对各控制方程进行求解,在计算流体力学中,通常使用控制方程的通用形式。

基本控制方程中虽然因变量各不相同,但它们均反映了单位时间、单位体积内物理量的守恒性质。使用 ϕ 表示通用变量,可以将控制方程表示为如下通用形式:

$$\frac{\partial(\rho\phi)}{\partial t} + \mathrm{div}(\rho u\phi) = \mathrm{div}(\Gamma\,\mathbf{grad}\phi) + S \qquad (10-1)$$

式中:各项依次为瞬态项、对流项、扩散项和源项。对于特定的方程,ϕ、Γ 和 S 具有特定的形式。

所有控制方程都可以经过适当的数学处理,将方程中的因变量、时变项、对流项和扩散项写成标准形式,然后将其余各项集中在一起定义成源项,从而化为通用微分方程求解。

10.2.2 偏微分方程的离散

空气动力学问题的求解,可以归结为在特定的边界条件或初始条件下,求解偏微分方程组。如果偏微分方程是线性的,可以用解析法或半解析方法进行求解。但还有许多问题,相应的偏微分方程是非线性的,如跨声速、高超声速、高超声速绕流问题,它们就不可能采用迭加原理来求解,有时可用格林定理,把问题化为积分方程问题,但积分方程仍然是非线性的,不能与采用线性问题相同的方法来求解,而且有时在流场中同时存在高超声速、亚声速、跨声速区,方程的性质在变化,有双曲型、抛物型及椭圆型,加上流场中出现间断(激波、涡面),使得问题十分复杂。

解决这类问题的有效方法就是直接求解偏微分方程的初边值问题。直接数值求解偏微分方程的初边值问题有各种方法,如有限差分法、有限元法、有限体积法等。有限差分法通常采用截断的泰勒级数来近似微分方程,是导数定义的直接应用。有限元法采用问题的变分原理或加权余数法来控制每一元素的近似解与真实解的误差,其网格单元是非结构形式的。有限体积法是对方程的积分形式进行离散,它既可以像有限元法那样方便地应用非结构网格,又可以像有限差分法那样方便地确定离散的流场。目前,有限体积法在计算流体动力学中应用更为广泛。

1. 有限差分方法

有限差分方法求解偏微分方程的基本步骤为:

(1)建立方程与边界条件,将物理模型用适当的方程来描述。

(2)将连续的求解域(时间、空间)用有限的离散点来代替,将在求解域上微分方程中连续变化的各个变量仅用网格点上的值来代替,连续问题转化为离散问题。

(3)将偏微分方程中物理量对时间和空间的导数用相应的差分格式代替,微分方程转化为相应的差分方程。

(4)使用迭代或推进方法求解差分方程。

2. 有限体积法

有限体积法又称为控制体法。其基本思路是:将计算区域划分为网格,并使每个网格点周围有一个互不重复的控制体积;将待解微分方程(控制方程)对每一个控制体积积分,从而得出一组离散方程,其中的未知数是网格点上的因变量。为了求出控制体积的积

204

分,必须假定因变量在网格点之间的变化规律。从积分区域的选取方法看来,有限体积法属于加权余量法中的子域法;从未知解的近似方法看来,有限体积法属于采用局部近似的离散方法。简言之,子域法加离散,就是有限体积法的基本方法。

有限体积法的基本思想易于理解,并能得出直接的物理解释。离散方程的物理意义,就是因变量在有限大小的控制体积中的守恒原理,如同微分方程表示因变量在无限小的控制体积中的守恒原理一样。

有限体积法得出的离散方程,要求因变量的积分守恒对任意一组控制体积都得到满足,对整个计算区域,自然也得到满足。这是有限体积法吸引人的优点。有一些离散方法,例如,有限差分法,只有当网格极其细密时,离散方程才满足积分守恒;而有限体积法即使在粗网格情况下,也显示出准确的积分守恒。

就离散方法而言,有限体积法可视作有限元法和有限差分法的中间物。有限元法必须假定因变量在网格节点之间的变化规律(即插值函数),并将其作为近似解。有限差分法只考虑网格点上的数值而不考虑在网格节点之间如何变化。有限体积法只寻求因变量的节点值,这与有限差分法相类似。但有限体积法在寻求控制体积的积分时,必须假定因变量在网格点之间的分布,这又与有限元法相类似。在有限体积法中,插值函数只用于计算控制体积的积分,得出离散方程之后,便可抛开插值函数。如果需要的话,可以对微分方程中不同的项采取不同的插值函数。

10.3　网　格　技　术

10.3.1　网格概述

网格生成技术是计算流体动力学(CFD)的重要组成部分,在目前的 CFD 工作周期中,网格生成所需人力时间约占一个计算任务全部人力时间的 60% 左右,并且 CFD 计算的精度在很大程度上依赖于所生成网格的质量,可见网格生成技术是 CFD 作为空气动力学工程应用的有效工具需要解决的关键技术之一。

网格生成技术的本质是坐标转换技术。在 CFD 计算中,最理想的情况是计算外形的边界与计算坐标系的某一坐标线相重合,以方便计算空间的数值离散和边界条件的处理,此时的计算坐标系称为适体坐标系或贴体坐标系。当计算外形没有现成的适体坐标系可用时,就需要通过坐标变换的方法构造出这样的一个坐标系来,这个坐标系的构造过程即称为网格生成。

从数值计算观点看,在流场区域建立适体坐标系(即生成网格)应有以下几项要求:

物理区域上的节点与计算区域上的节点一一对应;

同一簇(同一坐标轴方向)的坐标线(网格线)不能相交,不同簇的任意两条坐标线(网格线)只能相交一次;网格中的每个节点均是坐标系中两条坐标线(网格线)的交点;

物理区域内部的网格疏密要易于控制;

适体坐标系的坐标线(网格线)最好正交或接近正交,以便于提高数值计算离散的精度。

目前,成熟的网格生成方法大致有复变函数法、代数变换法和微分方程生成方法。

非结构网格是一类新型网格技术。由于非结构网格省去了网格节点的结构性限制，网格节点和网格单元可以任意分布且很容易控制，因而能较好地处理复杂外形问题。由于该方法流场解算的效率与精度问题，流场解算器的改造问题以及非结构网格自身的一些缺陷，使这些网格生成技术在目前的应用中还有一定的局限性。正是基于这个原因，结合了结构与非结构网格的混合网格技术近年来发展迅速，该技术将结构网格与非结构网格通过一定的方式结合起来，综合了结构网格与非结构网格优势，成为一种处理复杂外形的新型、有效的网格技术。

随着 CFD 计算能力的提高和网格问题研究的深入，网格生成技术处理的外形越来越复杂。在耗时的网格生成过程中，几何建模与表面网格处理占了大部分的人力时间，因而显得十分重要。近年来这一方面的技术发展很快，由于基于图形的计算机技术的发展，表面几何处理开始逐渐引进 CAD 技术和数模技术等表面几何处理技术，并在此基础上构建新一代的网格生成软件。

10.3.2　网格生成的基本方法

网格生成的最终目的是采用某种数学方法实现物理区域到计算区域的坐标变换，这种变换的数学实现均是在单连通区域进行的，相对复杂的多连通网格可以看成是较简单的单连通网格的组合。目前，较成熟的单连通区域网格生成方法主要有代数方法和微分方程方法两类。

1. 代数网格生成

利用已知的物理空间区域边界值，通过一些代数关系式，采用中间插值或坐标变换的方式把物理空间的不规则区域网格转换成计算空间上矩形区域网格的方法称为代数网格方法。

插值计算是代数方法的核心，不同的插值算法将产生性质各不相同的代数网格。简单的有直接拉线方法，各种坐标变换方法、双边界法等。但上述几种方法适应性较差，相对而言通用性较强、生成网格性质较好的方法是通过一定的插值基函数（或称型函数）构造插值公式的代数网格方法，其中较有代表性的是超限插值法，该方法鲁棒性强、速度快，是目前成熟有效的代数网格方法。

2. 微分方程网格生成

微分方程网格生成方法是网格生成中的一类经典方法，这一类方法利用微分方程的解析性质，如调和函数的光顺性、变换中的正交不变性等，进行物理空间到计算空间的坐标转换，所生成的网格较代数网格光滑、合理、通用性强。

微分方程网格方法根据所采用方程的不同，分为椭圆型方程方法、双曲型方程方法、抛物化方法等，其中椭圆型方程方法在实际工作中应用最广泛。

10.3.3　网格分区与重叠网格技术

单连通区域网格生成方法在应用于复杂外形时，即便勉强可以生成贴体网格，质量也不能得到保证，从而影响到 CFD 的计算效果，因此对于复杂外形的网格生成问题，目前多采用多连通区域进行处理，CFD 解算器再对各个子区域进行分别解算，并通过一定的规则或算法实现子区域边界信息的传递，从而完成对整个流场的 CFD 计算。同时，由于计算在各子区域间轮流进行,在每一时刻只有一个子区域网格上的数据信息占有计算机内存空间,这也为小机器计算大题目提供了可能。

对计算的外形空间分区分解的基本原则是:尽量使每个子区域的边界简单、光滑,以便于网格的构造;各个子区域的大小尽量相同,以容易实现并行计算时载荷的平衡。根据以多连通区间划分流场区域的不同方法,目前的网格分区处理技术分为各个子区域相互嵌套的重叠网格生成技术和各个子区域无重叠的对接网格生成技术两类方法。

1. 分区对接网格技术

分区对接网格技术可以根据处理网格坐标线序号的不同,分为统一编号对接网格和一般对接网格两类。它们的基本思路是一致的,构造的方法也基本相同,所不同的是统一编号对接网格在全流场区域中各个子网格的曲线坐标序号相互关联,为一个大的统一的网格坐标系的一部分,这类网格 CFD 计算中边界处理简单、费用小、计算精度最高。但正是由于网格的编号不独立,使得这类方法的灵活性降低,随着处理的外形越来越复杂而显出其局限性;一般对接网格的各个子网格块的网格曲线坐标系是相互独立的,在网格生成中可以不考虑一个子网格曲线坐标序号对其他子网格的影响。相应的网格生成就拥有了更多的灵活性,更方便复杂外形网格的处理,是目前应用广泛,发展迅速的网格技术。

2. 重叠网格技术

重叠网格技术是另一种类型的分区网格技术,又称为嵌套网格技术。重叠网格中相邻的子网格具有重叠的公共区域。与分区对接网格相比,重叠网格子区域的划分规则是非常自由的,由于对子网格区域的各个边界不做特殊要求,大大减轻了子网格间的耦合,降低了网格生成难度。同时,由于子网格的生成不过分依赖于相邻子网格,因而该方法对某一子网格的加密是孤立事件,不会对整体网格产生影响,这一性质使得重叠网格的调整更加方便,更能适应复杂外形的网格处理。此外采用重叠网格还允许在不同的子网格上采用不同的数学模型,这样可以在保证精度的情况下大大提高计算效率、节省计算时间。

10.3.4　非结构网格的生成

传统意义上的非结构网格,二维情况下是由三角形单元组成的,三维情况下则是由四面体单元组成的,如今非结构网格的含义是很广的,它可以包含多种网格单元,形成所谓的混合网格。二维情况下,网格单元可以是三角形单元和四边形单元等;三维情况下,网格单元可以是六面体单元、三棱柱单元、四面体单元以及四棱锥单元等。

最常用的非结构网格生成方法有两种:Delaunay 三角化方法和阵面推进法。

1. Delaunay 三角化方法

Delaunay 三角化方法是把一组给定节点连成三角单元的一种方法,它最重要的特性是其连成的任何三角单元的外接圆都不包含其他的网格节点。这个特性可以使所有三角形单元的最小夹角最大化,从而保证生成的网格单元具有较好的质量。

Delaunay 三角化方法是基于 Dirichlet 于 1850 年提出的一种子区划分方法:在计算域的内部和边界上给定 n 个节点($n \geqslant 3$),把整个计算域划分成 n 个凸多边形子区,每个子区包含且只包含一个节点,子区内任何一点到该节点的距离都比到其他任何节点的距离近。这些子区的集合我们称为 Dirichlet 镶嵌或 Voronoj 图。如果我们把 Voronoj 图中共享一条边的节点对用直线相连,就实现了整个区域的 Delaunay 三角化。

实际网格生成时，为简单起见，常采用 Watson 方法逐个插入节点，实现对整个计算域的 Delaunay 三角化。如果我们要在已经 Delaunay 三角化的某一区域中插入一个新的节点，Watson 方法的基本步骤如下：

找出外接圆包含节点的所有单元，删除这些单元形成包围节点的一个空腔，可以证明该空腔为一凸的多边形；连接节点和空腔的边界，形成新的三角形单元。

在区域内部和边界上给定一组节点，用 Watson 方法实现 Delaunay 三角化的步骤如下：

用一矩形域覆盖整个计算域，把该矩形域划分为两个三角形，形成初始的 Delaunay 三角化单元；用 Watson 方法逐个插入边界节点；用 Watson 方法逐个插入内部节点；去除计算域外的三角形单元，完成整个计算域的 Delaunay 三角化；对网格进行光顺。

可以证明，用 Watson 方法实现 Delaunay 三角化和利用 Voronoj 图三角化完全是等价的。

2. 阵面推进法

阵面推进法三角单元的形成是从计算域的边界(内边界或外边界)开始，然后逐渐向内或向外推进，内部网格的节点在阵面推进的过程中自动引进，最终使三角形网格覆盖整个计算域。

阵面推进法的基本步骤如下：

生成背景网格；根据背景网格提供的网格尺度信息，对内、外边界进行剖分，形成初始阵面；根据背景网格提供的网格尺度信息，引入新节点，推进阵面，生成网格；重复前一步骤，直到整个计算域都被三角形网格所覆盖；对网格进行光顺。

背景网格通常是由覆盖整个计算域的三角形稀网格组成，网格节点处存储有网格尺度信息，用于确定计算域内网格尺度的分布。为了确定计算域内某点的网格尺度，首先要通过搜索找到该点所在的背景网格单元，然后根据该背景网格单元各节点存储的尺度信息，线性插值得到该点的尺度。与 Delaunay 三角化方法相比，阵面推进法生成的网格通常节点分布更为合理，网格尺度变化也更为光顺。

思 考 题

1. 讨论计算流体力学的意义。
2. 说明有限体积法的优点。
3. 生成网格的基本方法有哪些？各有何特点？

第11章　空气动力学试验基础理论

在空气动力学中,试验研究与理论分析、数值计算一样,是解决空气动力学问题必不可少的手段。由于流动的复杂性,从理论上能精确解决的问题是很有限的,往往只有在某些试验观察的基础上建立一些基本的规律,再根据试验对这些规律进行修正,得到能准确地反映客观真实性的理论结果。

11.1　特　　点

空气动力学试验的特点是由其研究对象如飞机、导弹、火箭与航天器及其飞行环境所决定的。航天器包括空间探测器、卫星、飞船、空间站、航天飞机等,作为其运载工具的火箭也是试验研究的对象。火箭与航天器的气动问题与飞行环境、轨道特性和飞行特性有密切关系。

运载火箭垂直地面发射,随着飞行高度的增加和由此导致的周围空气介质密度不断减小,先后经历了从连续介质、滑流介质到自由分子介质的变化过程。这种多变化的介质性质的飞行环境是研究其空气动力问题时必须考虑的。

11.2　任务和内容

试验空气动力学的主要研究任务是解决飞机、导弹、运载火箭、航天器等飞行器研制过程中所出现的各种气动力(热)问题,主要包括气动布局、分离流、旋涡运动和涡升力的利用、边界层转捩、减阻、湍流测量和湍流模型、大攻角空气动力、非定常空气动力、地面风载、外形参数选择、定常气动载荷、抖振载荷、姿控机构的铰链力矩、级间分离、再入弹头气动力、弹头气动加热、滚转共振、粒子云碰撞、飞船返回舱稳定性、再入黑障、稀薄气体空气动力。

试验空气动力学研究的内容包括以下3个方面:

(1) 通过试验揭示空气流动的本质,开拓空气动力学的新领域。由于空气运动的复杂性,空气动力学尤其离不开科学试验。空气动力学的发展在相当程度上取决于试验研究的水平,空气动力学中复杂的物理现象和问题都是首先通过试验进行研究的。例如:边界层的存在及其特性、激波与边界层的干扰、大攻角空气动力问题、级间分离、火箭发动机底部流动、风载对航天器发射和飞行过程影响的研究、通信中断和粒子云侵蚀等。

(2) 验证空气动力学中理论分析和计算的结果。空气动力学和其他学科一样,理论要经过试验验证方可确定能否成立。在理论分析和计算中,一般首先对所研究的现象进行必要的简化,建立数学模型和求解方程,最后得到一定的结论、公式和数据。但是所作的简化和假设与真实现象总有一定的差别,所以理论分析和计算所得的结果都要借助于试验来验证其近似程度和可靠性,只有这样方可应用于工程设计。各类飞行器或其部件的气动设计中的理论公式通常是由试验确定经验系数后加以修正的,有些公式则完全是拟合试验结果而得到的。

（3）为各种飞行器设计提供气动力(热)数据和流态显示。在飞行器研制和改型过程中,只有把理论计算和模型气动力(热)试验密切结合起来,才能全面地解决面临的各种复杂的空气动力学问题。一般的做法是先根据已有的理论结果和试验结果结合具体要求进行计算,为型号研制和选型提出方向,定性地确定出各种初步方案,然后再通过地面模拟设备(风洞或其他试验设备)进行试验,取得各种条件下的大量数据,以供分析、比较和定型。由于一些飞行器的外形和流动现象比较复杂,可靠的气动力(热)数据只能来自试验。因此,现代飞行器在研制过程中不仅要进行大规模的理论计算,更主要的还得进行千、万次甚至十万次的模型空气动力(热)试验。

11.3　发 展 概 况

随着计算机和数值计算方法的发展,促使试验空气动力学向着更深入的方向发展;另外,计算机与计算方法的迅速发展虽然大大增强了其解决气动问题的能力,但不可能完全代替试验研究,计算机只能解决不很复杂的流动问题,至于流动机理方面的研究以及数值计算结果的验证,最终仍要靠试验手段来解决,而且将会促使试验空气动力学出现相应的跃进。另外,近年来各类航天器的性能越来越先进,技术越来越复杂,因而对试验的要求越来越高,试验项目和试验时数越来越多。

11.4　试 验 设 备

许多空气动力学试验都是在风洞中进行的。风洞是传统的空气动力学地面模拟设备,是进行基础性研究和工程性试验的基本设备。我们把产生人工气流的特殊管道称为风洞。在这个管道中,速度最大、最均匀的一段称为风洞的试验段。试验时用支架把模型固定在试验段中,当气流吹过模型时,作用在模型上的气动力通过与支架相连的测力机构传给测量仪器,从而获得模型在各种状态下的气动力。利用风洞试验可以对空气动力学和流体力学的一些基本流动规律进行试验研究,包括翼型表面压力分布、边界层变化情况以及高马赫数飞行的气动热等问题。由于试验模型和观测仪器都是固定不动的,这对流动现象的观测和数据测量都很方便安全,测试的精度也比较高。风洞试验的不足之处在于不能保证和实际流场完全相似,在试验时只能满足某些主要的相似参数。此外,风洞的洞壁和支架等对气流有干扰,与飞行器在无限空间中的自由飞行不同,所以试验数据需要适当的修正。

根据试验段中气流速度 v 的大小,风洞可分为低速风洞($Ma \leqslant 0.3$)、亚声速风洞($0.3 < Ma < 0.8$)、跨声速风洞($0.8 \leqslant Ma \leqslant 1.5$)、超声速风洞($1.5 < Ma \leqslant 5$)和高超声速风洞($Ma > 5$)。按外形,风洞可分为直流式、回流式、闭口式和开口式。按工作方式,风洞还分为连续式和暂冲式。

11.4.1 低速风洞

一般把试验段风速 $v \leqslant 100\mathrm{m/s}$ 的风洞称为低速风洞。此时气流的马赫数小于 0.3，所以空气仍可当作不可压缩的。对于一般的飞行器试验，主要的相似准则仅仅是表征粘性影响的雷诺数。在各类风洞中，低速风洞是出现最早、最完善，种类和数量最多的一种风洞。它有着广泛的用途，在航空航天方面，有关低速流的基础性研究，各种低速或高速飞行器的布局和性能研究，都在低速风洞中进行试验。不论何种高速飞行器都要经历起飞(或着陆)阶段的低速飞行，所以低速试验是不可缺少的。一般工业用的风洞，绝大多数是低速风洞。

11.4.1.1 低速风洞的特点

1. 尺寸大

由于速度低，单位面积气流所消耗的功率较小，但总功率仍相当大，一般在几兆瓦量级，大型低速风洞可达几十兆瓦。

2. 连续运转

除特别大的风洞外，低速风洞的功率比跨超声速风洞要低一些，可长时间运转。长时间运转会消耗很大能量，引起气流和风洞的升温。

3. 对气流的性能要求高

根据相似理论，风洞提供的气流应该是充分均匀的，因此风洞中要设置很多整流部件。

11.4.1.2 低速风洞的种类

按风洞的特点分为：二维风洞、三维风洞、压力风洞、低湍流度风洞、低温风洞、全尺寸风洞、大气边界层风洞和特殊风洞。低速风洞按通道的形式可分为开路式风洞和回路式风洞。回路式风洞主要是指气流经过试验段后再沿着一个管道导回到试验段中去。回路式风洞又可分为3种形式，即单回路式、双回路式及环形回路式。回路式风洞所需空间较小，但由于需加回路、4个拐角和导流片等部件，构造较为复杂。

11.4.1.3 低速风洞的组成和功用

以单回路式风洞为例，其组成如图 11.1 所示。

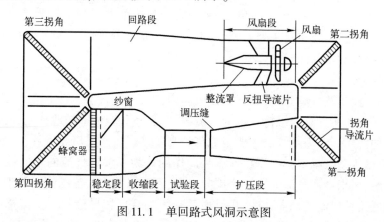

图 11.1 单回路式风洞示意图

1. 试验段

试验段是风洞安放模型进行试验的地方，所以试验段气动力特性的好坏直接影响到测量数据的准确性。风洞对试验段有以下要求:流速、压力、温度等各气流参数在试验段内任一截面上应尽可能达到均匀分布,并且不随时间改变;气流方向与风洞轴线之间偏角尽可能小;具有合乎实际要求的湍流度;装卸模型与进行试验方便。试验段的大小根据试验时所需达到的雷诺数 Re 以及堵塞比来定,Re 数的大小取决于进行哪种类型的试验。堵塞比,即模型的迎风面积与试验段横截面积之比,应小于 5%。

2. 扩散段

扩散段是横截面积逐渐扩大的一段管道,也称扩压段、扩张段等,其作用是把气流的动能变为压力能,因为风洞损失与气流速度的三次方成比例,故气流通过试验段后应尽量减低速度,以减少气流在风洞非试验段中的能量损失。

用扩压效率来表示扩散段能量损失的情况,能量损失少,效率则高。影响扩压效率的主要因素是扩散角的大小,此外管道的截面形状对扩压效率也有影响,试验证明圆截面扩压效率最高,长方形次之。

下面我们来看看装和不装扩散段的情况,假设两者在试验段的流速 v 都一样,有扩散段时,出口流速为 $v_{扩}$,无扩散段时出口流速显然为 v,又因出口处静压均需等于大气压 p_a,根据伯努利公式可列出两种情况下出口气流的单位质量气体的总能量。

无扩散段情形:

$$p_a + \frac{1}{2}\rho v^2 = C_1$$

有扩散段情形:

$$p_a + \frac{1}{2}\rho v_{扩}^2 = C_2$$

因为 $v_{扩}<v$,所以 $C_2<C_1$。由此可见,不装扩散段的风洞,动力系统供给气流的总能量要比装有扩散段的风洞大。试验表明,扩散角一般在 7°~10° 范围内选择,超过这一限度,气流易在扩散段内部产生分离。这样不仅要损失能量,还会因气流分离而产生脉动。

3. 导流片

在回路式风洞中,气流沿着风洞洞身循环一次需要转过 4 个 90° 的拐角。气流在拐角处容易发生分离,产生涡旋,造成流动的脉动,导致大的能量损失。为了改善气流的性能和减少损失,在拐角处布置一列导流片,把拐角的通道分割成许多狭小的通道,导流片的截面形状与翼剖面相似。

4. 动力系统

由于摩擦、拐弯及分离等原因,气流在风洞内循环一周后会产生能量损失,造成一定的压力降低。为了在试验段维持一定的气流速度,必须有能量不断地补充进去,动力系统就起了这样的作用。动力系统的主要组成部分有:①风扇;②反扭导流片;③整流罩;④动力系统;⑤机械传动系统。其中反扭导流片的作用是为了保证气流的轴向流动。因为气流流过风扇时,风扇会使气流产生一个周向速度,而在风洞内气流的流向要求与风洞轴平行。为了减低这种滑流的周向速度,在风扇后必须安装反扭导流片。整流罩则是为了保护风扇的机械部件及电动机,并同时增加流过风扇的气流速度。动力系统带动风扇,所采用的动力系统应该满足以下要求:①工作时要稳定;②能调整转速,其调整范围最好能达10:1 以上;③造价低,维护方便。常用的动力系统是交、直流电动机组,即交流电动机带动直流发电机发出直流电,供直流电动机使用,调节发电机发出的电压,就可调节气流的流速。

5. 回流段

回流段也是一个面积增大的扩压段,在回路风洞中,它主要作为气流的回路,也称回路段。在风洞中以试验段速度最大,扩散段内虽然气流的动能部分转化为压力能,但速度仍较大。在回流段内气流的速度已降低很多,此处的损失小。若为了缩短风洞长度,在回流段可用大的扩散角,因为回流段的损失在整个风洞的损失中占较小比例。

6. 蜂窝器与阻尼网

蜂窝器(整流器)是用许多方形、圆形、六角形等截面的小格子组成,形同蜂窝。蜂窝器的作用是将大旋涡变成小旋涡并对气流进行导向。在开路式风洞中,气流由四面八方进入风洞,必须装蜂窝器起整流作用。在回路式风洞中,气流经过第四拐角后,旋涡可能仍很大,为了把大旋涡打破成小旋涡,很多风洞在第四拐角后装有蜂窝器,从蜂窝器出来的小旋涡在稳定段受到阻尼会很快消失,气流湍流度减低。同时,气流经过蜂窝器时由于减少横侧方向的流动,气流方向被引直了,使方向与风洞轴线一致。蜂窝器的长度越长,整流效果越好,但长度增大,会使气流摩擦损失增加,好在此处的气流速度不大,虽然蜂窝器本身损失系数较大,但其损失只占整个风洞的5%左右。

在一般风洞中,为了使风洞气流和飞行器真实飞行情况相似,都要降低气流的湍流度,在这方面,阻尼网的效果最好。一般风洞中阻尼网眼及网线的直径都很小。由于稳定段的流速最低,损失较小,因此阻尼网都装在稳定段内,并在收缩段的前方,如与蜂窝器同时使用时,则装在蜂窝器后。气流经过阻尼网后,大的旋涡被分割成许多小旋涡,在稳定段中先经过衰减,然后立刻再经过收缩段,气流绝对速度增大。阻尼网与蜂窝器的基本区别在于阻尼网不能对气流起导向作用。

阻尼网与蜂窝器所在的稳定段一般为等截面,位于收缩段前。为了使气流有足够的时间稳定下来,按照经验,稳定段长度常设计为$(1/2\sim1.0)D$(D为该段直径)。

7. 收缩段

收缩段将从稳定段流过来的气流进行加速。对收缩段的基本要求是:气流沿收缩段流动时,流速单调增加,在洞壁上要避免分离,收缩段出口处气流分布均匀且稳定。收缩段不宜过长,否则建造成本大,且能量损失也大。将收缩段进出口的面积比称为收缩比。必须适当选择收缩比,一般而言,收缩比越大,则收缩段出口气流的速度分布也越均匀,气流的湍流度也越低,但收缩比过大,洞身随之增长,使造价增高。根据经验,收缩比一般选在4~10之间。

收缩段曲线的形状对试验段的气流分布的均匀程度有较大的影响。收缩段靠近出口部分的曲线变化应缓慢些,以稳定气流,对于收缩曲线的设计,通常采用的维多辛斯曲线,其计算公式为

$$R = \frac{R_0}{\sqrt{1 - \left[1 - \left(\dfrac{R_0}{R_1}\right)^2\right]\dfrac{\left[1 - \left(\dfrac{x}{l}\right)^2\right]^2}{\left[1 + \dfrac{1}{3}\left(\dfrac{x}{l}\right)^2\right]^3}}} \tag{11-1}$$

式中:x、R 为曲线上任意点坐标;R_1 和 R_0 分别为收缩段进出口截面的半径;l 为收缩段长度,一般取 $l = (1.2 \sim 2.4)R_1$,收缩段出口处常有一段长度为 $0.4R_0$ 的平直段。试验证明,按照这个曲线做成的收缩段,出口截面的速度场都相当均匀。

8. 坐标架

坐标架是风洞必要的配套设备,其作用是为了固定各种模型、测量探头、模型支架等。根据不同试验的要求,坐标架可以有 2 个或 3 个自由度,有的支架还可以倾斜或绕轴旋转。

11.4.2 亚声速风洞

亚声速风洞又称高速风洞,是相对于低速风洞而言的。自从出现了跨声速风洞以后,风洞的马赫数从亚声速到跨声速连续变化,跨声速风洞可以兼顾亚、跨声速的试验,很少再建造单一的亚声速风洞,有些亚声速风洞也已改装为跨声风洞。二者的主要差别在于试验段,其他很多部件都是类似的。

(1)亚声速风洞的速度范围。亚声速范围从必须考虑压缩性影响($Ma = 0.3$ 左右)开始,到一般尺度的试验模型将发生"堵塞"($Ma = 0.8 \sim 0.85$)为止。显然对一个具体风洞来说,其马赫数上限与试验模型尺寸有关,即模型最大迎风面积越小,马赫数越接近于 1。

(2)亚声速风洞的能量比。风洞所需的功率近似地与试验段风速的三次方成正比,因而亚声速风洞的驱动功率要比低速风洞大得多。风洞能量比与功率之间的关系式为

$$N = \frac{1}{\chi} \frac{1}{2} \rho_0 v_0^3 A_0 \qquad (11-2)$$

式中:N 为驱动功率;χ 为风洞能量比;ρ_0、v_0、A_0 分别为试验段的密度、速度和截面积。为了减小功率,亚声速风洞的能量比都较高,一般 $\chi = 6 \sim 11$。为了提高风洞的能量比,风洞各部件的压力损失应尽量减小。

(3)亚声速风洞必须有冷却措施。

(4)动力系统一般采用两级风扇。由于动力系统的功率很大,一级风扇难以输送那么多的能量,一般采用两级风扇,且设计成同轴的。

11.4.3 跨声速风洞

跨声速风洞其速度范围大约为 $Ma = 0.8 \sim 1.5$,这个速度范围应包括一般模型的下临界 Ma(模型表面出现局部超声速流动所对应的来流 Ma_∞)和上临界 Ma(模型周围的流场全部或接近全部成为超声速流动所对应的来流 Ma_∞)。这两个临界之间的流动,即为跨声速流动。

跨声速风洞从管道形式上分为回路式和开路式两种;从运转时间上可分为连续式和暂冲式两种。

跨声速风洞的特点是,试验段采用开孔或开槽的通气壁,四周以驻室包围,必要时装有抽气系统;允许的模型尺寸相对试验段是比较小的;风洞需要比较大的功率。为节约功率,常采用引射式方案。

214

11.4.4 超声速风洞

1. 超声速风洞的 Ma 范围

超声速风洞的 Ma 一般在 $1.5\sim5$，确定 1.5 作为风洞 Ma 下限的依据是：从风洞设计角度看，若 $Ma>1.5$，则风洞试验段可以采用普通的实壁，不必考虑模型的堵塞或激波反射；若 $Ma<1.5$，则通常需要采用通气壁板。从流动观点看，当 $Ma>1.5$ 以后，模型流场已经全部变成超声速流动，气动特性随 Ma 的变化已趋于缓和，试验 Ma 的变化不必连续，间隔也不需太小。确定 $Ma=5$ 为风洞上限，主要是根据气流是否需要加热。若风洞气流的驻点压力为 $0.1MPa$，驻点温度为普通大气温度，加速膨胀至 $Ma\geqslant5$，则气流温度将下降到空气液化点以下而出现凝结，为了防止凝结需要预先加热空气。若试验段 $Ma<5$，则一般不需要加热空气，这是超声速风洞区别于高超声速风洞的重要标志。

确定一个超声速风洞的 Ma 范围在很大程度上决定于风洞的试验对象，若风洞主要解决飞机设计而建造的，则风洞 Ma 的上限达到 3 或 3.5 就可以了。若风洞主要试验对象是中程或远程导弹，则风洞 Ma 应达到 5。Ma 范围越大，则风洞设计所需要解决的问题就越复杂。但 Ma 范围大一些，风洞的适用性就大一些，可以满足各种试验对象的要求。

2. 超声速风洞的基本类型

超声速风洞的基本类型可分为连续式和间歇式两大类。连续式超声速风洞可像低速风洞那样连续地工作，试验条件易于控制，试验不受时间限制，但动力设备的功率要相当大。间歇式超声速风洞，又称暂冲式超声速风洞，按产生压强比的方式不同，又可分为吹气式、吸气式、吹吸式和吹引式等类型，其所需的动力设备的功率比连续式风洞小得多。

3. 超声速风洞的组成

以暂冲式超声速风洞为例，其组成部件如图 11.2 所示。

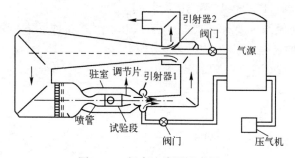

图 11.2　超声速风洞示意图

11.4.5 高超声速风洞

1. 高超声速风洞的基本特点

高超声速风洞的主要特点是风洞使用的空气必须加热，若空气驻点温度等于环境大气温度（$15℃$），则高超声速范围内各 Ma 下的气流静温如表 11.1 所列。这样的低温，不仅水蒸气会凝结，空气本身也会液化，一般认为从 $Ma=5$ 开始就需要加热，加热温度随 Ma 提高而提高，至 $Ma=10$ 所需要的加热温度已达到 $1000K$ 左右。超过这样的温度，普通的电阻加热器已很难满足连续工作的要求。因此，高超声速风洞的 Ma 范围为 $5\sim10$。

表 11.1 试验段静温随 Ma 的变化

Ma	5.0	6.0	7.0	8.0	9.0	11.0
试验段静温/℃	−225	−238	−246	−252	−256	−259

从实际流动来看,在这个 Ma 范围内也有一定的特点。当 $Ma>5$ 时,继续运用超声速流的线化理论分析流动,可能会产生比较大的误差。飞行器的气动加热问题也变得十分严重。飞行器的头部激波与边界层的相互干扰就会引起整个流场的变化。而当 $Ma>8\sim9$ 以后,空气中的氧气首先开始离解,其他气体也相继出现离解,理想气体方程已不适用,必须考虑真实气体效应。因此,$Ma=5\sim10$ 也是一个特殊的流动范围,一般称为高超声速流动。

高超声速风洞中的气流加热,目的是为了防止空气液化,而不是为了模拟真实飞行器构驻点温度。实际高超声速飞行器的气动加热问题是很严重的。例如,在 40km 高空,飞行器以 $Ma=10$ 飞行时,飞行器表面温度可达到 3000K。当飞行 $Ma>7\sim8$ 后,激波后面的温度很高,以致产生分子的内自由度,如原子振动、分离和电离等。绕飞行器的实际介质已不能看作理想气体,而在一般高超声速风洞中并不具备完全模拟这种飞行的试验条件,只能解决飞行器的气动力问题,而不能解决气动加热问题。后者必须在模拟驻点温度的高速高熵试验设备中解决。

2. 高超声速风洞的主要形式

同超声速风洞一样,风洞的工作方式主要取决于气源的形式。气源不仅要维持风洞所必须达到的压力比,而且要满足雷诺数的要求。例如,当 $Ma=8$ 时,要达到单位长度雷诺数为 $10^7 m^{-1}$,则驻点压力 P_0 应大于 4.5MPa(驻点温度为 760K)。如果风洞连续工作,高压力比将使风洞耗费很大的动力,因而连续式风洞很少采用。实际上,由于测试设备的不断改进,暂冲式风洞可以提供足够的试验时间。

暂冲式高超声速风洞主要有下吹式、吹吸式和吹引式 3 种形式。

3. 高超声速风洞的组成

高超声速风洞组成如图 11.3 所示。

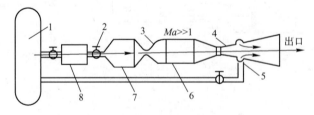

图 11.3 高超声速风洞示意图

1—高压气瓶;2—阀门;3—喷嘴;4—扩压段;5—引射器;6—试验段;7—稳定段;8—加热器。

(1) 高压气瓶。高压气瓶的作用是产生足够大的压力比,保证风洞的正常运行。其结构形式是根据所耗钢材多少,工艺性和强度的优劣来确定的,目前采用的有圆球式和圆柱式两种。其工作压力为 $6\sim22$MPa,材料为合金铜。

(2) 各种阀门。包括密封门、快速阀和调压阀。

(3) 加热器。其功用是将进入稳定段的空气预先加热到一定温度,使试验段不出

216

现液化的空气。其形式可分为电热式加热器和蓄热式加热器。前者结构简单但耗费功率大;后者比较经济,但结构复杂,温度随时间有变化,只能维持比较短的风洞运转时间。

(4) 稳定段。维持一定的总压,并保证进入喷管以前,收缩段中的气流速度分布和温度分布都很均匀。同时有较低的湍流度;气流方向与风洞轴线平行。

(5) 喷管。其作用与设计原理与超声速风洞是类似的。但高超声速风洞的气流是高温高压的,而且喷管面积比的变化很大,因而出现一些特殊问题,主要有以下4点:

① 计算中是否要考虑实际气体效应;

② 喷管喉部的散热问题及热变形问题;

③ 高超声速喷管的边界层修正;

④ 喷管出口的低压力要求喷管气密性好。

(6) 试验段。确定高超声速试验段的大小,主要根据以下几个因素,即试验段所需要达到的 Re,试验段流场中均匀气流区的范围模型所需的最小尺寸,测量数据所使用的仪器和洞体的结构强度等。其中以 Re 要求为主要依据。

(7) 扩压段。扩压段包括超声速和亚声速两个部分。其作用是将试验段的高超声速气流,以最少的损失减速并使这些空气能以低亚声速排出。

(8) 引射器。吹引式风洞的引射器,一般位于第二喉道以后的扩散段中。引射器的效率与引射器所在位置有很大关系。位于管道截面比较小的地方,由于主气流速度高,效率也比较高。引射器由进气管道、可调节喷管及气流混合室等部分组成。

11.5　相似理论与典型相似准则

空气动力学试验主要有两类:一类是工程性的模型试验,目的在于预测工程中的流动情况;另一类是探索性的观察试验,目的在于寻找未知的流动规律。科学的试验方法来源于正确的理论指导,而空气动力学试验必然以相似理论作基础,以相似准则作为确定试验方法的出发点。

11.5.1　相似理论

在试验中,经常采用模型试验的方法。一般情况下,模型总比实物小得多,试验条件和实物运动的条件也不完全相同。因此就会产生两个问题:

(1) 如何设计模型以及保证模型试验的条件,才能有效地比拟实物的实际情况。

(2) 由模型测得的数据怎样换算回实物中。

相似理论就为这些问题的解决提供了理论依据。该理论指出,若要实物流动与模型流动可以比拟,它们必须是力学相似,并且还得使两个流动的边界条件和初始条件相似。

若要两个流动力学相似,它们必须满足几何相似、运动相似和动力相似 3 个条件,为了方便,规定用下标 t 表示实物参数,用下标 m 表示模型参数。

1. 几何相似

几何相似即实物流动与模型流动有相似的边界外形,一切对应的线性尺寸成比例。设流场中有几何尺寸 l,则两流动几何相似时,应满足

$$\frac{l_t}{l_m} = \delta_l = 常数 \tag{11-3}$$

其中 δ_l 为线性比例尺。面积比例尺和体积比例尺分别为

$$\delta_A = \frac{A_t}{A_m} = \frac{l_t^2}{l_m^2} = \delta_l^2 = 常数 \tag{11-4}$$

$$\delta_\tau = \frac{\tau_t}{\tau_m} = \frac{l_t^3}{l_m^3} = \delta_l^3 = 常数 \tag{11-5}$$

2. 运动相似

运动相似即实物流动与模型流动的流线应该几何相似,而且对应点上的速度矢量是互相平行的,大小互成比例。因此速度比例尺为

$$\delta_v = \frac{v_t}{v_m} = 常数 \tag{11-6}$$

在运动相似时,实际上还包含两流动中对应的过程所用的时间间隔成同一比例,即时间比例尺为

$$\delta_t = \frac{t_t}{t_m} = 常数 \tag{11-7}$$

于是得到速度比例尺与线性比例尺、时间比例尺的关系式为

$$\delta_v = \frac{v_t}{v_m} = \frac{l_t/t_t}{l_m/t_m} = \frac{\delta_l}{\delta_t} \tag{11-8}$$

加速度比例尺为

$$\delta_a = \frac{a_t}{a_m} = \frac{v_t/t_t}{v_m/t_m} = \frac{\delta_v}{\delta_t} = \frac{\delta_l}{\delta_t^2} \tag{11-9}$$

流量比例尺为

$$\delta_Q = \frac{Q_t}{Q_m} = \frac{l_t^3/t_t}{l_m^3/t_m} = \frac{\delta_l^3}{\delta_t} \tag{11-10}$$

角速度比例尺为

$$\delta_\Omega = \frac{\Omega_t}{\Omega_m} = \frac{v_t/l_t}{v_m/l_m} = \frac{\delta_v}{\delta_l} = \frac{1}{\delta_t} \tag{11-11}$$

由这些公式可以看出,只要确定了 δ_l 和 δ_t,则一切运动学比例尺都可以确定。

3. 动力相似

动力相似即实物流动与模型流动中对应点作用着同样性质的外力,并且互相平行,大小成比例。力的比例尺为

$$\delta_F = \frac{F_t}{F_m} = 常数 \tag{11-12}$$

由牛顿第二定律可知: $F = ma = \rho\tau a$,则

$$\delta_F = \frac{F_t}{F_m} = \frac{\rho_t \tau_t a_t}{\rho_m \tau_m a_m} = \delta_\rho \delta_l^3 \frac{\delta_l}{\delta_t^2} = \delta_\rho \delta_l^2 \delta_v^2 \tag{11-13}$$

式(11-12)可写成

218

$$\frac{F_t}{\rho_t l_t^2 v_t^2} = \frac{F_m}{\rho_m l_m^2 v_m^2} \tag{11-14}$$

显然,$\dfrac{F}{\rho l^2 v^2}$为量纲为 1 的数,称为牛顿数,用 N_e 表示,即

$$N_e = \frac{F}{\rho l^2 v^2} \tag{11-15}$$

于是式(11-15)成为

$$(N_e)_t = (N_e)_m \tag{11-16}$$

这就是说,两个动力相似的流动其牛顿数必相等;反之,如果两个流动的牛顿数相等,那么它们之间是动力相似的,这就是牛顿相似定律。

11.5.2 典型相似准则

模型流动与实物流动如果力学相似,则必然存在许多比例尺,但是不可能用一一检查比例尺的方法来判断两个流动是否力学相似,而要采用相似准则来判断。在风洞试验中,常用的物理量有空气密度 ρ、速度 v、粘性系数 μ,压力 p 等。在流场中一般作用着压力 F_p、粘性力 F_μ、重力 F_g 及弹性力 F_k,这些力所引起的流体质点的惯性力为 ma,则

$$F_p + F_\mu + F_g + F_k = ma = m\left(\frac{\partial v}{\partial t} + v\frac{\partial v}{\partial s}\right) = F_l + F_c$$

这里 F_l 为时变惯性力或称非恒定流动惯性力,F_c 为位变惯性力。物体的特征长度用 l 表示。

1. 欧拉数(Euler number)Eu

$$Eu = \frac{F_p}{F_c} = \frac{pl^2}{\rho v^2 l^2} = \frac{\Delta p}{\rho v^2} \tag{11-17}$$

流体力学中的压力系数 C_p 即是欧拉数。如果模型试验流场与实物相似,那么两者表面各对应点的压力系数相等。

2. 雷诺数(Reynolds number)Re

$$Re = \frac{F_c}{F_\mu} = \frac{\rho v^2 l^2}{\mu v l} = \frac{\rho v l}{\mu} \tag{11-18}$$

雷诺数是表征流体的粘性对流动影响的相似准则。凡是与流动的粘性有关的物理量,如阻力、最大升力、抖振起始点等,都与 Re 数有关。

3. 弗劳德数(Froude number)Fr

$$Fr = \frac{F_c}{F_g} = \frac{\rho v^2 l^2}{\rho g l^3} = \frac{v^2}{gl} \tag{11-19}$$

Fr 是重力作用对流动影响的一个量度。对试验模型外挂物投放、模型自由飞及尾旋试验等,Fr 是主要的相似准则。

4. 马赫数(Mach number)Ma

马赫数是表征惯性力 F_c 与弹性力 F_k 之比的相似准则,对于完全气体

$$\frac{F_c}{F_k} = \frac{\rho v^2 l^2}{pl^2} = \frac{v^2}{p/\rho} \propto \frac{v^2}{a^2} = Ma^2 \tag{11-20}$$

Ma 数是气体的压缩性对流动影响的一个量度。对低速流动,气体的压缩性可以忽略不计,即不考虑 Ma;但当流速较高($Ma \geqslant 0.3$)时,不能忽略气体压缩性影响。Ma 是一个非常重要的相似准则,它几乎对所有高速流动现象都有影响。在低速风洞进行喷流试验和直升机旋翼试验时,对局部高速流动要模拟 Ma。

5. 斯特劳哈尔数(Strouhal number)Sr

$$Sr = \frac{F_l}{F_c} = \frac{\rho v l^3 / t}{\rho v^2 l^2} = \frac{l}{vt} \qquad (11-21)$$

Sr 是表征流动非定常性的相似准则。当进行结构弹性振动、旋涡、螺旋桨、旋翼天平、马格努斯力及航空声学等模型试验时,要求模型与实物的 Sr 相等。

除上述常用的相似准则外,有些风洞试验还要用到一些相似准则,如普朗特数(Prandtl number)Pr、努赛尔数(Nusselt number)Nu、拉格朗日数(Lagrange number)La、斯坦顿数(Stanton number)St 等。这些相似准则参见专门的论著。

11.6　误差理论

在试验中由于受到设备、环境、操作水平等等限制,不可避免地存在着误差,即试验值和真实值之间的差异。误差从数值上分为绝对误差(即真实值与试验值之差)和相对误差(即绝对误差与真实值之比);从引起误差的原因上分,有偶然误差、系统误差和过失误差。这三类误差也没有绝对的分界线,试验中经常交织在一起,需要根据试验的具体情况予以区分和处理。

11.6.1　偶然误差

某试验进行多次重复,即可得到多组试验值,这些试验值都有误差。若排除了系统误差和过失误差,则这误差即为偶然误差,这类误差也称为随机误差。偶然误差具有统计特性,是误差研究的重点。

偶然误差具有以下特征:

1. 单峰性

绝对值小的误差出现的概率大,绝对值大的误差出现的概率小。

2. 对称性

绝对值相近的正、负误差出现的概率相同。

3. 有界性

在一定的测量条件下,偶然误差的绝对值不会超过一定的界限。

4. 抵偿性

在实际相同的测量条件下对同一量的测量,其误差的算术平均值随测量次数增加而趋于零。

11.6.2　系统误差

系统误差是具有一定规律的误差,不可能通过增加测量次数来减少或消除,而必须找出产生系统误差的原因予以消除或修正。系统误差的来源主要有以下几个方面:

（1）测量仪器仪表不准,如天平校准公式产生的误差。

（2）测量方法不准,如采用近似的试验方法或近似的计算公式等。

（3）测量条件不准,如试验的温度、湿度、压力等引起的误差。

系统误差一般包括:

（1）常值误差:即在整个测量过程中,误差的大小和方向始终不变,如模型初始安装角带来的误差、仪器仪表的初始读数。

（2）线性误差:即在测量过程中,误差值随某因素作线性变化,如仪表的放大系数误差。

（3）周期性误差。

（4）复杂规律误差。

11.6.3　过失误差

过失误差主要是由测量过程中的非正常因素造成的,一般偏离算术平均值较大,试验结果明显不合理,所以应在进行结果分析前先去掉这些数据。在风洞试验中通常使用以下方法判别异常值。

1. 3σ 准则

在测量列中,若各测量值只含有偶然误差,按正态分布规律,测量值的剩余误差的绝对值大于 3σ 的概率约为 0.3%。如测量值的 $|v_i| = |x_i - \bar{x}| > 3\sigma$,则可认为其含有过失误差,此数据可剔除。

2. 格拉布斯准则

在测量列中,若各测量值只含有偶然误差,如果某次测量值的剩余误差的绝对值大于 $g\sigma$,即 $|v_i| = |x_i - \bar{x}| > g\sigma$,则认为该测量值含有过失误差,此数据可剔除。$g$ 值是一个取决于测量次数 n 和置信概率 p 的系数。置信概率是指测量结果的剩余误差的绝对值落在 $g\sigma$ 的概率。p 一般取 0.95 或 0.99,g 的数值如表 11.2 所列。

表 11.2　对应于 n、p,系数 g 的数值

n	p		n	p		n	p	
	0.99	0.95		0.99	0.95		0.99	0.95
3	1.15	1.15	12	2.55	2.28	21	2.91	2.58
4	1.49	1.46	13	2.61	2.33	22	2.94	2.6
5	1.75	1.67	14	2.66	2.37	23	2.96	2.62
6	1.94	1.82	15	2.7	2.41	24	2.99	2.64
7	2.1	1.94	16	2.74	2.44	25	3.01	2.66
8	2.22	2.03	17	2.78	2.47	30	3.1	2.74
9	2.32	2.11	18	2.82	2.5	35	3.18	2.81
10	2.41	2.18	19	2.85	2.53	40	3.24	2.87
11	2.48	2.23	20	2.88	2.56	50	3.34	2.96

在上述两种判别异常值的准则中,3σ 准则适用于测量次数较多(一般要求 $n \geq 20$)的情况。该准则不需查表,十分简便,故在对测量要求不高的情况下经常使用。格拉布斯准

则对测量次数要求不高,适用于测量次数少、测量要求高的场合。常规低速风洞测力试验的重复测量次数一般取 7,采用格拉布斯准则剔除异常值,置信概率取 0.99。

11.6.4　函数误差

在实际测量中,有些量能直接测量。也有很多量不能直接测量,而是通过与某些直接测量值的函数关系计算出来的。因此,其误差是各测量值误差的函数,即函数误差。

函数误差研究一般有以下基本内容:

(1) 函数误差的求取。

(2) 已知函数及其总的函数误差(即总的精度、准确度要求)确定各测量值的误差,即误差分配。

(3) 确定最佳测量条件,即使函数误差达到最小值的测量条件。

11.6.5　测量不确定度的合成

对不确定度的分类、处理和表达问题争论较多,使用方法多样而且混乱。但这又是误差理论的一个重要问题。

在科学试验中,分别分析和估计出各个误差因素影响的误差限或标准偏差,然后根据这些单项误差分量进行合成,求得总的误差界限或某个误差特征值,以此作为准确度指标。

国际上将用统计方法估计的误差称为 A 类,其他方法为 B 类。偶然误差显然属于 A 类,而系统误差当为 B 类。下面讨论随机不确定度、系统误差限和总的不确定度。

随机不确定度一般采用标准差乘上置信因子来表示。置信因子一般选择 2 或 3,对于小子样问题,选用 t 分布的 $t_{0.05}$ 或 $t_{0.03}$。建议采用 2 倍标准差,对小子样问题采用 $t_{0.05}$。

系统不确定度是对系统误差上限 e 的一个估计。在计算 e 时,统计方法已不再适用。通常只能用分析判断和试验方法来确定,这是很困难的,但是某些试验条件通常在某一范围内是随机的,则该系统误差就随试验条件而改变,故在某一误差范围内也具有一个与试验条件密切相关的概率分布,所以也可用方和根的方法处理多个系统误差限的合成。但系统误差限的符号经常是单一的,所以应将上限 e^+ 和下限 e^- 分开处理。

如何合成随机不确定度和系统不确定度而成为总不确定度是一个有意见分歧的问题。有人主张采用方和根法,此法不确定度较小,受仪器设计者和校正者欢迎。另一种是绝对和法,此法显然过于保守。故也可采用折中计算法算出总的不确定度。

11.6.6　动态测量误差的估计

在试验空气动力学中涉及了许多动态测量,如气动噪声测量、脉动压力测量等。测量对象一般为平稳随机过程,其采用都为有限时间。现对这些测量值和误差作一简要介绍。

1. 有限时间平均值及其方差

有限时间平均值

$$\hat{\mu}_x = \frac{1}{2T} \int_{-T}^{T} x(t)\,\mathrm{d}t \tag{11-22}$$

其方差

$$\mathrm{var}[\hat{\mu}_x] \approx \frac{1}{2T}\int_{-T}^{T} C_x(\tau)\,\mathrm{d}\tau, \ |\tau| \ll T \qquad (11-23)$$

式中：$C_x(\tau)$ 为 $\{x(t)\}$ 的协方差函数，即

$$C_x(\tau) = \mathrm{cov}[x(t), x(t+\tau)]$$

2. 有限时间均方值及其方差

有限时间均方值

$$\hat{R}_x(0) = \frac{1}{2T}\int_{-T}^{T} x^2(t)\,\mathrm{d}t \qquad (11-24)$$

其方差为

$$\mathrm{var}[\hat{R}_x(0)] = \frac{1}{T} \approx \int_{-2T}^{2T} [C_x^2(\tau) + 2\mu_x^2 C_x(\tau)]\,\mathrm{d}\tau, \ |\tau| \ll T \qquad (11-25)$$

式中

$$\mu_x^2 = \lim_{T\to\infty} \frac{1}{2T}\int_{-2T}^{2T} R_x(\tau)\,\mathrm{d}\tau \qquad (11-26)$$

3. 有限时间相关函数及其方差

有限时间相关函数

$$\hat{R}_{xy}(\tau) = \frac{1}{2T}\int_{-T}^{T} x(t)y(t+\tau)\,\mathrm{d}t, t \in [-T, T+\tau] \qquad (11-27)$$

其方差为

$$\mathrm{var}[\hat{R}_{xy}(\tau)] \approx \frac{1}{2T}\int_{-2T}^{2T} [R_x(t) + R_{xy}(t+\tau)]\,\mathrm{d}t \qquad (11-28)$$

有限时间自相关函数

$$\hat{R}_x(\tau) = \frac{1}{2T}\int_{-T}^{T} x(t)x(t+\tau)\,\mathrm{d}t, t \in [-T, T+\tau] \qquad (11-29)$$

其方差为

$$\mathrm{var}[\hat{R}_x(\tau)] = \frac{1}{2T}\int_{-2T}^{2T} [R_x^2(\xi) + R_x(\xi+\tau)R_x(\xi-\tau)]\,\mathrm{d}\xi, \mu_x = 0 \qquad (11-30)$$

4. 有限时间谱密度函数及其误差

模拟方法中的谱密度

$$\hat{S}_x(f) = \frac{1}{2TB}\int_{-T}^{T} x^2(t,f,B)\,\mathrm{d}t$$

式中：B 为带宽。

由于带宽虽小但总不为零，$\hat{S}_x(f)$ 不是 $S_x(f)$ 的无偏估计，因此引入固定误差 b。其误差

$$E[\hat{S}_x(f) - S_x(f)]^2 = \mathrm{var}[\hat{S}_x(f)] + b^2 \qquad (11-31)$$

$$\mathrm{var}[\hat{S}_x(f)] = \frac{1}{B^2 T}\int_{-2T}^{2T} \left(1 - \frac{|\tau|}{2T}\right)[C_x^2(\tau) + 2\mu_x^2 C_x(\tau)]\,\mathrm{d}\tau \qquad (11-32)$$

$$b = \frac{B^2}{24}S_x''(f) \qquad (11-33)$$

思 考 题

1. 空气动力学试验设备分为哪几大类？各有什么特点？
2. 相似准则的物理意义是什么？如何导出相似准则？
3. 相似理论对于试验研究的指导意义是什么？
4. 按照误差的特点和性质，误差可分为哪几类？其产生来源是什么？如何消除、降低误差的影响？

第 12 章　空气动力学试验测量技术

12.1　压力的测量

压力是流体运动的重要参数之一,压力测量是流体力学试验中最基本的测量。流动状态下的流体压力分为静压与总压,总压与静压的差值为动压。静止流体的总压等于静压。

12.1.1　大气压测量

在压力测量试验中,一般均取大气压作为参考压力,所以大气压的测量误差将给测压试验带入一系统误差。提高大气压的测量精度、准度,也就提高了测压试验的精度、准度。

压力一般不能直接显示,测量时必须将其变换为其他物理量,如位移、力和电参数等。常见的压力传感器有电阻式、应变式、电感式、电容式、压阻式、压电式等。应变式测量仪器广泛地应用于大气压力测量中,常用的有膜盒式压力应变仪和梁式压力应变仪。应变式测量仪避免了老式水银类气压计的水银蒸气污染,并且输出为连续数字显示,读数直观。输出的电信号可直接进入计算机实现数据采集和处理的自动化。

12.1.2　总压测量

总压也称驻点压力,即流动受到滞止、速度降到零时的那点压力。可以利用插入流体中的总压管来测量总压,总压管头部的形状和尺寸有多种形式,它是根据不同使用场合和测量要求而设计的。

L 形总压管是使用最广泛、结构最简单的总压管,它具有多种形状的头部(图 12.1),其测压孔对准流动方向,以量测该点处的总压。总压管的几何尺寸应尽量小,以减小对流动的干扰,此外,总压管对方向性不能太敏感,总压管的头部形状及测压孔孔径和管外径之比很大程度上决定了探针的方向敏感性。图 12.1(a)所示的是结构最简单的总压管,当测压孔径与外径之比 0.6 和方向偏斜角小于 15°时,对测量不会有显著影响。半球形头部对方向性较敏感(图 12.1(b))。图 12.1(e)所示的总压探针装在具有喇叭形进口的圆形导流管内,这种结构的总压探针在偏斜角 40°、马赫数在 0~1 范围中均能准确测出总压值。

在超声速时,总压管前产生一道脱体波,如图 12.2 所示。这时,感受到的总压是波后总压 P_{02}。根据正激波假设,可求得波前总压 P_{01}。

$$\frac{P_{01}}{P_{02}} = \left(\frac{2\gamma M_{a\infty}^2 - (\gamma-1)}{\gamma+1} \right)^{\frac{1}{\gamma-1}} \left(\frac{(\gamma-1) M_{a\infty}^2 + 2}{(\gamma+1) M_{a\infty}^2} \right)^{\frac{\gamma}{\gamma-1}} \tag{12-1}$$

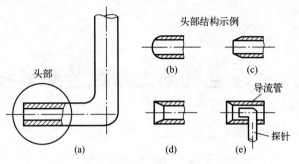

图 12.1　L形总压管

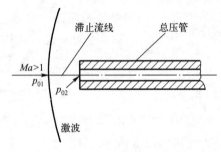

图 12.2　超声速气流的总压测量

国内跨、超声速风洞多在风洞前室周围壁面安装若干总压探头,并用环形管联通。因此,测得的是前室平均总压。

12.1.3　静压测量

当测压仪器对流场无干扰或以流速同样的速度随流体一起运动时,在某点上所测出的压力为静压。但在实际测量中,不可能严格地得到运动流体中某定点上静压的真实值,只能采用对流场干扰较小的方法来测得静压。静压的测量可分为以下两种情况。

1. 流道壁面静压或流线体表面压力分布的测量

对于这种情况,可以在流道壁面或流线表面开静压孔,再通过传压管把该点的静压引出流场外进行测量,如图 12.3 所示。该方法简单,只要孔开得合适,就能比较精确地测得该点的静压。开静压孔应注意以下几点:①静压孔应沿壁面法向方向开设;②孔径应当足够小,但是以不被堵塞和满足对静压变化的敏感性为限度,一般建议孔径在 0.5~0.8mm 范围,最大不超过 1mm;③孔口应光洁无毛刺,不宜有倒角和圆角;④开孔深度不能太小,一般建议孔深 h 与孔径 d 的比值在 3~10 范围内选择。

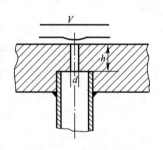

图 12.3　壁面静压孔

2. 运动流体中静压和静压分布的测量

对于这种情况,可以利用具有一定形状、尺寸较小的特制静压探头或探针,将其插入流体中,从而进行流体静压的测量。

图 12.4 所示的 L 形静压探针是一端封闭的 L 形弯管。端部做成半球形,在离端部一定

226

距离的管壁上,沿圆周等间距开 2~7 个小孔,小孔的轴线与管子轴线垂直。小孔距端部及杆部的距离对所测静压值有很大影响,因为静压孔所感受到的静压同时要受到探针头部和后面杆部两方面的影响。经试验验证,探针头部和支杆对测压孔测量压力的影响是相反的,由头部影响产生的误差总是负的,而由支杆的影响产生的误差总是正的。利用这一点就可以合理布置静压测量孔的位置。对于 L 形静压探针,最佳几何关系是:由前缘到静压孔轴线的距离不小于 3~4 倍探针

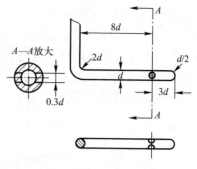

图 12.4　L 形静压探针

外径,由静压孔轴线到支杆轴线的距离不小于 8~10 倍探针外径,静压孔直径为探针外径的 1/10~3/10。这种探针对气流方向变化的不敏感角约在 50°~60°。

　　超声速时,当气流流过探针时,探针头部前方要发生激波,因而对下游静压孔所感受的压力产生显著的影响。测量超声速流中的静压,可采用图 12.5 所示的锥形探针。这种探针前端为一很尖的圆锥,静压孔离尖端约为 20 倍探针外径。超声速流流过探针尖端时,尖端处只会产生一道极微弱的圆锥激波,而静压孔又离尖端有很长的距离,气流经过这段距离后将逐步接近于未被尖端扰动时的静压。

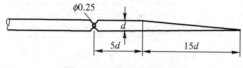

图 12.5　锥形静压探针

　　上面介绍的只是单点测量中使用的各种测压探头。实际上进行多点测量。这时,可将单个探头组合在一起成为总压排管或静压排管。也可把几种探头组合在一起构成复合探头,如总静压复合探头,如图 12.6 所示。

　　在总、静压测量中,测压孔感受的压力通过管路接入压力测量仪器,进行显示并转换为电信号输入计算机进行处理。目前,测量压力的仪器普遍使用应变式压力传感器和压力扫描阀。前者多在单点测量中使用,后者用于多点测量。

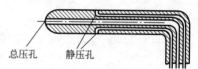

图 12.6　总静压复合探头

12.2　温度的测量

12.2.1　室温测量

用普通温度计即可测室温。但在风洞中则采用温度传感器测室温,可把温度转换为电信号,进行自动记录和实现数据处理自动化。

12.2.2　风洞稳定段总温测量

空气动力试验中,一般把风洞稳定段的滞止温度作为气流的总温。低速和亚声速风

洞稳定段的总温,可用热电偶测温计(分有保护套和无保护套两种)测量。超声速风洞中,由于运行时间短,易引起较大的误差,可用吸气型温度探头(图 12.7)测稳定段总温。吸气型测温探头是利用稳定段与室内大气(或风洞某低压段)之间的压差,在测温探头的管内产生声速气流。声速气流的传热率很高,测温探头内壁被迅速加热到气流总温,由于损失少,所测温度接近气流总温。

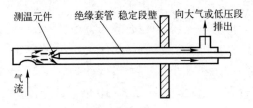

图 12.7　吸气型温度探头

高超声速风洞中,一般用接触式测温计(图 12.8),这是加了热防护罩的热电偶测温计。气流进入内壁为扩张状的防护罩后,流速滞止达到驻点条件。由于防护罩的存在,其内壁与测温点处的温度接近,减少了热损失,提高了测量精度。

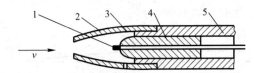

图 12.8　热防护罩型总温探头

1—热电偶测温结点;2—二氧化硅防护罩;3—进气孔;4—二氧化硅支座;5—不锈钢支杆。

然而,在高速风洞中,无论用哪种方法测总温,由于气流的动能不能完全恢复为热能,因此实际测得的都不是总温,而是恢复温度 T_w。恢复温度与总温的关系为

$$\gamma = (T_w - T_\infty)/(T_0 - T_\infty) \tag{12-2}$$

式中:γ 为恢复系数。

γ 可以作为表征测温探头性能的参数及其修正系数。它与气流的传热情况及温度计与周围环境的热交换情况有关。其数值接近 1,具体值需通过校正得到。

12.2.3　气流静温测量

由于边界层的存在,使得在边界层内测得的温度比真正的静温高得多。因此直接测量静温是困难的。在风洞试验中,气流的静温通常是用测总温的办法,通过下式的绝热关系间接计算出来,即

$$T_0 = T_\infty \left(1 + \frac{\gamma - 1}{2} Ma_\infty^2\right) \tag{12-3}$$

12.2.4　壁面温度测量

当进行模型或风洞壁面的表面温度测量时,可将热电偶装在被测物体的表面。热电偶必须与壁面齐平,以防止高速气流在热电偶处的突起部产生激波,从而改变边界层内的温度分布导致测量不准。热电偶应与壁面固紧,以防吹坏。

228

12.3　速度的测量

流速是描述流体运动的重要参数,对于流场中某一点流速的测量包括大小和方向。下面介绍几种测流速的方法。

12.3.1　风速管测量风速

低速流动时,速度与压力满足伯努利方程

$$\Delta p = p_0 - p_\infty = \frac{1}{2}\rho v_\infty^2$$

所以,只要测得总、静压就可求得速度。实际应用中,由于风速管制造上的原因,会给测量带来一定误差,可通过动校求出修正系数消除此误差。

12.3.2　压强落差法测量试验段风速

将测得的稳定段下游和试验段入口处的静压差代入伯努利方程和连续方程,即可求得试验段风速 v_2,压差公式如下:

$$\Delta p = \frac{1}{2}\rho v_2^2 \left[1+k-(A_2/A_1) \right] \tag{12-4}$$

式中:k 为两截面压力损失系数,由校测确定;A_1、A_2 为分别为稳定段下游、试验段入口处的横截面面积。

在低速风洞中,就是通过控制压差的方法来控制风洞试验段速度的。

12.3.3　热线风速仪测量风速

热线风速仪是在流场中放置细金属丝对其通电加热,利用冷却率与流体速度的函数关系来测量流速的仪器。流速与电流、电阻的关系为

$$\frac{I_w^2 R_w}{R_w - R_f} = A + B\sqrt{v} \tag{12-5}$$

式中:I_w 为流过金属丝的电流;R_w 为金属丝的电阻;R_f 为金属丝具有流体温度时的电阻;A、B 为校正常数。

温度与电阻的关系为

$$T_w - T_f = \frac{R_w - R_f}{\alpha R_f} \tag{12-6}$$

式中:T_w、T_f 分别为金属丝和流体的温度;α 为电阻温度系数。

如果加热电流保持为定值,此时电阻与速度之间有确定的关系,利用这个关系测量流速的方法称为恒流法。如果保持金属线的温度为定值,电流和流速之间有确定的关系,利用这个关系测量流速的方法称为恒温法。恒温式热线风速计具有热滞后效应小、动态响应宽等特点,绝大多数热线风速计都是恒温式的。而恒流式热线风速计由于存在热惯性,其频率响应特性要比恒温式差。

12.3.4 激光多普勒测速

光线碰到移动物体后产生的散射光,其频率与光源频率之间会有差异,这种频率变化称为多普勒频移。以激光作为光源,利用多普勒频移来测量流体速度的装置称为激光多普勒测速仪(简称LDV)。

激光多普勒测速仪利用流场中运动微粒散射光的多普勒频移来获得速度信息,由于流体分子的散射光很弱,为了得到足够的光强,必须在流体中散播适当尺寸和浓度的微粒作为示踪粒子。因此,它实际上测得的是微粒的运动速度。

图12.9为激光多普勒测速仪的工作原理图,透明管子内为被测流场。激光通过透明管子进入光电倍增管,流场中的微粒在 A 点产生的散射光也射入光电倍增管,使光混频,两光线的多普勒总频移量为

$$f_D = \frac{2\sin\theta}{\lambda} v_x \qquad (12-7)$$

式中:f_D 为多普勒频移;λ 为流场介质中的激光波长;v_x 为 x 轴方向的粒子速度,2θ 为透过光与散射光之间的夹角。测得 f_D 后,再由已知的 λ 和 θ,就可求得粒子速度 v_x,于是得到流场在该点的速度。

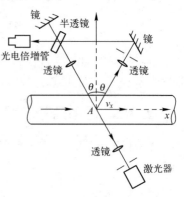

图 12.9 激光多普勒测速仪原理图

激光多普勒测速仪通常由激光器、入射光学单元、接收光学单元、多普勒信号处理器、计算机数据处理系统 5 个部分所组成。其优点是:①非接触式测量,对流场无任何干扰;②动态响应好,可以测量脉动速度;测量精度高;③激光束可以聚集到很小的体积,空间分辨率高,因此可进行边界层和极小管道中的测量;④测量速度范围大,从每秒几毫米到 1000mm/s。其局限性为:①测量区域必须透光;②流场中需要存在适当的散射粒子;③由于测到的是粒子的速度,粒子应有很好的跟随性。

12.3.5 粒子图像测速

粒子图像测速简称 PIV(Particle Image Velocimetry)。用于测量流体二维平面的速度场。

PIV 是一个很有前途的测速技术,它不仅适用于定常流,而且适合于非定常流。它能在瞬间测出二维流场内几千个乃至上万个点的速度值,同时根据流场内相邻点的速度梯度值,可以求得二维流场的涡量分布。它通过在流场中布撒示踪粒子,并用薄片状脉冲激光照射被测流场区域,通过连续两次或多次曝光,记录粒子的图像,再采用相关算法逐点处理图像,获得流场的速度矢量分布。对 PIV 示踪粒子的要求是:粒子的流动跟随性要好,粒子形状为球形或接近于球形且具有较好的成像可见性,粒子布撒均匀性和浓度要以保证取得足够的全流场信息为准。

速度场和涡量场的定量测定是当今试验流体力学的两个难题。由于 PIV 可以解决这两个难题,并具有 LDV 的精度,因此,PIV 技术在引起人们极大的兴趣。它的基本原理是:在固定的时间间隔内,用光学系统记录和测量跟随流体运动的粒子图像位移,然后由

该位移除以已知的时间间隔求得流体的当地瞬时速度(假定粒子跟随流体一起运动,且跟随性良好,所以知道了粒子的速度,也就知道了流体的速度)。

12.3.6 低速气流方向测量

低速风洞中常用球型流向指示探头(图 12.10)测气流方向。当气流流向与探头方向一致时,两孔压力相等。有偏角时,两孔压力不等,其压差与偏角大小成正比。使用时,预先作出压差与偏角相关的校正曲线,由测得的压差查曲线即可得气流偏斜角。

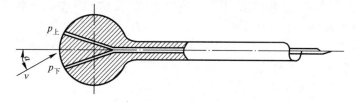

图 12.10　球型流向指示探头

12.3.7 跨、超声速气流方向测量

跨、超声速风洞流场的流向测量原理与低速风洞中流向测量相同。不同的是根据不同的速度范围选用不同的方向探头。图 12.11 的圆锥形探头和图 12.12 的弯管式探头可用于跨声速流场。圆锥形探头和楔形探头(图 12.13)可用于超声速流。

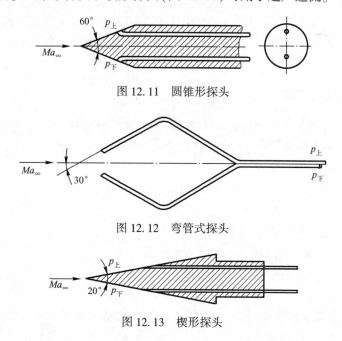

图 12.11　圆锥形探头

图 12.12　弯管式探头

图 12.13　楔形探头

12.3.8 热线风速仪测定气流方向

用于测气流方向的热线风速仪有单线、双线和三线等类型。气流以不同的角度流经热线时,热线的散热情况不同。根据不同的散热情况可求出气流的流向。流向与散热的

关系由预先校正确定纵向对称面,符合右手定则。天平测量的结果通常要转换至用户需要的坐标轴系。

12.4　天平与气动力的测量

空气动力天平是用于测量作用在模型上空气动力载荷的一种测量装置,简称天平。一般情况下,空气动力的合力作用点和方向都是未知量,需要在试验中用天平测定。天平可以将作用在模型上的空气动力按空间直角坐标轴系分解成 3 个互相垂直的力和绕 3 个坐标轴的力矩分别加以测量,从而确定作用在模型上空气动力的大小、方向和作用点。通常,天平坐标轴系的原点 O 位于天平中心,x 轴沿中心轴;y 轴在天平的纵向对称面内,垂直于 x 轴;z 轴垂直于天平的纵向对称面,符合右手定则。天平测量的结果通常要转换至用户需要的坐标轴系。

天平一般由模型支撑机构、力的分解和传送机构、敏感元件和天平支承机构等主要部分组成。在有些天平中,敏感元件同时也是力的分解和传送机构。天平支承需保证测量过程中各姿态角不变,同时,当试验条件需要改变时又能很方便地改变模型的姿态角。

由于空气动力的试验对象种类很多,因此与之对应的风洞中配备有各种用途和各种量程的天平,其数量可多达数十支。根据测量原理可分为机械天平、应变天平和磁悬天平三类。机械天平是根据杠杆平衡原理进行测力的。应变天平是根据测力元件受力后产生应变,通过参量变换把机械应变转换为电信号的原理进行测力的。磁悬天平是利用磁力将内部装有磁芯的模型悬浮于风洞试验段中,用外磁场变化改变模型的位置和姿态,利用磁场的变化平衡模型受的气动力,通过对磁场变化的测量而得出待测的气动力。

本书将主要介绍低速风洞测力试验中常用的机械天平和应变天平。

12.4.1　机械天平

机械天平是基于零位测量原理的天平,根据杠杆平衡原理进行测力。按照结构形式分类:塔式天平、台式天平、轭式天平。机械天平一般由模型支架、力的分解机构、传力系统和测量敏感元件等部分组成。

力的分解机构和传力系统是由一系列机械构件组成。图 12.14 给出了塔式天平的力分解机构和传力系统示意图。由图可见该系统主要由力矩台、力台、拉杆、杠杆、弹性支承和吊线等组成。通过它们将作用于模型上的力分解并传至感受元件。机械天平中的感受元件种类很多,不一一介绍,但为了数据采集自动化的要求,目前机械式天平大多以电信号形式输出。电信号在天平静校中就与相应的气动力建立了对应关系。由图 12.14 可见,天平除模型支承部分在风洞之中,力的分解系统和测量力感受元件都在风洞之外。因此,其结构上不受风洞尺寸的限制,可采用高精度的力分解系统和感受元件。所以,机械天平具有较高的测量精度和通用性。其不足之处是尚需进行消除支杆影响的试验。

图 12.15 给出了塔式天平的原理图。若有一个力 D 作用于铰接点 O,则在 OE 中只产生拉力,在 OF 中只产生压力,而在点 A 不产生力。但是若力 G,不通过 O 点,则在 OE 中将产生弯曲,除非有一个力 $A=aG/b$ 存在,否则 OE 就会遭破坏。如果 G 和 b 已知,力 A 的支撑就确定了 G 的作用点。这样,如 G 是已知的阻力,其绕分解中心 O 的俯仰力矩就

可由力 A 来确定。塔式天平的力分解中心是塔尖。模型的质心一般与塔尖重合。6 个分量可以单独分解,从而各天平元件可得到相应分量的读数。

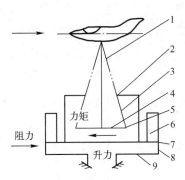

图 12.14 塔式天平示意图

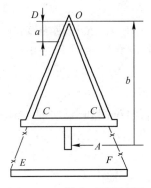

图 12.15 塔式天平原理图

1—模型支架;2—力平台;3—斜吊杆;4—力矩接头;5—力矩台;
6—弹性铰链;7—平行吊线;8—升力大摇臂;9—传力拉杆。

12.4.2 应变天平

在风洞测力试验中,通过测量弹性元件表面应变来确定作用在模型上空气动力的测力装置称为应变天平。应变天平是利用变位测量原理来进行工作的,即弹性元件受力后产生应变,通过参量变换把机械应变转换为电信号的原理进行测力。应变天平具有瞬时响应、测量速度快、可远距离遥测、体积小、维护方便、精度高、稳定性好等优点。目前,不仅在高速风洞中广泛应用了应变天平,而且在低速风洞中广泛应用,尤其在某些特种试验中机械天平已不能胜任,应变天平能较好地满足试验要求。

12.4.2.1 应变天平工作原理

1. 应变片

应变片是将机械应变 (ε) 转变为电阻变化 (ΔR) 的转换元件。应变片主要由 4 个部分组成:敏感格栅、引线、基底、覆盖层。金属电阻材料构成的敏感格栅是应变转换元件;基底是敏感格栅的载体,面胶可保护敏感格栅。粘结剂把敏感格栅和基底牢固地粘在一起,引出导线与测量导线相连。

应变片按敏感格栅的组成进行分类,常用的有丝式、箔式和半导体 3 种类型。丝式应变片是用直径 0.015~0.03mm 的金属丝绕成敏感格栅,常用康铜丝或硅锰丝。这种应变片具有性能稳定可靠、结实耐用、温度系数小等优点,不足之处是工艺性差、阻值分散。箔式应变片是用厚度 0.003~0.01mm 金属箔片组成敏感格栅。由于金属箔片是片状的,因此和天平元件接触面大而具有较好的散热性;允许通过较大的电流,便于提高测量输出信号;另外还有蠕变小,易于小型化等优点。半导体应变片的敏感格栅是很薄的单晶片或锗片。其特点是有很高的灵敏度系数,但其电阻温度系数也大,所以常规应变天平中很少采用半导体应变片。

2. 弹性元件

弹性元件是天平上粘贴应变片并感受各载荷分量的弹性敏感元件,是应变天平的核心部分。由于应变天平设计具有很强的针对性,弹性元件的结构形式多种多样,在本书中不作详尽介绍。

3. 工作原理

图 12.16 是应变天平的工作原理图。图中悬臂梁为弹性元件。R_1、R_2、R_3、R_4 分别为紧贴在弹性元件表面上阻值相同的电阻应变片,用惠斯登电桥的连接方式组成测试电路。由图可见,天平弹性元件未受力作用时,$R_1 = R_2 = R_3 = R_4$,电桥输出电压 $\Delta U = 0$。当天平元件受力作用时,弹性产生了上表面拉伸和下表面压缩的弹性变形。粘贴在弹性元件上的应变片也随之产生相应的阻值变化。R_1、R_2 受拉,阻值增加;R_3、R_4 只受压,阻值减小。于是,电桥失去平衡,不平衡电压输出为

$$\Delta U = k\varepsilon U \qquad (12-8)$$

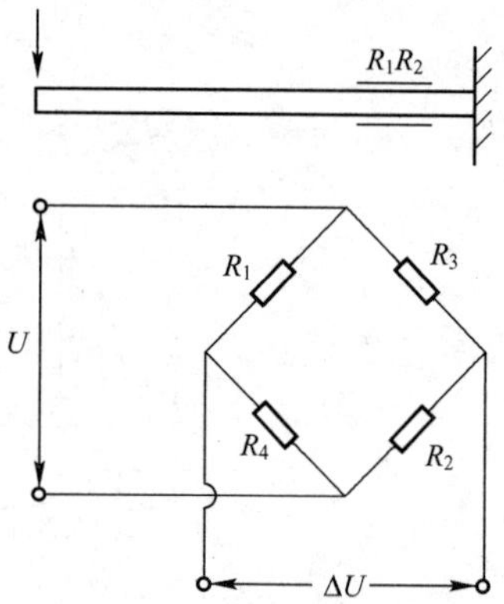

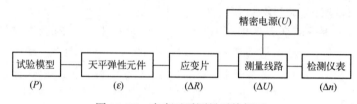

图 12.16　应变天平的
工作原理图

式中:k 为应变片应变灵敏度系数;ε 为弹性元件应变;U 为供桥电压。

该电压输出 ΔU 由检测仪表记录采集。通过静校得出的电压输出与被测力或力矩的对应关系,就可以得到所需测量的物理量。图 12.17 给出了应变天平测量系统框图。

```
                            ┌─────────────┐
                            │  精密电源(U) │
                            └──────┬──────┘
                                   │
┌────────┐   ┌──────────┐   ┌──────┐   ┌────────┐   ┌────────┐
│ 试验模型 │──│ 天平弹性元件 │──│ 应变片 │──│ 测量线路 │──│ 检测仪表 │
└────────┘   └──────────┘   └──────┘   └────────┘   └────────┘
   (P)          (ε)         (ΔR)        (ΔU)         (Δn)
```

图 12.17　应变天平测量系统框图

12.4.2.2　应变天平设计

风洞试验范围极广,所以应变天平设计是一项极为复杂的工作。在着手设计天平前,必须根据试验对象和研究项目的不同,天平设计人员与气动分析人员共同制定风洞试验测量方案,然后提出天平设计参数。

1. 设计参数

天平设计参数通常包括以下内容:

(1) 风洞试验总体布局方案。包括风洞类型、试验段尺寸、试验模型大小和允许天平占有空间大小、试验模型支撑方式和连接尺寸、迎角和侧滑角变化方式和变化范围、马赫数范围。

(2) 天平设计分量数和各分量设计载荷。

(3) 天平各分量设计精密度和准确度要求。

(4) 风洞对天平提出的堵塞度要求。

(5) 其他特殊要求。

2. 设计步骤

明确了应变天平设计要求以后,即可着手天平设计,设计时通常按下述步骤进行:

(1) 拟定设计方案,进行总体布局设计。

(2) 进行弹性元件结构设计和有关计算。

234

（3）绘制应变天平结构图、各分量应变片粘贴位置图和连线图。

（4）编写说明书。

应变天平结构形式千差万别，具有很强的针对性。但应变天平设计时都遵循以下假设条件：弹性梁连接的框架看作刚体；弹性梁铰链部分的恢复力为零；弹性元件受力时变形一致；载荷按刚度分配。

12.4.2.3 天平的设计原则

天平的设计一般需遵循下列设计原则：

（1）单元灵敏度不低于 0.2mV/V，单元间相互干扰不大于（FS）10%（FS 为满量程），各非测单元对测量单元综合干扰不大于（FS）30%。

（2）具有足够的强度。超声速风洞天平，在最大启动冲击载荷作用下，危险断面应力不大于材料极限应力的一半。

（3）具有尽可能大的刚度。支杆、天平和模型组成的系统固有频率和气流脉动频率不能接近，以免引起系统共振影响测量精度和天平寿命。

（4）弹性元件结构选择应使测量载荷与变形信号输出保持良好的线性关系。测试线路和桥路安排应保证具有单元间干扰自补偿和温度自补偿能力。

（5）选择具有高拉伸强度，大冲击韧性和良好加工性能的材料制作天平弹性元件。

（6）结构设计力求加工简单，应变片粘贴连线方便。

12.4.2.4 常规六分量应变天平

由于低速风洞试验对象和研究项目繁多，因此大多数低速风洞都配备了各种用途和各种量程的应变天平。本书主要介绍六分量杆式应变天平。外形呈杆状形式的应变天平称为杆式应变天平。与机械天平不同的是，杆式应变天平是一种复合式应变天平，没有专门的力分解机构和传递机构。弹性元件既是模型支撑系统的一部分，起传递各分量载荷的作用，又是测量元件。各分量载荷的分解，必须依靠弹性元件的结构形状和应变片在变换电路中的合理布置来实现。

典型的六分量杆式应变天平如图 12.18 所示。天平的前端与试验模型采用锥配合相连接，后端与支杆也采用锥配合相连接，中间的斜缝将天平分为前、后两部分。天平的中部是"Ⅰ"形轴向力 X 测量元件，它由两部分组成，即中间主梁 1 和前后辅梁 2 组成。轴向力 X 可在主梁上粘贴应变片来测量，也可在前后辅梁 2 上粘贴应变片来测量。在轴向力 X 作用下，弹性元件产生"S"形变形；天平轴向力元件的前面和后面，各安排了一个对称的"川"型截面的测量元件，用来测量除轴向力 X 以外的其余 5 个分量载荷。在法向力 Y、侧向力 Z 作用下，弹性元件产生"S"形变形；在俯仰力矩 M_Z、偏航力矩 M_Y 作用下，弹性元件产生弯曲变形。通过合理设计"川"形截面的结构尺寸，并合理布置各分量变换电路

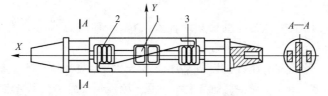

图 12.18 杆式应变天平结构示意图

1—主梁；2、3—前后辅梁。

的连线图,即可实现上述五个分量的独立测量。滚转力矩 M_x 的测量有两种方式,即通过弹性元件产生扭转变形和弯曲变形来实现 M_x 的独立测量。

杆式应变天平结构紧凑、体积小,通常当作内式应变天平使用,且使用较为灵活、方便。常用模型支撑方式有尾撑、腹撑两种形式。不足之处:机械加工较为复杂,天平刚度较弱,各分量相互干扰较大。

12.4.3 天平的校准

天平在完成设计、机械加工、应变片粘贴处理和连接测量线路等工作之后,用于风洞测力试验之前,必须进行校准。校准一般分为静态校准和动态校准两步进行。

12.4.3.1 静态校准及其标准

天平的静态校准是在实验室静校设备上模拟天平使用时的受力状态,对天平施加静态载荷,以求取天平校准公式,同时检查天平的质量、鉴定天平的性能。

静校时,将天平安装于专门的静校设备——校准架上。校准过程中,通常用标准砝码作为力源,通过定滑轮、钢带和加载头给天平施加各方向载荷,如图 12.19 所示。

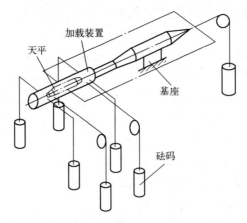

图 12.19　静校设备示意图

1. 静校内容

(1) 检查天平各分量应变电桥工作正常与否。要求零点漂移小于 $10\mu V/30min$,归零性好(小于 $20\mu V$)、温度效应小。若不满足要求,需对其进行补偿。

(2) 对天平各分量加载,检查有无输出、输出的符号是否正确。若不满足要求需进行补救。

(3) 给天平加载,求出满足精准度要求的天平使用公式和天平弹性变形角公式。

2. 静校方法

天平静校方法按轴系分为体轴校和地轴校两种,按加载方式可分为单元校和多元校两种。下面对几种校正方法作简单介绍。

(1) 地轴校。天平固定在校正设备基座上。天平不受载时,天平的轴系和基座轴系重合,故称为地轴系。校正时,按此轴系进行加载,故称为地轴校。模型固定在天平上,天平不受载时,模型体轴系与地轴系重合。天平受载变形,模型体轴系与地轴系不重合。而风洞试验中,模型受力是按体轴系进行分解的,所以校正状态与真实试验情况有差别。这种差别虽经由弹性角引入的轴系转换进行修正，但还是存在一定误差。这种方法的设备简单易行。

（2）体轴校。按模型体轴系进行加载的天平静校方法称为体轴校。显然，天平受载变形，模型也随之变形，加载轴系与模型体轴系分开，要使加载系统仍维持体轴加载，只有调整加载系统或者模型姿态。要进行二者的调整是相当烦琐的，工作量大，设备复杂，周期长，所以必须考虑自动化，只有在较高的自动化程度下，才能采用体轴校。这种方法和风洞试验状态一致，所以得出的天平公式用于试验能提高试验结果的精确度。

鉴于地轴校和体轴校各自的优缺点，当前正开展将地轴校的数据通过天平变形测量，并用数学的方法把其结果转换得到体轴校正的公式的研究。

（3）单元校。用单元加载求取天平公式的校正方法称为单元校。单元加载时可求出该元的主系数和对其他各分量的一次干扰项和平方干扰项，根据天平的特点，进行两个分量的加载求出交叉干扰项，这样得出的天平公式应用于联合加载时，若误差达到要求，公式就能提供使用，否则需重新校正。

（4）多元校。对天平进行相当数量组数的综合加载，用最小二乘法原理求出天平使用公式中各项待定系数的静校方法。该方法的关键是加载表的确定，不同的加载表能导致差别很大的结果，目前一般采用正交加权的方法确定加载表，正交的方法可使加载表有较广的覆盖面。对与气动现象相对应的量进行加权处理，这样天平公式可提高试验结果的准度。例如，气动上法向力经常与俯仰力矩反号，那么在校正时这类型的组号应加权。另外尚需注意的是天平公式的项目要慎重选定，目前一般认为选到二次项就可以了，所以在选公式时就把所有二次项都包括进去。这样并不一定好，因为实际上并不一定所有二次项都存在，可取的方法是作初步加载试验，确定真实情况下存在哪些干扰项，这样的数学公式能较好地代表物理现象。

多元校天平公式得出后，同样需用相当组数的联合加载结果去检查，若不满足误差要求，需要重新校正。

天平静校标准如下：

二组载荷重复 7 次加载，输出信号的标准误差为静校精度。静校精度应达到 0.3%（FS）。

若干组综合加载，公式计算结果和实际加载的平均差值与满量程载荷值之比称为天平静校准度。天平静校准度应达到 0.5%（FS）。

天平静校中尚须测定并给出天平受载时的弹性变形。一般只需建立起载荷与变形的函数关系即可。对常用的六分量内式天平的弹性角计算公式如下：

$$\begin{cases} \Delta\alpha_e = K_\alpha^Y Y + K_\alpha^{M_z} M_z \\ \Delta\beta_e = K_\beta^{M_r} M_r + K_\beta^z Z \\ \Delta\gamma_e = K_\gamma^{M_x} M_x \end{cases} \tag{12-9}$$

式中：K_α^Y、$K_\alpha^{M_z}$、$K_\beta^{M_r}$、K_β^z、$K_\gamma^{M_x}$ 为弹性角修正系数。这些修正系数在加载与变形测定中确定。

12.4.3.2　动态校准及其标准

天平动校是指将已知空气动力性能的标准模型与静校合格的天平安装在一起进行吹风试验的全部工作，目的是对天平的稳定性、可靠性和准确性进行考核评定，对天平能否投入使用作出结论。低速风洞天平动校试验通常只进行重复性试验和准度试验,以考核天平的动校精度和动校准度。

动校一般利用标模进行,主要内容有:

(1)冲击试验。选定冲击载荷较大的马赫数,进行风洞启动、关车以检查在此情况下天平的抖动情况,机械连接是否牢靠,应变片粘贴质量,测量线路,信号输出稳定与否等。

(2)温度效应试验。在固定马赫数流场稳定情况下,每隔 10s 记录一次,一般记 13 次,然后关车。要求试验数据都接近,开车与停车零点相差不大,否则需作温度修正或补偿。

(3)测力重复性试验。

12.4.4 典型天平简介

1. 半模型天平

为了达到某些试验目的,试验中采用半模型进行试验的天平称为半模型天平。这类天平的特点是除支撑模型部分在试验段内部外,其余部分都在试验段外部,所以其结构尺寸可以比较大,这样对各测力元的布局、提高精度、减小温度影响等都是极为有利的。

2. 铰链力矩天平

铰链力矩天平是用于测定飞行器舵面气动特性的天平,其重点是测定对应于舵轴的铰链力矩。

用半模型天平很容易实现铰链力矩测量,但这种方法的洞壁干扰较大,所以常用的还有全模铰链力矩天平。受模型尺寸的限制,全模铰链力矩天平的结构尺寸一般较小。另外,铰链力矩是个小量,不易测准,但设计中铰链力矩是个很重要的量,对这个量的试验准确度要求很高,这给铰链力矩天平提出了很高的要求。

3. 大攻角天平

大攻角天平应用于模型大攻角试验。这类天平的主要特点是天平支承部分能改变很大的攻角。图 12.20 是一种大攻角机构图。

4. 马格努斯效应天平

测量马格努斯力和力矩的天平称为马格努斯效应天平。马格努斯效应天平常用结构是能同时测量纵向 2 个力矩(用于换算成法向力和俯仰力矩)和侧向 2 或 3 个力矩(用其中 2 个换算成侧向力和偏航力矩)的四分量或五分量天平,个别情况下也有加上轴向力和滚动力矩元件的。经常采用的马格努斯天平元件形式有张臂矩形截面梁式和机械放大器式,图 12.21 是马格努斯试验示意图。

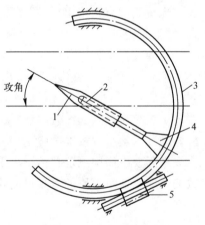

图 12.20 大攻角机构图
1—模型;2—天平;3—涡轮;4—支杆;5—蜗杆。

马格努斯效应天平的电桥组成大多采用分离电桥法,粘贴在前、后天平元件上的应变片分别组成电桥,对同一参考点测出各自的力矩,通过计算求出力和对指定点的力矩。为了提高测量精度,可在天平支架后部增加一个测量截面,利用测得的 3 个侧向力矩中绝对值较小的一个计算侧向压力中心。

238

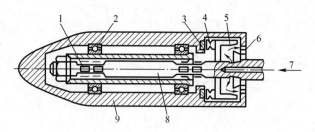

图 12.21   马格努斯试验示意图

1—应变片;2—轴承;3—永磁铁;4—转数采集线圈;
5—喷嘴;6—涡轮叶片;7—气流;8—天平;9—模型。

5. 高温天平

高速高压风洞内,模型驻点温度可高达 3000K 左右,在如此高温环境中应用的应变天平统称为高温天平。高温天平的关键是采取防护措施把应变天平与工作环境隔离开来。常用的隔离方法有水冷式、绝热式和混合式 3 种。

6. 喷流天平

喷流天平是进行喷流干扰试验所采用的天平,一般即为常规的内式六分量天平,其与常规天平的不同之处是由尾支杆引入高压气流到发动机腔由喷管喷出满足喷流干扰的要求。

7. 动导天平

模型作有限运动时,测量模型运动参数(如振幅、频率、角速度等)和维持该运动的力和力矩的天平称动导天平。天平测得的各参数和力或力矩经计算求得动导数。

8. 外挂物天平

测量飞行器外挂物的天平统称外挂物天平。外挂物天平的特点是:天平尺寸小,应变片尺寸小、高阻值,应变片粘贴处理和线路敷设受尺寸所限而难度很大,应变信号输出较小。

9. 多台天平组

一个模型进行试验时,用 2 台或 2 台以上的天平同时测量飞行器及其各部件的气动载荷,这样一次试验可得到较多数据。这类天平是除主天平为全弹六分量外,其他天平是根据所测对象而不同的某几个分量的天平,所以这类天平设计上都比较巧妙。

10. 脉冲型风洞天平

脉冲型风洞测力天平自振频率高、过载能力强、测力范围大、要消除惯性力的影响,压电天平是脉冲型风洞中采用较多的一种天平。

12.5   多参数测量

12.5.1   米氏散射

米氏散射(Mie Scattering)技术是用于气相流动可视化的最常用技术之一。米氏散射的特点是散射光频率等于入射光频率,散射时没有新频率的光产生。米氏散射实现起来很简单,只需要一个可以照亮流场的光源、一些光路组件、标记气流的特定示踪粒子以及记录成像的探测装置。米氏散射的示踪粒子有很多种,如油烟、铝粒子、二氧化钛、小液滴等。目前单点的米氏散射技术早已让位于平面米氏散射(Planar Mie Scattering,PMS)技术。PMS技术是利用薄的片光照射流场中的示踪粒子,用二维成像装置接收示踪粒子所发出的散射光并进行成像,因而PMS技术可对流场的不同截面分别成像,具有较高的空间分辨率;同时,使用短脉宽、高亮度的激光作为光源,可进行瞬态成像,具有较高的时间分辨率。PMS技术现已广泛用于超声速剪切层以及超声速混合的研究。MS/PMS技术的不足之处在于:首先,散射信号并非仅由所添加的特定示踪粒子产生,光照区域内的任何尺寸满足要求的粒子都会产生米氏散射信号;其次,示踪粒子一般都具有较高的施密特数(Schmidt Number),其流动跟随性较差。

12.5.2　瑞利散射

瑞利散射(Rayleigh Scattering)通常是来自气体分子或原子的弹性散射,它不需要向气流中添加示踪粒子,气流本身就是示踪粒子,因此不存在示踪粒子流动跟随性差的问题。瑞利散射技术的不足之处在于:首先,它要求测试环境必须十分洁净,因为来自光照区域内的任何灰尘或颗粒都会产生很强的米氏散射信号,由于米氏散射信号与瑞利散射信号波长相同,因此会对瑞利散射信号产生严重干扰;其次,发出瑞利散射信号的不只是待测气体这一种组分,光照区域内的其他气体组分同样会产生瑞利散射信号,当光照区域内两种气体组分具有类似的散射截面时,通过瑞利散射是无法区分它们的;另外,瑞利散射信号很弱,信噪比较低。该技术用于测量流场密度和温度。

12.5.3　拉曼散射

拉曼散射(Raman Scattering)是来自分子的一种非弹性光散射,散射光相对于入射光具有确定的频移,而这种频移仅由散射分子的物质结构决定,与入射光的频率无关。拉曼散射效率很低,远小于瑞利散射,相应于每个入射光子的拉曼散射光子为 $10^{-8} \sim 10^{-7}$ 量级。自发拉曼散射(Spontaneous Raman Scattering,SRS)技术可用于测量流场温度、主要组分浓度等流场参数。拉曼散射光相对于激发光有较大的频移,故容易将壁面杂散光、瑞利散射光、米氏散射光滤除。不过由于SRS信号很弱,因此通常需要强激光激发和高灵敏探测器,而进行平面SRS成像更加困难,所以目前主要用于进行点测量。

12.5.4　相干反斯托克斯拉曼光谱

相干反斯托克斯拉曼光谱(Coherent Anti-Stokes Raman Spectroscopy,CARS)技术是一种优良的测温、测浓度技术。CARS是一种非线性光学四波混频过程,通过泵浦光与斯托克斯光共同作用于探测介质,使介质分子发生极化,产生CARS信号。CARS信号具有转换效率高、收集效率高、易与入射光空间分离、抗荧光干扰强、时间和空间分辨率高等优点,在燃烧诊断中发挥了重要的作用。

12.5.5　激光诱导荧光技术

激光诱导荧光(Laser-Induced Fluorescence,LIF)是原子或分子受激光辐照激发后所发生的自发辐射,它最早是由Wood在1905年发现并予以论述的。其基本物理过程可以

240

这样描述:位于基态的原子或分子吸收特定波长的光波后跃迁至能量较高的激发态,而位于激发态的原子或分子是不稳定的,它将以各种形式释放出能量而回到基态,这个过程称为弛豫过程。能量若以热能的形式放出,则称为无辐射弛豫;若以光波的形式放出,则称为辐射弛豫,此时所辐射的光波称为荧光。

利用流场中某些物质在激光照射下能发出荧光的特性来显示并测量流场参数的技术就称为 LIF 技术,这些被激发的物质就称为荧光粒子。PLIF 是单点 LIF 向二维平面 LIF 成像的扩展。它是将激发光通过一组由球面镜和柱面镜组成的片光转换组件,形成一个激光薄片,并用该片光扫过测试区域,激发待测流场中某一截面上的荧光信号;在与片光扫过方向垂直的方向上用成像装置收集荧光信号并成像,利用荧光信号与流场温度、压力以及荧光粒子浓度的函数关系来显示和测量这些流场参数的空间分布。为进一步滤除由激发光所引起的米氏散射、瑞利散射以及杂散光等背景干扰,通常还需在成像装置前加装相应的滤波片。

在流场诊断领域,PLIF 技术的主要优势在于:它针对特定的荧光粒子成像,可以区分流场中的不同组分;荧光粒子可为液态、气态物质或自由基,它们的流动跟随性好;PLIF 信号大大强于瑞利散射和拉曼散射信号;PLIF 信号的波长与激发光的波长是错开的,容易滤除米氏散射、瑞利散射以及杂散激发光等背景辐射;可进行时间冻结探测,时间分辨率可达纳秒量级,利于探测高速、瞬变、非稳态的流场;可进行高空间分辨率的平面探测,空间分辨率可低至毫米以下,利于探测复杂流场的空间结构;LIF 信号与组分浓度的关系易于定量表述,还可对温度、压力、速度等标量场进行显示和测量;超声速流场中静压通常不高,故荧光的淬灭效应不显著,荧光信号一般较强。

PLIF 技术在浓度场的显示与测量领域应用最广。在液体流场中,通过向流场中添加荧光染料可方便地进行 PLIF 探测。因为大部分液体都是不可压和等温的,所以 PLIF 信号通常仅与荧光染料浓度成正比,这使得 PLIF 技术可方便地用于液体混合过程的研究。在气相冷流流场中,通过向流场中添加气相荧光粒子并进行 PLIF 成像,可方便地进行浓度场的显示和测量;该方法也是燃烧研究中了解燃烧前燃料在燃烧室中分布与混合情况的主要手段。

PLIF 技术除了在冷流浓度场的诊断中发挥重要作用外,在反应流浓度场的诊断中也同样发挥了重要的作用。反应中生成的一些中间产物,如 OH 基、CH 基、甲醛等本身就是良好的荧光粒子。OH 基通常存在于反应区及高温燃烧产物区中,CH 基主要存在于反应区中,而甲醛是反应放热的主要指示剂,它们的 PLIF 图像可以反映火焰结构。由于 OH 基几乎出现在所有类型的燃烧环境中,并且作为一种主要的中间产物而具有相当高的平衡浓度,加之其光谱带位于近紫外波段,可用常用的激光方便地进行激发,而且其荧光信号较强,易于观测,所以 OH 基 PLIF 技术在显示与测量各种燃烧流场的火焰结构方面发挥了重要的作用。除此之外,其他燃烧中间产物(如 CH 基、甲醛、NO、CO 等)以及最终产物(如 CO_2、SO_2 等)的 PLIF 探测技术也在不断发展和应用中。

PLIF 技术也可用于温度场成像,其中最常用的方法是双波长测温法。该方法利用两种不同波长的激发光源,以很短的时间间隔或同时激发源于不同转动能级的跃迁,再通过所得荧光信号强度相比约去浓度和荧光淬灭效应的影响,然后根据不同转动能级量子数分布所满足的波耳兹曼分布律求出温度,此时所求得的温度为转动温度。若利用这种方法获取瞬时温度场需要两台可调波长激光器和两台相机;而若对稳态的温度场成像,则只需一台激光器和一台相机分别进行两次测量,然后再依上述方法求解温度。

PLIF 技术可用于压力场成像,但和其他压力测量技术一样,并不是直接测得压力,而是通过状态方程并结合测得的密度和温度来求得压力。

PLIF 技术可用于速度场成像,其测量原理是吸收谱线的多普勒频移会造成激发谱线与吸收谱线的重叠积分发生变化,从而导致 PLIF 信号强度随速度而变化。

12.5.6　可调谐二极管激光吸收光谱

TDLAS 技术是在 20 世纪 70 年代由 Hinkley 和 Reid 等人提出,该技术利用激光二极管的可调谐、窄线宽特性,通过对激光二极管的温度或者注入电流的控制,使激光输出波长在气体的线吸收波长附近调制,利用锁相放大器光谱吸收的谐波信号进行检测,实现对被测物质浓度的高灵敏度、快速检测。

TDLAS 技术具有测量系统小巧紧凑、测量重复频率高和数据处理速度快等优势,其一方面可用于燃烧场温度、组分浓度(H_2O、O_2、CO_2、CH_4、CO 等)、流场速度以及压强等路径积分值的测量;另一方面可通过断层成像的方式实现对燃烧场温度、组分浓度二维分布的测量。

12.6　试验数据修正

风洞试验的主要任务是准确模拟飞行器的绕流特性和精确测量气动力试验数据,为飞行器的研制服务。至于如何提高测量精度,涉及因素很多。本书就试验数据修正的主要方法作简单介绍。

12.6.1　天平弹性变形、模型自重力影响的修正

导弹缩尺模型在风洞中进行多分量纵、横向测力试验时,作用在模型上的气动载荷使天平及其支杆产生弹性变形,使模型实际姿态与风洞中变角机构的指示角度不一致,此时天平轴系与模型体轴系之间的夹角为弹性变形角,所测各量均是天平轴系中的量,为此要进行弹性变形修正,即经轴系转换得到模型体轴系的力和力矩。天平弹性变形影响如图 12.22 所示。

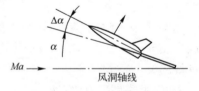

图 12.22　天平杆弹性变形影响

1. 求弹性变形角 $\Delta\alpha$、$\Delta\beta$、$\Delta\varphi$

以内式六分量应变天平为例,求取方法有两种情况。

(1) 当天平与模型(加载套筒)水平安装时。静校时,对天平施加校准载荷,同时测出加载装置的角度变化(可用千分表、角度规、水平仪等仪器测量)。根据载荷与角度变化关系,求出弹性变形角修正系数 K_α^N、K_α^m、K_β^N、K_β^Z、K_φ^l(加载值用最小二乘法求斜率 K 均取正值)。弹性变形角的求得是根据弹性变形角与载荷成线性关系,然后迭加进行的。弹性变形角求值公式为(在 K 均取正值条件下):

$$\Delta\alpha = K_\alpha^m m + K_\alpha^N N \tag{12-10}$$

$$\Delta\beta = K_{\beta}^{n}n - K_{\beta}^{z}z \qquad (12-11)$$

$$\Delta\varphi = K_{\varphi}^{l}l \qquad (12-12)$$

式中:N 为法向力;m 为俯仰力矩;n 为偏航力矩;z 为侧向力;l 为滚转力矩。

（2）天平、支杆和模型面对来流顺时针同时转 90°时。应当指出,这时 α 机构走的角度是模型的 β 角,β 机构走的角度是模型的 α 角,其攻角 α、侧滑角 β 的正、负号应与模型转 90°后的定义一致。在这种天平、支杆和模型同时转 90°状态下,静校求得各弹性变形角修正系数(水平与 90°不同状态下弹性变形角修正系数 K 值差别较大)。该状态下,弹性变形角 $\Delta\alpha$、$\Delta\beta$、$\Delta\varphi$ 求值表达式同式(12-10)~式(12-12)。

2. 对天平所测得试验数据的修正

风洞试验时,模型上的气动载荷使天平系统产生弹性变形,这时天平轴系与模型体轴系分别差一个弹性变形角 $\Delta\alpha$、$\Delta\beta$、$\Delta\varphi$。天平所测量得到的风洞试验数据均是对天平轴系而言的,所以首先把天平所测试验数据修正到模型体轴系,即

$$A = A'\cos\Delta\alpha\cos\Delta\beta - N'\sin\Delta\alpha\cos\Delta\beta + z'\cos\Delta\beta\sin\Delta\varphi \qquad (12-13)$$

$$N = N'(\cos\Delta\alpha\cos\Delta\varphi + \sin\Delta\alpha\sin\Delta\beta\sin\Delta\varphi) + z'\cos\Delta\beta\sin\Delta\varphi + $$
$$A'(\sin\Delta\alpha\cos\Delta\varphi) - \cos\Delta\alpha\sin\Delta\beta\sin\Delta\varphi \qquad (12-14)$$

$$z = z'\cos\Delta\varphi\cos\Delta\beta - A'(\cos\Delta\alpha\sin\Delta\beta\cos\Delta\varphi + \sin\Delta\alpha\sin\Delta\varphi) + $$
$$N'(\sin\Delta\alpha\sin\Delta\beta\cos\Delta\varphi - \cos\Delta\alpha\sin\Delta\varphi) \qquad (12-15)$$

$$l = l'\cos\Delta\alpha\cos\Delta\beta + [n' + z'(X_{r_2} - X_{r_1})]\sin\Delta\alpha\cos\Delta\beta - m'\sin\Delta\beta \qquad (12-16)$$

$$n = l'(\cos\Delta\alpha\sin\Delta\beta\sin\Delta\varphi - \sin\Delta\alpha\cos\Delta\varphi) + m'\cos\Delta\beta\sin\Delta\varphi + $$
$$[n' + z'(X_{r_2} - X_{r_1})](\sin\Delta\alpha\sin\Delta\beta\sin\Delta\varphi + \cos\Delta\alpha\cos\Delta\varphi) \qquad (12-17)$$

$$m = \lfloor n' + z'(X_{r_2} - X_{r_1})\rfloor(\sin\Delta\alpha\sin\Delta\beta\cos\Delta\varphi - \cos\Delta\alpha\sin\Delta\varphi) + $$
$$m'\cos\Delta\varphi\cos\Delta\beta + l'(\cos\Delta\alpha\cos\Delta\beta\cos\Delta\varphi + \sin\Delta\alpha\sin\Delta\varphi) \qquad (12-18)$$

式中:A 为轴向力;X_{r_1} 为天平俯仰力矩参考点到模型头部的轴向距离;X_{r_2} 为天平偏航力矩参考点到模型头部的轴向距离。

3. 模型实际姿态角的修正

模型在风洞试验过程中,模型上的气动载荷使得天平系统产生弹性变形角,这时模型相对气流的姿态角与试验前风洞安装时预置的姿态角不同,因此必须进行修正,求得模型在气流中的实际姿态角。

模型与天平在风洞中水平安装时(且滚转安装角 $\varphi_{M} = 0°$),其模型相对气流的实际姿态角为

$$\alpha = \arctan\frac{\sin\alpha_1\cos\Delta\varphi - \cos\alpha_1\sin\beta_1\sin\Delta\varphi}{\cos\alpha_1\cos\beta_1} \qquad (12-19)$$

$$\beta = \arcsin(\cos\alpha_1\sin\beta_1\cos\Delta\varphi + \sin\alpha_1\sin\Delta\varphi) \qquad (12-20)$$

式中:$\alpha_1 = \alpha_M + \Delta\alpha + \Delta\alpha_{cp}$,$\beta_1 = \beta_M + \Delta\beta + \Delta\beta_{cp}$;$\alpha_M$、$\beta_M$ 为分别为安装时预置的攻角、侧滑角;$\Delta\alpha_{cp}$、$\Delta\beta_{cp}$ 为分别为风洞纵、横向平均气流偏转角。

4. 模型自重力影响的修正

模型都有一定重力,当天平系统开始工作时,即使不吹风,模型的重力也会在天平测

力元件中产生读数。随着攻角的变化,模型重力对天平法向力元件、俯仰测力矩元件和轴向测力等元件的影响也在变化。因此,必须进行模型自重力影响的修正。

设模型重力为 G、模型质心到天平力矩参考点的距离为 l,当模型如图 12.23 水平正装时,则可写出下式:

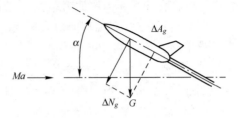

图 12.23　模型自重力的影响

$$\begin{cases} \text{模型自重力对轴向力的增量 } \Delta A_g = G\sin\alpha \\ \text{模型自重力对法向力的增量 } \Delta N_g = -G\cos\alpha \\ \text{模型自重力对俯仰力矩的增量 } \Delta m_g = -lG\cos\alpha \end{cases}$$

（12-21）

当 $\alpha \leqslant 20°$ 时,通常认为

$$\begin{cases} \Delta A_g \approx G\alpha \\ \Delta N_g \approx -G \\ \Delta m_g \approx -lG \end{cases}$$

（12-22）

由式(12-22)可知,在小攻角范围内模型重力所引起天平法向力元件和俯仰力矩元件的读数随攻角变化很小,模型重力引起天平轴向力元件的初读数较大,而且随攻角接近线性变化,为此对轴向力进行模型自重力影响修正的实用公式为

$$A = A' - G\sin\alpha = A' - K'_A K_{A_g}^{\alpha} \alpha \tag{12-23}$$

式中:K'_A 为天平轴向力元主系数;$K_{A_g}^{\alpha}$ 为模型自重力修正系数。

当 $\alpha > 20°$ 时,根据式(12-23),除修正轴向力初读数外,还要修正法向力、俯仰力矩的初读数。在大攻角范围内不宜用接近线性的公式,而是直接用各个实际攻角下的动态(试验时)的读数减去相应攻角下静态的初读数。

12.6.2　风洞气流平均偏转角和轴向压力梯度的修正

1. 空风洞气流平均偏转角影响的修正

气流平均偏转角是指风洞试验段模型区气流的平均方向与风洞轴线的夹角。风洞试验要求空风洞流场应当是均匀的,其气流速度沿风洞轴线分布应为常数,且与风洞中心轴线平行。然而,这种要求是做不到的,但为了描述空风洞流场的均匀性,低速风洞流场品质规范中要求试验段气流平均偏转角要达到 $|\Delta\alpha_{pj}| \leqslant 0.2°$,$|\Delta\beta_{pj}| \leqslant 0.2°$。在风洞设计时要采取各种措施,才能达到规范中关于气流平均偏转角的指标。

在风洞试验段,通常都配备了迎角机构和侧滑角机构。迎角机构指示的迎角,称为名义迎角。名义迎角一般指模型机身轴线与试验段水平面之间的夹角。同样,侧滑角机构指示的侧滑角,称为名义侧滑角。名义侧滑角是模型机身纵向对称面与试验段纵向对称面之间的夹角。

当试验段流场有气流偏角时,相当于风轴坐标系在风洞坐标系中发生了沿迎角或侧滑角方向的旋转。因此,要将试验获得的气动力系数转换到实际的风轴坐标系上。

例如,假设模型的名义迎角为 α,天平测得的升力系数为 C_{Lt},阻力系数为 C_{Dt}。在进行气流平均偏转角修正时,把试验的名义迎角减去该模型的气流平均偏转角就得到了实际迎角 α_r。

实际的升力系数和阻力系数通过下式求得

$$C_L = C_{Lt}\cos\Delta\alpha_{pj} - _{Dt}\sin\Delta\alpha_{pj} \qquad (12-24)$$

$$C_D = C_{Lt}\sin\Delta\alpha_{pj} + C_{Dt}\cos\Delta\alpha_{pj} \qquad (12-25)$$

由于气流平均偏转角是小量,气流平均偏转角对 C_L 的修正量很小,但是对 C_D 的修正量却不可忽视。

下面介绍通过测量模型正装和反装状态的气动力来求得气流平均偏转角,如图 12.24 所示。正装模型试验测出升力 L_1 对名义迎角 α_1 的曲线 $L_1 = f(\alpha_1)$,反装模型试验测出升力 L_2 对名义迎角 α_2 的曲线 $L_2 = f(\alpha_2)$,如图 12.25 所示。假设气流有一个向上的平均偏转角 $\Delta\alpha$,模型正装时,模型的实际迎角为

$$\alpha = \alpha_1 + \Delta\alpha$$

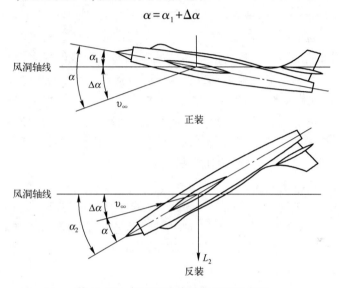

图 12.24　气流平均偏转角的测量方法

模型反装时,模型的实际迎角为

$$\alpha = \alpha_2 - \Delta\alpha$$

对同一个模型来说,当升力 $L_1 = L_2$ 时,模型正装和模型反装的实际迎角应该相等,即

$$\alpha_1 + \Delta\alpha = \alpha_2 - \Delta\alpha$$

故气流平均偏转角为

$$\Delta\alpha = \frac{1}{2}(\alpha_2 - \alpha_1) \qquad (12-26)$$

用式(12-26)求气流平均偏转角时,升力曲线

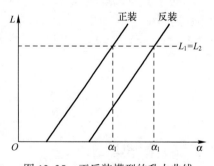

图 12.25　正反装模型的升力曲线

一般要取在线性段。同样,可以通过测量正反装模型的侧力来测定水平方向的气流平均偏转角 $\Delta\beta$。

需要说明的是,气流平均偏转角是指模型浸润区内气流方向场对该模型作用的综合效果,同一座风洞,对不同的模型,气流平均偏转角是不相同的,因此需对每个试验模型测定气流平均偏转角。当然,对外形布局相似、尺寸相近的模型,气流平均偏转角不会相差太大。

用正反装模型的力矩特性同样可以测量平均气流偏角。一般来说,它和用升力曲线测得的气流平均偏转角不相等,因此在平均气流偏角的测量和使用时,需要加以说明。

气流平均偏转角还可以通过工程数据库的方法计算得到。在风洞中预先进行不同平面形状机翼的平均气流偏角试验,建立二维数据库,然后按机翼平面形状进行插值,从而得到相应模型的气流平均偏转角。这种方法比较省事,但可能包含一定误差,因为除风洞自身的试验状态可能不同外,模型的稍许差异,模型在试验段中的位置不同,都会导致误差。

每座风洞在流场校测时都仔细测量了风洞试验段中心截面和前后数个截面的方向场。利用风洞流场校测结果也可以求得平均气流偏角。一种方法是可以在某个展向位置绘制点流向沿局部弦长变化的曲线图,积分曲线下所包容的面积,然后除以该局部弦长,即认为该值是这个展向位置的气流平均偏转角。类似地,绘制气流平均偏转角沿展向位置变化的曲线,积分曲线下所包容的面积,除以展长,即认为该值代表模型的气流平均偏转角。显然,这种方法求得的气流平均偏转角没有包含机身和平尾的贡献。

利用流场校测结果求平均气流偏角的另一种方法是数值计算。这种方法的思路是:在模型表面网格的控制点处,计算出由于控制点处局部气流偏角引起的来流法向速度增量,然后把该增量叠加到法向不穿透条件上,计算有无偏角影响的差别,可以得到平均气流偏角以及气动增量。这种方法计算工作量大。

2. 空风洞流场轴向压力梯度影响的修正

空风洞流场中,沿轴向 x 的速度或马赫数 Ma 的分布不均匀时,则在空风洞流场的轴向上存在静压梯度。这个压力梯度将对试验模型产生一个附加的水平方向的"浮阻",该"浮阻"不是试验模型上应有的气动力,而是流场品质引起的附加量,必须予以修正。

(1) 三维试验模型浮阻 δC_{D0}。空风洞中的流场是速度场、方向场、压力场、温度场等物理场的综合。压力场 $p(x,y,z)$ 是流场的重要组成部分。在实际风洞流场校测中,这个压力场 $p(x,y,z)$ 函数的解析式是很难得到的。通常是沿风洞轴向测量空风洞流场的压力值(也可用沿风洞轴向测量马赫数的分布),然后用最小二乘法求出沿风洞轴向上的压力梯度 dp/dx 的值,即

$$\frac{dp}{dx} = \frac{\sum_{i=1}^{n} x_i \sum_{i=1}^{n} p_i - n\sum_{i=1}^{n} x_i p_i}{\left(\sum_{i=1}^{n} x_i\right)^2 - n\sum_{i=1}^{n} x_i^2}(\alpha_2 - \alpha_1) \tag{12-27}$$

或用马赫数梯度 $\dfrac{dMa}{dx}$ 表示,即

$$\frac{dMa}{dx} = \frac{\sum_{i=1}^{n} x_i \sum_{i=1}^{n} Ma_i - n\sum_{i=1}^{n} x_i Ma_i}{\left(\sum_{i=1}^{n} x_i\right)^2 - n\sum_{i=1}^{n} x_i^2}(\alpha_2 - \alpha_1) \tag{12-28}$$

求出空风洞流场轴向压力梯度 dp/dx 或轴向马赫数梯度 $\dfrac{dMa}{dx}$ 之后,则可由下式计算附加在模型水平方向上的浮阻系数 δC_{D0}:

$$\delta C_{D0} = \frac{V}{q_\infty S} \cdot \frac{\mathrm{d}p}{\mathrm{d}x} \tag{12-29}$$

$$\delta C_{D0} = \frac{2V}{Ma(1+0.2Ma^2)S} \cdot \frac{\mathrm{d}Ma}{\mathrm{d}x} \tag{12-30}$$

式中：p_i 为相应 i 坐标值下的压力值；Ma_i 为相应 i 坐标值下的马赫数值；S 为试验模型总体积。

根据国内标模试验大纲规定：当 $\delta C_{D0} \leqslant 0.01 C_{D0}$ 时，一般可忽略不计，不予修正；当 $\delta C_{D0} > 0.01 C_{D0}$ 时，则要修正该浮阻系数 δC_{D0}。

（2）二维翼试验模型浮阻系数 δC_{D0} 的修正。对二维翼试验模型通常可用下列公式求得浮阻系数 δC_{D0}：

$$\delta C_{D0} = -\frac{\pi}{2S}\lambda t^2 \frac{\mathrm{d}c_p}{\mathrm{d}x} \tag{12-31}$$

式中：$c_p = \dfrac{p-p_\infty}{q_\infty}$；$\lambda$ 为翼型水平浮力修正形状因子；t 为翼型厚度。

浮阻系数 δC_{D0} 的修正标准同上。

12.6.3 支架干扰修正

导弹与航天器缩尺模型在风洞中进行试验都必须由支架进行支撑。支架对模型绕流的影响，特别是对阻力的影响很大，对模型底部压力分布有着直接地干扰，从而使试验数据的测量结果带入了一定的干扰影响，为此必须给予修正。支架干扰量的求取采用理论方法是困难的，通常是采用试验方法测得。但是，只有测量系统具有较高的精确度和灵敏度时，用试验方法测得支架干扰量才准确。

对于模型腹支撑框式机械天平所测之量包含着支架本身的气动量和干扰量，这时可采用消除支架影响的镜像系统来得到真正试验模型的气动量。

采用镜像支架扣除干扰量有三步法和二步法。三步法比较麻烦，不仅要增设上洞壁变角机构，而且吊挂模型安装很不方便，也不安全，对生产性风洞实用意义不大。因此一般不采用此法，而是采用二步法，如图 12.26 所示。

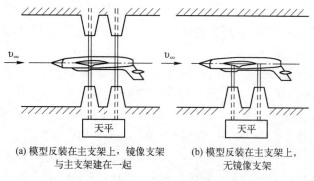

(a) 模型反装在主支架上，镜像支架
与主支架建在一起

(b) 模型反装在主支架上，
无镜像支架

图 12.26　镜像二步法求支架干扰量

二步法求支架干扰量分为如下 3 个步骤：

（1）模型反装 $R_{(-M)}$、带镜像支架并连接模型

$$R_{m(1)} = R_{(-m)} + T_{(-)} + I_{(-)} + T_{(+)} + I_{(+)}$$

（2）模型反装 $R_{(-M)}$

$$R_{m(2)} = R_{(-m)} + T_{(-)} + I_{(-)}$$

（3）模型正装 $R_{(+M)}$

$$R_{m(3)} = R_{(+m)} + T_{(+)} + I_{(+)}$$

因此,模型气动量由下面关系式确定:

$$R_{(+m)} = R_{m(3)} - (R_{m(1)} - R_{m(2)}) \tag{12-32}$$

式中:R_m 为模型各气动量测量值;T 为支架本身的气动量;I 为支架对模型、模型对支架以及风挡之间的相互干扰量。

支架干扰量扣除时有两点要注意:

（1）应注意到由于模型反装,它在试验段中的状态(如 α、β)相对天平而言刚好相反,所以正装模型的 α、β 时的测量值要相应扣除 $-\alpha$、$-\beta$ 时的干扰量。

（2）干扰量具有方向性。用下式表示干扰量 ΔR_I,则有

$$\Delta R_I = \pm (R_{m(1)} - R_{m(2)})$$

$$R_{(+m)} = R_{m(3)} \mp (R_{m(1)} - R_{m(2)}) \tag{12-33}$$

式中:下标(-)表示反装;(+)表示正装。

在式(12-33)中,如果是阻力或滚动力矩干扰量,式中取"-"号;其他分量均取"+"号(不管括号中干扰量是正、是负)。

支架干扰修正是一项很复杂的工作,对气动力测量精确度有直接影响,根据经验有下面几点可供参考。

（1）全模型带外挂物,其支架干扰量的影响不可忽视。

（2）随着舵面(主要指襟翼)偏转角增加,支架干扰量将是不同的。在进行有、无舵面偏转时应做不同的支架干扰试验。如果舵面偏转角度较多时,可线性内插。

（3）不同部件组合试验时,应安排不同的支架干扰试验。

（4）有地板时,除要扣除带地板时二步法测得的干扰量外,还要扣掉地板对支架系统的干扰,一般是分别作带地板的单独支架及去地板的单独支架的吹风试验,两者的差值作为地板对支架的干扰量,随着离地板高度的增加这种影响逐渐减弱。

（5）支架干扰量的试验点的分布一般较分散,应先使曲线光滑,然后取值。

如果模型是旋成体,二步法可再简化,因模型对称,不必反装模型,只要模型正装及装镜像支架两次即可。

随着风洞测试技术的发展,目前机械式天平正逐渐被应变式天平所取代。由于应变式天平体积小、又采用尾支撑方式,支架干扰所占比重明显减小,因而有时可忽略其影响,不作修正。尾支撑系统的干扰,也可以类似地采用腹支撑模型测量,比较加与不加尾支杆状态来获得支架干扰量。亚、跨、超声速风洞现在大都采用应变式天平支撑方式。从实用性考虑,对生产性风洞,只要模型后部外形简单,尾支撑的支杆外形尺寸满足要求,一般就可以不进行支架对模型的综合干扰修正。只有专门研究支架对模型的干扰影响时,才进行支架对模型综合干扰的修正,尤其应首先考虑支架对模型阻力干扰的修正。

模型尾部由于支杆的存在,改变了模型底部流动状态,影响模型底部的压力分布,为此,要对模型底部阻力进行修正。不同粗细、长度、锥度的尾支杆对模型底部压力分布影

响也不同。为了保证风洞试验数据可靠,通常把模型底部压力修正到与自由来流静压一样,即所提供的阻力为模型的前体阻力。

12.6.4　洞壁干扰修正

　　模型在风洞中试验,由于四周有风洞壁的存在,模型的绕流与真实飞行器的绕流状态有较大的差异,一般把洞壁的存在造成洞壁与试验模型之间的相互干扰,称为洞壁干扰。洞壁干扰对模型试验数据的准确度有严重的影响。

　　图 12.27 和图 12.28 给出了一个二维翼型在自由大气和风洞中的流线图。在风洞中,由于洞壁的存在,限制了模型引起的流线弯曲与扩散,使绕模型的流场与实物在大气中的流场不同。我们把这种流场的差异称为洞壁对模型的阻塞效应和升力效应。

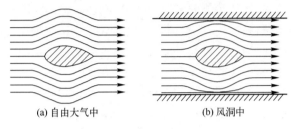

(a) 自由大气中　　　　　　　　　(b) 风洞中

图 12.27　洞壁干扰阻塞效应示意图

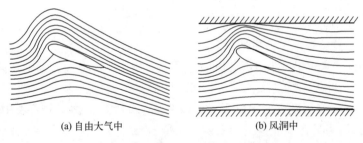

(a) 自由大气中　　　　　　　　　(b) 风洞中

图 12.28　洞壁干扰升力效应示意图

　　洞壁干扰的修正,只有当模型试验中的测量系统比较准确时,洞壁干扰量的求得及修正才更有意义。

　　1. 镜像法

　　低速风洞试验模型,其弹翼的绕流可以近似地用升力线涡和一对尾涡组成的涡系来模拟;弹体可以用源—汇组成的源—汇系来模拟;尾流则可用一个源来代替。

　　低速风洞的洞壁绝大多数是实固壁,实固壁洞壁的边界条件是沿洞壁法向方向上的速度为零,因此适合采用镜像法。处理这些洞壁干扰时,对升力干扰、阻塞干扰是分别进行的。当计算洞壁的升力干扰时,则以洞壁为边界形成镜像涡系,这些镜像涡系的无限叠加便是该洞壁边界对该涡中心点处的升力干扰。同理,对于洞壁和模型厚度产生的固体堵塞效应采用源—汇系,以洞壁为边界构成的镜像源—汇系来模拟,这些镜像源—汇系的无限选加便是实体阻塞干扰;对于尾流阻塞干扰也是以洞壁为边界形成源的镜像源系的无限选加便是尾流阻塞干扰。

　　总之,镜像法就是以风洞实壁为边界,形成镜像的涡系或者形成镜像的源—汇系,用这种镜像系的叠加来模拟洞壁边界存在的干扰效应。

2. 壁压信息法

壁压信息法是一种试验与计算相结合的洞壁干扰修正方法。该方法是在进行模型试验的同时测出洞壁处的静压分布或扰动速度,这种洞壁静压分布(扰动速度)实际上是由两种扰动场所引起的。

(1) 模型(自由状态)在洞壁处所产生的扰动,即模型的远场扰动。

(2) 洞壁干扰所产生的扰动,即洞壁近场扰动。

模型远场扰动是已知的(可用数值计算方法求出),所以从测得的洞壁静压分布中扣除这部分干扰的贡献,可得到洞壁近场扰动。据此可以求得洞壁上的基本解分布,再由此基本解分布算出在模型表面上的洞壁干扰速度 Δu、Δv、Δw,从而得到模型受洞壁干扰的气动力。由于壁压信息法是从实测的洞壁静压分布直接算出洞壁上的基本解分布,这就回避了有限基本解法求洞壁干扰时,需预先知道洞壁特性这一难点。此外,壁压信息法无需对试验模型及尾流作理论的描述与推测,只需用实测洞壁压力分布(或扰动速度)求解固定在适当位置上若干简单线源与线涡的强度分布,使其在风洞试验段边界一定位置上诱导的压力分布与试验模型相同。因此,壁压信息法不仅可用于小、中、大攻角模型试验的洞壁干扰修正,也适用于带大功率动力、高升力模型试验的洞壁干扰修正。这些优点是经典的镜像法和有限基本解修正方法无可比拟的。当计算机与风洞一体化后,壁压信息法的优越性就更显著了。

3. 试验修正法

洞壁干扰的试验修正方法有两种:

(1) 利用同一模型分别在小风洞和大风洞做对比试验,将大风洞的试验数据视为无洞壁干扰数据,用此无干扰的数据求出小风洞的洞壁干扰修正因子。美国就是采用这种方法来修正 F-111 飞机模型的洞壁干扰。该模型在美国阿诺德工程发展中心 4ft 风洞中做了大量试验,然后又在 16ft 风洞中做试验。把 16ft 的数据视为无干扰数据,求得 4ft 风洞 F-111 模型的上洗干扰因子 δ_0,用它来修正 4ft 风洞的试验数据。

(2) 利用一套 3 个以上几何相似而缩比不同的模型,在同一风洞中做试验,将所得试验数据外插到模型几何尺寸为零(即无洞壁干扰)的结果,从而求得洞壁干扰量。这种方法的主要缺点是:首先,一组缩比不同的模型,除非外形很简单,否则要加工成几何完全相似的若干模型是很难的;其次,不同尺寸模型的风洞试验,要保持雷诺数完全相同也是不容易的。若试验雷诺数不同,则又引入了雷诺数对试验数据的影响,且很难将洞壁干扰与雷诺数效应这两个因素分开;另外,一组模型的加工、试验工作量及费用都是很大的。所以,这种方法未被广泛采用。

除了以上几种修正方法,还有有限基本解法和自修正风洞法。有限基本解法计算洞壁干扰是目前运用较广的一种方法。优点是:不受试验段横截面形状、洞壁特性的限制,模型模拟较准确以及能计算出全弹模型上各点的洞壁干扰速度,这比镜像法前进了一大步。缺点是:气流速度不能大于翼面上的激波达到洞壁所对应的速度。由于该方法基于线性化的偏微分方程,因此不适合于计算大攻角有严重分离情况下的洞壁干扰。此外,该方法必须预先知道洞壁的透气性参数。

自修正风洞的基本思想,简单地说就是在给定风洞流场、模型及其姿态下,在距模型表面适当远处选择恰当的控制面。在该控制面上选择有限个点,测量在这些点上的各个扰动速度分量 u_m、v_m、w_m;另外,认为控制面及其以外区域所受到的扰动足够小,能够满足小扰动速度位方程。在无约束流动条件下建立控制面以外流场区域某些参数(如扰动速度)的函数关系,利用该函数关系计算出模型的扰动速度在控制面相应测量点上的 u_c、v_c、w_c 值的分布。如果测量值与计算值不一致,则说明该模型周围流场仍受洞壁的约束,这时就用将驻室所分成若干独立的小方格(每个小方格又相当于一个小驻室)中的抽气或吸气装置来调整流经洞壁的流动状态。重复上述过程,一直调整到所测量的速度分量与无边界约束流动的边界条件下所计算的结果一致时(即所测量的参数满足无约束流的函数关系时),即可进行正式风洞试验,其试验结果为无洞壁干扰的结果。

12.6.5 雷诺数影响的修正

在风洞试验中,试验雷诺数要比真实飞行器的飞行雷诺数低 1~2 个量级。通常风洞的 $Re = 2 \times 10^6 \sim 4 \times 10^6$,而真实飞行器的飞行 $Re = 2 \times 10^7 \sim 8 \times 10^7$。因此,常规风洞只能保证马赫数的相似,而 Re 远不能达到要求,结果引起风洞试验与真实飞行时的气动特性有较大差异,这种差异称为雷诺数效应。通常在附着流情况下可进行雷诺数修正来解决这种气动差异。

雷诺数效应在跨声速时最为敏感,这是由于 Ma 接近于 1 时,流动截面微小变化就可导致 Ma 和压力 p 的很大变化,尤其在分离状态下,雷诺数的不同,分离引起的流线变形会有很大差异,最后使试验模型与实物的气动特性有很大差别。风洞中的气流湍流度和雷诺数与真实飞行状态下的差别会综合影响试验模型边界层的性质、转捩位置和分离位置。大型飞行器在大气中飞行时,其边界层的转捩点一般在弹翼前部附近,为使模型上与真实飞行器上边界层转捩点位置接近,在低、亚、超声速范围内,常采用人工固定转捩的方法来实现,这样为数据进一步进行 Re 影响修正带来方便。

风洞常规测力试验中,雷诺数对最小阻力系数 C_{Dmin}、最大升力系数 C_{Dmax} 以及由升力引起的阻力影响最大,必须进行修正。而对零升力矩系数和小攻角 α、小侧滑角 β 范围内的各个气动导数影响相对较小,所以可忽略不计。大量风洞试验证明:在低、亚、超声速风洞试验中采用粗糙带(或绊线)进行人工固定转捩,只要粗糙带的粗糙度和绊线的直径选择合适,可以使模型转捩点接近真实飞行器的相应转捩位置,其模型试验结果还是令人满意的。但是,在跨声速范围内,固定转捩可能反而使对应的流态失真。由于模型与真实飞行器雷诺数相差很大,流动特性也不一样,雷诺数值越小,模型翼面后缘附近湍流边界层的相对厚度越厚,分离就越严重,而分离又是粘性与非粘性流动相互干扰的一种复杂流动,会导致激波位置的改变。这种激波与边界层的相互干扰用固定转捩是无法模拟的。另外,当试验雷诺数与真实飞行器飞行雷诺数相差很大时,Re 影响的修正可能是不可靠的。因此,应当建立高雷诺数跨声速风洞来解决雷诺数效应。

12.6.5.1 低速风洞雷诺数影响的修正

在低速风洞中,雷诺数的影响往往是和风洞湍流度混合在一起的。雷诺数增加时转捩点往前移,自由来流湍流度越高转捩点也越靠前,为此常采用有效雷诺数 Re 来描述 Re 与湍流度的综合作用。令湍流因子为 TF,临界雷诺数为 Re_{cr},则

$$TF = \frac{385000}{Re_{cr}}$$ (12-34)

因为 $Re < 385000$，所以 $TF > 1$，而有效雷诺数 Re_e 为

$$Re_e = TF \cdot Re$$ (12-35)

1. 对最小阻力系数 C_{Dmin} 的修正

雷诺数效应对最小阻力系数 C_{Dmin} 影响最大，即对摩擦阻力影响最大。对于旋成体或当飞行器上下对称时最小阻力系数就等于零升阻力系数 C_{D0}。最小阻力系数在对数坐标系内 C_{Dmin} 与 Re 为线性关系。根据这个特性，可方便地利用外插求得任意 Re 下所对应的 C_{Dmin}。

2. 对最大升力曲线的修正

（1）平移试验曲线法。模型在风洞试验时的最大升力系数 C_{Lmax} 与风洞试验时的有效雷诺数 Re_e 有直接关系，所以对最大升力系数 C_{Lmax} 的修正，应根据实际飞行的雷诺数 Re_f 与风洞试验的有效雷诺数 Re_e 之差值进行。由图 12.29 可知，升力线斜率 C_L^{α}（线性部分）基本不随 Re_e 变化，只是最大升力系数 C_{Lmax} 和临界攻角 α_{cr} 随 Re_e 增大而增大。

现将典型翼型的 C_{Lmax} 雷诺数效应的修正具体步骤简介如下：

① 把试验数据绘成升力曲线 C_L-α，并把线性部分向上延伸。

② 估算出真实飞行雷诺数 Re_f 下的 $C_{Lmax,f}$，并过该值点作与 α 横轴的平行线 l（图 12.30）。

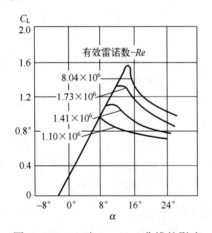
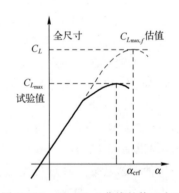

图 12.29　Re_e 对 $C_L = f(\alpha)$ 曲线的影响　　　图 12.30　$C_L = f(\alpha)$ 曲线的修正方法

③ 把试验得到的 C_L-α 曲线的非线性部分向上平移，使之与直线 l 相切为止，然后把有此切点的非线性曲线部分再向右平移，使之曲线部分与线性部分光滑连接，即可得到一条新的真实飞行器飞行时的 $C_L = f(\alpha)$ 曲线。因此对试验模型最大升力系数 C_{Lmax} 的修正，实际也是对试验升力曲线 $C_L = f(\alpha)$ 的修正。修正后所得的新的升力曲线的最大值 $C_{Lmax,f}$ 对应的攻角就是修正后的临界攻角 α_{crf}。

（2）用原准机法对模型 C_{Lmax} 进行修正。原准机风洞试验的 $C_{Lmax,M}$ 与真实飞行时的 $C_{Lmax,f}$ 的差值，就作为模型试验最大升力系数的修正量，即

$$\Delta C_{Lmax,Re} = C_{Lmax,M} - C_{Lmax,f}$$ (12-36)

（3）理论计算法对 C_{Lmax} 进行修正。用计算的方法分别计算出飞行器在飞行雷诺数 Re_f 下的 $C_{Lmax f}$ 和风洞试验时有效雷诺数 Re_e 下的 $C_{Lmax, M}$，其差值就作为模型风洞试验数据 C_{Lmax} 的修正量。

12.6.5.2　高速风洞雷诺数影响的修正

高速风洞雷诺数效应的修正，主要指亚声速和超声速风洞试验范围的修正。对于跨声速风洞试验而言，雷诺数效应的消除只有通过建立高雷诺数跨声速风洞才能解决。

弹翼是产生升力的主要部件，对于一般前部相对较厚的弹翼，其升力线斜率 C_L^α 基本不随有效雷诺数 Re_e 而变化，Re_e 对最大升力系数 C_{Lmax} 的影响与弹翼翼剖面相对厚度的大小有关。厚翼型的 C_{Lmax} 随 Re 的增大而连续增加，雷诺数效应较大，高速风洞试验中，雷诺数对 C_{Lmax} 影响的修正均可参考低速风洞雷诺数效应修正的方法进行，以下均不再介绍。另外用计算方法，估算试验模型和真实飞行器的最大升力系数 C_{Lmax} 时，应注意弹翼翼剖面的类型。

模型在风洞中试验为了模拟边界层状态相似，通常采用人工固定转捩（绊线或粗糙带）的方法来实现，但是由于绊线或粗糙带的存在产生一个附加的阻力，该附加的阻力也应扣除。高速风洞试验中，对一架完整的飞行器模型，Re 不仅对摩阻有很大的直接影响，还对压差阻力，各部件之间干扰产生 Re 效应。

高速风洞试验中，对试验模型最小阻力系数 C_{Dmin} 的修正一般表达式为

$$C_{Dmin, f} = C_{Dmin, M} - \Delta C_{DMI} - \Delta C_{Dmin, Re} \qquad (12-37)$$

式中：$C_{Dmin, f}$ 为修正后的（或称飞行雷诺数下）最小阻力系数；$C_{Dmin, M}$ 为风洞试验时模型的最小阻力系数（即零升阻力系数）；ΔC_{DMI} 为固定转换所用绊线或粗糙带的附加阻力系数；$\Delta C_{Dmin, Re}$ 为最小阻力系数雷诺数效应的修正量。式（12-37）为亚声速及超声速雷诺数效应修正的一般表达式。当 $Ma_\infty > Ma_{cr}$ 时，$C_{Dmin, M}$ 中还包括波阻，除跨声速外，波阻基本不随雷诺数变化。由式（12-36）可知，$C_{Dmin, M}$ 是模型在风洞试验得到的量，所以关键在于求出 ΔC_{DMI} 和 $\Delta C_{Dmin, Re}$ 两个修正量。这两个量的求取与粗糙带的类别有别，这里不作介绍了。

12.6.6　风洞试验数据与飞行试验数据的相关性

由于风洞环境和模型环境的不完全模拟，导致风洞试验数据与飞行试验数据有较大差别。其最初始的风洞试验数据须经过一系列有效的修正，直到"最终应用气动数据"后，才能提供导弹性能计算和设计使用。如何对风洞试验数据进行一系列修正，首先要确定哪些是导致风洞试验数据与飞行试验数据存在差别的主要相关因素，这些差别究竟多大？认真探讨、总结、进行相关性分析研究。相关性研究更涉及利用试验、经验、理论与试验结合、空气动力学理论以及数值计算等多种手段与方法，以导弹飞行试验数据为依据，建立有效可行的风洞试验修正体系。

作为相关性的研究，首先寻找导致风洞试验数据失真的根源，风洞"环境"和"模型"本身的不模拟是导致风洞试验数据失真的两个主要根源；另外就是风洞试验的误差。这种误差是由系统误差、偶然误差、半系统误差所构成。相关性研究的大致过程是：选定校验模型，进行流场校测，确定流场品质；进行模型风洞试验，给出试验误差，对风洞试验数据和误差进行分析；开展气动辨识研究、完成飞行试验，风洞试验数据与飞行试验数据的比较结果，确定修正方法，完成第二阶段修正，进而得到风洞标准气动数据和误差；建立数

据库形式的计算软件系统。

思 考 题

1. 有哪些压力测量方法？什么是总压、静压？测量总压、静压各有什么要求？
2. 开展空气动力试验时需要测量哪些温度？
3. 说明风速管的原理。
4. 分析粒子图像测速的优、缺点。
5. 机械天平的测量原理是什么？有什么优、缺点？
6. 应变天平的测量原理是什么？有什么优、缺点？
7. 讨论激光诱导荧光测量技术的难点。
8. 风洞试验数据修正的作用是什么？需要修正哪些干扰因素？

第 13 章　空气动力试验

13.1　定常空气动力试验

飞行器风洞试验的目的是通过缩比模型试验,测量飞行器全机或部件的空气动力载荷,观察飞行器表面和空间流动状态,从而分析飞行器及其部件的空气动力性能,优化飞行器的气动布局。

13.1.1　全模测力试验

全模测力试验的目的是要得到飞机或其他飞行器的气动力特性。气动力特性包括全机气动特性,飞机的舵面效率(如副翼、方向舵、升降舵等的效率),飞行器各个部件的气动力贡献,飞行器的雷诺数特性,地面效应影响等。一般将气动力分解为升力、阻力、俯仰力矩、侧力、偏航力矩以及滚转力矩。

全模测力试验是低速风洞中最常见的试验。全模测力试验的方法是在给定的动压条件下,采用六分量天平测量模型在一系列姿态角下的气动力。进行全模测力试验,要将风洞的各分系统协调地运转起来,保持试验动压稳定,按试验要求自动改变模型姿态,对模型的气动力实现精确、高效的测量。

测力试验中,当模型侧滑角为 0°,在一系列迎角下进行测量称为纵向测力试验;对模型给定某一迎角,在一系列侧滑角下进行测量称为横向测力试验;对模型给定某一非零侧滑角,在一系列迎角下进行测量称为准纵向测力试验;在不同的动压条件下,对同一模型状态测力称为变雷诺数试验;在相同的试验条件下,对同一模型状态的多次重复测量称为重复性试验。为了扣除支架干扰,还要进行支架干扰试验,如腹撑模型正装测力时,为了测量腹撑支架干扰量,就必须进行模型反装、模型反装加镜像支架的测力试验。

飞机的全模测力试验具有代表性,下面逐项介绍其试验内容。

13.1.1.1　飞机纵向气动特性

飞机的纵向气动特性通过纵向试验测量得到。进行纵向气动特性试验时,一般是在侧滑角为 0°时,改变一系列迎角,测量模型的气动力。

1. 升力特性

通过试验得到升力系数随迎角的变化曲线,这种曲线称为升力特性曲线。从升力曲线上可以得到升力线斜率、最大升力系数、零升力迎角和临界迎角。升力线斜率通常在曲线的线性段上求得,如图 13.1 所示。

2. 阻力特性

阻力的测量结果可以绘制成阻力系数随迎角的变化曲线,也可以绘制阻力系数与升力系数的曲线(通常称为极曲线),如图 13.2 所示。阻力系数可以分解为零升阻力和诱

导阻力两部分,如

$$C_D = C_{D0} + C_{Di} = C_{D0} + A_i C_L^2 \qquad (13-1)$$

式中:C_D 为阻力系数;C_{D0} 为零升阻力系数;C_{Di} 为诱导阻力系数;A_i 为诱导阻力因子;C_L 为升力系数。

在确定了零升阻力系数后,根据式(13-1)可求出诱导阻力因子。

$$A_i = C_{Di}/C_L^2 = (C_D - C_{D0})/C_L^2 \qquad (13-2)$$

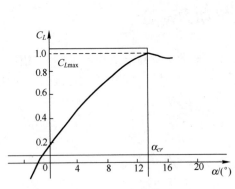

图 13.1 升力曲线图

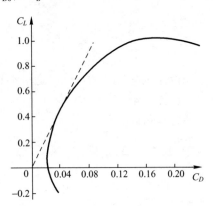

图 13.2 阻力曲线图

3. 俯仰力矩特性

俯仰力矩的测量结果可以绘制成俯仰力矩系数与升力系数的关系曲线。从曲线中可以得到零升力矩系数,而该曲线的斜率就是飞机的纵向静稳定度,如图 13.3 所示。

13.1.1.2 飞机横向气动特性

横向空气动力分量主要随侧滑角变化。进行横向气动特性试验时,一般是在给定几个迎角下,改变一系列侧滑角,测量气动力,把测量结果分别绘制成横向力系数、偏航力矩系数和滚转力矩系数随侧滑角的变化曲线,如图 13.4~图 13.6 所示,从这些曲线中,可以求得各气动力分量对侧滑角的导数。

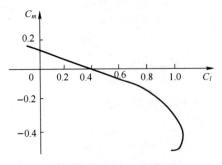

图 13.3 俯仰力矩曲线图

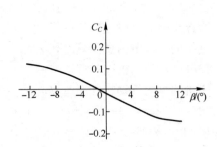

图 13.4 横向力曲线图

13.1.1.3 飞机操纵面气动特性

1. 升降舵效率

在一组升降舵偏度下,进行纵向试验测出飞机的气动力特性,绘制飞机在不同升降舵偏度的俯仰力矩系数和升力系数的关系曲线。由此曲线得到在某一升力系数下的俯仰力

256

矩系数和升降舵偏度的曲线,该曲线的斜率就是升降舵效率,如图13.7所示。

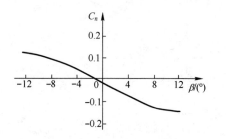

图 13.5 偏航力矩曲线图

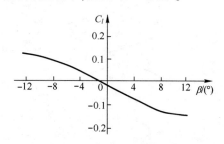

图 13.6 滚转力矩曲线图

2. 方向舵效率

在某一迎角下,按给定的一组方向舵偏度进行横向试验,测出飞机的气动力特性。绘制飞机横向力系数、偏航力矩系数、滚转力矩系数和方向舵偏度的关系曲线,取偏航力矩系数和方向舵偏度曲线的斜率,就可得到方向舵效率,如图13.8所示。

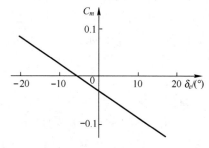

图 13.7 升降舵效率

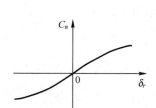

图 13.8 方向舵效率

3. 副翼效率

在某一迎角下,按给定的一组副翼偏度进行横向试验,测得飞机滚转力矩和副翼角度的关系曲线,这个曲线的斜率就是在这个迎角下的副翼效率,如图13.9所示。

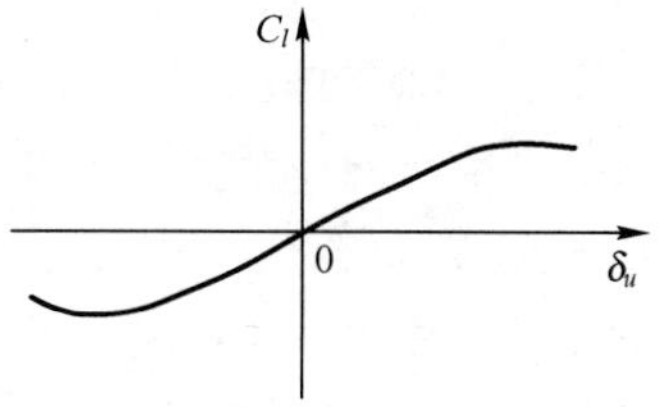

4. 平尾处下洗角

在飞机设计中,常常需要调整平尾安装角,使飞机在巡航飞行时无须偏转升降舵就能保持配平状态,这就需要测量在平尾处的气流下洗角。测量方法可以用流场测量方法、部件组拆法和变平尾安装角方法。变平尾安装角方法是通过纵向试验测出一组平尾安装角下的俯仰力矩和迎角的曲线,然后去掉平尾进行试验测得俯仰力矩和迎角的曲线。从图13.10中可以看出有平尾和无平尾力矩曲线的交点,在交点上,平尾对俯仰力矩的贡献为零,也就是平尾相对气流的迎角为零。由式

$$\alpha + \psi_H - \varepsilon = 0$$

得

$$\varepsilon = \alpha + \psi_H \tag{13-3}$$

式中:α 为迎角;ψ_H 为平尾安装角;ε 为平尾区平均下洗角。

图 13.9 副翼效率

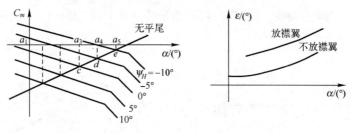

图 13.10 平尾处下洗角

13.1.1.4 地面效应试验

当飞机距地面半个翼展或更近时,地面对飞机的气动特性有严重的影响,这种影响主要表现在升力线斜率增加、纵向静稳定性增加、诱导阻力减小等。在风洞中模拟地面影响的试验称为地面效应试验。

在风洞中用地板模拟地面,可以调节地板和模型之间的距离,以模拟飞机离地面的不同高度。为了减小或消除地板边界层的影响,可以采用在地板上开缝吸除边界层的方法,也可以采用吸气或吹气地板,最好的方法是用运动速度和气流相同的运动地板来模拟地面,这种地板称为活动地板。活动地板和气流之间没有相对运动速度,活动地板上就不会产生边界层。

13.1.2 压力分布试验

本节主要介绍以飞行器模型为代表的模型表面的压力分布测量试验。测压试验的目的主要是为飞行器及其各部件结构强度计算提供气动载荷分布的原始数据;为研究飞行器及其各部件的性能、研究绕模型的流动特性提供依据。通过压力分布测量可以确定机翼上最小压力点位置、气流分离特性以及作用在模型上的升力、压差阻力和压力中心的位置等。因此,风洞模型压力分布测量是研究飞行器气动特性、进行强度校核、验证数值计算方法是否准确的一个重要手段。

1. 测压试验方法

测压试验使用测压模型。测压模型除在模型表面的适当位置布置了测压孔并在模型内留有传压导管布管槽和一定空间外,其他要求与测力模型基本相同。全机和机身的压力分布测量试验,模型可用腹撑或尾撑。测压模型的每个测压孔通过传压导管分别与多管压力计或扫描阀及压力传感器相连。传压导管由模型内部沿支杆引出风洞。若模型内有足够的空间,最好将压力扫描阀和传感器安置在模型内,以尽可能缩短传压导管,减少导管内的压力平衡时间。如果测压的同时还要进行测力,则应考虑天平的安装与使用,且要避免或尽可能减小传压导管对天平的干扰。为了增加模型表面测压点数目,提高试验的雷诺数,要加大模型尺寸,也可采用半模试验。通常采用靠近洞壁安装的半模进行测压试验,模型内的传压导管则可以很方便地连接到风洞外。

对机翼而言,测压孔通常布置在机翼上下表面的 0、1.25%、2.5%、5.0%、10.0%、15.0%、20.0%、30.0%、40.0%、50.0%、60%、70%、80%、90%、95%、100%的弦向位置上,并分布在展向的若干个剖面上。每个剖面上、下沿弦向测压孔不少于 15 个,压力变化较剧烈处(如机翼前缘附近)应适当增多。测压孔内径一般取 0.4~0.8mm,测压孔轴线应垂直于模型当地型面;孔口无倒角、无毛刺,必须与表面保持平齐。传压导管在布管时要避免挤压、突然拐折和严重扭曲,管接头要可靠,防止导管的堵塞和漏气,要走向清楚、排列有序,与对应序号的测压孔标识准确。要逐个仔细检查整个测压管路的通气性和气密性。

目前,风洞测压试验尤其是有大量测点的测压试验,大都采用压力扫描阀(机械扫描阀或电子扫描阀)和压力传感器。众多的测点可能对传感器的量程要求不尽一致,这就需要选用不同量程的传感器和仔细地布置管路,要选用重复性好、线性好、温漂小、滞后小的传感器。对模型底部压力、模型表面压力分布测量,最好选用压差传感器,用试验段静压作压差传感器的参考压力,可明显提高压力测量精度。压力传感器的灵敏度,通常随环境的温度、湿度及输入电桥电压值的大小等发生变化,不同时间的校准结果也会不一样。因此,风洞试验时,最好能实时校准和重复校准,使用传感器工作时的实际校准曲线。

采用压力扫描阀系统进行测压试验的数据采集流程通常为:传感器感受压力,将其转换为电信号,经放大器放大,送采集系统进行则 A/D 转换,输入计算机进行处理。

2. 测压试验数据处理

试验数据通常以压力系数给出。根据压力系数的定义得

$$C_{pi} = (p_i - p_\infty)/q_\infty \qquad (13-4)$$

式中:C_{pi} 为模型上第 i 点的压力系数;p_i 为模型上第 i 点测得的静压;p_∞ 为试验段来流静压;q_∞ 为试验段来流动压。

试验中只需测得模型表面各测点的静压 p_i 和试验段来流静压 p_∞ 以及试验段来流动压 q_∞,便可算出对应各测点的压力系数 C_{pi}。在实际测量中,根据所选用的参考压力,对式(13-4)作某些形式上的适当变换,便可使测量更为简便。

压力分布试验的结果,通常有两种表示方法:一种是矢量法;另一种是坐标法。矢量法是把压力系数 C_p 用矢量的形式画在翼型或其他测压剖面对应的测压点上。取一适当长度表示压力系数的一个单位,再将各点的 C_p 值比照单位长度画出对应的线段。这些线段分别与模型对应测压点的表面相垂直。C_p 为负时箭头离开表面,为正时箭头指向表面,如图 13.11 所示。坐标法一般是以测压孔在弦向的相对位置 $\bar{x} = x/c$(对应于翼型,x 为离前缘的弦向距离,c 为弦长)

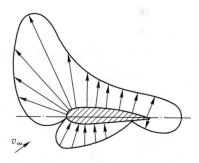

图 13.11　压力分布的矢量表示法

为横坐标,以压力系数 C_p 为纵坐标,绘制 $C_p = f(\bar{x})$ 曲线。通常习惯于把负的 C_p 绘于横坐标之上,把正的 C_p 绘于横坐标之下,如图 13.12(a)所示。图中实线表示翼型上表面的压力系数分布,虚线表示翼型下表面的压力系数分布。也可用翼型上下表面的测压孔位置 $\bar{y} = y/c$ 为纵坐标,以压力系数 C_p 为横坐标,把各点的压力系数绘成如图 13.12(b)所示的形式。图中实线表示翼型最大厚度之前的压力分布,虚线表示最大厚度之后的压力分布。实际应用中多采用坐标法,但矢量表示法具有直观的优点。

虽然压力分布试验的数据处理比较简单,但由于试验的数据量通常很大,这就要求根据不同的模型姿态、不同的测压剖面等合理地、有规律地通过计算机程序给出试验结果数据和曲线图。

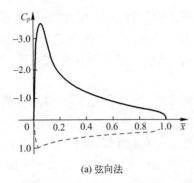
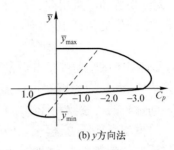

(a) 弦向法   (b) y 方向法

图 13.12　压力分布的坐标表示法

在有大量测点的测压试验中,经常遇到的麻烦是如何正确判别与测压孔口表面状态不良或传压导管的堵塞或漏气直接有关的不正常结果数据。所以,与此有关的仔细的模型检查及其记录将是对这类结果数据分析判断的依据;同时,对测压模型应特别强调测压孔加工和压力传递管路系统设置的状态良好以及在试验前应做的精心准备。

对模型压力分布试验结果也应进行洞壁干扰修正,如阻塞修正等。但是用常规洞壁干扰修正方法往往有困难,因为修正时需要用到模型的阻力等数据。如有可能,可结合测力试验结果进行修正,也可用壁压信息法进行压力分布试验的洞壁干扰修正。

13.1.3　翼型试验

由于飞机的绝大部分升力是由机翼提供的,机翼的空气动力性能主要取决机翼的剖面形状和平面形状,因此,为了正确了解各种因素对机翼气动力的贡献,在气动力研究和机翼设计过程中,往往总是将机翼的气动力剖面形状和平面形状分开来处理。假设有一个与飞机对称面平行的假想平面与飞机机翼相交,这个平面所截取得到的剖面便称为翼型。也有将垂直于机翼前沿的平面所截取的机翼剖面作为翼型来研究的。所谓翼型的气动力特性主要是指以这个翼型作为剖面的一个无限翼展机翼上的气动力,也就是单位展长上的气动力。在机翼设计时,通常是先选择基本剖面翼型,然后再确定机翼的平面形状,必要时再回头过来协调沿翼展方向翼型的配置和扭转。翼型的气动力特性对飞行器的性能有很大影响,因此可以说翼型不仅是机翼设计的基础,也是飞机设计的基础,因为除了机翼以外,飞机的水平尾翼、垂直尾翼、螺旋桨叶片和直升机旋翼的设计都有赖于翼型的气动力性能。

翼型试验的最大便利之处是其模型制作相对简单,但其二元流动的模拟和气动力的测量并不像想象的那样简单。

13.1.3.1　建立二元流动的方法

翼型试验分测力试验、测压试验和流动观察试验。建立二元流动并进行翼型试验大体有以下 3 种基本方法。

1. 端板法

端板法的思路是按照给定的翼型制作一段等直机翼,为了在机翼表面维持二元流动,在翼段两端分别加上一个端板,以期机翼附着涡终止于端板,在理论上实现无限翼展,进行气动力测量。基于这样的考虑,端板似乎越大越好。但端板一大,端板自身的阻力扣除是一大问题,而且,无论端板怎样大都难达到无限翼展的二元效果。有研究认为,对于一个展弦比已经达到 3 的翼段模型,在翼段两端各安装一个高度为模型弦长 3 倍的大端板,其流动情况与无限翼展相去甚远,其有效展弦比也不过 8.3 左右,升力线斜率因此也要比无限翼展情况低 20%。

2. 二元插入段

二元插入段似乎是端板法端板尺寸进一步增大所达到的极限,这时候端板在风洞中已经"顶天立地"地将风洞试验段分成 3 个通道。这就带来新的问题:进行翼型试验的中间通道由于有模型且模型的迎角还要发生变化,3 个通道的阻塞不同因而流速不同。此外,对于口径 3m 以上的风洞来说,二元插入段的装拆也是相当麻烦的事情。

3. 二元试验段

将二元插入段两边的通道取消而只保留中间通道,这就是二元风洞(试验段)的基本思想。一般而言,经典的二元试验段的高宽比多在 2.5~4 之间。

13.1.3.2 翼型试验

有了二元试验段,对翼段模型实施测力有一些结构问题需要解决。首先,为了实现翼段模型的迎角控制,通常要在试验段的两个侧壁上设置一对精确同步的转盘或类似机构;其次,翼段模型两端与侧壁(转盘)之间必须始终保留有间隙,以防止非翼段上的气动力进入天平,这个缝隙又不可太大,缝隙一大,三元效应将不可避免地出现。最后,即使同步问题和缝隙问题都得到很好的解决,由于洞壁边界层的干扰及其在翼段模型端部的发展使二元流动模拟和气动力的测量更加复杂,尤其是翼段模型展弦比不大时,这个问题就更加严重。如果这个二元风洞是直流式的话,还有转盘密封的问题需要解决。

考虑到洞壁边界层对翼段模型的干扰影响主要集中在翼段模型的两端,因而就衍生出一种新的翼型风洞试验方案:将翼段模型沿展向分成 3 段,段与段之间并无实质性连接,试验时只对中间段实施测力,两侧的翼段跟随中间翼段同步改变迎角而不参加测力,任其承受侧壁边界层的影响。采用这种方法时,翼段模型的展弦比不会很小。

既然翼型的测力试验这样困难,人们很自然地把注意力放在压力测量方面,尤其是在各种扫描阀和计算机技术十分成熟的今天。对于翼型的升力和俯仰力矩的测量,可以采取对上下洞壁压力积分间接得出,这种方法的优点是不必对每一个翼段模型布置测压孔,缺点可能是壁面压力数值小而测量困难。

翼型风洞试验无论测力或测压,洞壁干扰都是存在的。为了能消减上下洞壁对模型的干扰,翼段模型的弦长一般不得超过试验段高度 40%。

20 世纪 80 年代,中国空气动力研究与发展中心低速所利用 FL-12 风洞开发了一种翼型试验的竖直全跨方法,如图 13.13 所示。

为了既能获得尽可能高的 Re 数,又要使得翼段模型的弦长不超过风洞试验段高度的 40%,同时也为了利用 FL-12 风洞现成的转盘,翼段模型在风洞中是竖直安装的。翼段模型的弦长选为 1m,这样,在风速 70m/s 时其 Re 数就达到了 $4.69×10^6$。为避免侧壁边界层的影响,翼段模型的展弦比取作 3,一般情况下,也只对翼段模型中剖面进行表面压力测量。根据实践,一个剖面应布置有 48 个或更多的测压孔。

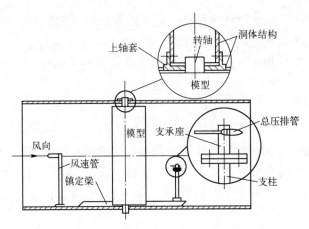

图 13.13　FL-12 风洞竖直全跨测压模型安装示意图

13.1.3.3　数据处理

设 P_∞ 为模型远前方静压，q_∞ 为远前方动压，而 ε 为试验模型阻塞因子；将任一点的压力记作 p_i，其与远前方总压 p_0 的差值记作 Δp_i，则相应的压力系数即可表达为

$$C_{pi} = \frac{p_i - (p_\infty - 2\varepsilon q_\infty)}{q_\infty(1 + 2\varepsilon)} = \frac{p_i - p_0}{q_\infty(1 + 2\varepsilon)} + 1 = \frac{\Delta p_i}{q_\infty(1 + 2\varepsilon)} + 1 \qquad (13-5)$$

为了求得翼剖面的升力系数 C_L 和绕 1/4 弦点的俯仰力矩系数 C_m，都要对剖面压力系数进行积分计算。设 C 为模型弦长，α 为迎角，x、y 分别为弦向和垂直于弦线方向的几何坐标值，下列积分表达式可用来计算升力系数和俯仰力矩系数：

$$C_L = -\cos\alpha \int C_{pi} \mathrm{d}\left(\frac{x}{c}\right) - \sin\alpha \int C_{pi}\left(\frac{y}{c}\right) \qquad (13-6)$$

$$C_m = \int C_{pi}\left(\frac{x_i}{c} - \frac{1}{4}\right) \mathrm{d}\left(\frac{x}{c}\right) \qquad (13-7)$$

翼型的阻力不能简单地用沿翼剖面压力积分的办法得到，因为沿翼剖面压力积分的方法至多只能获得压差阻力而不可能获得摩擦阻力。可以用压力积分的办法来求得翼型的阻力，但是使用的不是翼段表面的静压力而是模型尾迹区的总压。其基本原理是动量定理：翼段模型在风洞中受到的阻力等于模型前后两个截面上通过的气流动量变化率与两截面压力差之和，即

$$\mathrm{d}D = (p_\infty - p_i)\mathrm{d}y + \rho v_i(v_\infty - v_i)\mathrm{d}y \qquad (13-8)$$

式中：y 为垂直于来流速度方向的几何坐标；p_∞、p_i 为模型远前方和模型后尾流区某截面上的静压；v_∞、v_i 为模型远前方和模型后尾流区某截面上的流动速度。

经过一定的数学推导，我们可以得到阻力系数 C_D 的积分表达式

$$C_D = \frac{2}{C} \int \left(\sqrt{\frac{p_{0i} - p_i}{q_\infty}} - \frac{p_{0i} - p_i}{q_\infty} \right) \mathrm{d}y \qquad (13-9)$$

式中：q_∞ 为模型远前方的动压；p_{0i} 为模型后某截面上的测得的总压。

从式(13-9)看，翼型的阻力测量在实际上归结为尾流区这个截面上的垂直于来流方向上的逐点的总压和静压测量。用动量法测阻力还要求测点位于翼段模型后缘下游 0.7

262

弦长之后。

13.1.4 进气道试验

进气道是飞机和某些导弹的重要部件之一,它与发动机、尾喷管联装在一起组成整个动力装置。从进气道进入发动机的空气,经某种方式压缩以后,与喷入的燃料在燃烧室燃烧,产生高温高压的燃气,然后从尾喷管喷出,由进入空气和排出废气之间的巨大动量差而产生了所需的推力,这就是喷气发动机的作用原理。为了使整个动力装置能达到高性能,要求进气道能在所有的飞行状态下尽可能地减小气流流动的总压损失,保证提供发动机所必须的空气流量,要求进入发动机的气流均匀,并尽可能减小进气道的外部阻力和附加阻力。

进气道低速风洞试验的主要内容是测定进气道的流量,计算流量系数;测定进气道的总压恢复系数;测定进气道出口截面的总压分布,计算进气道气流均匀度或畸变指数,分析进气道流场的均匀性。试验条件包括不同来流马赫数、不同迎角及侧滑角等。采用流量控制装置来调节和控制进气道气流流量。利用固定的总压测量排管(固定耙)或可以转动的总压测量排管(转耙)来测量需测截面的总压;同时,在测量截面的周线上分布有一圈静压孔,以测得气流在此截面上的静压。为了测量进气道出口截面湍流度等动态参数,需要装动态压力传感器。有时,在同一截面可安置一些边界层测压管测取进气道内边界层特性数据。测压管路均接入压力扫描阀,与压力测量系统相关联,以实现进气道试验的自动控制和试验数据的自动测量。若在模型或其连接段上装上实际迎角组合体,则模型迎角也可采用实际角来表示。

进气道试验的目的主要在于测量进气道的静态与动态特性,以研究进气道与发动机的匹配,为进气道气动设计或改进提供有关的性能数据。本节主要讲述进气道的形式、主要性能参数、进气道性能参数测量与数据处理。

13.1.4.1 进气道形式
进气道布局对进气道性能有很大影响。

超声速进气道按照气流的压缩形式分为皮托式、外压式、内压式和混压式,图 13.14 给出几种形式的进气道示意图及其激波系。皮托式进气道工作原理是超声速气流直接经正激波降为亚声速流,这种进气道存在临界、亚临界、超临界 3 种不同的工作状态。外压式进气道克服了皮托式进气道在大马赫数时损失过大的缺点,使自由流先经过斜激波降为马赫数较低的超声速气流,然后再经正激波降为亚声速气流。内压式进气道是一个先收缩后扩张的管道,存在着启动问题。混压式进气道的含义是既有外压又有内压,采用这种形式是为了减小外压式的外阻,同时又缓解了内压式的启动问题和不利的边界层问题。

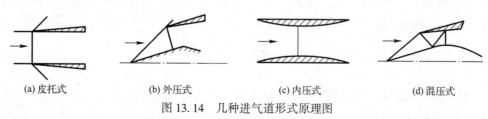

(a) 皮托式　　　　(b) 外压式　　　　(c) 内压式　　　　(d) 混压式

图 13.14　几种进气道形式原理图

263

亚声速进气道在飞机上的安装位置通常有头部、腹部和机身两侧 3 种。翼下吊舱进气道属于头部进气。

机身头部进气道的优点是进口前无损失,流场均匀,动压利用率高,外部正面阻力小,内管道弯曲程度不大,管道损失小。主要缺点是:进口面积大,使前机身粗大,机身可利用空间小;当发动机部位靠后时,内管道太长,内部流动损失增大,对来流迎角变化敏感。

机身侧面进气道的内管道较短,有利于降低结构重量。由于机身和机翼的屏蔽,空气动力性能不如头部进气道。对来流迎角没有头部进气口那么敏感,但是受侧滑角的影响较大。

机身腹部进气道除了兼有侧面进气道的优点外,还有以下特点:由于进气口在机身屏蔽区内,在飞机飞行包线范围内所有的迎角和侧滑角下,都能提供较好的进口流场。

13.1.4.2 进气道特性参数

用以表征和分析进气道工作特性的性能参数为:流量系数 φ、总压恢复系数 σ、进气道出口畸变指数、进气道阻力等。

1. 流量系数

进气道流量系数定义为实际进入进气道的空气流量与以远前方气流流经入口截面的空气流量之比,即

$$\varphi = \frac{\rho_i v_i A_i}{\rho_\infty v_\infty A_i} = \frac{A_\infty}{A_i} \tag{13-10}$$

式中:A_∞ 为进入进气道的自由流管截面积;A_i 为进气道入口的捕获面积。A_∞、A_i 均指垂直于自由流方向的截面积,故流量系数等于进入道的自由流管面积与进气道进口的捕获面积之比。这里所讲的捕获面积是指进气道前缘周线所围成的面积在垂直于气流的平面内的投影面积。

2. 总压恢复系数

总压恢复系数定义为进气道出口截面气流平均总压与入口前自由流总压之比,即

$$\sigma = \frac{\overline{p_{02}}}{p_{0\infty}} \tag{13-11}$$

3. 进气道出口畸变指数

畸变是指进气道出口截面上气流总压、总温的不均匀分布。衡量其不均匀度的指标称为畸变指数。总压和总温的不均匀分布分别称为总压畸变和总温畸变。畸变一般又随时间变化,故有在一段时间内取其平均值的稳态畸变和考虑其脉动性质的动态畸变。在低速进气道试验中,主要研究稳态总压畸变,但也常对动态畸变进行测量。稳态总压畸变的畸变指数通常采用如下两个定义:

(1) 均匀度 $\overline{D}$,是进气道出口截面气流总压 p_{02} 的最大差值与进气道出口截面气流总压的平均值 $\overline{p_{02}}$ 之比,即

$$\overline{D} = \frac{p_{02\max} - p_{02\min}}{\overline{p_{02}}} \tag{13-12}$$

(2) 畸变指数 D_{c60}。畸变指数有多种定义,其中之一为进气道出口任意一个 $60°$ 扇形平面内平均总压的最小值 $p_{060,\min}$ 与进气道出口截面平均总压 $\overline{p_{02}}$ 之差同进气道出口截面平

均动压$\overline{q_2}$之比,即

$$D_{c60} = \frac{p_{030,\min} - \overline{p}_{02}}{\overline{q}_2} \qquad (13-13)$$

均匀度$\overline{D}$主要反映了进气道出口截面气流的畸变强度或不均匀度;而畸变指数D_{c60}不仅反映了畸变强度,还考虑了进气道出口气流速度的大小和低压区范围,着重反映了进气道出口截面的周向畸变,这种沿周向气流的不均匀性对发动机的工作特性影响很大。

4. 进气道阻力

进气道阻力是作用在进气道内、外表面上沿气流方向投影的合力。通常被分为内部阻力(流经进气道内部气流所产生)和外部阻力(流经进气道外部气流所产生)。把阻力减至最小是进气道设计时的基本要求。

以上主要性能参数是分析进气道工作情况和设计进气道时需要掌握的,因此风洞试验也就围绕测定以上参数来进行。

13.1.4.3　进气道性能参数测量与数据处理

1. 总压恢复系数

进气道入口自由流的总压$p_{0\infty}$就是风洞试验段的总压,可以通过用压力传感器测量风洞稳定段的总压p_0求得,即$p_{0\infty} = p_0(1 - K')$。通常总压损失系数$K' < 1\%$,因此可以取$p_{0\infty} = p_0$。进气道出口截面上的总压$p_{02}$由总压排管和压力传感器测得。其平均总压$\overline{p}_{02}$可用算术平均法、面积平均法和流量平均法计算。

(1)算术平均法。

$$\overline{p}_{02} = \frac{\sum\limits_{i=1}^{n} p_{02i}}{n} \qquad (13-14)$$

式中:n为测量点数;p_{02i}为第i个测压管所测的总压。

(2)面积平均法。将测压排管所在截面划分为以测压点为中心的若干个面积单元(如N个同心圆环),则

$$\overline{p}_{02} = \frac{\sum\limits_{i=1}^{N} \overline{p}_{02j} \Delta A_j}{\sum\limits_{j=1}^{N} \Delta A_j} \qquad (13-15)$$

式中:ΔA_j为第j个单元面积,如$\Delta A_j = \pi(R_j^2 - R_{j-1}^2)$;$N$为划分面积单元的总数;$\overline{p}_{02j}$为第$j$个面积单元中各测压管所测的总压的算术平均值。

(3)流量平均法。将测压排管所在截面划分为以测压点为中心的N个面积单元,截面上的总压按流量求平均值。通过第j个面积单元的流量为

$$\Delta G_j = m \frac{\overline{p}_{02j} \Delta A_j}{\sqrt{T_0}} q(\lambda_j) \qquad (13-16)$$

式中:$q(\lambda_j)$为第j个面积单元的流量函数,可以由截面上的平均静压和第j个面积单元的

平均总压之比求得。

由此可得按流量平均的平均总压之比为

$$\bar{p}_{02} = \frac{\sum\limits_{j=1}^{N} \bar{p}_{02j} \Delta G_j}{\sum\limits_{j=1}^{N} \Delta G_j} = \frac{\sum\limits_{j=1}^{N} (\bar{p}_{02j})^2 \Delta A_j q(\lambda_j)}{\sum\limits_{j=1}^{N} \bar{p}_{02j} \Delta A_j q(\lambda_j)} \qquad (13-17)$$

2. 流量系数

通过测量试验段的来流静压 p_∞、总压 $p_{0\infty}$、总温 T_0 以及进气道的入口面积 A_i，就可以计算出来流的速度系数 λ_∞，从而算得进气道的参考流量 $G = m\rho_{01} A_i q(\lambda_\infty)/\sqrt{T_0}$。

进入进气道的实际流量 G_i 应在试验中测量，根据流量的大小和精度的要求，可以采用以下 3 种不同的方法。

（1）测压法。通过总压排架测总压和由进气道侧壁静压孔测静压，然后计算流量和比例系数：

$$G_i = m \frac{\sum\limits_{j=1}^{N} \bar{p}_{02j} \Delta A_j q(\lambda_j)}{\sqrt{T_0}}$$

$$\varphi = \frac{G_i}{G} = \frac{\sum\limits_{j=1}^{N} \bar{p}_{02j} \Delta A_j q(\lambda_j)}{p_{0\infty} A_i q(\lambda_\infty)} \qquad (13-18)$$

（2）尾喉道声速截面法。在设计进气道模型时，使调节锥处气流通道面积为最小截面积，称为尾喉道。若尾喉道已处于临界压力比以上，则此处必为声速截面。故

$$G_i = m \frac{p_{0t} A_t}{0.5283 \sqrt{T_0}} \qquad (13-19)$$

式中：A_t 为尾喉道面积；p_{0t} 为尾喉道处总压；p_t 为尾喉道处静压。因尾喉道处有边界层，实际流通面积比 A_t 要小，故此法求 G_i 应校正。

（3）流量孔板测量法。对小流量测量用孔板校准，只需测量标准孔板前后压力 P_1 和 P_2，孔板前空气密度 ρ_1，孔板直径 d，孔板流量系数 a，气流膨胀校正系数 ε，即可按下式计算流量

$$G_i = a\varepsilon \frac{\pi d^2}{4} \sqrt{2g\rho_1(p_1 - p_2)} \qquad (13-20)$$

3. 进气道出口截面流场均匀度

比较方便的试验方法是用一可旋转的总压排管测量进气道出口截面直径 95% 范围内的总压分布，从中挑出最大值和最小值，然后按式（13-12）计算均匀度 $\bar{D}$。在计算畸变指数 D_{c60} 时，则将每隔一定角度（如 15°）所测总压，按径向加以平均，从而得到径向平均总压沿周向（0°~360°）的分布值，再按 60° 扇形范围求径向平均总压的平均值 $\bar{p}_{060}$，从中选出其最小值 $p_{060,min}$，按式（13-13）计算 D_{c60}。

4. 阻力特性

进气道的阻力可以直接用天平测量。按天平本身的形式和在模型上安装位置的不

同,又可分为中心杆式天平法、挂式天平法和环式天平法等。进气道阻力也可以只通过测定模型压力分布而计算求得。其数据处理的原理为动量定理,即作用在模型上的力等于流入和流出进气道气体的动量差。

5. 载荷分布

通常在进气道模型内外壁面上沿轴向和周向开一系列测压孔来测量其静压分布,以便提供结构设计所需要的载荷分布。

6. 喘振点

一般认为喘振是由于进气道壁面上边界层的分离或入口波系相交所产生的涡面进入进气道引起的。喘振时进气道内气流剧烈振荡。试验时可用脉动压力传感器测量气流压力,当脉动压力的频率和幅值出现大幅度变化时,即为喘振开始点,同时还可配以纹影观察,喘振发生时原来清晰的波系会变成一片模糊。

13.1.5 喷流试验

现代歼击机、大型运输机、轰炸机、火箭与导弹、卫星、飞船和航天飞机等飞行器,分别装有涡轮喷气发动机、涡轮风扇发动机、火箭发动机等,发动机的喷流直接影响飞行器有关部件周围的流场,从而影响飞行器的稳定性、操纵性、升力、阻力及舵面效率等气动力特性。在飞行器设计过程中所进行的大量常规风洞试验,一般都不模拟喷流试验。由于真实发动机的尾喷流存在膨胀变形、喷流引射、热流干扰及动量交换等现象,常规风洞试验采用整流堵锥的方法不可能模拟喷流效应。因此,在型号设计中,必须进行喷流试验。通过喷流试验,确定喷流对飞行器气动特性的影响,修正常规风洞试验数据;充分利用喷流的有利干扰,优化飞行器的气动布局设计,以减小飞行器阻力,提高飞行器的操纵品质,合理地确定发动机和尾喷管的位置、尾喷管的形式及尺寸等。

1. 喷流试验装置

喷流试验的模型外形和常规试验的模型相同,但其结构要比常规模型复杂,并且后机身的形状、模型的发动机尾喷管、机尾罩等的几何尺寸及它们之间的相对位置都要和实物几何相似。模型的结构取决于模型的支持方式、所用天平的类型和高压空气的通气方式。模型内要有与喷流接头相通的贮气罐作为喷流的稳压室,高压空气从气源经过管路、阀门通入模型的空心支杆,再进入喷流接头、稳压室,最后从模型尾喷管喷出。一种常用的采用外式天平测力的低速风洞喷流试验模型安装示意图如图13.15所示。在低速风洞中进行喷流模型测力试验,关键问题是怎样把高压气通到模型喷管中去而又不会对测力天平产生干扰。根据模型不同的支撑方式和采用不同类型的天平,通常的做法是采用胶管、波纹管、迷宫盘(图13.16)、空气轴承和空气桥等。对于使用机械天平的测力试验,采用迷宫盘和空气轴承能较好地满足要求。

2. 相似参数

为了使风洞试验的模型喷流与飞行器喷流流动完全相似,根据相似理论要求,两个流动现象的单值条件相同以及有关此现象的所有物理量组成的相似参数相等。皮恩德佐拉(M. Pindzola)根据对喷流的结构及其特性的理论分析和试验研究结果,提出了实现模型喷流与飞行器喷流完全相似必须保持相同的相似参数,如表13.1所列。

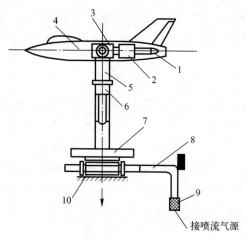

图 13.15 低速喷流试验安装示意图

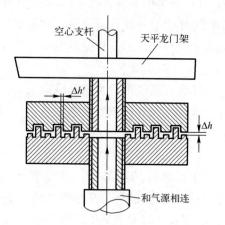

图 13.16 迷宫盘结构示意图

1—喷管;2—稳压室;3—喷流接头;4—模型;
5—通气天平接头 6—空心支杆;7—天平龙门架;8—套筒;
9—通气管;10—空气轴承体。

表 13.1 喷流相似参数

喷流特性	相似参数	
	一般形式	实现全尺寸未扰流和喷流静压比模拟下的简化形式
静止介质中的喷流边界	$\left(1-\dfrac{p_\infty}{p_j}\right)\dfrac{\beta_j}{\gamma_j Ma_j^2}$	$\dfrac{\gamma_j Ma_j^2}{\beta_j}$
运动介质中的喷流边界	$\left(\dfrac{p_j-p_2}{p_2-p_\infty}\right)\dfrac{p_\infty\beta_j\gamma_\infty Ma_\infty^2}{p_j\beta_\infty\gamma_j Ma_j^2}$	$\dfrac{\gamma_j Ma_j^2}{\beta_j}$
透射激波	$\dfrac{p_j\beta_\infty\gamma_j Ma_j^2}{p_\infty\beta_j\gamma_\infty Ma_\infty^2}$	$\dfrac{\gamma_j Ma_j^2}{\beta_j}$
喷流质量流	$\dfrac{p_j^2\gamma_j Ma_j^2(RT)_\infty A_j^2}{p_\infty^2\gamma_\infty Ma_\infty^2(RT)_j S^2}$	$\dfrac{\gamma_j Ma_j^2}{(RT)_j}$
喷流动能	$\dfrac{\gamma_j Ma_j^2(RT)_J}{\gamma_\infty Ma_\infty^2(RT)_\infty}$	$\gamma_j Ma_j^2(RT)_J$
喷流内能	$\dfrac{(\gamma_\infty-1)(RT)_j}{(\gamma_j-1)(RT)_\infty}$	$\dfrac{(RT)_j}{\gamma_j-1}$
喷流内焓	$\dfrac{(\gamma_\infty-1)\gamma_j(RT)_j}{(\gamma_j-1)\gamma_\infty(RT)_\infty}$	$\dfrac{\gamma_j(RT)_j}{\gamma_j-1}$
喷流动量	$\dfrac{p_j\gamma_j Ma_j^2 A_j}{p_\infty\gamma_\infty Ma_\infty^2 S}$	$\gamma_j Ma_j^2$
喷流推力	$\dfrac{A_j}{\gamma_\infty Ma_\infty^2 S}\left[\dfrac{p_j}{p_\infty}(1+\gamma_j Ma_j^2)-1\right]$	$\gamma_j Ma_j^2$
喷流噪声	$\dfrac{p_\infty\gamma_j^4 Ma_j^8 A_j(RT)_j^4}{\gamma_\infty^{5/2}(RT)_\infty^{7/2}}$	$\gamma_j^4 Ma_j^8(RT)_j^4$

268

表中: $\beta = \sqrt{Ma^2 - 1}$; Ma 为马赫教; γ 为喷流比热比; p 为压强; p_2 为喷流出口膨胀后的边界上的压强; A 为喷流出口截面积; S 为飞行器的参考面积; R 为气体常数; T 为温度; 下标∞为自由流参数; 下标j为喷流参数。

试验与理论研究表明, 在喷流模型与飞行器几何相似的条件下, 喷流试验主要应模拟的相似参数是 Ma_∞、Ma_j、p_j/p_∞、γ_j 以及 $(RT)_j/(RT)_\infty$。一般喷流试验采用冷空气作喷流介质, 可保证 Ma_∞、Ma_j、p_j/p_∞ 3个相似参数与飞行器喷流相同, 而 γ_j 和 $(RT)_j$ 却与飞行器喷流不相同 (若要相同, 也可选用如 $14\%H_2 + 29\%CO_2 + 57\%C_2H_6$ 的混合气体作喷流介质或进行热喷流试验)。如果用冷空气为模型喷流介质, 所导致的模型与飞机涡轮喷气差别对喷流特性的影响尚不太严重, 故对飞机发动机喷流介质的风洞试验, 一般都采用冷空气作喷流介质。但对于冲压发动机和火箭发动机喷流, 通常需作热喷流试验。

低速风洞的喷流试验, 主要是研究在起飞着陆状态下发动机喷流对飞机气动特性的影响, 特别是对平尾效率和纵向静稳定性的影响。在低速情况下, 发动机尾喷流对飞机气动特性的影响, 除了喷流对飞行器及其部件的直接作用外, 主要是喷流的位移效应和引射效应。位移效应又称体积效应或自由边界效应, 主要和喷流出口后的膨胀形状有关。喷流的膨胀形状主要取决于发动机尾喷口处喷流的总压 p_{0j} 与喷口外自由流静压 p_∞ 之比。而喷流的引射作用, 主要取决于喷口处喷流的速度 v_j 与自由流速度 v_∞ 之比。图 13.17 为喷流与外流相互干扰的示意图。

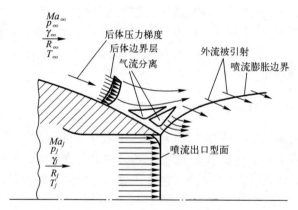

图 13.17　喷流与外流相互干扰的示意图

如前所述, 试验时要保证所有的相似参数相同是不可能的, 但必须满足主要相似参数。目前在低速风洞中进行冷喷流试验, 在试验模型与真实飞行器包括它们的尾喷管、机尾罩等几何相似的条件下, 常用的模拟参数有落压比 p_{0j}/p_∞、速度比 v_j/v_∞ 和动量系数 c_μ。

(1) 落压比 p_{0j}/p_∞。喷流出口总压 p_{0j} 与自由流静压 p_∞ 之比满足

$$\left[\frac{p_{0j}}{p_\infty}\right]_m = \left[\frac{p_{0j}}{p_\infty}\right]_a \tag{13-21}$$

式中: 下标 m 为模型试验参数; a 为实际飞行器参数。

(2) 速度比 v_j/v_∞。喷流出口速度 v_j 与自由流速度 v_∞ 之比满足

$$\left[\frac{v_j}{v_\infty}\right]_m = \left[\frac{v_j}{v_\infty}\right]_a \tag{13-22}$$

269

在风洞试验中,不同落压比虽然也反映了不同速度的影响,但由于模型试验通常采用冷喷流,其$(RT)_j$比实物的小,因而模拟落压比后,$(v_j)_m < (v_j)_a$。所以要满足速度比相等,必然$(v_\infty)_m < (v_\infty)_a$。试验时的风速应按模拟关系换算,即

$$(v_\infty)_m = \frac{(v_j)_m (v_\infty)_a}{(v_j)_a}$$

3. 动量系数 c_μ

模型试验的动量系数与实际飞行器的动量系数要相等,即

$$(c_\mu)_m = (c_\mu)_a \tag{13-23}$$

动量系数的定义为

$$c_\mu = \frac{m_j v_j}{q_\infty S} = \frac{\rho_j v_j^2 A_j}{(1/2)\rho_\infty v_\infty^2 S}$$

式中:m 为喷流出口的质量流量(kg/s);ρ 为气体密度(kg/m³);q 为动压。

喷流的落压比决定喷流的流动状态。在低速风洞进行喷流试验时,模拟了落压比,也就模拟了喷管出口的 Ma 数、喷流的边界和喷管单位面积上的推力,所以落压比通常是首先要保证模拟的参数。但在试验为冷喷流的情况下,模拟了落压比和动量系数,就不可能同时再模拟速度比;若模拟了落压比和速度比,也就不可同时再模拟动量系数。通常(例如,在飞机的起飞、着陆状态)可首选落压比和动量系数同时模拟。当风洞试验达不到全尺寸来流动压的条件下,可用同时模拟落压比和速度比进行试验。风洞试验结果表明,对一般的喷流试验来说,模拟落压比和速度比的试验结果与模拟落压比和动量系数的试验结果比较接近,而单纯只模拟速度比或动量系数,试验结果相差甚远。因此,喷流试验若单纯模拟速度比或动量系数是不恰当的。

13.1.6 铰链力矩试验

飞行器操纵面的转轴中心线称为铰链轴线,作用在舵面上的气动力对铰链轴线的力矩称为铰链力矩。驾驶员通过操纵系统来克服铰链力矩,改变舵面的偏角,使飞机在不同的飞行状态下飞行。因此,铰链力矩是设计飞机操纵系统的重要依据。

铰链力矩可通过理论计算和风洞试验两种方法获得。因为舵面铰链力矩受很多因素的影响,如舵面的几何外形、舵面与安定面缝隙的大小与形状等。舵面位于安定面的后部,绕舵面的流动很复杂。因此,铰链力矩难以准确估算。通常在风洞中进行飞机模型的铰链力矩试验,直接测定舵面的铰链力矩。

1. 试验方法

通常在测量铰链力矩的同时还需测量舵面的法向力以便计算压心位置。使操纵面向正方向偏转的铰链力矩为正。铰链力矩系数 C_h、舵面法向力系数 C_N 由下式定义:

$$C_h = \frac{M_h}{qSl}$$

$$C_N = \frac{N}{qS} \tag{13-24}$$

式中:q 为操纵面区域的动压或自由来流动压;S 为参考面积,通常取操纵面面积或铰链轴以后的操纵面面积;l 为参考长度,通常取操纵面的平均弦长或铰链轴以后的操纵面平均

弦长;M_h 为操纵面铰链力矩;N 为操纵面法向力。

铰链力矩试验的方法基本上与常规试验方法相同。铰链力矩试验有如下几个问题:①由于舵面比较薄,试验前难于确定舵面压力中心位置,从而给铰链力矩天平的设计带来困难;②采用缩比模型试验时,试验雷诺数的不同将导致舵面流态的不同,引起舵面气动力的差别;③缝隙模拟的差别会导致铰链力矩明显变化;④天平的变形会影响舵面的气动特性。综上所述,铰链力矩试验是有一定难度的。

通常情况下,可采用单独翼面、半模、全模试验等方式测量舵面铰链力矩。上述 3 种试验方法各有优劣,单独翼面试验的模型较大,甚至可用实物如飞机的尾翼,有利于天平的设计、加工和安装,但它没有计及其他部件的干扰。半模试验方法可部分解决单独翼面试验的不足,如考虑了各部件间的干扰,不足在于无法得到模型在侧滑角状态下的铰链力矩,试验结果易受洞壁边界的影响。全模试验方法则可解决上述问题,然而全模试验时,需将天平安装在十分狭小的舵面内,天平必须设计得小巧。全模试验的不足是试验雷诺数低、缝隙影响大。

(1)试验模型。铰链力矩试验对模型的一般要求虽与常规试验一样,但对需要测量铰链力矩的舵面则有特定的要求,如转轴位置、角度(包括舵面的上反、后掠、扭转及转轴的角度)、固定面与舵面间隙(即缝隙)等。缝隙的不同会导致铰链力矩明显变化,但要精确模拟缝隙是比较困难的。因此,有时需进行一系列缝隙效应试验来确定缝隙的影响。通常采用大比例模型进行铰链力矩试验,缝隙问题将得以改善。

(2)天平。天平是铰链力矩试验成败的关键。由于各舵面都很薄,空间很小,这就给天平的设计和使用带来了很大的困难。从国内外高低速风洞使用的铰链力矩天平形式来看,一般为杆式或片式结构;从测量方式来看,有单分量、两分量、三分量直至六分量等多种形式。当然,如果增加天平分量,其体积也将增大,成本也随之提高。一般要根据模型的特点和具体的试验条件,估算铰链力矩天平的载荷,设计铰链力矩天平。铰链力矩天平的设计原理与常规测力试验的应变天平相同,但因铰链力矩天平的工作条件比常规天平苛刻,而且铰链力矩天平所测的几个分量的量程相差较大,这些都给铰链力矩天平的设计增加了相当的难度。

2. 试验结果的处理

因铰链力矩试验也属于测力试验范畴,故其数据处理与全模常规测力基本一致。但由于全模和半模的操纵面尺寸小,所以铰链力矩一般不进行洞壁干扰升力效应修正,仅对模型迎角、动压进行修正即可。对于单独翼面那样较大的模型,则要进行洞壁干扰修正,其方法与修正俯仰力矩的方式类似。

13.1.7 马格努斯力试验

马格努斯效应,指物体在横向流中旋转时,在垂直于来流的平面中产生侧向气动力的现象。弹体在横向流中旋转时,边界层非对称增厚,对称弹翼因旋转而形成的非对称流动等,都可能引起这种效应。

1. 试验方法

本试验的基本要求是使模型高速旋转并同时测量模型的气动力。典型的试验方式是将模型经轴承(精密轴承或气体轴承)支承在四分量天平上。在模型内部装电机或气体涡轮以驱动模型高速旋转(也可通过翼面偏转提供驱动力矩)。模型转速及所受气动力分别由转速计及天平记录。

从驱动方式来看,用电机驱动可得到同一转速、不同攻角,或同一攻角不同转速的数据。电机驱动的另一好处是不会对尾流产生干扰。然而,由于所需驱动功率很大,电机发热严重。另外,电机电源线及散热管路必须足够柔软,以免造成额外的侧向载荷。用气体涡轮驱动,其尺寸、质量均可比电机小、也无额外的管路连接,不会带来额外的侧向力,但为避免涡轮喷气对底部流动的干扰,测量往往只能在驱使模型达到一定转速后,切断涡轮气源,在模型转速衰减过程中进行。

马格努斯效应试验测试技术的另一关键部件是轴承支承系统。由于轴承转速每分钟高达 10 万转以上,模型还承受较大的法向载荷,因此,应十分重视轴承的润滑和散热。为解决以上问题,除选用合适的精密轴承外,气体轴承是较理想的支撑,它可使转速提高到每分钟几十万转。由于用气体润滑,还能改善散热条件。

2. 试验模型

马格努斯效应测力模型的主要特点是试验时高速旋转,并保证无因次转速 $\omega_x D/2v_\infty$ 与飞行状态的相等(其中 ω_x 为模型绕 x 轴的转速;D 为参考长度,对单独弹体取弹径,对组合体取全展长)。这一相似准则保证了在几何相似的弹体上对应点处的圆周速度与来流速度之比相等,或者说气流的"螺旋角"相等。由于风洞尺寸的限制,试验模型要比真实飞行器小,这就要求试验模型转速大于真实飞行器的转速。由于这一特点,对模型(包括轴承)设计、制造、装配以及试验本身都提出了更高的要求。模型必须连接牢固、配合紧密、旋转自如又要防止松动。另外,还要求模型质量小、刚度好、光洁度高。试验前必须进行严格的动平衡配平。动平衡的要求可以用不平衡力矩的大小(即转动物体的质量 m 与许用偏心距 e 的乘积 me)来表示。e 的大小根据模型转速 ω_x 确定。对风洞模型试验应要求 $e\omega_x < 4 \sim 10\text{mm/min}$。例如,对组合体模型($\omega_x = 2000\text{r/min}$)则允许偏心距为 $2 \sim 4\mu\text{m}$。而对单独弹体模型($\omega_x = 2000\text{r/min}$),则仅允许 $e < 0.2 \sim 0.4\mu\text{m}$。试验马赫数较低时,$e$ 值可取大些。

此外,模型的高速旋转对天平及支杆的强度及刚度也提出了更高的要求。模型的材料为铝和钢,以便保证模型有足够的强度和尽可能小的质量。

由于马格努斯效应是产生在侧向平面内的力与力矩,其量级比法向力与力矩要小一至二个量级。这就要求天平不但能承受高的法向载荷,还能对小的侧向载荷有足够的灵敏度。为此,可将天平元件设计成偏心梁形式。天平在弯曲时,天平元件还承受第二弯矩,使之相当于力学放大器的作用。为进一步提高元件灵敏度,可用半导体片代替普通电阻丝片,使灵敏度提高近百倍。但半导体片温度系数甚高,在组成电桥过程中,必须加以温度补偿,以消除温度效应。

13.1.8 等离子体流动控制试验

等离子体体积力测量试验。主要有两种方法:一是直接测量体积力,包括利用高精度天平测量和钟摆式两种方法,前者是把激励器水平放置在高精度天平上,放电时天平即可直接测量作用在激励器面板上的反作用力,该方法需要考虑的问题是如何屏蔽放电产生的电磁场的影响,一种方法是用铜箔把天平包裹起来,利用静电屏蔽原理隔绝电磁干扰,另一种方法是把激励器放置在远离天平的地方,通过杠杆将体积力传递给天平并进行测量。还有一种方法钟摆法,首先在低摩擦针式轴承上悬挂一个轻质空芯碳棒,然后将圆形激励器安装在碳棒末端,同时安装有一个激光器,激励器放电时产生的反作用力使得碳棒摆动,底面上的照相装置记录激光入射点的位置也就是碳棒的摆动规律,最后通过数学推导得到反作用力,如图 13.18 所示。该方法相对复杂,但可屏蔽电磁干扰。二是利用加速度计测量激励器加速度,如图 13.19 所示。需要注意的是,体积力测量法得到的体积力实际上不是等离子体体积力,而是等离子体体积力、空气摩擦力的合力,因此有时也称这种方法为反作用力测量。

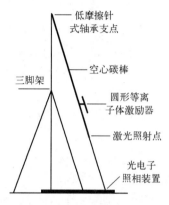

图 13.18 钟摆式测量体积力

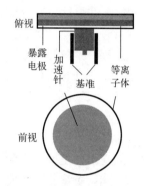

图 13.19 加速度计测量体积力

等离子体诱导流场显示试验,包括烟流法、纹影法、激光粒子成像测速(PIV)等。烟流是利用烟显示流动,通过烟流可以直观观测等离子体的作用效果,试验系统相对简单。当光线通过与之垂直的折射率梯度区时,光线方向会发生偏离,偏离程度与折射率梯度成正比。纹影法就是利用这一原理,通过记录光强的变化来显示流场。PIV 使

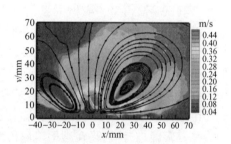

图 13.20 PIV 流场显示方法

用脉冲激光照射空气中的示踪粒子,高速相机记录示踪粒子散射光,通过对连续两幅照片进行处理即可得到空气速度分布。前述两种方法都是一种定性测量方法,即可以显示流场结构、特征,但无法得到定量结果,不过也有人根据纹影照片的灰度值定量显示流场速度,优点是不需要往空气中添加示踪粒子,因此不用考虑粒子的跟随性以及粒子对放电可能造成的影响,缺点是必须用其他方法的测量结果进行标定,PIV 的优势是可进行定量测量,缺点则来自于示踪粒子的影响。

等离子体诱导流场测压试验。用皮托管测量等离子体诱导气流的总压和静压,基于伯努利方程计算得到诱导气流的速度。

等离子体放电光学测量试验。主要是使用相机记录放电发光,根据不同的拍摄要求可分为两类:一类是拍摄多次放电的累积效果,这是最常用的,一般数码相机均可;第二种要求就比较高了,相机的曝光时间为亚纳秒量级,且需要使用和激励电源同步的光增强设备,这种方法能把纳秒量级放电的过程拍出来,对分析表面介质阻挡放电的发展过程很有帮助。

飞行器模型/翼型等离子体流动控制试验。目前主要有 3 种试验方法：一是使用 PIV 拍摄模型表面流场，由此计算模型的升、阻力；二是使用小量程天平直接测量模型升、阻力；三是通过表面测压获得模型升力，通过测量模型下游的速度剖面或者使用尾耙测量模型阻力。

13.2　非定常空气动力试验

13.2.1　颤振试验

颤振试验在气动弹性稳定性研究中占有十分重要的地位。颤振是飞行器在飞行中出现的负阻尼结构振动，是空气动力、质量力和结构刚度之间相互作用的结果。由于颤振的频率一般较高，甚至在驾驶者做出反应前结构已遭破坏，因此在飞行包线内必须避免发生。颤振研究在新飞行器设计开始时就要进行，在整个飞行器的研制过程中要经历几个阶段，从初步计算到非定常气动力风洞试验，缩尺模型地面试验，风洞颤振试验，全尺寸飞行器地面振动与刚度试验，直到飞行颤振试验等，才能最后确定颤振边界。

颤振试验的目的是测定模型的颤振临界速度和颤振频率，并判断颤振模态。其试验成败的关键是试验用的模型。试验用模型必须模拟真实飞行器的 3 个基本特性：结构的刚度分布、气动外形、质量分布。要全满足这 3 个特性往往是很困难的，所以不得不作些简化，试验中总是视试验情况有所侧重。

在风洞试验前模型还应做大量的地面试验，包括：①静力试验。检验模型的结构刚(强)度值是否满足要求，在受载情况下会不会解体。②自振频率和振动形态的测定。这就是通常说的地面振动试验。振动试验的主要任务是将计算结果和试验所得的振动频率和形态进行比较，以校核模型的质量和刚度特性。在一般情况下，对任何一激励的响应是结构所有主形态的叠加。为单独测定某些形状及频率，必须很仔细地选择激励力的形式及其作用部位。如果在不大频率间隔内出现两个或更多的振动形态，单独确定各形态特性将变得异常困难，特别是在结构阻尼很大情况下，这一点变得特别突出，在这种情况下，主要的问题将是分离各种形态。

在完成地面试验后，模型还应进行风洞试验。低速风洞试验时，往往通过增加流速直到接近颤振点；高速时，采用固定 Ma 而增加总压的办法来逼近颤振点。对结构复杂、造价昂贵的模型，为避免接近颤振点而破坏，往往不直接测颤振点，而是通过逐步增加流动强度的试验方法来逼近颤振点，从而达到预测颤振边界的目的，此种方法通称亚临界方法。为了测量相应振型的频率及阻尼，可以用不同的方法激振模型并测量其响应，如自由振动法、脉冲激振法、简谐激振法、扫描激振法以及利用气流随机脉动来激振模型的随机激振法等。自由振动和脉冲激振法是最简单而容易实现的方法，但误差大，得到的信息少。简谐激振法是通过逐步改变激振频率，以求得不同振型的共振频率及相位关系。扫描激振法及随机激振法可分析各种不同振型的特性，抗噪声干扰能力较强。

13.2.2　动导数试验

在设计飞行器导航系统和控制系统以及对其进行动态品质分析时，需要飞行器的动导数数据。飞行器的动导数直接影响飞行品质,特别是影响到飞行器的机动飞行或急操纵时的飞行品质。现代先进的战斗机和导弹飞行包线的扩展,包括大迎角和带侧滑情况下的机动飞行,使得人们对动稳定性研究更加重视。主要原因是在这种飞行条件下出现的非定常流动现象会对飞行器的动稳定性产生强烈影响,要预测在此条件下飞行器的动态特性,就必须获取其动导数。

13.2.2.1 试验原理

动导数试验常用的方法有风洞模型自由飞、自由振动法和强迫振动法。这里仅介绍使用较多的振动法的基本原理。

1. 自由振动法

自由振动法试验装置如图 13.21 所示。模型在其质心处由十字交叉弹簧片支撑,弹簧片上贴有电阻丝应变片,用以测量模型振幅。在模型后部装有强迫模型产生初始角位移的推杆机构。试验时,风洞流场建立后,用推杆使模型偏离平衡位置 θ_0 角,然后放开模型,模型在弹性力和气动力作用下做减幅自由振动。根据达朗贝尔原理,在任一瞬间作用在系统上的各种力矩,即机械阻尼力矩、弹簧恢复力矩、气动静力矩、气动阻尼力矩和惯性力矩等应该平衡。吹风时,模型的振动微分方程具有如下的齐次形式:

$$J_z \frac{\mathrm{d}^2\theta}{\mathrm{d}t^2} + (D-M_{\dot{\theta}})\frac{\mathrm{d}\theta}{\mathrm{d}t} + (K-M_{\theta})\theta = 0 \qquad (13-25)$$

式中:J_z 为模型绕旋转轴的转动惯量;θ 为振动角位移;$\frac{\mathrm{d}\theta}{\mathrm{d}t}$、$\frac{\mathrm{d}^2\theta}{\mathrm{d}t^2}$ 为振动角速度和角加速度;

$D\frac{\mathrm{d}\theta}{\mathrm{d}t}$ 为振动系统的机械阻尼力矩;$M_{\dot{\theta}}\frac{\mathrm{d}\theta}{\mathrm{d}t}$ 为气动俯仰阻尼力矩;$M_{\theta}\theta$ 为气动俯仰恢复力矩;

$K\theta$ 为弹性铰链的恢复力矩,K 为弹性铰常数。

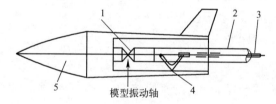

图 13.21 自由振动法试验装置示意图

1—交叉弹簧片(用电阻丝片测位移);2—支杆;3—推杆;4—强迫移机构;5—模型。

此方程的边界条件是:

当 $t=0$ 时,$\theta = \theta_0$,$\frac{\mathrm{d}\theta}{\mathrm{d}t} = 0$,而其解为

$$\theta = \frac{\theta_0}{\cos\phi} \mathrm{e}^{-\mu t}\cos(wt+\phi) \qquad (13-26)$$

式中:$\mu = \frac{D-M_{\dot{\theta}}}{2J_z}$ 为阻尼系数;$w^2 = \frac{K-M_{\theta}}{J_z} - \left(\frac{D-M_{\dot{\theta}}}{2J_z}\right)^2$ 为圆频率;$\varphi = -\arctan\frac{\mu}{w}$ 为相位角。

令 $T=2\pi/w$ 为振动周期,则 $f=1/T$ 为振动频率。设 θ_m 和 θ_n 分别是释放后经过 m 和 n 周振动的振幅值(其中 m 和 n 取为正整数),则

$$\theta_m = \frac{\theta_0}{\cos\phi} e^{-\mu mT} \cos(mwT+\phi) = \frac{\theta_0}{\cos\phi} e^{-\mu mT} \cos\left(\frac{2\pi}{T} mT+\phi\right) = \theta_0 e^{-\mu mT} \qquad (13-27)$$

同理
$$\theta_n = \theta_0 e^{-\mu mT}$$

则对数衰减率为

$$\ln\frac{\theta_m}{\theta_n} = -\mu T(m-n) = -\frac{D-M_\theta}{2J_z} \cdot \frac{1}{f}(m-n)$$

则吹风时的总阻尼为

$$D-M_\theta = 2J_z f \frac{1}{n-m} \ln\frac{\theta_m}{\theta_n}$$

无因次化动导数

$$C_m^q + C_m^\alpha = \frac{M_\theta}{qSb_A^2/v_\infty}$$

在不吹风时对系统进行振动试验可求出 D、$2J_z$，吹风后可计算 M_θ。

自由振动法测量动导数是一种简单而直接的办法，主要优点是模型的振动系统结构简单，记录数据方便，但其缺点是控制振幅困难，抗气流干扰能力弱，系统具有一定的固有振动频率，所以做频率影响试验也困难，只能做正阻尼试验。当阻尼导数为负时，记录的振动波形发散，气动不稳定而不能使用，也不能测量交叉耦合导数。对某些有翼的或细长比大的飞行器，由于模型尾部与尾支杆尺寸的限制，模型的振幅不能很大，量级在 1° 左右。由于气动阻尼较大，用自由振动法，振动将很快衰减。另外受到支杆的干扰，得不到好的试验结果。

2. 强迫振动法

强迫振动法是目前较常用的动导数测量法。这里只介绍单自由度的强迫振动法。模型做单自由度偏航振动时，运动方程为

$$J_y \frac{d^2\psi}{dt^2} + [D-(n^r+n^\beta)]\frac{d\psi}{dt} + (K-n^\beta)\psi = Me^{jrt} \qquad (13-28)$$

式中：J_y 为模型绕 y 轴的转动惯量；n 为偏航力矩；$D\dfrac{d\psi}{dt}$ 为振动系统的机械阻尼力矩；$(n^r+n^\beta)\dfrac{d\psi}{dt}$ 为气动阻尼力矩；$K\psi$ 为气动系数的弹性恢复力矩；$n^\beta\psi$ 为气动恢复力矩；ψ 为瞬时偏航角位移；Me^{jrt} 为外加力矩；r 为偏航振动的角速度（圆频率）。

可以求出特解，即

$$\psi = \psi_0 e^{j(rt-\theta)}$$

式中：ψ_0 为最大偏航角位移；θ 为外加力矩和角位移之间的相位角。

而

$$\frac{d\psi}{dt} = jr\psi_0 e^{j(rt-\theta)}$$

$$\frac{d^2\psi}{dt^2} = -r^2\psi_0 e^{j(rt-\theta)}$$

代入方程得

$$\psi_0\left\{-J_y r^2 + j\left[D-(n^r+n^\beta)\right]r + (k-n^\beta)\right\}$$
$$= Me^{j\theta}$$
$$= M\cos\theta + jM\sin\theta \qquad (13-29)$$

由等式两端的虚部相等得

$$n^r + n\beta = D - \frac{M\sin\theta}{r\psi_0} \qquad (13-30)$$

由等式两端的实部相等得

$$-J_y r^2 + (K-n^\beta) = \frac{M\cos\theta}{\psi_0} \qquad (13-31)$$

如果试验测得外力矩 M、角位移 ψ_0、相位角 θ 以及角速度 r，即可算出气动阻尼力矩和恢复力矩。

类似原理也用来测量飞行器滚转的气动阻尼力矩。

13.2.2.2 试验技术

动导数测量试验与静态试验不同之处，就是要使试验模型运动，因此模型的支撑和使其运动的机构很重要，为此采用了一些特殊技术。

1. 气浮技术

由于动导数是从吹风试验值中扣除无风机械阻尼的差值，而机械阻尼受温度、固定状况等影响颇大，在高马赫数时飞行器翼面和展弦比小，机械阻尼所占比例大，甚至大于待测的气动量。对于某些特殊外形物体，如短钝物体(飞船返回舱类型)，气动阻尼值很小，如果机械结构阻尼过大，则测量气动阻尼导数误差较大，因此减小设备的机械阻尼是气动稳定性风洞试验努力的目标。早期用弹性铰或普通机械轴承支撑模型，现在采用气体静压轴承的气浮技术，它可以使机械阻尼减小到原来的 1% 以下。根据不同的机械及运动要求，使用了轴颈轴承、止推轴承及半球型轴承 3 种气浮轴承，有小孔节流、狭缝节流及多孔介质节流 3 种形式。

2. 内式激振及作动技术

为了使模型运动，常见的有外激振联杆式或液压活塞式振动系统，它们的机械惯性较大，采用电磁激振器，并将作动装置放置于模型内腔中，则可减少振动惯性和所需要的激振力，并易于改变振动频率。

3. 测试技术

动导数试验中准确测量振动波形是取得试验数据的关键，主要考虑提高量化精度及减少传感器对被测运动的干扰两方面。早期使用过示波器、阻尼计及变磁阻传感器等，现在进一步发展了感应同步器、光栅码盘及光纤编码等非接触式测量方法。

13.2.3　地面风载试验

导弹竖立在发射架时，受地面风的激励会引起振动，风速与振动的关系即导弹的地面风载特性。导弹地面风载试验，除了解导弹本身的风载特性外，还需了解导弹邻近结构(脐带杆)对导弹风载特性的影响。这类试验一般在大尺寸低速风洞中进行。

试验的一个重要相似参数为斯特劳哈尔数 $Sr = fD/V$，f 为模型的一阶振动频率。模型中的配重可以自由调节，使试验模型可获得所需的一阶振动频率，D 是模型直径，选定风洞后,根据风洞试验段的大小,确定模型缩尺后,直径是不能改变的。V为来流速度。另一重要相似参数为雷诺数,这一相似参数很难完全满足。一般认为超过临界雷诺数后,雷诺数效应已较平稳,但应尽量提高雷诺数,以便更确切地掌握高雷诺数特性。

1. 试验方法

模型在风载作用下,在根部产生弯矩响应,贴于模型根部内壁的电阻丝片受此弯矩影响后其阻值发生变化,使由各电阻丝片组成的电桥失去平衡而输出与根部弯矩响应成正比的电压信号。输出信号经动态应变仪放大后,分三路输出。试验中,模型壁上游驻点和下游驻点之间有温差,所以应将电阻丝片和相应电桥按自补偿要求粘贴和连接,以消除温差影响。

模型振动的振幅具有随机性,所以取样时间对振动分量的最大值和均方根值产生影响。一般取样时间根据模型的振动频率确定,模型振动频率低时应适当延长取样时间。

2. 数据处理

示波器输出的波形,可得到模型根部弯矩的平均值(定常值)和振动分量(非定常值)的最大值。模型的定常和非定常升力、阻力方向的弯矩系数,按下列公式确定:

$$
\begin{cases}
C_l = \dfrac{\overline{M_l}}{qAY_A} \\[2mm]
C_m = \dfrac{\overline{M_m}}{qAY_A} \\[2mm]
C_{l,d} = \dfrac{[M_l]_{\max}}{qAL} N_r \sqrt{\zeta_l/S} \\[2mm]
C_{m,d} = \dfrac{[M_m]_{\max}}{qAL} N_r \sqrt{\zeta_m/S}
\end{cases}
\tag{13-32}
$$

式中:A为模型迎风面积;C_l为定常升力方向弯矩系数;$C_{l,d}$为非定常升力方向弯矩系数;C_m为定常阻力方向弯矩系数;$C_{m,d}$为非定常阻力方向弯矩系数;L为模型全长;$\overline{M_l}$为定常升力方向弯矩;$\overline{M_m}$为定常阻力方向弯矩;$[M_l]_{\max}$为非定常升力方向最大弯矩;$[M_m]_{\max}$为非定常阻力方向最大弯矩;N为模型结构参数,即

$$
N = \int_0^1 \phi^2 m \, \mathrm{d}(Y/L) \Big/ \int_0^1 \phi m(Y/L) \, \mathrm{d}(Y/L)
\tag{13-33}
$$

m为模型单位长度质量;X、Y为分别为模型任意位置的直径和距根部距离;Y_A为模型根部至面积中心的距离;ζ_l为升力方向阻尼系数;ζ_m为阻力方向阻尼系数;ϕ为模型归一化一阶振型。

13.2.4 投放模型试验

投放模型是一种需要满足运动学相似准则的用以测定投放物与母机相互气动干扰的风洞自由飞试验模型。其用途是了解投放物与母机分离过程的运动特性(模型运动轨迹与姿态)及各部分有无碰撞现象。现代作战飞机,通常带有大量的外挂物,如炸弹、火箭发射器、导弹、副油箱等,这些外挂物从母机上投放或发射时,其离机的初始阶段均处在复杂的干扰流场中,使投放物和母机分离的运动特性与在均匀流场中大不相同。不良的投放分离特性不仅影响作战效能的发挥,更严重的是会危及母机的安全。为了判定外挂物

从母机上投放的安全性和可靠性,通常利用模型在风洞进行外挂分离特性预测试验,以了解投放物在投放初始阶段的分离运动姿态和轨迹,分析飞机在各种迎角、侧滑角、飞行速度、飞行高度和投放物的外形、助投力及投放物在飞机上的悬挂位置等参数对投放物分离运动轨迹和姿态的影响,确定安全投放的参数范围,为飞机外挂物的布局设计和投放参数控制提供依据。动力相似模型投放试验就是在风洞里进行外挂分离特性预测试验的常用方法。

外挂投放分正常投放与应急投放。例如,作战飞机所带的副油箱,在油用完后按预定方案将空副油箱抛掉,这是正常情况下的副油箱投放;有时飞机起飞后突然发现敌情,为了轻装作战,不得不把未用完油的副油箱迅速抛掉,这种情况即为应急投放。投放的方式还包括弹射投放,弹射投放是为改善投放特性而施加给投放物一个弹射助投力进行的投放。

投放试验的种类除飞机机翼下或机身下所带的副油箱、各种可投武器及其挂架或发射架等常规外挂投放外,还包括舱内武器或货物从打开的腹部舱门或尾舱门的投放以及座舱盖、弹射救生之类的抛放等。投放试验不仅有对单个外挂物进行投放,也有多个外挂物的连投或齐投。

1. 相似准则

为了保证模型和全尺寸投放物质心运动轨迹相似、绕质心转动的姿态相同,作用在模型和全尺寸投放物上的力和力矩应相似。投放模型的缩尺比例应与母机的相同,母机的缩尺比例要求翼展缩小到风洞试验段宽度的 0.7 倍以内。除了几何相似之外,风洞中投放模型还应满足下列相似条件:

$$v_M = v \sqrt{\frac{l_M}{l}} \tag{13-34}$$

式中:v 为实物的飞行速度;v_M 为模型的试验速度;l_M 为模型的长度;l 为实物的长度。

$$m_M = m \frac{\rho_M}{\rho} \left(\frac{l_M}{l} \right)^3 \tag{13-35}$$

式中:m 为实物质量;m_M 为模型质量;ρ 为实物飞行条件下的空气密度;ρ_M 为模型试验时的空气密度。

$$J_M = J \frac{\rho_M}{\rho} \left(\frac{l_M}{l} \right)^5 \tag{13-36}$$

式中:J 为实物的主质心转动惯量;J_M 为模型的主质心转动惯量。

2. 模型要求

除了要求模型与全尺寸投放物外形几何相似外,投放试验要做到动力相似,即投放物模型的质量、质心位置和转动惯量都必须满足动力相似的要求。为了满足相似要求,并保证模型有足够的强度,投放物模型通常采用玻璃钢、胶木、硬铝等材料制作。模型内设置铅块等作配重,并对模型的质量、质心位置和绕质心的转动惯量进行精确的测量和调整。此外,为了有利于投放轨迹的拍摄、判读和结果分析,投放物模型应编有代号,表面颜色应与母机颜色有明显区别,通常投放物表面为白色,并有质心位置标记和判别滚转运动的图案。母机模型要求保持几何相似,尤其是投放物所在的局部区域。除满足一般吹风试验要求外,若采用多次曝光拍摄投放轨迹,还要求母机模型表面色调稍深(如深绿色、棕色)。如果试验需模拟助投力时,则需将助投系统的一部分(如弹射助投的作动筒、高压气电磁阀和部分通气导管等)埋设在母机模型内(其中作动筒置于挂架内),并从模型内部引出通气导管和电路接线。

3. 试验方法

除座舱盖之类的抛放试验,母机模型采用常规的腹部支撑外,一般投放试验时,母机模型采用背部吊挂的方式安装在风洞试验段内,并可改变其迎角和侧滑角。外挂投放物模型常通过康铜丝和挂钩机构安装在母机模型的相应位置上,投放时启动投放控制系统,使康铜丝熔断、挂钩打开、投放物模型被释放,由多次曝光照相装置或高速摄影机拍摄投放物在模拟流场中与母机分离的运动轨迹和姿态。投放后的模型由安装在母机模型后方与下方的捕捉网捕捉和回收。

需要指出,在完成一次投放,从捕捉网上回收的投放物模型要继续使用时,应对模型状况进行检查。若明显受损,应作修复并按模拟要求对其外形、质量、质心位置和转动惯量进行检验,符合要求的才能继续用于试验。由于投放物模型容易受损坏,因此一般都要备用相应数量的模型,尤其是那些较轻的薄壳结构的投放模型。

4. 试验装置

投放试验的专用设备和装置主要包括投放试验控制台、轨迹拍摄记录设备、弹射助投系统及捕捉网等。现以 FL-12 风洞为例,介绍有关的专用设备装置。

(1) 投放控制系统。投放控制系统包括康铜丝熔断控制、弹射助投控制、拍摄控制、闪光灯组闪光控制及有关保护等。控制系统的设备组成投放试验控制台,其主要功能有:①控制康铜丝的熔断。释放单路或按任意组合的多路投放物模型,并提供投路保护。多路外挂投放时,其起投时间差可在一定范围内(例如在 0~99ms)根据需要选用。②控制助投的高压气电磁阀的启动和关闭。③控制照相机(2 台或 3 台)快门动作或高速摄影机开拍。④控制多次曝光闪光灯组。各闪光灯闪光时间间隔可在一定范围内(如在 0~99ms)选用。⑤面板输入有关参数,由计算机程序自动协调上述各动作,准确实施时序控制。⑥与风洞运行操作岗位保持信号联络。⑦由主控按钮操纵模型投放和轨迹拍摄。

(2) 拍摄记录设备。拍摄记录设备主要是多次曝光拍摄装置、高速摄影机及与其有关的照相光源和背景等设施。多次曝光拍摄装置由能自动控制快门按钮的照相机和频闪光源组成。在试验段有摄影灯光连续照明情况下,频闪光源可由装于相机前的可控制转速的带缺口的转盘获得;也可不用连续照明的摄影灯光,而由闪光灯组的各个闪光灯按要求的时间间隔依次闪光获得。

(3) 弹射助投系统。弹射助投系统可采用弹簧弹射机构、燃爆模拟弹、高压气弹射系统等。以常用的高压气弹射系统为例,它包括高压气源(1~15MPa)、通气导管、电磁阀、弹射作动筒及其控制系统。

(4) 捕捉网。捕捉网用棉丝绳编织而成,用以回收投放物模型和保护洞内设备,试验时根据投放物模型的大小选取孔目尺寸合适的捕捉网。为有利于轨迹影像的拍摄,捕捉网应避免用白色而宜用黑色或深绿色。

13.2.5　自由飞试验

风洞模型自由飞试验是指按动力学相似准则,在风洞中无约束飞行条件下进行非接触式气动特性测量的试验。风洞模型自由飞试验没有支杆干扰,尤其适合于测量阻力、底部压力、多体干扰以及静、动态气动特性等。

1. 模型要求

自由飞模型比常规模型的设计要求苛刻,除外形要满足气动力相似准则和几何相似准则外,还要满足运动的动力学相似准则,即模型的质量、质心相对位置、转动惯量等根据风洞动压与实际动压之比和模型缩尺比例等条件都要满足一定的关系式。

风洞自由飞试验模型可用多种材料制造,由于考虑到质量与质量分布的严格要求,通常自由飞试验模型用铝合金、塑料、泡沫塑料、木材等轻质材料制作成模型外壳,用钢、铅等重金属作配重。一般地,模型分作许多部段分别设计、制造,最后再组合装配成整体模型。

根据试验内容与要求的不同,可分为自由飞测力模型、自由飞动导模型、多体分离模型、遥测尾迹模型、裙体分离模型、抛壳模型、拖锥模型、倒向稳定模型。下面分别介绍自由飞测力模型、自由飞动导模型和多体分离模型。

(1) 自由飞测力模型。自由飞测力模型是一种测量气动力的自由飞模型。它是让模型在风洞中无约束的自由飞行,用高速摄影记录模型质心运动的时间历程,采用参数识别的方法提取作用于模型上的气动力系数。用得较多的是空气动力阻力系数,自由飞测力模型可避免支撑的气动干扰。

模型只满足马赫数相同准则,而雷诺数相同准则一般无法满足,这样就限制了自由飞测力模型只能用于研究那些无粘流动起主导作用的气动问题,如高超声速流中以波阻为主的阻力系数。对于模型,除外形相似之外别无运动学相似的要求,模型尺寸和质量特性完全要由风洞条件而定。

由无量纲参数关系 T^2qL/M 推导得出参数间比例关系为

$$K_M = K_T^2 K_q K_L \qquad (13-37)$$

式中:T 为模型飞越长度 L 的特征时间;L 为参考长度;q 为风洞动压;M 为模型总质量。符号 K 表示模型与实物对应状态的比值。为了使模型在风洞试验段观察区域停留时间长一点,K_M 应选大一些,以便增大 K_T 值。通常情况下取 $K_T=1$,再由风洞试验段和观察窗尺寸选取 K_L,由关系式 $K_M = K_T^2 K_q K_L$ 确定模型质量。在试验中希望得到零攻角阻力,因此,模型释放中应尽可能保持零攻角。

(2) 自由飞动导模型。自由飞动导模型是一种测量动导数 $C_{mq+\alpha}$ 的自由飞模型,它的用途是利用模型在风洞中自由飞角运动的时间历程来提取动导数 $C_{mq+\alpha}$。

要求模型满足两个空气动力学相似准则,即马赫数相同,缩减频率 $K=\omega L/v$ 相等。通常在动导数试验中,$\omega L/v$ 很小,在只考虑一次项近似时,缩减频率参数相同这一要求也是放松的。在这样近似条件下,模型尺寸及质量也只由风洞尺寸和试验方便来决定。

(3) 自由飞多体分离模型。自由飞多体分离模型是一种观测多体分离过程运动特性的自由飞模型。其主要用途不是提取气动力系数,而是根据多体模型在风洞自由飞行中的分离过程来了解在大气中真实飞行情况下分离过程的运动特征:分离时间、分离过程中各部分有无碰撞、分离的初始条件(如各部分解锁的爆炸力等)的影响等。为了使风洞中获得分离过程与真实大气条件相似,不仅空气动力学相似,而且最大限度地满足运动学相似。

2. 试验技术

从试验技术角度来看,主要工作包括模型的发射或释放技术;模型设计、构造及校测技术以及数据采集与数据处理 3 部分。

(1) 模型释放技术。挂线释放和发射枪射出是两种常用的模型释放技术。

挂线释放法根据试验马赫数、总温等参数,将尼龙线、钢琴线或细弹簧钢丝垂直张紧于风洞上、下壁。模型固定在挂线中部并处于风洞观察窗前沿,在模型内部的张线上打一小结或刻一小缺口,造成局部应力点。在风洞流场稳定后加瞬时拉力,可在所需位置切断挂线,试验模型即向下游飞去。

挂线释放法技术简单,但由于模型只能沿下游方向经过观察窗,记录时间较短。采用发射枪释放,将模型从观察窗下游向上游发射,模型可先后两次经过观察窗,延长了观察记录时间。发射枪的动力可采用压缩空气、弹簧或炸药等,其中压缩空气动力是最常用的一种。

在一般情况下,模型可在所要求的攻角位置,由夹持结构或机械爪夹持,并与发射枪的作动活塞相连。风洞流场建立后,通常先释放夹持机构,启动高速像机或相应的高速图像记录仪,然后由作动活塞给模型以一定的动量。作动活塞可以做成方形或其他形式,以避免发射过程中模型滚转角发生变化。

用发射枪方法还能给模型提供初始轴向旋转速度。这种旋转可用许多不同方法实现,例如,在发射枪腔内加来福线,使模型及夹持机构因来福线而旋转前进,以提供前进的动量与旋转动量矩。上述方法实现比较容易,但转速控制较困难。另一方法是在夹持机构内加装气动马达以驱使模型旋转,其转速由转速计检测。在发射枪出口处,还可安装压缩空气喷嘴,给模型提供偏航或俯仰初始扰动。

除挂线或发射枪方法外,将模型从试验段前上方向下抛出,或燃爆炸药将模型从固定物或母体抛出,也是可行的试验方法。

(2) 模型参数与检测。自由飞试验是通过测量模型运动而取得气动数据的,显然模型的质量特性(质量、质心、转动惯量等)将对模型的飞行姿态有很大影响。另外,由于自由飞试验难以完整回收模型,一项试验任务往往需用许多模型,因此模型生产的可重复性及其动特性的检测方法也必须加以重视。

模型质量可用精密天平测量,模型质心可用组合式双天平测量(一台天平测质量,另一台天平的一个臂用于提供参考点和固定平合,天平平衡点位置就是模型质心)。在校测过程中,还应用标准球、棒、圆筒进行校核,以提高校测精度。

模型转动惯量由下述方法测量:将模型固定在张紧的弹簧线上,通过测量模型弹簧系统的自振频率(或周期),换算出转动惯量。与测质心一样,系统也要用标准球、棒、圆筒进行校核。校正体的质量、一般形状或长度应与模型大致相同。模型转动惯量(I)可由校正体的转动惯量(I_c)、模型夹持器的振动周期(t_h),校正体与夹持器的振动周期(t_{h+c})及模型与夹持器的振动周期(t_{h+m})按下式计算:

$$I = I_c \frac{t_{h+m}^2 - t_h^2}{t_{h+c}^2 - t_h^2} \qquad (13-38)$$

（3）数据采集与处理。自由飞试验数据主要通过在高速拍摄的图片上测量相对位置变化取得,高速、高分辨率、短曝光时间至关重要。高速相机、鼓轮相机及频闪光源是几种常用的仪器。为了得到满意的图片数量及质量,拍摄速率及曝光时间高到约 5000 帧/s 及几微秒量级。为在照片上给模型运动提供参考位置,通常在背景上布置由 0.25 ~ 0.5mm 直径的细线组成的网格。在同一幅照片上多次曝光的方法往往能提供更好的图像质量。当模型为非平面运动时,可以用分光方式同时在一幅照片上摄取两个不同平面的模型运动图像。

从照片上采集的数据包括模型的纵、侧向位置,姿态角及相应的时间或当量时间(照片帧数)。上述数据经过数据光滑,再经曲线拟合,并选取合适的参数估计方法,求得各气动参数。例如,由运动方程求阻力系数

$$m\ddot{x} = -\frac{1}{2}\rho V^2 A C_D \qquad (13-39)$$

将时间变量转换到距离变量

$$C_D = -\frac{2m}{\rho A} \frac{\mathrm{d}\left[\ln\left(1 + V_m/V_\infty\right)\right]}{\mathrm{d}x} \qquad (13-40)$$

由曲线拟合 $\ln(1+V_m/V_\infty)$ 与 x 的关系曲线,就可求得阻力系数。对动态参数(如动稳定参数)可用最小二乘法或最大似然法等估计准则计算,以得到最优估计。

思 考 题

1. 全模测力试验的内容有哪些?
2. 压力分布的表达方法有哪些? 各有什么优、缺点?
3. 如何建立二元流动?
4. 进气道特性参数有哪些? 其各自的物理意义是什么? 如何应用?
5. 说明喷流试验的用途、采用的相似参数及其物理含义。
6. 等离子体流动控制试验的测量内容有哪些?
7. 讨论颤振试验的作用。
8. 说明动导数试验的试验方法、技术。
9. 讨论地面风载试验对模型有什么要求。
10. 讨论投放模型试验的注意事项。
11. 说明自由飞试验的模型类型、测量以及数据处理方法。

第 14 章　低湍流度风洞试验

低(变)湍流度风洞是研究湍流结构、转捩、边界层控制、飞行器层流化等与湍流强度相关气动现象的必要设备。自 20 世纪 30 年代末至今,国内外已建造约 30 座低湍流度风洞,虽各有特点,但皆以湍流度 ε 不高于 0.05% 并力争达到 0.02%(或更低)为首要目标。其中,有 11 座湍流度 ε 不高于 0.03%;不大于 0.02% 者为数很少。1981 年和 1984 年,南京航空学院和北京大学先后建成了我国首批低湍流度风洞,ε 低达 0.08%~0.06%。此后约 20 年来(表 14.1),在国内已先后建成并投入使用的 4 座低(变)湍流度风洞皆具有优良的流场品质,其低湍流和变湍流性能已先后在教学和科研工作中发挥了不可替代的独特优势。

表 14.1　成功研制的四座低(变)湍流度风洞

建成时间	风洞名称	形式	收缩比 C	口径/(m×m)	风速/(m/s)	最低 ε/%	变湍范围
1989 年 目前	西北工业大学低(变)湍流度风洞	闭口直流	7.11×3.18 ≈22.61	1×0.4	3~75	0.02%~0.01%	0.02%、0.06%、0.1%、0.33%、1%、3%
	搬迁、扩建、新近完成	直流串式		1×0.4	3~80	0.02%	0.03%、1%、3%
		直流单式		1.2×1.05	3~60		
1999 年	天津大学低(变)湍流风洞	闭口直流	7.11×1.78 ≈12.66	0.45×0.35	0.6~42	0.05%~0.03%	0.03%、0.2%、0.8%、2.2%
2002 年	清华大学低(变)湍流度回流风洞	闭口回流	6.25×1.44 ≈9	0.8×0.3	2~40.5	0.03%~0.02%	0.02%、0.2%、1%、4%、5%
2008 年	航天工程大学先进流动控制试验平台	闭口直流	12.96×1.25 ≈16.2	1×0.8	2~70	0.02%~0.013%	0.013%、0.033%、0.04%、0.12%、0.27%、0.62%

14.1　低湍流度风洞设计方法

14.1.1　收缩段设计方法

1. 合理选用较大收缩比

在适当的较大收缩比 C 范围($C=6\sim20$)内,选用符合工程实际的收缩比值,不仅可减小能损,也可不同程度降低 3 个方向上相对湍流量值的水平,而 C 过大($C>25$)不仅成本高,且易引发低频旋涡及影响各向同性。按各向同性的假定,试验段入口处的湍流强度 ε_t 可表示为

$$\varepsilon_t = U'/U_t = f_c \cdot \varepsilon_s = f_c \cdot U_s'/U_s$$
$$= \{0.75[\ln(4C^3)-1]/C^2 + 1.5C\}^{1/2}/(\sqrt{3}C) \cdot U_s'/U_s \qquad (14\text{-}1)$$

由式(14-1)得出湍流度减小收缩比作用系数 $f_c \sim C$ 曲线,如图 14.1 所示。只有当假定收缩段入口处湍流度为 $\varepsilon_s = U_s'/U_s \leqslant 0.1\%$ 的某值时,C 选用适当的值时才可得到所希望的试验段入口处湍流度 ε_t 的理论预估值。当然,工程问题中考虑风洞下游扰动的上传,ε_t 理论预估值往往应设定的更小些。因此,表 14.1 中各风洞的 C 则是依所希望的 ε_t 值并结合成本、可用空间等综合而定的。

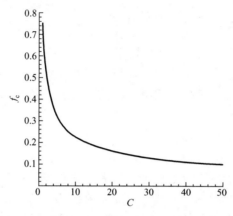

图 14.1 收缩比 C 对湍流度减小的作用系数 f_c

2. 二次收缩并采用较大长径比

以表 14.1 中航天工程大学先进流动控制试验平台为例,当综合考虑取总的 C 为 16.2 时,其收缩比作用系数 f_c 约为 0.1758,即绝大部分的收缩段入口湍流度 ε_s 已被衰减。为了在实现这一预期目标的同时,又保证各组变湍流格网既能增湍又能横向均匀分布(变湍流格网不宜放置于稳定段尾部及试验段入口),还能在必要时做比 1m×0.8m 口径空间更大的特殊试验,则考虑采用二次收缩,使 $C = C_I \times C_{II} = 12.96 \times 1.25 \approx 16.2$,且为了避免分离,取第 I、II 收缩段的长度分别为入口当量直径的 1.286 倍及 0.98 倍,又适当在两段出口取平直延伸段,使出口气流更均匀。

3. 使用便捷的通用解求取五次方关系壁型

要达到好的流场品质,特别是达到较先进的低湍流度指标,不仅要合理选用较大收缩比,还必须考虑所用壁型能确保在收缩段出口气流均匀、稳定、不发生分离,并有很薄的边界层厚度。这样,在进口和出口部分的壁型应该变化缓慢,具有尽可能小的曲率。工程实践表明五次方关系曲线为收缩段壁型设计较简便的有效方法,因此,航天工程大学在设计中也采用五次方关系收缩段曲线方程:

$$R = a_0 + a_1 X + a_2 X^2 + a_3 X^3 + a_4 X^4 + a_5 X^5 \qquad (14\text{-}2)$$

式中:X 为轴向距离;R 为轴向各横切面当量半径;$a_0, a_1, \cdots, a_5$ 为待定系数。

根据对收缩段入口处和出口处气流连续缓慢变化、不发生分离的要求,其边界条件为

入口处:
$$X = 0: \quad R = R_1, \frac{\mathrm{d}R}{\mathrm{d}X} = 0, \frac{\mathrm{d}^2 R}{\mathrm{d}X^2} = 0 \qquad (14\text{-}3)$$

出口处：$\qquad X=L:\quad R=R_2,\dfrac{\mathrm{d}R}{\mathrm{d}X}=0,\dfrac{\mathrm{d}^2R}{\mathrm{d}X^2}=0 \qquad\qquad$ (14-4)

如果每个风洞设计收缩段时都很烦琐的通过具体的数据去解方程、简化、定各个系数，就仍然显得不够便捷。式(14-5)为一个根据实践经验得到的通用解：

$$当量直径\ R=\frac{1-\sqrt{C}}{2}\cdot De_2\left[\frac{\sqrt{C}}{1-\sqrt{C}}+10\left(\frac{X}{L}\right)^3-15\left(\frac{X}{L}\right)^4+6\left(\frac{X}{L}\right)^5\right] \qquad (14-5)$$

一旦收缩比 C 和出口处的当量直径 De_2 确定，就可很快得到收缩段壁型公式。

14.1.2　稳定段设计方法

1. 稳定段前方环境来流的处理要因地制宜

作为稳定段的预备段，其前方来流需经过一个空间较大、上下左右基本对称（最好挖低坑）、三面进气（前、左、右）通畅、大面积窗应预设两道网面（外层粗丝大孔网保护，内层细丝小孔网整流）的进气室。

2. 匹配小孔型蜂窝器更有效

为了破碎旋涡，导顺和拉匀气流，减弱尖跳流动，尤其是减少湍流的横侧分量，传统大孔径蜂窝器对减少湍流度作用不大，航天工程大学先进流动控制试验平台匹配航空铝合金材料小孔型蜂窝器，孔型当量直径为 $8\sim10$cm，孔深为 $8\sim10$ 倍孔型当量直径（100mm），不宜太长，以免在蜂窝器尾部的不稳定性产生复杂的剪切干扰。

单独蜂窝器的效果不理想，应在其后约 15 倍孔型直径（150mm）处增设一层细丝阻尼网。该阻尼网丝径要细，开度比 β（$\beta=(1-d/l)^2$，其中 d 为网丝直径，l 为网孔尺寸）约 60%。

3. 阻尼网组的匹配，使用综合速算图线有效方便

在稳定段整流措施中，最为重要的是多层阻尼网组，把蜂窝器网组之后的高湍流水平要大幅降减到收缩段入口处的量级（约 0.1% 或更小），基本上要依靠多层网组的功效。阻尼网组配置在蜂窝器网组之后大约 $30\sim40$ 倍蜂窝器孔型直径处。当网孔的开度比 β 较小时，来自大量网孔的类射流引起不稳定性并形成一种持久性纵向旋涡而流经收缩段。因此，低湍流度风洞多用网孔开度比 $\beta=0.58\sim0.64$ 的大开度比网，由开度比的定义来确定网孔目数。当网丝雷诺数达到一定程度，网丝还会引起小旋涡。因此，网丝直径的选用需符合雷诺数的范围（约 $30\sim60$），不宜大于 60，丝径大小应使用约 $0.15\sim0.25$mm。

阻尼网的另一个重要参数是阻尼网的压降系数 k。当稳定段的风速 $v<10$m/s 时，使用 Wieghardt's 公式 $k=6.5[(1-\beta)/\beta^2]/(vd/\beta v)^{1/3}$；对试验段要求风速较高的情况，若稳定段的风速超过 $v>10$m/s，应用 Collar's 公式 $k=c(1-\beta)/\beta^2$ 估算网压降系数。每层阻尼网的压降系数约 $1\sim2.5$，但常以 2 左右为好。

阻尼网组的层数 n 应取决于稳定段末尾预设的湍流度量级。由于阻尼网组的湍流减少系数 $f_n=1/(1+k)^{n/2}<f_1=1/(1+K)^{1/2}$，稳定段末端的湍流度 U_s'/U_s 量级除了取决于蜂窝器和阻尼网组，还应留一定的旋涡衰减距离 $L_衰>0.2D_安$（$D_安$ 为稳定段出口处的当量直径）。对于稳定段末端的湍流度用公式 $U_s'/U_s=f_n\cdot U_h'/U_h$ 来估计。

表 14.1 中 4 座风洞成功的工程实践表明，在蜂窝器网组之后的湍流度 U_h'/U_h 约为 5%（有的回流式风洞约 6%）。一般来说，试验段的湍流度若要达到 $0.03\%\sim0.01\%$，这种

286

严格匹配的阻尼网层数就应在 8~12 层配置(且网间距离不宜太小,不小于 500d)。

正如表 14.1 所列,4 座风洞选用的收缩比 C 不同,其 f_c 大小不一,要使 ε_t 的预定值不致太高,就需设定好 ε_s,于是反推所需的 f_n(从而可决定所需的网面层数和规格)后,在市场选用合适的网面规格就是一个很实际的难题,故需多种应对方案,则图 14.2 的综合性速算曲线就显得较为有效方便。

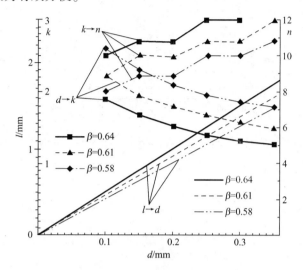

图 14.2　某风洞阻尼网组层数速算曲线

步骤:1. 由市场供货的网目→l(给定 β);2. 由 l→d(给定 β);3. 由 d→k(给定 β);4. 由 k→n(给定 β)。

14.1.3　试验段下游优化设计

试验段的噪声除与边界层内压力脉动有关外,主要来自通道内的轴向声波,主要来自风扇。试验段的湍流水平、流场品质除受到噪声影响外,还要仔细避免下游各部段的分离、低频不稳定、各种扰动的上传,故风扇动力段、导流片设计中有关具体问题要慎重选择,作系统性优化匹配。4 座风洞在设计中做了以下尝试。

(1)大实度风扇(10~12 叶)。

(2)解决好预扭片和反扭片,做好气动设计和排除干扰。

(3)除一层细丝径保护网外,在整流罩头前方较远处等截面通道内,还设置多层(2 层)细丝径整流消音网($d=0.2~0.5$mm)。这些网皆应采用不锈钢材质,大开度比 β(不小于 80%)。

(4)电动机所在的包容式整流罩尾部外轮廓与洞体内壁之间的通道沿轴向应采用 3°~3.5° 以内的半锥角,以免发生分离和干扰。

(5)从扩张段到动力段的尾部以及对于回流式风洞的二扩段和大端回流道,宜于开许多小孔群区域,可削弱声波发射,并减弱旋涡的发展(孔径为 $\Phi1~\Phi2$,小孔面积约占 5%)。第 Ⅱ 收缩段及整个下游(扩张段、方圆段和风扇动力段)的洞壁皆为夹层结构,充填吸音材料。

(6)对于回流式风洞第四拐角导流片的尾部距蜂窝器的轴向距离不小于 2~3 倍导流片弦长,且导流片片距为 12~15 倍蜂窝器的孔型尺度。

（7）除了电动机基座要隔震、动力段与扩张段之间要软连接之外,宜于对直流可控硅调速系统设备建造屏蔽室;也不宜采用变频调速,以免电磁干扰影响测量湍流度的热线风速仪的功效。

航天工程大学先进流动控制试验平台的大量流场校测详细结果(此处仅举例图 14.3和图 14.4)说明前述设计方法的确是有效而成功的。

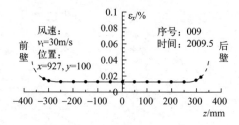

图 14.3　采样频率 2kHz,风速 30m/s 时,试验段位置(927,-100)横穿的湍流度分布

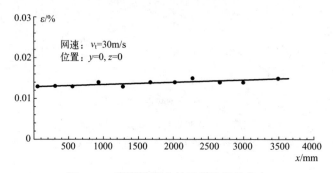

图 14.4　沿试验平台轴线湍流度的分布

14.2　低湍流度风洞流场校测

航天工程大学先进流动控制试验平台本体及基础控制设备于 2008 年 11 月安装完毕,并进行了有流场校测。试验平台最小稳定风速约 2m/s,能稳定运行的最大风速不小于 67m/s。

14.2.1　全范围风速系数

使用落差系统、皮托管系统及两套斜管对全范围的风速进行测量,按相应的数据处理方法对风速数据进行处理,得到全部风速范围内的风速系数变化规律。

绘制"风速—风速系数"分布图,并对测量结果进行分段拟合,所得函数图像在任一点上(包括线性范围与非线性范围交界处)连续且光滑。当 $v_t \leqslant 8\text{m/s}$ 时,μ 为二次抛物线;而当 $v_t > 8\text{m/s}$ 时,函数退化为一条直线。全范围内的"风速—风速系数"测量数据及拟合曲线如图 14.5 所示。

全范围内的"风速—风速系数"拟合公式如下:

$$\mu = \begin{cases} 0.99907 - 0.0000442v_t, & v_t \geqslant 8 \\ 0.99907 - 0.0000442v_t + 0.0165 \cdot (v_t - 8)^2, & v_t < 8 \end{cases} \quad (14-6)$$

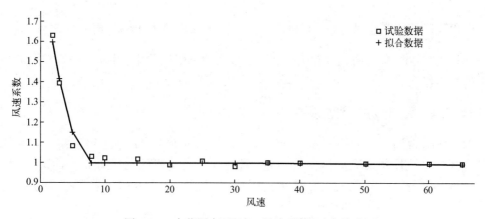

图 14.5　全范围内"风速—风速系数"对应关系

14.2.2　试验段气流稳定性

使用皮托管作为感受器件,利用斜管和 DSY-104 系统对不同风速下的动压下的动压稳定性情况进行了测量。常用风速 30m/s 情况下的动压稳定性系数按不同的处理方法(国军标方法和教科书方法)分别计算为 $\eta = 0.0018$ 和 $\eta = 0.00244$,前者达到国军标先进指标要求,后者达到国军标合格指标要求,并接近先进水平,说明试验平台具有优良的气流稳定性。

14.2.3　试验段轴向静压梯度测试

试验段沿轴线布置了 18 个静压孔测点,以距试验段起始位置最近的 1 号点为参考点($p_c = p_1$)。各测点距离试验段入口距离分别为 73mm、218mm、430mm、628mm、838mm、1162mm、1350mm、1648mm、1838mm、2186mm、2398mm、2596mm、2806mm、3158mm、3370mm、3567mm、3778mm、3930mm。

使用 DSY-104 多点测压系统对试验平台试验段前侧壁各轴向测压点进行测量,在 10m/s、30m/s、40m/s、50m/s 等多个典型风速下测量轴向静压分布,计算并分析得出最佳静压梯度的风速范围。测量结果如表 14.2 所列。

表 14.2　不同风速下的单位长度静压梯度

风速/(m/s)	$\mathrm{d}C_p/\mathrm{d}x$	$L\left\|\dfrac{\mathrm{d}C_p}{\mathrm{d}x}\right\|$
10	−0.0046854	0.016263
25	−0.0013765	0.004778
30	−0.0009241	0.003208
35	−0.000596	0.002069
38	−0.0004315	0.001498
40	0.0019844	0.006888
50	0.0000542	0.000188

由试验结果可知最佳的静压梯度对应的风速范围大约在 35~40m/s,最佳的 $\mathrm{d}C_p/\mathrm{d}x$ 约 0.0004~0.002/m。

全模型区长度 L 范围的静压梯度 $L\left|\dfrac{\mathrm{d}C_p}{\mathrm{d}x}\right|$，除了在风速为 10m/s 时较大之外，其余风速下均小于 0.007，最佳值在 0.0015 量级，在以后的测阻试验中，可以不进行与边界层等有关的型阻修正。

14.2.4 动压场均匀性测试

取与来流常用风速大约 37m/s 所对应的动压值 0.882kPa，通过用手控斜管系统及计算机风控系统控制来流动压保持恒定，测量试验段气流的动压分布，计算动压场系数。此外还进行了来流在最大和最小动压情况下模型区中心区域各测点的动压场系数的测量。

动压场测量共取 3 个截面，探头位置距试验段进口的轴向距离分别为 $x=870$mm、$x=1870$mm、$x=2870$mm，测点范围为高度方向 800mm，宽度方向 640mm，均占试验段横截面的 80%。测点间距为高度方向 100mm，宽度方向 50mm，中轴线上必须布点，其余各测点沿中轴线左右对称分布。使用标准皮托管进行单点移测，测得各点的动压场系数值。考虑到皮托管支承横杆对试验段流场会产生干扰，故对试验数据还进行了支杆干扰修正。

3 个测量截面单独考虑时，所测各点动压场系数小于 0.002 的点占各截面总测点数的比例分别为 48%、58%、55%，即达到国军标先进指标要求，其余测点达到合格指标要求，即动压场系数不大于 0.005。

3 个测量截面综合考虑后动压场系数小于 0.002 的测点数占总测点数的 52%，达到国军标先进指标要求，其余测点达到合格指标要求。

结果表明，试验平台动压场均匀性指标符合研制合同及国军标指标要求，具有良好的动压均匀性。

14.2.5 方向场测试

使用经过校准的六孔方向动压组合探头、3 支 U 型管，DSY 压力扫描阀对方向场进行测试。

取 3 个测量截面，探头前端距试验段进口的轴向距离（即坐标架横杆夹持位置与探头长度 290mm 之差）分别为 $x=860$mm、$x=1595$mm、$x=2595$mm。测点范围为高度方向 800mm，宽度方向 640mm，测点间距为高度方向为 100mm，宽度方向为 50mm，且中轴线上必须布点，其余各测点沿中轴线左右对称。取来流常用风速为 30m/s，风速保持恒定的情况下，利用大坐标架进行横向单点移测，测量各点的局部气流偏角值。此外还进行了较小风速（20m/s）和较大风速（40m/s）情况下中轴线上各测点的局部气流偏角的测量。

测试结果表明：所测 3 个截面各测点的局部气流偏角值均符合国军标合格指标要求，$|\Delta\alpha|$ 的总范围为 $0.0002°\leqslant|\Delta\alpha|\leqslant0.4897°$，$|\Delta\beta|$ 的总范围为 $0.09°\leqslant|\Delta\beta|\leqslant0.4453°$。可以看出大部分测点还达到先进指标的要求，其中 $|\Delta\alpha|\leqslant0.1°$ 的测点数占总测点数的 70.4%，$|\Delta\beta|\leqslant0.1°$ 的测点数占总测点数 13.8%。

从统计数据可以看出，试验平台的气流流向性能符合国军标合格指标要求，铅垂方向偏角性能显得更加优良,而水平方向偏角则稍大,但总体来说该试验平台的气流流向性能属良好偏优。

14.2.6 侧壁边界层测试

在试验段的后侧壁中轴线上,沿来流方向取 15 个横截面进行了常用风速下的边界层测量,测点距试验段入口分别为 196mm、446mm、697mm、914mm、1141mm、1416mm、1701mm、1915mm、2166mm、2415mm、2665mm、2915mm、3137mm、3386mm、3636mm。使用边界层总压耙感受边界层内各点的总压,耙前端对应位置上的壁面静压作为参考静压,根据总静压差计算边界层内的速度分布。使用 DSY-104 多点压力测量系统进行压强测量,并对总压耙管进行现场校正。

模型中心区边界层速度型随来流速度的变化如图 14.6 所示。

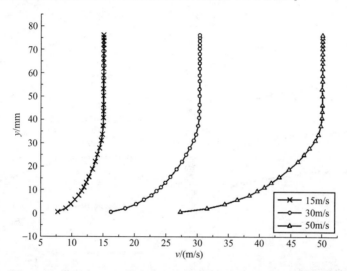

图 14.6 模型中心区(轴向位置 1141mm)在不同风速下的速度型

全试验段边界层的详细速度分布及厚度沿流向的变化如图 14.7~图 14.12 所示。

测试结果表明,试验段边界层分布的规律性较好。从边界层厚度分布情况来看,模型中心区的大部分区域(≥90%)不受边界层的影响,在试验段出口处不受边界层影响的范围也达到了 87%,利于试验的进行。

14.2.7 低(变)湍流度测试

在模型区典型位置上用 30m/s 风速测出低湍流度量级,并变化风速(5~65m/s)测湍流度,绘制 ε-v_t 曲线。

在 3 个迎风截面及 4 个以上的水平横向中轴线进行多点密布横穿细测,并沿中轴线做多点补充细测。绘制出每个横穿的湍流度分布图、3 个截面的湍流度分布图以及整个试验段的过轴线水平面和垂直面湍流度分布图。

测量的横截面高度方向 800mm(80%);宽度方向不小于 640mm(80%),在上游及下游多个横穿处宽度达 92.5%;测量总长度($x = 57 \sim 3479$mm)占试验段总长 4000mm 的 86%。测点间距:高度方向 $\Delta H = 100$mm,宽度方向 $\Delta B = 50$mm,上下与左右各为对称。

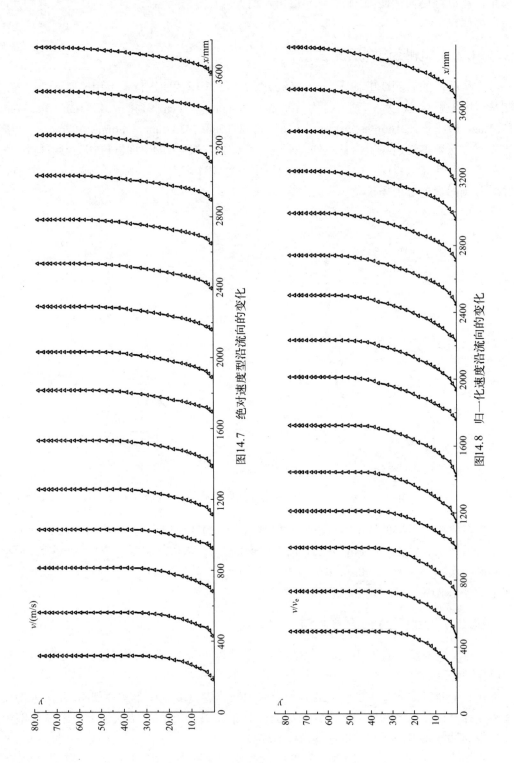

图14.7 绝对速度型沿流向的变化

图14.8 归一化速度沿流向的变化

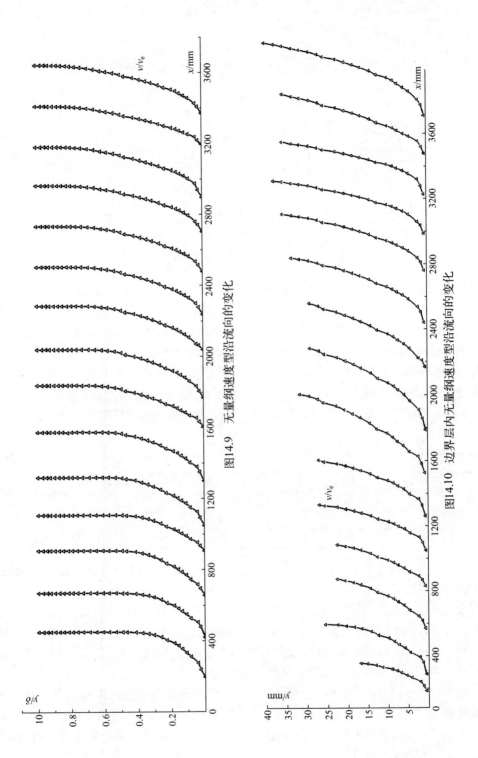

图14.9 无量纲速度型沿流向的变化

图14.10 边界层内无量纲速度型沿流向的变化

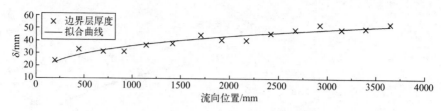

图 14.11　边界层名义厚度沿流向的变化

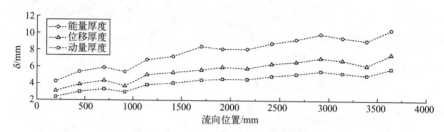

图 14.12　位移厚度与动量厚度沿流向的变化

　　湍流度包含 3 个方向的分量,如果对于大量的测量点全部同时测量其 3 个分量,其代价非常昂贵而难以负担(工作量大,热线探头损坏的风险大)。为确定合理的试验方案,保证测量结果的精确度而不至于过多地增加工作量,在试验之初使用 X 探头进行了湍流度各向分量测量,并改变其采样频率加以比较,其结果如表 14.3 所列。从测量结果来看,试验平台试验段中湍流流场具有很好的各向同性,所以可以采用标准单丝探头 55P51 进行轴向脉动速度分量的湍流度的测量,来获取流动控制试验平台试验段流场的湍流度总量。另外,采样频率的改变对测量结果基本上没有影响,因此,湍流场测量的采样频率固定在 2kHz。

表 14.3　采用 X 探头变采样频率得出的 3 个方向湍流度

采样频率/kHz	1	2	5	10
ε_x	0.009	0.01	0.009	0.009
ε_y	0.01	0.01	0.01	0.01
ε_x	0.01	0.01	0.009	0.009
ε_z	0.01	0.01	0.01	0.01

　　图 14.13 是模型中心区典型的横穿测量结果,结果显示模型中心区的湍流度极低。图 14.14 是试验段模型中心区(取特征点 $x=1005\mathrm{mm}$,$y=0\mathrm{mm}$,$z=0\mathrm{mm}$)湍流度 ε 随风速 V_t 变化的曲线。结果显示,在流动控制试验平台风速较低($<5\mathrm{m/s}$)时,湍流度较高,达到 0.027%,随着速度的提高,湍流度降低,在常用风速 30m/s 附近,湍流度达到最低点 0.013%,随着速度的增加缓慢增加,但大致走势比较平缓,流速 50m/s 时,湍流度增加到最大 0.016%,此后随着速度的增加又略有降低,大致趋向拉平。

　　图 14.15 是试验段中轴线上湍流度的分布,结果显示从试验段的进口开始越往下游湍流度越大,但流场的湍流度始终很低。入口处 ε 仅为 0.013%,模型中心区 $\varepsilon=0.014\%$,模型中心区之后湍流度有所增大(ε 约达 0.015%),从曲线的延伸趋势来看,在试验段的出口处湍流度仍小于 0.03%。

　　图 14.16(a)、(b)和(c)分别是 $x=927\mathrm{mm}$ 截面(模型中心区前方)、$x=1667\mathrm{mm}$ 截面(模型中心区后方)和 $x=2667\mathrm{mm}$ 截面上湍流度的分布。图 14.17 是湍流度在流动控制

294

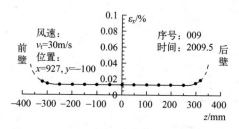

图 14.13 采样频率 2kHz, $v_t = 30$m/s 时, $x = 927$mm, $y = -100$mm 横穿的湍流度分布

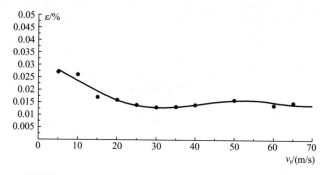

图 14.14 试验段 $x = 1005$mm, $y = 0$mm, $z = 0$mm 点湍流度随风速的变化曲线

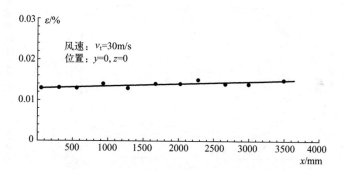

图 14.15 沿流动控制试验平台轴线湍流度的变化

试验平台竖直方向截面的分布,图 14.18 是湍流度在流动控制试验平台水平方向的分布。从图示情况来看,在试验段中心区湍流度较低,不高于 0.015%,靠近壁面处湍流度有所增高,不高于 0.02%,这主要是靠近壁面处的流动受到边界层影响;同时,低湍流度区域沿着流向逐渐收缩。在靠近后壁处湍流度增加比前壁较大,可能是受到探头支杆伸出过长产生的振动所造成的测量干扰。

在试验段上游换装不同规格的变湍流度格栅,改变本设备的试验段湍流度,表 14.4 为 30m/s 风速下,换用不同变湍流度格栅后的湍流度测量结果。

表 14.4 变湍流度测试结果

格栅序号	空试验段	1 号	2 号	3 号	4 号	5 号	6 号
d/mm	—	0.5~0.6	0.9~1	5	5	5	20
M/mm	—	5~7	9~11	60	30	10	40
M/d	—	10~11.7	10~11	12	6	2	2
ε/%	0.013	0.033	0.037~0.04	0.115~0.118	0.117	0.273	0.616

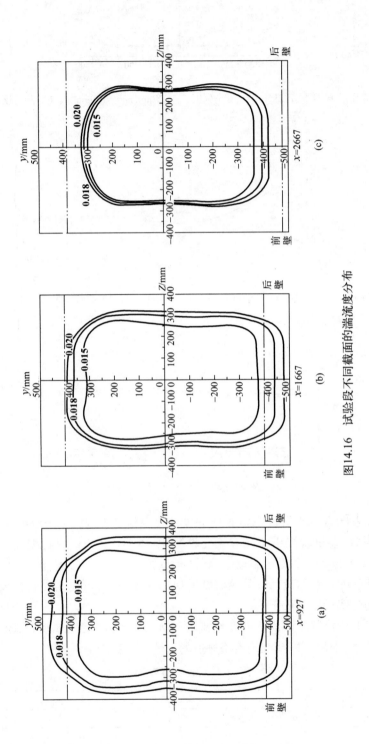

图14.16 试验段不同截面的湍流度分布

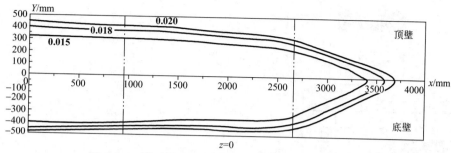

图 14.17　试验段竖直方向截面的低值湍流度区域分布

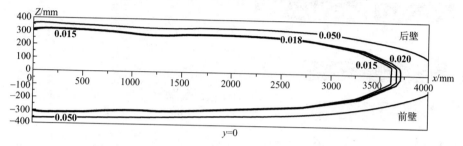

图 14.18　试验段水平方向截面的低值湍流度区域分布

　　测量结果表明,航天工程大学先进流动控制试验平台的低湍流度设计和加工是成功的,在流动控制试验平台试验段的大部分区域,特别是模型区附近,流动的湍流度都低于0.02%。模型前方宽度近40%的较窄区域甚至低于0.015%,而低达0.013%;模型位置处 ε 为0.015%区域宽度为75%,而 ε 为0.02%区域宽度达82.8%,并可较宽地实现变湍流度,这是充分全面地采取降低湍流度措施和仔细测量的结果。总的分布趋势是流场的中心区湍流度较低,越接近边壁湍流度越高;试验段的上游部分湍流度较低,随着流向的发展流动的湍流度增加。

14.3　等离子体流动控制风洞试验

　　针对临近空间飞行器如平流层飞艇、高高空无人机使用的螺旋桨效率低的缺陷,提出一种等离子体增效螺旋桨概念,本节在8.4节仿真研究和9.4节试验研究的基础上,进一步利用航天工程大学低湍流度风洞开展平流层螺旋桨等离子体流动控制试验研究,所采用的试验方法如图14.19所示,其中模拟激励器由9.4节提供,各叶素的试验参数根据8.4节叶素理论进行计算。

14.3.1　螺旋桨推力计算方法

　　螺旋桨叶素所受升力、阻力分别为 dL 和 dD,螺旋桨扭转角为 θ_r,受力情况如图14.20所示。

　　根据翼型受力分析可知,螺旋桨所受推力 dT 为叶素 dL、dD 在前进方向也就是 y 方向的分力,扭矩 dM 则为 dL、dD 在 x 方向分力以及阻力与相应半径的积,即

$$dT = dL\cos\Phi_0 - dD\sin\Phi_0 \tag{14-7}$$

$$dM = (dL\sin\Phi_0 + dD\cos\Phi_0)r \tag{14-8}$$

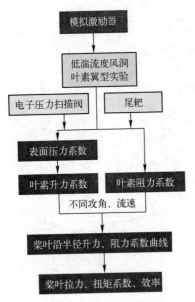

图 14.19　叶素理论试验研究方法

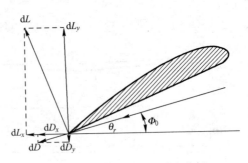

图 14.20　螺旋桨叶素受力分析

对叶素推力 $\mathrm{d}T$ 积分可得单个桨叶推力为

$$T = \int_{r_0}^{R} \mathrm{d}T\mathrm{d}r = \int_{r_0}^{R} (\mathrm{d}L\cos\varPhi_0 - \mathrm{d}D\sin\varPhi_{0r})\mathrm{d}r \qquad (14\text{-}9)$$

对叶素扭矩 $\mathrm{d}M$ 积分可得单个桨叶扭矩为

$$M = \int_{r_0}^{R} \mathrm{d}M\mathrm{d}r = \int_{r_0}^{R} (\mathrm{d}L\sin\varPhi_0 + \mathrm{d}D\cos\varPhi_0)r\mathrm{d}r \qquad (14\text{-}10)$$

式中：r_0 为螺旋桨桨盘半径。本试验对螺旋桨效能评估依据推力参数指标，通过式(14-9)、式(14-10)得出的气动推力及其相对变化量判断螺旋桨性能的变化。

螺旋桨效率为

$$\eta = \frac{Tv_0}{2\pi n_s M} \qquad (14\text{-}11)$$

14.3.2　试验条件

试验模拟的临近空间螺旋桨工作在 20km 高度，直径为 6.5m，飞行速度分别为 5m/s 和 40m/s，转速 300r/min，叶素剖面为 S1223 翼型。翼型模型为 S1223，参数见 9.4 节。地面试验翼型参数分别如表 14.5 所列。

表 14.5　螺旋桨转速 300r/min 地面试验参数

$\xi(r/R)$	安装角/(°)	飞行速度 $v_0 = 5\mathrm{m/s}$		飞行速度 $v_0 = 40\mathrm{m/s}$		激励电压/kV
		试验风速/(m/s)	试验攻角/(°)	试验风速/(m/s)	试验攻角/(°)	
0.30	39.1	6.1	29.8	9.9	−13.4	8
0.35	36.9	8.4	28.9	12.4	−11.4	8
0.40	34.6	10.4	27.6	14.4	−9.8	8

$\xi(r/R)$	安装角/(°)	飞行速度 $v_0 = 5$m/s		飞行速度 $v_0 = 40$m/s		激励电压/kV
		试验风速/(m/s)	试验攻角/(°)	试验风速/(m/s)	试验攻角/(°)	
0.45	32.3	12.0	26.1	15.8	-8.7	8
0.50	29.9	13.1	24.3	16.6	-8.1	8
0.55	27.6	13.9	22.5	16.9	-7.9	8
0.60	25.2	14.1	20.5	16.8	-7.9	8
0.65	22.6	13.9	18.3	16.2	-8.5	8
0.70	20.5	13.4	16.5	15.3	-8.7	7
0.75	18.3	12.5	14.6	14.0	-9.3	7
0.80	16.1	11.3	12.6	12.5	-10.0	7
0.85	14.3	9.8	11.0	10.8	-10.4	7
0.90	12.5	8.1	9.4	8.8	-11.0	6
0.95	11.0	6.1	8.0	6.6	-11.4	6
0.975	10.5	5.0	7.6	5.4	-11.4	6

14.3.3 等离子体增效性能

大量试验结果表明采用非定常脉冲式激励比定常连续激励模式具有更好的控制效果,因此这里仅给出非定常脉冲式激励的试验结果,与定常连续式相比,非定常脉冲式的能量消耗更小。图14.21、图14.22分别给出了两次试验结果,模拟螺旋桨来流速度为5.0m/s,分别讨论了占空比为10%、脉冲频率为30Hz情况下电源激励频率的影响和脉冲频率为30Hz、激励频率为8kHz时占空比的影响。

图14.21(a)、图14.22(a)结果表明两次试验下的结果比较接近,重复性好,其中在$r/R=0.7$处无控制时推力密度突然降低,可能存在问题,但多次试验结果一直存在这个现象,而试验模型与测量设备完全相同,其具体原因还有待于进一步讨论。从图中可以看到,等离子体增效作用主要体现在$r/R \geqslant 0.8$的桨叶部分,其次是$r/R < 0.5$的桨叶部分,相对来说中间区域效果不是很明显,原因在于此处的雷诺数较大,而等离子体的控制能力不足,可以说,等离子体发挥控制作用主要在桨叶两端雷诺数较低的部分,这与目前国内外关于翼型流动控制的试验研究结果一致。

图14.21(b)、图14.22(b)为积分后得到的单个桨叶总推力,无控制情况下二者相差约6N,分别为总推力的5.4%和5.7%,在误差许可范围之内;图14.21(c)、图14.22(c)为相应的总推力增幅,图14.21(c)中总推力增幅在9%~11%之间,图14.22(c)中总推力增幅在6.5%~9.5%之间。总的来说,等离子体可提高螺旋桨推力6.5%~11%。

图14.21结果表明在所研究的试验条件下,等离子体增效能力随着激励频率的增大先减小后增大,15.0kHz的激励频率最好。图14.22结果表明在所研究的试验条件下,随着占空比的增大,等离子体增效能力先增大后减小,20%的占空比效果最好。

图14.23所示为图14.22中占空比为20%时各叶素处上下表面的压力系数分布,可以看到,等离子体主要改变了叶素上表面也就是迎风面的压力分布,因此流动分离主要出现在迎风面,不过$r/R=0.3$、0.55和0.85处叶素的下表面压力分布也出现了显

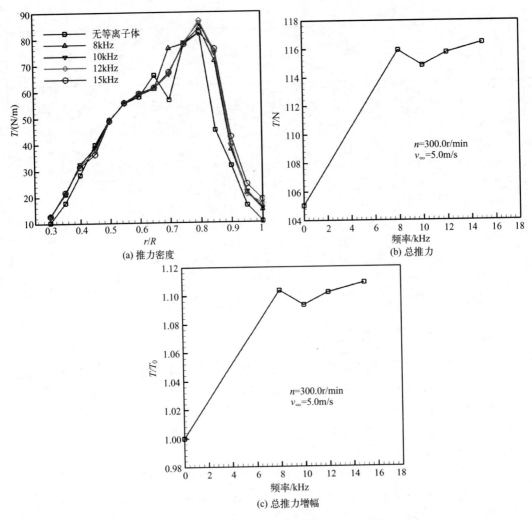

(a) 推力密度

(b) 总推力

(c) 总推力增幅

图 14.21　不同激励频率下的控制效果 (5.0m/s, 300r/min)

著变化,可能是等离子体改变上表面流场后出现的一种虚拟型面,这种虚拟型面改变了叶素的整体流场结构,进而导致下表面压力分布出现变化,这一点在 $r/R=0.55$ 处表现的尤其明显。

由于在出现失速前,翼型升力系数随着攻角增大而增大,而等离子体必须通过控制流动分离才能发挥作用,因此临近空间等离子体增效螺旋桨比常规螺旋桨的安装角略大,这样使得桨叶迎风面必然出现流动分离,使用等离子体进行控制后相当于推迟了叶素失速攻角,升力系数及推力系数必然增大。

如表 14.5 所列,当螺旋桨飞行速度为 40.0m/s,转速为 300r/min 时,螺旋桨各叶素处的实际攻角均为负值,如果单纯在螺旋桨迎风面布置等离子体激励器进行控制,则难以起到积极的控制效果,因此这里将等离子体激励器安装在翼型下表面前缘。图 14.24 所示为试验结果,可以看到此时螺旋桨收到的总推力为负值,即螺旋桨此时表现为减速,不同的激励参数作用下等离子体产生了两种相反的作用效果:

第一种是增大推力,表现为负推力绝对值减小,此种情况最多,当激励频率为

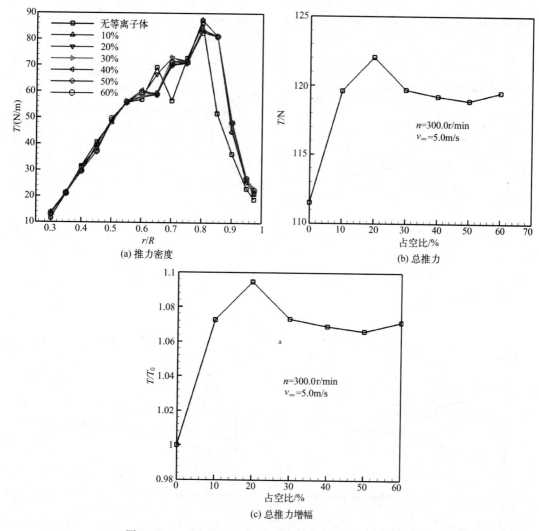

(a) 推力密度

(b) 总推力

(c) 总推力增幅

图 14.22　不同占空比下的控制效果(5.0m/s,300r/min)

12kHz,占空比为50%,脉冲频率为20Hz时推力增幅达到最大值12.3%,但是目前还不足以将负推力改变为正推力,后续工作中将继续研究更加优化的等离子体激励器布置方式;

　　第二种是减小推力,表现为负推力绝对值增大,此种情况较少,在所研究的24种激励模式中仅有5种,当激励频率为10kHz,占空比为30%,脉冲频率为40Hz时推力减小幅度达到最大值6.2%,当飞行器需要减速时可以采用此种激励模式。

　　图14.24(b)所示,等离子体控制作用随脉冲频率的变化出现3种趋势,第一种是先增大后减小,这种情况占大多数,其中10Hz和40Hz是两个关键频率,需要增大推力时采用低脉冲频率,需要减速时采用40Hz脉冲频率;第二种是激励频率12kHz、占空比70%的激励模式,随着脉冲频率增大,等离子体作用从增大推力单向变化为减小推力;第3种是激励频率12kHz、占空比70%的激励模式,其随脉冲频率增大表现为波浪形,这一点还需要进一步验证。总的来讲,采用较低的脉冲频率可增大推力。

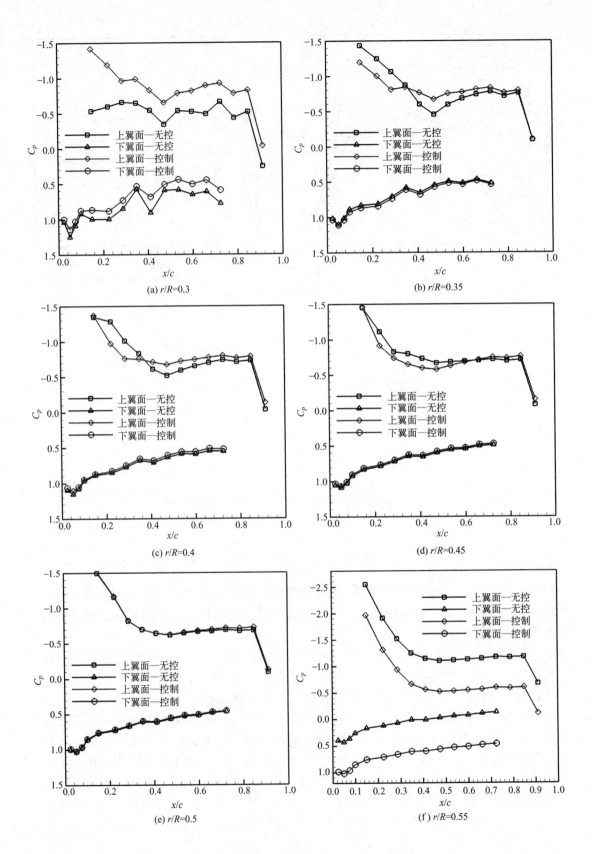

(a) r/R=0.3

(b) r/R=0.35

(c) r/R=0.4

(d) r/R=0.45

(e) r/R=0.5

(f) r/R=0.55

302

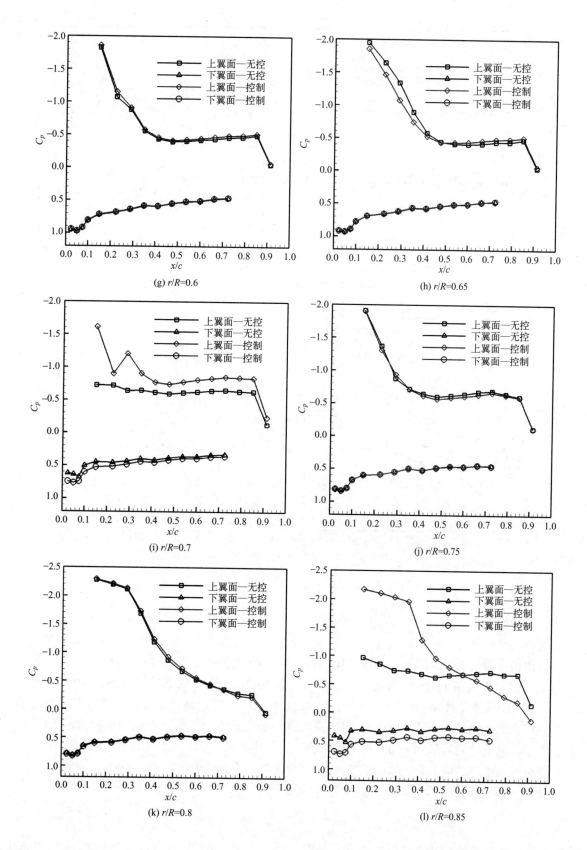

(g) r/R=0.6

(h) r/R=0.65

(i) r/R=0.7

(j) r/R=0.75

(k) r/R=0.8

(l) r/R=0.85

303

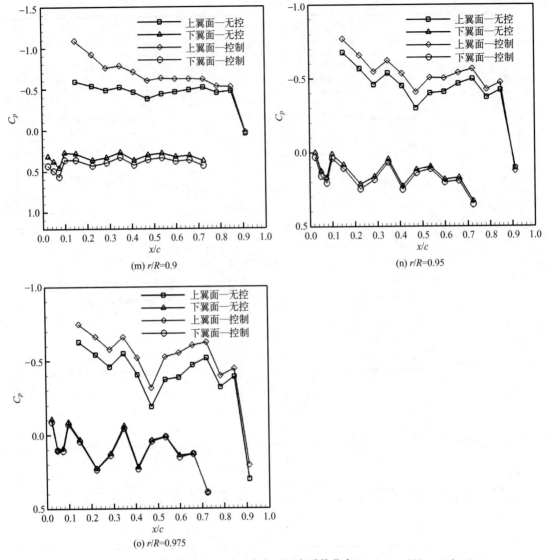

(m) $r/R=0.9$

(n) $r/R=0.95$

(o) $r/R=0.975$

图 14.23　不同相对半径处叶素表面压力系数分布(5.0m/s, 300r/min)

　　如图 14.24(c)所示,随着占空比的增大,等离子体作用效果出现了 4 种趋势:增大、减小、先增大后减小、先减小后增大,数量分别为 2、1、1、4,即最后一种趋势占主要地位,可以说一般情况下才用 50% 的占空比相对较好,但优化值还需要更多的研究。

　　图 14.25、图 14.26 分别给出了激励频率为 10kHz、12kHz 时桨叶各处的推力密度分布,与图 14.21(a)、图 14.22(a)相比,当飞行速度较大、螺旋桨叶素处于负攻角状态时,桨叶推力密度沿着半径方向递减,可以说将螺旋桨总推力由负推力控制为正推力的关键在于控制桨叶的后部分。同时可以看到存在一个共同点,即以 $r/R=0.5$ 为分界点,前半部分等离子体总体上趋于减小推力,后半部分等离子体总体上区域增大推力,可以说对于这种飞行状态,应主要开启桨叶后半部分激励器。

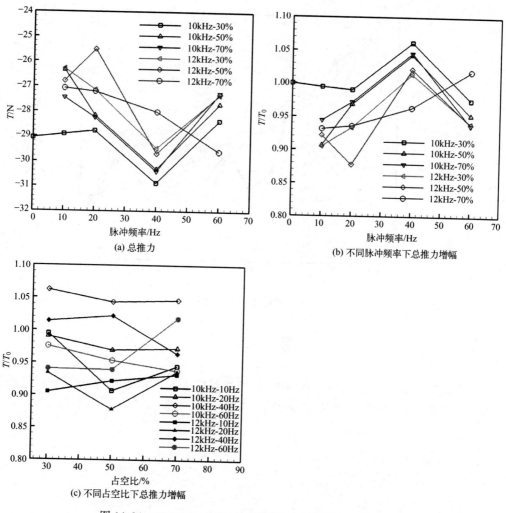

(a) 总推力

(b) 不同脉冲频率下总推力增幅

(c) 不同占空比下总推力增幅

图 14.24　40.0m/s，300r/min 飞行状态下等离子控制效果

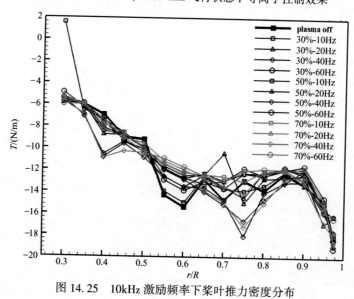

图 14.25　10kHz 激励频率下桨叶推力密度分布

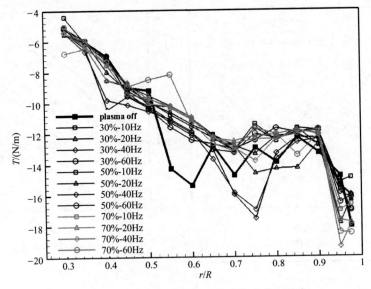

图 14.26　12kHz 激励频率下桨叶推力密度分布

思　考　题

讨论湍流度对洞壁边界层、平板边界层、各类翼型边界层和尾流的时均特性、转捩情况以及对翼型压力分布等气动特性的影响。

参 考 文 献

[1] 车学科. 等离子体流动控制机理研究[D]. 北京:装备指挥技术学院,2010.

[2] 程钰锋. 临近空间螺旋桨等离子体增效机理及其关键技术研究[D]. 北京:装备学院,2012.

[3] 何博. 再入飞行器动力学、末制导及喷流控制关键技术仿真研究[D]. 北京:装备指挥指挥技术学院,2008.

[4] 冯伟. 等离子体控制超临界翼型流动分离的数值研究[D]. 北京:装备学院,2011.

[5] 李国强. 平流层螺旋桨设计与等离子体增效技术研究[D]. 北京:装备学院,2012.

[6] 周朋辉. 临近空间等离子体流动控制仿真与试验研究[D]. 北京:装备学院,2013.

[7] 田学敏. 临近空间飞行器螺旋桨等离子体流动控制研究[D]. 北京:装备学院,2015.

[8] 姜家文. 临近空间螺旋桨 SDBD 等离子体激励器研究[D]. 北京:装备学院,2015.

[9] 陈庆亚. 平流层螺旋桨等离子体增效仿真与地面试验研究[D]. 北京:装备学院,2016.

[10] 李怡勇,聂万胜. 利用飞机搭载五孔皮托管测算空间风速[J]. 北京:装备指挥技术学院学报,2004,15(4):60-62.

[11] 何博,聂万胜,丰松江. 超声速欠膨胀异质侧喷流数值仿真[J]. 北京:装备指挥技术学院学报. 2008,19(3):74-79.

[12] 车学科,聂万胜,丰松江,等. 介质阻隔面放电的结构参数[J]. 高电压技术,2009,35(9):2213-2219.

[13] 车学科,聂万胜,屠恒章. 等离子体控制边界层流动仿真研究[J]. 空气动力学学报,2010,28(3):279-284.

[14] 车学科,聂万胜,何浩波. 正弦激励的大气压空气放电过程和作用机制[J]. 高压电器,2010,46(8):80-84.

[15] 顾晓霞,车学科,聂万胜. 负离子在空气放电中的作用[J]. 高压电器,2010,46(12):96-99.

[16] Che X K,Nie W S,Hou Z Y. Research on plasma synthetic jet actuator [C]. The Sixth International Conference on Fluid Mechanics,Guangzhou,2011.

[17] 侯志勇,王连泽,周建和,等. 低(变)湍流度风洞设计再探讨[J]. 试验流体力学,2011,25(1):92-96.

[18] 聂万胜,程钰锋,车学科. 介质阻挡放电等离子体流动控制研究进展[J]. 力学进展,2012,42(6):722-734.

[19] Che Xueke,Shao Tao,Nie Wansheng,et al. Numerical simulation on a nanosecond-pulse surface dielectric barrier discharge actuator in near space [J]. Journal of Physics D:Applied Physics,2012,45,145201.

[20] Cheng Yufeng,Che Xueke,Nie Wansheng. Numerical study on propeller flow separation control by dbd plasma aerodynamic actuation [J]. IEEE Transactions on plasma Science,2013,41(4):892-898.

[21] 程钰锋,聂万胜,车学科,等. 不同压力下 DBD 等离子体诱导流场演化的试验研究 [J]. 物理学报,2013,62(10),104702.

[22] 车学科,聂万胜,周朋辉,等. 亚微秒脉冲表面介质阻挡放电等离子体诱导连续漩涡 的研究[J]. 物理学报,2013,62(22),224702.

[23] Che Xueke,Nie Wansheng,Shao Tao,et al. Study of flow fields induced by surface dielectric barrier discharge actuator in low-pressure air [J]. Physics of Plasmas,2014, 21:043508.

[24] 车学科,聂万胜,田希晖,等. SDBD 等离子体中正、负离子动量传递效率研究[J]. 高电压技术,2014,40(4):1222-1228.

[25] 车学科,聂万胜,侯志勇,等. 地面试验模拟高空等离子体流动控制效果研究[J]. 航空学报,2015,36(2):441-448.

[26] 车学科,聂万胜,田希晖,等. 表面介质阻挡放电等离子体诱导流场相似准则及应用 [J]. 高电压技术,2016,42(3):769-774.

[27] 田希晖,周朋辉,聂万胜,等. 表面介质阻挡放电等离子体体积力试验[J]. 航空动 力学报,2014,29(6):1426-1433.

[28] 周朋辉,田希晖,车学科,等. 表面介质阻挡放电等离子体流场 PIV 试验研究[J]. 装备学院学报,2013,24(6):120-123.

[29] 田学敏,田希晖,车学科,等. 高频交流激励表面介质阻挡放电特性及其应用试验研 究[J]. 高电压技术,2014,40(10):3119-3124.

[30] 田学敏,田希晖,车学科,等. 临近空间螺旋桨叶素非定常等离子体增效试验研究 [J]. 核聚变与等离子体物理,2015,35(4):361-367.

[31] 田学敏,田希晖,车学科,等. 不同气压下纳秒脉冲的放电特性[J]. 高电压技术, 2016,42(3):813-820.

[32] 陈庆亚,田希晖,车学科,等. 平流层螺旋桨等离子体流动控制地面试验方法[J]. 试验流体力学,2015,29(5):90-96.

[33] 陈庆亚,田希晖,姜家文,等. 螺旋桨等离子体流动控制的增效试验[J]. 航空动力 学报,2016,31(5):1205-1211.

[34] 陈庆亚,田希晖,车学科,等. 平流层 SDBD 等离子体流动控制相似准则验证[J]. 高电压技术,2016,42(3):821-827.

[35] 姜家文,田希晖,陈庆亚,等. 基于光强分布的 SDBD 暴露电极形状优化试验[J]. 高电压技术,2016,42(3):843-848.

[36] Theodore A. Talay. Introduction to The Aerodynamics of Flight [M]. Springfield, Virginia:NITS 1975.

[37] 艾伦·波普,约翰 J·哈珀. 低速风洞试验[M]. 彭锡铭,等译. 北京:国防工业出 版社,1977.

[38] 普朗特 L,等. 流体力学概论[M]. 郭永怀,等译. 北京:科学出版社,1981.

308

[39] 鲍国华. 风洞特种试验[M]. 西安：西北工业大学出版社，1990.

[40] 陶文铨. 数值传热学[M]. 西安：西安交通大学出版社，1986.

[41] 徐华舫. 空气动力学基础[M]. 北京：北京航空学院出版社，1987.

[42] 范立钦，等. 飞机空气动力学[M]. 西安：西北工业大学出版社，1989.

[43] 兰姆 H. 理论流体动力学[M]. 游镇雄，等译. 北京：科学出版社，1990.

[44] 恽起麟. 试验空气动力学[M]. 北京：国防工业出版社，1991.

[45] Joseph Katz，等. LOW-SPEED AERODYNAMICS [M]. New York：McGaw-Hill，1991.

[46] 陈懋章. 粘性流体动力学基础[M]. 北京：高等教育出版社，1993.

[47] 陈再新，等. 空气动力学[M]. 北京：航空工业出版社，1993.

[48] 黄志澄，程永鑫. 航天空气动力学[M]. 北京：中国宇航出版社，1994.

[49] 黄志澄. 高超声速飞行器空气动力学[M]. 北京：国防工业出版社，1995.

[50] 纪楚群. 导弹空气动力学[M]. 北京：宇航出版社，1996.

[51] 任思根，等. 试验空气动力学[M]. 北京：宇航出版社，1996.

[52] Jan Roskam，等. Airplane Aerodynamics and Performance [M]. Lawrence，Kansas：DAR-corporation，1997.

[53] 方宝瑞，等. 飞机气动布局设计[M]. 北京：航空工业出版社，1997.

[54] 巴切勒 G K. 流体动力学引论[M]. 沈青，等译. 北京：科学出版社，1997.

[55] 刘顺隆，邓群. 计算流体力学[M]. 哈尔滨：哈尔滨工程大学出版社，1998.

[56] Tasos C. Papanastasiou，等. Viscous Fluid Flow [M]. New York：CRC Press，2000.

[57] 恽起麟. 风洞试验[M]. 北京：国防工业出版社，2000.

[58] 瞿章华，刘伟，曾明，等. 高超声速空气动力学[M]. 长沙：国防科技大学出版社，2001.

[59] 贺德馨，等. 风洞天平[M]. 北京：国防工业出版社，2001.

[60] Anderson Jr John D. Fundmentals of Aerodynamics [M]. New York ：McGaw-Hill，2001.

[61] Frank M. White. Fluid Mechanics Fourth Edition [M]. New York：McGaw-Hill，2001.

[62] Upp E L，等. Fluid Flow Measurement A Practical Guide to Accurate Flow Measurement [M]. Second Edition. Boston：Gulf Professional Publishing，2002.

[63] 范洁川，等. 风洞试验手册[M]. 北京：航空工业出版社，2002.

[64] 王勋年，等. 低速风洞试验[M]. 北京：国防工业出版社，2002.

[65] 杨祖清，等. 流动显示技术[M]. 北京：国防工业出版社，2002.

[66] 刘政崇，等. 高低速风洞气动与结构设计[M]. 北京：国防工业出版社，2002.

[67] 罗惕乾，等. 流体力学[M]. 北京：机械工业出版社，2003.

[68] 王发祥，等. 高速风洞试验[M]. 北京：国防工业出版社，2003.

[69] 钱翼稷. 空气动力学[M]. 北京：北京航空航天大学出版社，2004.

[70] 周恒，赵耕夫. 流动稳定性[M]. 北京：国防工业出版社，2004.

[71] 吴其芬，陈伟芳，黄琳，等. 稀薄气体动力学[M]. 长沙：国防科技大学出版社，2004.

[72] 张涵信. 分离流与旋涡运动的结构分析[M]. 北京：国防工业出版社，2005.

[73] 刘沛清. 空气螺旋桨理论[M]. 北京：北京航空航天大学出版社，2006.

[74] William B J Z. 有限元法多物理场建模与分析[M]. 北京:人民交通出版社,2007.

[75] 库利 G A,吉勒特 J D. 飞艇技术[M]. 王生,等译. 北京:科学出版社,2008.

[76] 张鲁友,叶友达,纪楚群,等. 航天飞机空气动力学分析[M]. 北京:国防工业出版社,2009.

[77] 耿辉. 超声速燃烧室中凹腔上游横向喷注燃料的流动、混合与燃烧特性研究[D]. 长沙:国防科技大学,2007.

[78] 齐汝宾. 准连续激光波长调制光谱的理论与试验研究[D]. 天津:天津大学,2012.

[79] 刘长秀,李建强. 逃逸飞行器喷流影响试验研究[J]. 空气动力学学报,1998,16(2):167-172.

[80] 韩志平,殷兴良. 高超音速导弹气动光学效应研究方法综述[J]. 现代防御技术,2003,31(3):13-18.

[81] 殷兴良. 现代光学新分支学科——气动光学[J]. 中国工程科学,2005,7(12):1-6.

[82] 陈小前,侯中喜. 临近空间升浮一体飞行器分析[C]. 长沙:近空间飞行器系统及应用技术研讨会,2005.

[83] 李栋,杨旭东,李育斌,等. 近空间低速飞行器的气动减阻及螺旋桨设计研究[C]. 长沙:近空间飞行器系统及应用技术研讨会,2005.

[84] 胡士强,段登平,敬忠良. 平流层飞艇关键技术分析[C]. 长沙:近空间飞行器系统及应用技术研讨会,2005.

[85] 南京航空航天大学项目组. 近空间仿生变形飞行器[C]. 长沙:近空间飞行器系统及应用技术研讨会,2005.

[86] 姜宗林. 触摸高温气体动力学[J]. 力学与实践,2006,28(5):1-7.

[87] 赵攀峰,刘传超. 平流层飞艇参数总体估算[J]. 航空科学技术,2006,5:37-39.

[88] 左岁寒,杨永. 螺旋桨滑流对带后缘襟翼机翼气动特性影响的数值分析[J]. 航空计算技术,2007,37(1):54-57.

[89] 李博,梁德旺,黄国平. 基于等效盘模型的滑流对涡桨飞机气动性能的影响[J]. 航空学报,2008,29(4):845-852.

[90] 徐静,杨永,左岁寒. 模拟螺旋桨滑流的桨盘理论应用研究及验证[J]. 航空计算技术,2008,38(3):65-67.

[91] 王伟. 基于滑移网格与 RNG 湍流模型的螺旋桨水动力性能研究[J]. 中国海洋平台,2008,23(6):8-12.

[92] 陈河梧. 飞船返回舱高超声速气动特性的风洞试验分析[J]. 航天器工程,2008,17(5):77-81.

[93] 黄伟. 气动光学及其在高超声速飞行器中的效应研究[J]. 飞航导弹,2008,3:20-25.

[94] 李国民,叶正寅. 高空飞艇增浮减阻技术研究[J]. 科学技术与工程,2008,8(6):1505-1509.

[95] 周铮,叶正寅. 飞艇蒙皮振动对流场特性的影响[J]. 空军工程大学学报:自然科学版,2008,9(3):6-10.

[96] 谢飞,叶正寅. 驻点引射飞艇减阻数值模拟[J]. 工程力学,2010,27(2):222-

227.

[97] 韩炜,赵跃进,胡新奇,等. 超高声速飞行器光学窗口气动光学效应分析[J]. 光学技术,2010,36(4):622-626.

[98] 赵玉新,易仕和,田立丰,等. 超声速混合层气动光学畸变与抖动—BOS测量技术及其应用[J]. 中国科学:物理学力学天文学,2010,40(1):33-46.

[99] 甘才俊,李烺,毛涛,等. 大尺度结构对气动光学效应影响的试验研究[J]. 光电工程,2012,39(4):32-36.

[100] 赵涛,张征宇,王水亮,等. 大幅面气动光学波前畸变场测量与重构[J]. 光学学报,2013,33(10),1012003.

[101] 陶波,胡志云,王晟,等. TDLAS技术测量燃烧流场温度研究[J]. 工程热物理学报,2014,35(2):401-404.